Die Berliner
Akademie
der Wissenschaften
in der Zeit
des Imperialismus

Teil I

1900—1917

STUDIEN ZUR GESCHICHTE
DER AKADEMIE DER WISSENSCHAFTEN DER DDR

Band 2/I

Herausgegeben im Auftrage des Präsidenten
der Akademie der Wissenschaften der DDR
von Heinrich Scheel

FORSCHUNGSSTELLE
FÜR DIE GESCHICHTE DER AKADEMIE
LEITER: LEO STERN

Die Berliner Akademie der Wissenschaften in der Zeit des Imperialismus

Teil 1

Von den neunziger Jahren des 19. Jahrhunderts bis zur Großen Sozialistischen Oktoberrevolution

Unter Mitarbeit
des Kollektivs
der Forschungsstelle
verfaßt von
Conrad Grau

Leitung der Arbeiten
und Gesamtredaktion
Leo Stern

AKADEMIE-VERLAG
BERLIN
1975

Erschienen im Akademie-Verlag, 108 Berlin, Leipziger Str. 3—4

Lizenznummer: 100/219/75
Einband und Schutzumschlag: Rolf Kunze
Gesamtherstellung: VEB Druckerei „Thomas Müntzer", 582 Bad Langensalza
Bestellnummer: 752 7192 (2168/2/I) · LSV 0205
Printed in GDR
EVP: 38,—

Inhalt

In den Anmerkungen verwendete Abkürzungen

AAW – Zentrales Archiv der Akademie der Wissenschaften der DDR

Sb – Sitzungsberichte der Königlich Preußischen Akademie der Wissenschaften (bis 1901: zu Berlin)

Einleitung

Anläßlich des 275. Gründungstages der Akademie der Wissenschaften der DDR im Jahre 1975 werden Studien zur Geschichte der Akademie in der Zeit des Imperialismus vom Ausgang des 19. Jh. bis 1945 vorgelegt. Die erste hiermit vorgelegte Studie behandelt den Zeitabschnitt vom Ausgang des 19. Jh. bis 1917. In Vorbereitung sind die Studien über die Zeitabschnitte von 1917 bis 1933 und von 1933 bis 1945. Die Forschungsstelle für Akademiegeschichte legt damit erste zusammenfassende Arbeitsergebnisse vor, die in eine künftige Gesamtdarstellung der Geschichte der Akademie einfließen können.

Die Forschungstelle für Akademiegeschichte wurde nach mehrjährigen Vorbereitungen und Vorarbeiten im Mai 1969 durch eine Weisung des Präsidenten der Akademie, Akademiemitglied Prof. Dr. H. Klare, konstituiert. Zu ihrem Direktor wurde Akademiemitglied Prof. Dr. L. Stern berufen. Die Forschungsstelle arbeitet seither auf der Grundlage einer Konzeption, die zugleich mit der Gründung der Forschungsstelle vom Präsidium der Akademie bestätigt wurde.

Die Studien sind gedacht als ein Beitrag zur marxistisch-leninistischen Wissenschaftsauffassung, deren Bedeutung unter den Bedingungen des Aufbaus der sozialistischen Gesellschaft und der weltweiten Klassenauseinandersetzung zwischen Kapitalismus und Sozialismus ständig wächst.

Die Wissenschaft, mit deren Entfaltung der Kampf der revolutionären Arbeiterbewegung um Frieden, Demokratie und Sozialismus untrennbar verbunden ist, wird heute in den sozialistischen Ländern als „System gesellschaftlicher Tätigkeiten, die auf die Gewinnung, Vermittlung, Reproduktion und Anwendung von Erkenntnissen gerichtet sind", durch ihre Stellung im Gesamtzusammenhang der sozialistischen Gesellschaft bestimmt.[1] Als spezifische Form des gesellschaftlichen Bewußtseins, als unmittelbare Produktivkraft und theoretische Grundlage der Leitung der Gesellschaft ist sie selbst eine soziale Institution, der im gesamtgesellschaftlichen Reproduktionsprozeß des Sozialismus größte Bedeutung zukommt.

Heute verwirklicht die DDR in immer engerer Kooperation mit den anderen Staaten der sozialistischen Gemeinschaft die programmatische Forderung des VIII. Parteitages der SED, „die Errungenschaften der wissenschaftlich-tech-

---

1 Vgl. G. Kröber, H. Laitko, Sozialismus und Wissenschaft, Berlin 1972, S. 61.

nischen Revolution organisch mit den Vorzügen des sozialistischen Wirtschaftssystems zu vereinigen und in größerem Umfang als bisher dem Sozialismus eigene Formen des Zusammenschlusses der Wissenschaft mit der Produktion zu entwickeln."[2] Die sozialistischen Staaten gehen in ihrer Wissenschaftspolitik von der Tatsache aus, daß die Wissenschaft „Wachstum, Struktur und Leistung unserer Volkswirtschaft entscheidend" beeinflußt.[3] Die Wissenschaftsentwicklung vollzieht sich dabei im bewußt geplanten und geleiteten Prozeß, denn „die Wissenschaft wird niemals von sich aus zur unmittelbaren Produktivkraft im Sozialismus, sondern nur im Ergebnis ihrer bewußten Entwicklung und effektiven Nutzung durch die Arbeiterklasse und alle anderen Werktätigen".[4] Zugleich ist die sozialistische Wissenschaftsintegration, die auf der Grundlage gemeinsamer sozialistischer Produktionsverhältnisse gestaltet wird, eine gesetzmäßige Konsequenz der Vergesellschaftung der Produktivkräfte im Sozialismus.[5]

Mit all dem erhält die Wissenschaft in der Strategie des sozialistischen und kommunistischen Aufbaus einen bedeutenden Stellenwert. Auf der anderen Seite ist festzustellen, „daß der moderne Imperialismus auch die Möglichkeiten nutzt, die sich ihm durch die immer stärkere Verflechtung der Monopole mit dem Staatsapparat bieten. Immer stärker verbreiten sich die Programmierung und Prognostizierung der Produktion, die staatliche Finanzierung des technischen Fortschritts und der wissenschaftlichen Forschungen . . ."[6] Der Imperialismus entwickelt ein staatsmonopolistisches System der Leitung der Forschung und ihrer Nutzbarmachung für die Klasseninteressen des Finanzkapitals. Indem er die Forschung in den bürgerlichen Ländern seinerseits zu integrieren und möglichst in die Auseinandersetzung mit dem erstarkenden Sozialismus einzubeziehen sucht, unterwirft er sie zunehmend den Widersprüchen und der wachsenden Labilität seines eigenen Gesellschaftssystems. Damit vergrößert sich die humanistische Verantwortung des Wissenschaftlers. Die Frage gewinnt größte Bedeutung, ob und inwieweit er sich auch in den kapitalistischen Ländern gegen imperialistischen Mißbrauch der Wissenschaft und gesellschaftliche Reaktion zu entscheiden vermag.

So ergibt sich heute eine Vielfalt von Problemen aus der gegensätzlichen Entwicklung der Wissenschaft im Sozialismus auf der einen und im Imperialismus auf der anderen Seite. Die Erkenntis, daß die Wissenschaft selbst der theo-

---

2 Entschließung des VIII. Parteitages der Sozialistischen Einheitspartei Deutschlands zum Bericht des ZK. In: Dokumente des VIII. Parteitages der SED, Berlin 1971, S. 26.

3 E. Honecker, Bericht des Zentralkomitees an den VIII. Parteitag der SED. In: Protokoll der Verhandlungen des VIII. Parteitages, Bd. 1, Berlin 1972, S. 69.

4 K. Hager, Sozialismus und wissenschaftlich-technische Revolution, Berlin 1972, S. 10.

5 Vgl. G. Kröber, Sozialistische Integration der Wissenschaft. In: Wissenschaft und Fortschritt, Heft 4/1973, S. 3.

6 L. I. Breshnew, Rede auf der internationalen Beratung der kommunistischen und Arbeiterparteien in Moskau 1969. In: Internationale Beratung der kommunistischen und Arbeiterparteien 1969 in Moskau, Berlin 1969, S. 177.

retischen und historischen Durchdringung bedarf, gewinnt immer umfassendere Bedeutung. Durch die moderne Entwicklung der Wissenschaft und ihre Stellung in der Auseinandersetzung zwischen Sozialismus und Imperialismus, durch die Entfaltung und den Ausbau der sozialistischen Wissenschaftswissenschaft werden vielfältige Fragen an die Geschichte der Wissenschaft aufgeworfen. So ergibt sich die Bedeutung von Arbeiten zur Theorie und zur Geschichte der Wissenschaft, denen die marxistisch-leninistische Forschung in der Klassenauseinandersetzung mit bürgerlichen Publikationen entgegenzutreten hat.

Forschungen zur Geschichte wissenschaftlicher Institutionen im allgemeinen und zur Geschichte wissenschaftlicher Akademien im besonderen sind in jüngster Zeit in den sozialistischen Ländern, vor allem in der Sowjetunion, intensiviert worden. Diese Forschungen werden durch die Funktionen legitimiert, die die wissenschaftlichen Akademien zusammen mit den Universitäten, Hochschulen und anderen Institutionen in der sozialistischen Gesellschaft zu erfüllen haben, wenngleich die betreffenden Arbeiten meist aus besonderen Anlässen entstanden sind oder durch sie stimuliert wurden. Diesen Arbeiten kommt erhebliche wissenschaftstheoretische Bedeutung zu, zumal die sozialistische Gesellschaft ständig höhere Anforderungen auch an die Wissenschaftspolitik und Forschungsorganisation und an die Effektivität der wissenschaftlichen Institutionen stellt. Wertvolle Arbeiten insbesondere zur Geschichte verschiedener Universitäten und Hochschulen wurden inzwischen vorgelegt.[7] Nach wie vor gibt dieser Forschungsbereich jedoch Gelegenheit, Lücken in der Wissenschaftsgeschichte der DDR zu schließen.

Heute gehört die Akademie mit ihrem großen Forschungspotential, gestützt auf vielfältige Kooperationsbeziehungen im Forschungssystem der DDR und der anderen sozialistischen Länder, insbesondere der UdSSR, zu den führenden Institutionen der Wissenschaft in unserer Republik. Wesentliche Aufgaben sind ihr in der schwerpunktmäßigen Konzentration und erfolgreichen Durchführung von Grundlagenforschungen, in der verantwortlichen Bearbeitung komplexer und interdisziplinärer Forschungsprobleme, in der rationellen und optimalen Gestaltung von Forschungsprozessen und manchen Technologien sowie in der Beherrschung des Prozesses der Überleitung von Forschungsergebnissen in die Produktion gestellt.[8] Sie ist an der Entwicklung der sozialistischen Forschungspolitik beteiligt, indem sie unter anderem bei der Planung und Leitung der

---

[7] Vgl. zur Entwicklung der Forschung auf diesem Gebiet: G. Steiger, M. Straube, Forschungen und Publikationen seit 1954 zur Geschichte der deutschen Universitäten und Hochschulen auf dem Territorium der DDR. In: Historische Forschungen in der DDR. Analysen und Berichte. Zum XI. Internationalen Historikerkongreß in Stockholm 1960 (Zeitschrift für Geschichtswissenschaft, Sonderheft VIII. Jg. 1960, S. 563ff.); M. Straube, W. Flaschendräger, Forschungen zur Geschichte der Universitäten, Hochschulen und Akademien der DDR. In: Historische Forschungen in der DDR 1960–1970. Analysen und Berichte. Zum XIII. Internationalen Historikerkongreß in Moskau 1970 (Zeitschrift für Geschichtswissenschaft, Sonderband XVIII. Jg. 1970, S. 187ff.).

[8] Vgl. H. Klare, Die Wissenschaft und die gesellschaftliche Entwicklung des Sozialismus, Berlin 1972, S. 15.

Forschung auf ständig höherem Niveau wichtige Aufgaben zu erfüllen hat. Auch aus diesen Funktionen der Akademie ergibt sich die wachsende Verantwortung, die ihren Gesellschaftswissenschaftlern bei der marxistisch-leninistischen Lösung von gesamtgesellschaftlichen und volkswirtschaftlichen Problemen und von Grundfragen der Entwicklung der Gesellschaft, ihrer Geschichte und Kultur zukommt.[9] Zusammen mit den Gesellschaftswissenschaftlern aller anderen Institutionen tragen sie „eine hohe Verantwortung für die Wissenschaftsentwicklung, vor allem für die Förderung der Gemeinschaftsarbeit zwischen verschiedenen gesellschaftswissenschaftlichen Disziplinen, zwischen Gesellschafts- und Naturwissenschaftlern" [10]. Für „die Lösung aktueller Fragen der Leitung und Planung sowie der umfassenden Nutzung des naturwissenschaftlich-technischen Fortschrittes" sind ihnen umfangreiche Aufgaben gestellt.[11] So hat die Akademie mit ihren Mitgliedern und Mitarbeitern ihren verantwortlichen Platz in der entwickelten sozialistischen Gesellschaft, in der die Wissenschaft als gesellschaftlicher Auftrag bestimmt und in allen wesentlichen Funktionen und Bereichen als Bestandteil des gesamtgesellschaftlichen Reproduktionsprozesses entwickelt wird.

Zielstellungen und Probleme akademiegeschichtlicher Forschung müssen als historische Fragen aus ihrem Zusammenhang mit der heutigen Stellung und den Gegenwartsaufgaben der Akademie der Wissenschaften der DDR verstanden werden. Akademiegeschichtliche Forschung ist interdisziplinäre wissenschaftshistorische Forschung. Sie ordnet sich von hier aus in die Schwerpunktaufgaben ein, die der gesellschaftswissenschaftlichen Forschung in der DDR gestellt sind.[12] Sie leistet einen Beitrag zur weiteren Ausarbeitung des marxistisch-leninistischen Geschichtsbildes und zur Erschließung des progressiven und humanistischen Erbes. Sie ist in Grundprobleme des ideologischen Kampfes gegen den Imperialismus und Revisionismus aus wissenschaftshistorischer Sicht einbezogen, darunter in die Auseinandersetzung mit den politisch-ideologischen und theoretischen Hauptrichtungen bürgerlicher Ideologie, mit dem Antikommunismus und Nationalismus in verschiedenen historischen Spielarten sowie mit der imperialistischen Verfälschung und dem Mißbrauch des humanistischen Erbes. Die Erforschung der Akademiegeschichte trägt unter speziellen historischen und aktuell-politischen Gesichtspunkten dazu bei, die an die marxistisch-leninistischen Gesellschaftswissenschaftler gerichtete Forderung zu verwirklichen, „daß alle grundlegenden Erscheinungen im Prozeß der Herausbildung und gesellschaftlichen Entwicklung untersucht werden"[13].

[9] Vgl. hierzu: Zentraler Forschungsplan der marxistisch-leninistischen Gesellschaftswissenschaften der DDR bis 1975. In: Einheit, Heft 2/1972, der unter anderem von langfristigen Aufgabenstellungen gesellschaftswissenschaftlicher Forschung ausgeht.

[10] Ebd., S. 173.

[11] H. Klare, Die Wissenschaft und die gesellschaftliche Entwicklung des Sozialismus, a.a.O., S. 15.

[12] Angaben über Forschungskomplexe und Schwerpunktthemen der Gesellschaftswissenschaften enthält der Zentrale Forschungsplan der marxistisch-leninistischen Gesellschaftswissenschaften, a.a.O., S. 173ff.

[13] Ebd., S. 177.

Die Geschichte der Berliner Akademie hat in der 1967 erschienenen Arbeit von W. Hartkopf und G. Dunken „Von der Brandenburgischen Sozietät der Wissenschaften zur Deutschen Akademie der Wissenschaften zu Berlin" eine populäre marxistisch-leninistische Überblicksdarstellung gefunden. Von dieser Arbeit abgesehen, ist die Geschichte der Akademie seit dem Werk A. v. Harnacks, das zum 200. Jubiläum der Akademie im Jahre 1900 erschien, zusammenfassend nicht mehr bearbeitet worden. Auf dieses Werk und die objektiv-idealistische Geistesgeschichtsschreibung Harnacks, des von Franz Mehring scharf kritisierten „Hof- und Salontheologen" der imperialistischen Hohenzollernmonarchie Wilhelms II., wird an entsprechender Stelle einzugehen sein. Angesichts des Funktions- und Bedeutungswandels, den die Wissenschaft und mit ihr auch die Akademie in unserem Staate erfuhr, wird die umfassende marxistisch-leninistische Darstellung der Akademiegeschichte zu einer bedeutsamen Aufgabe historischer und wissenschaftsgeschichtlicher Forschung und Darstellung.

Zusammen mit der 1724 gegründeten Akademie der Wissenschaften der UdSSR ist die Akademie der Wissenschaften der DDR, die im Jahre 1700 auf Veranlassung von Gottfried Wilhelm Leibniz als kurfürstlich-brandenburgische Sozietät der Wissenschaften gegründet und in den Jahren 1945/46 mit Unterstützung der damaligen Sowjetischen Militäradministration (SMAD) neu konstituiert wurde, die älteste und traditionsreichste Akademie der sozialistischen Länder. Bedeutende Gelehrte haben unter unterschiedlichen gesellschaftlichen Bedingungen zu ihren Mitgliedern gezählt. Eine Vielzahl von Ergebnissen wissenschaftlicher Forschung verschiedenen Erkenntniswertes wurde von ihr erarbeitet, rezipiert oder publiziert; wissenschaftliche Unternehmen wurden in Angriff genommen und in oft langen Zeiträumen realisiert. Die Akademie war bis 1945 eine repräsentative Wissenschaftsinstitution, die in die spätfeudale, kapitalistische und imperialistische Gesellschaftsordnung in Deutschland jeweils unter spezifischen, widerspruchsvollen Bedingungen integriert war. Es gehört zu den komplexen und vielschichtigen Hauptaufgaben akademiegeschichtlicher Forschung, die wissenschaftliche und gesellschaftliche Stellung und Bedeutung der Akademie, die in diesen sozialökonomischen Formationen manchen Wandel erfuhr, konkret herauszuarbeiten. Die entscheidende Zäsur der Akademiegeschichte schließt sich an die Zerschlagung des deutschen Faschismus im Jahre 1945 an.

Die revolutionären Umgestaltungen, die seit 1945 unter der Führung der Arbeiterklasse und ihrer Partei, der Sozialistischen Einheitspartei Deutschlands, auf dem Boden der heutigen Deutschen Demokratischen Republik durchgeführt wurden, leiteten eine neue Epoche ein, in der die Akademie heute ihre verantwortungsvolle Aufgabe beim Aufbau des Sozialismus zu erfüllen hat. So ist auch hier die Feststellung von Bedeutung, die Akademiepräsident Klare auf der Festsitzung des Plenums der Akademie der Wissenschaften der DDR am 5. Oktober 1972 getroffen hat: Die Akademie „hat sich in den 23 Jahren des Bestehens unserer Republik dank der kontinuierlichen Wissenschaftspolitik der Sozialistischen Einheitspartei Deutschlands und der Regierung der DDR aus einer relativ kleinen Gelehrtengesellschaft mit wenigen Forschungseinrichtungen, die nur schwach mit der Tätigkeit anderer gesellschaftlicher Bereiche, speziell der Volkswirtschaft, verbunden war, zur Forschungsakademie der sozialistischen Gesellschaft mit einem beachtlichen, in sich geschlossenen Potential auf dem Gebiet der Grundlagenforschung entwickelt"[14].

Die fast zweieinhalb Jahrhunderte umfassende Geschichte der Akademie in der spätfeudalen und in der bürgerlichen Klassengesellschaft vermittelt wertvolle Einsichten in die Entwicklung der Wissenschaft, in das Verhältnis von Wissenschaft und Gesellschaft, in Zielstellungen, Formen und Wege der Wissenschaftspolitik und Forschungsorganisation der herrschenden Klassen und in andere Forschungsprobleme marxistisch-leninistischer Wissenschaftsgeschichte. Es ist das Anliegen der Forschungsstelle, die Geschichte der Akademie aus dem weitgespannten Rahmen der wissenschaftlichen und gesellschaftlichen Entwicklung in den Jahren zwischen 1900 und 1945 verständlich zu machen. Hier handelt es sich um einen komplizierten Zeitraum, in dem sich auch die Akademie unter den widerspruchsvollen Bedingungen des Imperialismus entwickelt hat. Damit leistet die Forschungsstelle in den Grenzen ihres spezifischen Anliegens zugleich einen Beitrag zur Herausarbeitung des Verhältnisses von Wissenschaft und Imperialismus. Dies ist ein Forschungsproblem von prinzipieller Bedeutung, da angesichts der Aktivität des Imperialismus in der BRD auf dem Gebiet der Forschung und in der Wissenschaftsgeschichtsschreibung der bürgerliche Pseudobegriff von der „Freiheit der Wissenschaft" durch die Massenmedien mit größter Intensität und Vehemenz propagiert wird und geeignet ist, manche unkritische Gemüter zu verwirren.

Dieses Problem gehört zu den Schwerpunktfragen der vorliegenden Studien, in denen die Integration der Akademie in das imperialistische System und — im Zusammenhang damit — die Bindung von Akademiemitgliedern an die für diese Phase bürgerlicher Gesellschaftsentwicklung typischen Bildungsziele, Erkenntnismöglichkeiten, Wissenschafts- und Wertauffassungen, gesellschaftlichen, politischen und ideologischen Positionen herausgearbeitet werden. Besonders die zuletzt erwähnten Fragen, die von der marxistischen Forschung im allgemeinen wenig bearbeitet wurden, sind vielschichtig und bedürfen der parteilichen und differenzierenden Bearbeitung. Dies gilt gleichermaßen für die Herausarbeitung wissenschaftlicher Leistungen und Erkenntnisse, ebenso progressiver weltanschaulich-philosophischer, ethischer und gesellschaftlicher Positionen, zu deren Würdigung die DDR als Bewahrerin des fortschrittlichen Erbes aus der Geschichte des deutschen Volkes und der Geschichte der Wissenschaft in Deutschland verpflichtet ist. Die Geschichte der Akademie, der füh-

---

14 Festansprache von Akademiepräsident Prof. Dr. Hermann Klare auf der Festsitzung des Plenums der Akademie der Wissenschaften der DDR. In: Jahrbuch der AdW der DDR 1971/72, Berlin 1973, S. 127.

rende bürgerliche Gelehrte angehörten, vermag hierzu wertvolle Beiträge zu leisten. Für die vorliegenden Studien mußten entsprechende Fakten und Erkenntnisse vielfach neu erschlossen werden; differenzierte Einschätzungen waren vorzunehmen, um Positionen von Gelehrten in ihrer progressiven Bedeutung zu zeigen, ohne ihre jeweiligen historisch bedingten Klassenpositionen zu verschweigen. Hier ist vielfach Neuland beschritten worden. Die Ergebnisse der vorliegenden Untersuchung erfüllen ihren Zweck, wenn sie zu weiteren Forschungen anregen.

Die der wissenschaftlichen Öffentlichkeit vorgelegten Kapitel der Akademiegeschichte wurden als erstes zusammenfassendes Ergebnis spezieller Forschungen auf der Grundlage der marxistisch-leninistischen Geschichtsmethodologie und der Hinweise von Marx, Engels und Lenin zur Stellung der Wissenschaft in der Geschichte der Gesellschaft erarbeitet. Dabei kam den Äußerungen der Klassiker des Marxismus-Leninismus, die mit der Wissenschaft zutiefst verbunden waren und die wissenschaftliche Weltanschauung der Arbeiterklasse auf der Grundlage ihrer fortgeschrittensten Ergebnisse entwickelten, besondere Bedeutung zu. Ähnliches gilt für historische und wissenschaftshistorische Forschungsergebnisse aus der DDR und aus anderen sozialistischen Ländern, insbesondere aus der UdSSR, denen innerhalb einer umfangreichen allgemeinen und speziellen Literatur besondere Beachtung geschenkt wurde.

Aus dem oben Gesagten ergibt sich: Für die Autoren der Studien zur Akademiegeschichte war die von den Klassikern des Marxismus-Leninismus geprägte Auffassung von der primär gesellschaftlichen Determiniertheit der Wissenschaft bestimmend. Sie zogen zugleich die relative Eigengesetzlichkeit wissenschaftlicher Entwicklungen und Prozesse in Betracht, auf die bereits Friedrich Engels verwiesen hat.[15] Die Autoren gehen davon aus, daß es sich hier um ein dialektisches Verhältnis handelt, dessen beide Komponenten stets wirksam sind, jedoch in verschiedenen Bereichen der Wissenschaft in unterschiedlicher Akzentuierung und in verschiedenen Relationen in Erscheinung treten. Sie sind sich bewußt, daß die „relative Eigengesetzlichkeit" in spezifischer Weise in der Geschichte der Naturwissenschaften, der mathematischen und der technischen Wissenschaften ihren Ausdruck findet. Als selbständige Forschungsgegenstände haben die Geschichte der Mathematik, der Naturwissenschaften, der Medizin oder der technischen Wissenschaften ihre eigenen Periodisierungs- und Darstellungsprobleme, zumal die Dialektik von Kontinuität und Diskontinuität, von Evolution und Revolution, aber auch von Integrierung und Differenzierung gerade in diesen Disziplinen in jeweils besonderer Weise hervortritt. Spezielle Analysen zur Geschichte der Mathematik, der Naturwissenschaften, der Medi-

---

15 Vgl. Friedrich Engels, Umrisse zu einer Kritik der Nationalökonomie. In: Marx/Engels, Werke, Bd. 1, S. 521. Zur Einordnung: G. N. Wolkow, Soziologie der Wissenschaft. Studien zur Erforschung von Wissenschaft und Technik, Berlin 1970, besonders S. 184ff.; E. G. Lejkin, Zur Kritik der kumulativen Konzeptionen der Wissenschaftsentwicklung. In: G. Kröber/H. Steiner, Wissenschaft. Studien zu ihrer Geschichte, Theorie und Organisation, Berlin 1972, S. 152ff.

zin oder der technischen Wissenschaften an der Akademie müssen indessen ebenso wie Arbeiten über die Geschichte der einzelnen gesellschaftswissenschaftlichen Disziplinen kompetenten Fachwissenschaftlern vorbehalten bleiben. Aussagen hierzu haben die Autoren mit Unterstützung zuständiger Fachvertreter insoweit eingearbeitet, als sie für die Einschätzung wissenschaftlicher, wissenschaftspolitischer und forschungsorganisatorischer Positionen und Aktivitäten der Akademie erforderlich erschienen. Als Anregung für die fachspezifische Erforschung historischer Probleme aus dem Bereich der einen oder anderen einzelwissenschaftlichen Disziplin würden auch diese Aussagen einen weiteren Zweck erfüllen. Eine eindrucksvolle fachspezifische Vertiefung finden sie bereits in der von Akademiemitglied Prof. Dr. H.-J. Treder eingeleiteten und wissenschaftlich betreuten Edition von Laudationes für die Wahlen bekannter Physiker von Helmholtz bis Schrödinger zu Ordentlichen und Korrespondierenden Akademiemitgliedern.

Die vorliegenden Studien sind Beiträge zur Geschichte der Akademie in ihren allgemeinen wissenschaftlichen, wissenschaftspolitischen und forschungsorganisatorischen, gesellschaftlich-politischen und ideologischen Zusammenhängen und Verflechtungen. Sie werden von Historikern vorgelegt, die hier ein komplexes und vielschichtiges Problem historischer und wissenschaftshistorischer Forschung zu bearbeiten hatten.

Die Darstellung setzt mit der Jahrhundertwende ein, als in den entwickelten kapitalistischen Staaten der Übergang vom Kapitalismus der freien Konkurrenz zum Imperialismus weitgehend vollzogen war. Sie geht davon aus, daß sich die dialektische Wechselwirkung von Wissenschaft, Produktion und Gesellschaft im Kapitalismus, auf die bereits Marx und Engels verwiesen hatten, schnell verdichtete, indem der Aufschwung der kapitalistischen Produktion und die Konzentration des Kapitals mit der verstärkten Nutzung der Wissenschaft verbunden war. Fortan hatte der Ausbau eines imperialistischen Forschungsgefüges, das die Forschung den Interessen des Kapitals und der Weltmachtpolitik unterordnete, für die Entwicklung der Berliner Akademie größte Bedeutung. Auch die Akademie entwickelte sich in der Folgezeit in weitgehender Abhängigkeit von der reaktionären Ökonomie, Politik und Ideologie jener imperialistischen Gesellschaftsordnung, deren historische Überlebtheit W. I. Lenin in seiner klassischen Analyse des Imperialismus nachgewiesen hat. Auch hier zeigten sich die Diskrepanzen einer Wissenschaftsentwicklung, in der sich theoretisch oder praktisch bedeutsame Erkenntnisse mit geistiger Stagnation, Fortschritts- und Erkenntnisfeindlichkeit verbanden und die wissenschaftliche Forschung während des ersten imperialistischen Weltkrieges in großem Umfange zur barbarischen Kraft der Destruktion verwandelt wurde. Auch für die Akademiegeschichte bleibt Lenins Hinweis wesentlich, daß der Wissenschaftsfortschritt — wie jeder Fortschritt im Kapitalismus — nunmehr verstärkt mit dem Fortschritt von Widersprüchen in der kapitalistischen Gesellschaft verbunden war.[16] Die Akademie war in eine Wissenschaftspolitik einbezogen, in der sich der kapitalistische Grundwiderspruch zwischen gesellschaftlicher Produktion und privater Aneignung immer schärfer auswirkte. Die herrschenden Kräfte eigneten sich die Ergebnisse der Forschung an, die damit der gesellschaftlichen Nutzung weitgehend entzogen blieben. So entwickelten sich die wissenschaftlichen Institutionen unter bestimmten gesellschaftlichen Existenzbedingungen, die durch die historischen Verhältnisse in Deutschland zwischen 1900 und 1945 geprägt wurden. Deshalb kann die Entwicklung der Akademie bis 1945 nur aus den konkreten Zusammenhängen der Geschichte des imperialistischen Deutschlands verstanden werden. Die vorliegende Darstellung folgt deshalb den Periodisierungs- und Darstellungsprinzipien der marxistisch-leninistischen Geschichtswissenschaft. Dabei erweist sich die Große Sozialistische Oktoberrevolution, von der ein neues Verhältnis von Wissenschaft und Gesellschaft ausging, auch in diesem Zusammenhang als entscheidende Zäsur.

Gesamtaufbau und Gliederung werden durch die historische und wissenschaftshistorische Aufgabenstellung der Studien bestimmt. Die Beiträge sind weitgehend einheitlich untergliedert. Ein erstes Kapitel behandelt Grundtendenzen der Wissenschaftsentwicklung. Es trägt damit zum Verständnis der wissenschaftlichen und der wissenschaftspolitischen Stellung der Akademie bei, die in den weiteren Kapiteln behandelt wird. Inhalt und Aufbau des Abschnittes über die Wissenschaftsentwicklung werden daher von einem Grundanliegen bestimmt, das auch die Proportionen zwischen der Darstellung der Wissenschaftsentwicklung in Deutschland und im internationalen Rahmen sowie — seit 1917 — zwischen der Entwicklung der Wissenschaften im aufsteigenden Sozialismus und im niedergehenden Kapitalismus maßgeblich beeinflußt. Gleichzeitig gelten die Feststellungen zu wissenschaftshistorischen Periodisierungs- und Darstellungsfragen, die bereits an anderer Stelle getroffen wurden, besonders für diesen Abschnitt. Dabei waren die Autoren bestrebt, die spezifische Dialektik von Kontinuität und Diskontinuität über die zeitliche Begrenzung hinaus sichtbar zu machen.

Die folgenden Kapitel sind chronologisch gegliedert und bilden jeweils in sich eine Einheit. In jedem Kapitel wird die Stellung der Akademie in der gesellschaftlich-politischen Entwicklung des imperialistischen Deutschlands untersucht. Dabei wird von offiziellen Stellungnahmen ausgegangen, die von den Sekretaren und anderen führenden Gelehrten vor allem in den öffentlichen Festsitzungen der Akademie abgegeben wurden. Hierbei handelt es sich um persönliche Äußerungen insbesondere der Vorsitzenden Sekretare und bekannter Mitglieder, die mit Festvorträgen vor der Akademie beauftragt waren. Diese Stellungnahmen, die in der bürgerlichen Öffentlichkeit auch jetzt ihre traditionelle Bedeutung behielten und entsprechende Beachtung erfuhren, geben einen

16 „Begleitet wird dieser Fortschritt, wie jeder Fortschritt des Kapitalismus, von einem ‚Fortschritt' der Widersprüche, d. h. von ihrer Verschärfung und Erweiterung." (W. I. Lenin, Werke, Bd. 2, Berlin 1961, S. 182).

Einblick in jene verhängnisvollen gesellschaftlich-politischen Bindungen, deren Umfang und Tragweite sich erst aus dem historischen und wissenschaftshistorischen Gesamtzusammenhang der Darstellung erschließt. Differenzierungen unter bürgerlichen Gelehrten traten dabei auch in der Akademiegeschichte besonders in Erscheinung, wenn sich der Imperialismus als umfassende gesellschaftliche Reaktion und allgemeine Negation der Demokratie in extremer Weise verdeutlichte.

In jedem Kapitel wird die Funktion der Akademie in der Wissenschaftspolitik und Forschungsorganisation des imperialistischen Deutschlands behandelt. Dabei wurde von der gesellschaftlichen Zielsetzung bürgerlicher Wissenschaftspolitik ausgegangen, mit der die Wissenschaft in allen ihren Funktionen zunehmend in die Strategie der herrschenden Klassen einbezogen werden sollte. Hieraus ergab sich eine Vielfalt von Maßnahmen, die bereits in jener Zeit auf den Ausbau eines Gesamtgefüges der Wissenschaftspolitik und Forschungsorganisation abzielten, obwohl sie in ihrer Breite und Tiefe nicht mit gegenwärtigen staatsmonopolistischen Lenkungsmaßnahmen auf dem Gebiet der Forschung gleichgesetzt werden können. Diese Maßnahmen werden für jene Zeit insoweit berücksichtigt, wie sie für das Verständnis der Positionen der Akademie in weitem Sinne erforderlich scheinen.

In einem weiteren Abschnitt werden die Wahlpolitik und die Mitgliederentwicklung der Akademie behandelt sowie die Tätigkeit einzelner Mitglieder eingeschätzt. Obwohl hierbei von akademiegeschichtlichen Aspekten ausgegangen wurde, konnten die Einschätzungen der Mitglieder letztlich nur in Verbindung zu ihrem Gesamtwerk erarbeitet werden, da die Stellung der Akademie nicht zuletzt durch das Ansehen und das Wirken ihrer Mitglieder bestimmt wurde. Trotz mancher wertvollen Vorarbeit war gerade hier vielfach Neuland zu erschließen, da monographische bzw. biographische Arbeiten und Einschätzungen oft nicht vorlagen. Die Ausarbeitung, die auch hier durch kompetente Akademiemitglieder und Fachwissenschaftler unterstützt wurde, beschränkt sich nicht auf die Ordentlichen Mitglieder. Dies gilt besonders für die Aussagen zu den Mitgliederwahlen, die in ihrer wissenschaftspolitischen und forschungsorganisatorischen Funktion und Relevanz verdeutlicht werden sollten. Damit sollte u. a. erreicht werden, diesen Abschnitt mit dem anderen, in dem die wissenschaftspolitische und forschungsorganisatorische Stellung der Akademie dargelegt wird, stärker zu verflechten. Bei der Einschätzung von Mitgliedern wurden die Laudationes berücksichtigt, in denen führende Fachvertreter der Akademie Neuwahlen ihrer Fachkollegen begründet haben. Für die physikalischen Wissenschaften und ihre Grenzbereiche verflicht sich die Darstellung durch diese Laudationes, die auch in ihrer historischen Stellung und gegebenenfalls in ihrer weiterreichenden Bedeutung eingearbeitet wurden, mit der bereits erwähnten Publikation der Laudationes von Helmholtz bis Schrödinger.

In einem jeweils abschließenden Abschnitt jedes Kapitels werden die wissenschaftlichen Unternehmungen der Akademie behandelt. Hier hatte die Akademie ein eigenständiges Tätigkeitsgebiet. Dabei handelte es sich oft um Arbeiten, die über sehr lange Zeiträume verfolgt wurden. Sie wurden zu unterschiedlichen Zeitpunkten konzipiert und spiegeln insofern Grundanliegen bestimmter bürgerlicher Wissenschaftsauffassungen wider, ohne in jedem Falle aktuelle gesellschaftliche Interessen aufzugreifen.

An der Erarbeitung der Beiträge, eines angesichts der Vielfalt der Problematik und der personellen Situation notwendigerweise unvollkommenen Versuchs, mit der Darstellung der Geschichte der Berliner Akademie von 1900 bis 1945 zu beginnen, haben viele mitgewirkt. Die Bemühungen um eine Geschichte der Akademie nach 1900 reichen bis in die fünfziger Jahre zurück, gewannen freilich erst endgültig Gestalt mit der 1969 erfolgten Gründung der Forschungsstelle für Akademiegeschichte. Deren Direktor, Akademiemitglied Prof. Dr. Leo Stern, leitet seither wissenschaftlich und politisch-ideologisch die Arbeiten, die grundlegende Umgestaltungen erfuhren und an denen das gesamte Kollektiv der Forschungsstelle beteiligt ist; außerdem wirkten verschiedene Fachspezialisten mit, deren Anregungen und kritische Bemerkungen in die Gesamtarbeit eingeflossen sind.

Das Manuskript einer ersten Fassung der Studien zur Geschichte der Akademie von 1900 bis 1945 wurde dem Präsidenten der Akademie durch den Direktor der Forschungsstelle zum Leibniztag 1971 übergeben. Stellungnahmen zu dieser Fassung, die von Mitgliedern einer vom Präsidenten ernannten Kommission sowie im Auftrage des Direktors des Zentralinstituts für Geschichte der Akademie von zuständigen Mitarbeitern des Instituts abgegeben wurden, bildeten den Ausgangspunkt einer vertieften interdisziplinären Betrachtung, die dem komplexen, den Rahmen der historischen Forschung im engeren Sinne sprengenden Charakter wissenschafts- und akademiegeschichtlicher Arbeit entsprach. Der Unterstützung durch Mitglieder und Mitarbeiter und den hier begonnenen Konsultationen und der Kooperation mit führenden Vertretern naturwissenschaftlicher Disziplinen und der Mathematik an der Akademie kam umso größere Bedeutung zu, als der Auftrag, akademiehistorische Forschungen zu betreiben, einem sehr kleinen Kollektiv von Historikern gestellt war, die hier vor eine Vielzahl interdisziplinärer oder in andere fachwissenschaftliche Kompetenzen fallender Probleme gestellt waren. Die Vertiefung der interdisziplinären, aber auch der disziplinären Kooperation gehört zu den unabdingbaren Voraussetzungen und damit zu den dringlichsten Desideraten der Forschungen zur Akademiegeschichte. Die kritischen Stellungnahmen und die bisherige Zusammenarbeit haben die vorliegende Fassung der Akademiegeschichte in bestimmten Aussagen erst ermöglicht.

Der Präsident der Akademie, Herr Professor Dr. Hermann Klare, hat bei der Erarbeitung der Studien zur Akademiegeschichte von Anfang an verständnisvolle Unterstützung gewährt und persönlich mit kritischen Hinweisen geholfen. Er hat die Akademiemitglieder Professor Dr. Manfred Buhr, Professor Dr. Heinrich Grell (†), Professor Dr. Robert Rompe, Professor Dr. Heinrich Scheel, Professor Dr. Wolfgang Schirmer und Professor Dr. Hans-Jürgen Treder zu Mitgliedern einer einstweiligen Kommission für die Arbeiten an der Akademiegeschichte berufen. Zur ersten Fassung des Manuskripts (1971) haben im Auftrage des Direktors des Zentralinstituts für Geschichte der AdW, Akademiemitglied Professor Dr. Horst Bartel, die Mitarbeiter des Instituts Professor Dr. Fritz Klein, Professor Dr. Wolfgang Ruge, Dr. habil. Joachim Petzold und Dr. habil. Dietrich Eichholtz kritische Gutachten vorgelegt, die die weitere Arbeit befruchtet haben. Den genannten Herren und den Akademiemitgliedern Professor Dr. Werner Albring, Professor Dr. Erich Correns, Professor Dr. Hans Frühauf, Professor Dr. Arnold Graffi, Professor Dr. Werner Hartke, Professor Dr. Joachim Herrmann, Professor Dr. Helmut Kraatz, Professor Dr. Fred Oelßner, Professor Dr. Alfred Rieche, Professor Dr. Günther Rienäcker, Professor Dr. Hans Stubbe und Professor Dr. Erich Thilo sowie dem Korrespondierenden Akademiemitglied Professor Dr. Herbert Hörz, die auf Bitte des Präsidenten als Gutachter zu den ihr Fachgebiet betreffenden Aussagen Stellung genommen haben, darf an dieser Stelle gedankt werden. Besonderer Dank gilt dabei den Akademiemitgliedern Professor Dr. Heinrich Grell (†), Professor Dr. Hans-Jürgen Treder und Professor Dr. Wolfgang Schirmer, die auf die Erarbeitung aller Aussagen zur Mathematik, Physik und Chemie durch die ständige mündliche und schriftliche Beratung der Autoren entscheidenden Einfluß genommen haben. Wissenschaftliche und technisch-organisatorische Unterstützung gab Dr. Werner Hartkopf vom Wissenschaftlichen Sekretariat des Präsidenten der Akademie.

Die Autoren stützten sich bei ihrer Arbeit auf eine umfangreiche Literatur, in der die Geschichte wissenschaftlicher Institutionen und die Akademiegeschichte im besonderen entweder wenig oder mit von der vorliegenden Darstellung abweichender Zielstellung behandelt sind. Primärquellen waren daher in großem Umfange zu erschließen. Die Abfassung des Manuskripts wurde durch die Hilfsbereitschaft der Leiter und Mitarbeiter verschiedener hier besonders wichtiger Archive und Bibliotheken wesentlich erleichtert. Gedankt sei hierfür vor allem dem Zentralen Archiv der AdW der DDR, den Zentralen Staatsarchiven der DDR Potsdam und Merseburg, dem Archiv der Humboldt-Universität zu Berlin. Gleicher Dank gebührt der Leitung und den Mitarbeitern der Hauptbibliothek der AdW der DDR, der Bibliothek des Zentralinstituts für Geschichte der AdW der DDR, der Staatsbibliothek und der Universitätsbibliothek Berlin sowie der Wissenschaftlichen Allgemeinbibliothek Potsdam.

Berlin, März 1974 LEO STERN

KAPITEL I

Zur Stellung der Berliner Akademie am Beginn der imperialistischen Epoche. Grundtendenzen der Wissenschaftsentwicklung in der Zeit des Imperialismus bis zu den Anfängen der allgemeinen Krise des Kapitalismus (Ende der 1890er Jahre bis 1917)

1. Aufgabenstellung, Organisation und Arbeitsweise der Akademie

Die am 11. Juli 1700 von Gottfried Wilhelm Leibniz gegründete Akademie der Wissenschaften in Berlin gehörte an der Wende vom 19. zum 20. Jh. zu den führenden Wissenschaftsinstitutionen Europas. Wie zahlreiche ihrer bedeutenden Schwestereinrichtungen — die bekanntesten waren die 1662, 1666 und 1724 gegründeten Akademien in London, Paris und Petersburg — war sie in der Übergangsphase vom Feudalismus zum Kapitalismus entstanden und hatte wie diese beachtlichen Anteil an der Wissenschaftsentwicklung in der damals progressiven kapitalistischen Gesellschaftsordnung. In der Geschichte der Berliner Akademie reflektierten sich der Aufstieg der bürgerlichen Klasse, aber auch deren schließlicher Niedergang in der Zeit, in der die Arbeiterklasse für die revolutionäre Vernichtung der alten Gesellschaftsordnung kämpfte.

Die politisch-ideologischen Positionen der Bourgeoisie als Klasse wurden seit dem Aufkommen der Arbeiterbewegung auch in Deutschland durch die Furcht vor dem Proletariat bestimmt. Fortschrittliche Bestrebungen des Bürgertums wurden besonders nach der gescheiterten bürgerlich-demokratischen Revolution von 1848/49 und nach der Gründung des deutschen Reiches unter Preußens Vorherrschaft zunehmend verleugnet, bürgerlich-progressive Gesellschaftsideale in wachsendem Maße durch eine Apologie der kapitalistischen Ordnung ersetzt. An die Stelle der zukunftsgläubigen und humanistischen Weltauffassung des aufstrebenden Bürgertums trat immer stärker eine reaktionäre, pessimistische und irrationalistische Ideologie, die im Materialismus ihren Hauptfeind sah. Gleichzeitig wurden bedeutende wissenschaftliche Leistungen vollbracht. Aus dieser hier nur kurz gekennzeichneten und weiterhin am Beispiel der Akademie ausführlicher herauszuarbeitenden Entwicklungstendenz ergibt sich unter anderem eine für das behandelte Thema entscheidende Aufgabenstellung: die durchgehende Analyse des Kampfes um die klassengebundene Interpretation und Nutzung bedeutender, ja revolutionierender wissenschaftlicher, vor allem naturwissenschaftlich-technischer Forschungsergebnisse mit dem Ziel eines vertieften Verständnisses der Geschichte der Akademie.

Der Anteil deutscher Wissenschaftler am Fortschritt der Wissenschaft, insbesondere auf dem Gebiet der Naturwissenschaft, war im ausgehenden 19. und im beginnenden 20. Jh. recht beachtlich. Viele von ihnen waren auch Mitglieder der Akademie in Berlin. Seit der Mitte des 19. Jh. wuchs die Bedeutung der Naturwissenschaften für die Entwicklung der Produktivkräfte zunehmend. In dem Maße, wie sich Wissenschaft und Produktion weiter miteinander verflochten, wie die industrielle Nutzung naturwissenschaftlicher Forschungsergebnisse an Gewicht gewann, wurde die naturwissenschaftliche Grundlagenforschung seitens des Staates und der Monopole stärker gefördert, wobei die Berliner Akademie jedoch auf dem naturwissenschaftlichen Gebiete, soweit es die an apparative Voraussetzungen gebundene und nicht die theoretische Forschung sowie die sammelnd-editorische Arbeit betraf, eine führende Rolle nicht spielte. Die wachsende Spezialisierung der Forschung, die nicht im notwendigen Maße gleichzeitig durch die entsprechende Integration ergänzt wurde, drängte den einzelnen Wissenschaftler auf Detailuntersuchungen und erschwerte damit vielfach den Einblick in größere Zusammenhänge. Zugleich vertiefte sich auch die Gegenüberstellung von Natur- und Gesellschaftswissenschaften. Die objektive Einheit der Wissenschaft und die Notwendigkeit der Integration, die sich bereits abzeichnete, wurden von der Mehrheit der bürgerlichen Fachspezialisten nicht gesehen. Karl Marx hatte schon 1844 darauf hingewiesen: „Die Naturwissenschaft wird später ebensowohl die Wissenschaft von dem Menschen wie die Wissenschaft von dem Menschen die Naturwissenschaft unter sich subsumieren: es wird *eine* Wissenschaft sein.“[1]

Die meisten bürgerlichen Wissenschaftler gingen von einem vorgeblich klassenindifferenten Wissenschaftsbegriff aus, waren jedoch gleichzeitig fest in die kapitalistische Gesellschaft integriert. Die weitverbreitete Vorstellung von der angeblichen Voraussetzungslosigkeit der Wissenschaft, wonach die Wissenschaft und deren Institutionen isoliert von der gesellschaftlichen Entwicklung existieren und sich entwickeln können, also im eigentlichen Sinne apolitisch wären, gewann immer mehr Einfluß. Eben darin lagen mit die Voraussetzungen für eine in der Epoche des Imperialismus stattfindende tatsächliche Manipulierung der Wissenschaft und der Wissenschaftler im Interesse des herrschenden Systems, der sich nur wenige Gelehrte und diese oft auch nur partiell zu entziehen vermochten.

Die Trennung von Natur- und Gesellschaftswissenschaften, die trotz des immer wieder betonten Selbstverständnisses der Akademie als eines interdisziplinären Integrationsfaktors und trotz zahlloser Bekenntnisse zur universitas litterarum der Universität insgesamt für die bürgerliche Wissenschaft vorherrschend war, erleichterte es, neue wissenschaftliche Einzelerkenntnisse für die Entwicklung der Produktivkräfte unter dem Kapitalismus nutzbar zu machen und gleichzeitig die Gesetzmäßigkeiten der gesellschaftlichen Entwicklung zu leugnen. Der Hauptstoß der bürgerlichen Ideologie mußte sich

---

1 K. Marx, F. Engels, Werke, Ergänzungsband, 1. Teil, Berlin 1968, S. 544. Vgl. auch L. Stern, Karl Marx über die historischen Gesetzmäßigkeiten und das Handeln der Menschen. In: Wissenschaftliche Zeitschrift der Martin-Luther-Universität Halle-Wittenberg. Gesellschafts- und sprachwissenschaftliche Reihe, Jg. III (1953/54), Heft 1 (auch als separate Publikation); ders., Die Rolle der Gesellschaftswissenschaften für den Fortschritt der Gesellschaft. Hg. von der DAW zu Berlin 1963.

daher folgerichtig gegen den Marxismus richten, der den Weg zur Überwindung der bürgerlichen Klassengesellschaft zeigte und der die Voraussetzungen für die Verbindung zwischen Natur- und Gesellschaftswissenschaften geschaffen hatte, indem er die Gesetzmäßigkeiten der Entwicklung von Natur und Gesellschaft nachwies. Die Formen des Kampfes gegen den Marxismus waren vielfältig. Neben der Verfälschung des Marxismus spielte die indirekte Auseinandersetzung mit ihm durch die umfassende Propagierung der bürgerlichen Weltanschauung eine entscheidende Rolle.[2] Viele Wissenschaftler suchten den Eindruck zu erwecken, als wären sie zu erhaben, um in „politische" Auseinandersetzungen einzugreifen. Tatsächlich förderten sie durch ihr Zurückweichen auf die Position der angeblich apolitischen, voraussetzungslosen Wissenschaft die Verbreitung unwissenschaftlicher Theorien.

Kein deutscher Professor und auch kein Akademiemitglied, so groß seine Verdienste auf einem speziellen Wissenschaftsgebiet auch waren, vermochte bis zum dialektischen Materialismus vorzustoßen. Weit verbreitet jedoch war ein spontaner Materialismus gerade unter den Naturwissenschaftlern. Er wurde gefördert durch die Einführung historischer Gesichtspunkte in die Naturentwicklung und durch die Theorie der organischen Evolution.[3] Im Zeitalter des Imperialismus wuchs sich die Divergenz zwischen den materialistischen Grundlagen der Wissenschaft und den idealistischen Schlußfolgerungen zu einer Grundlagenkrise der bürgerlichen Wissenschaft aus.

Auf dem Gebiet der exakten Naturwissenschaften waren die letzten Jahrzehnte des 19. Jh. eine Übergangszeit, in der erzielte Ergebnisse zusammengefaßt und neuartige Untersuchungen eingeleitet und durchgeführt wurden.[4] Über diese sich ankündigenden großen Umwälzungen auf naturwissenschaftlichem Gebiet hatte F. Engels 1885 im Vorwort zur zweiten Auflage seines „Anti-Dühring" geschrieben: „Denn die Revolution, die der theoretischen

---

2 Vgl. Zur Geschichte der marxistisch-leninistischen Philosophie in Deutschland, Bd. I, 1,2, Berlin 1969, hier besonders Bd. 1, 2, S. 149ff.

3 Das Beispiel des um die Verbreitung und Weiterentwicklung der Lehre Darwins verdienten Naturwissenschaftlers und Philosophen Ernst Haeckel, der niemals in die Akademie aufgenommen wurde, zeigt anschaulich die Situation eines bürgerlichen Gelehrten, der spontan materialistische Anschauungen vertrat. Von bürgerlich-klerikaler Seite wurden er und der 1906 von ihm gegründete Monistenbund, dessen Wirken Ausdruck der atheistischen und materialistischen Haltung eines geringen Teils des deutschen Bürgertums war, aktiv bekämpft. Obwohl sich Haeckel nicht zum Kampf der Arbeiterklasse bekannte, hat er deren Emanzipation gefördert, vor allem durch seine „Welträtsel" (1899) und sein Wirken im Monistenbund, der in seinem Kampf gegen die klerikale Reaktion von solchen hervorragenden Arbeiterführern wie Karl Liebknecht unterstützt wurde. Die „Welträtsel" Haeckels stellten den monistisch-materialistischen Lösungsversuch der Fragen dar, die das einflußreiche Akademiemitglied Emil du Bois-Reymond 1880 in seiner akademischen Festrede als unlösbar bezeichnete. (Vgl. Monatsber. d. Akad. 1880, S. 1045–1072.) In Haeckels Buch, so schrieb Lenin 1909, dokumentierte sich „die *Unausrottbarkeit* des naturwissenschaftlichen Materialismus, seine *Unvereinbarkeit* mit der *ganzen* offiziellen Professorenphilosophie und -theologie". W. I. Lenin, Werke, Bd. 14, Berlin 1964, S. 355. Vgl. dazu J. D. Bernal, Die Wissenschaft in der Geschichte, Berlin 1967.

Naturwissenschaft aufgezwungen wird durch die bloße Notwendigkeit, die sich massenhaft häufenden, rein empirischen Entdeckungen zu ordnen, ist der Art, daß sie den dialektischen Charakter der Naturvorgänge mehr und mehr auch dem widerstrebendsten Empiriker zum Bewußtsein bringen muß."[5]

Die kapitalistischen Produktionsverhältnisse, die Entwicklung der Wissenschaft und deren zunehmende Bedeutung für die Produktion, für die Entwicklung der Produktivkräfte konnten nicht ohne Einfluß auf die Wissenschaftspolitik und die Forschungsorganisation bleiben. Dem Charakter des Kapitalismus der freien Konkurrenz entsprach die Tatsache, daß es eine gezielte, auf die Nutzbarmachung der Wissenschaft für die Produktion orientierte Förderung erst in Ansätzen gab. Am Grundsatz der Einheit von Lehre und Forschung im Sinne des Humboldtschen Universitätsgedankens wurde unvermindert festgehalten. Die Bedürfnisse der Industrie drängten jedoch sehr stark auf die Anwendung der Forschung, der die Lehreinrichtungen nur bedingt Rechnung tragen konnten. Zu den vom bürgerlichen Standpunkt grundsätzlich nicht lösbaren Problemen der disziplinären Spezialisierung und Integration der Wissenschaft kamen damit zunehmend auch Probleme der Arbeitsteilung in der Wissenschaft, für die heute solche Stufen wie Erkundungsforschung, Grundlagenforschung, angewandte Forschung und Entwicklung kennzeichnend sind.[6]

Aus wissenschaftsimmanenten Entwicklungen, aber auch aus neuen an die Wissenschaft gestellten Anforderungen ergab sich, daß schon im 19. Jh. das Gefüge der Lehr- und Forschungseinrichtungen immer differenzierter wurde. Ohne in diesem Zusammenhang auf Einzelheiten eingehen zu können, muß wenigstens auf die Entstehung des Fachhochschulwesens, die Bildung industrieeigener Forschungslaboratorien und die Gründung staatlicher Spezialforschungsinstitute hingewiesen werden. Von den letzteren tangierten die preußischen Institute für Meteorologie, Geodäsie und Astrophysik in Potsdam die Geschichte der Berliner Akademie unmittelbar.[7]

Noch gravierender war 1887 die Schaffung der Physikalisch-technischen Reichsanstalt als einer gesamtstaatlichen Institution. Erste Bemühungen um die Gründung eines staatlichen Instituts für Physik und Technik datierten seit 1872. Eine entsprechende Denkschrift wurde von der Akademie der Wissenschaften damals im wesentlichen ablehnend behandelt. Die Mehrheit ihrer Mitglieder sah nicht, welche Bedeutung der naturwissenschaftlichen Grundlagenforschung in ihrer Verbindung mit angewandter Forschung zukam. Sie betonte mehr ihre Stellung als gelehrte Gesellschaft und nicht als Forschungsinstitution. Seit 1882 setzte sich der Erfinder und Industrielle Werner von Siemens, der seit 1873 Akademiemitglied war, aktiv für die Institutsgründung ein.

---

5 K. Marx, F. Engels, Werke, Bd. 20, Berlin 1968, S. 13.

6 Vgl. H. Seickert, Produktivkraft Wissenschaft im Sozialismus, Berlin 1973, bes. S. 38ff. („Wissenschaft und Produktion im Kapitalismus").

7 Vgl. über diese: Die Königlichen Observatorien für Astrophysik, Meteorologie und Geodäsie bei Potsdam. Aus amtlichem Anlaß herausgegeben von den beteiligten Direktoren, 1890.

Recht instruktiv für Bestrebungen, Wissenschaft und Produktion dieser Periode des Kapitalismus der freien Konkurrenz enger zusammenzuführen, ist der Brief, den Siemens am 20. März 1884 in der Angelegenheit der Institutsgründung an die Reichsregierung schrieb. Siemens ging von dem hohen Stand des naturwissenschaftlichen Unterrichts, namentlich in Deutschland, aus und beklagte den Mangel an Institutionen „für die Fortentwicklung der Wissenschaft", den die Akademien nicht zu heben vermögen, denn „zu Akademikern werden mit wenigen Ausnahmen nur Gelehrte ernannt, deren Lebensberuf die Lehrtätigkeit ist". In Rußland dagegen, so führte Siemens aus, wären die Akademiemitglieder „nicht zur Lehrtätigkeit verpflichtet" und die Akademie hätte „gut dotierte Laboratorien, in denen die Akademiker wissenschaftliche Forschungen betreiben können". Siemens dachte für Deutschland an eine sowohl von den Hochschuleinrichtungen als auch von den betriebseigenen Laboratorien, in denen die Lehre bzw. die unmittelbaren Bedürfnisse der Produktion zu sehr im Vordergrund stünden, unabhängige Institution für die Grundlagenforschung. „Zur Anstellung entscheidender naturwissenschaftlicher Versuche gehören heute geeignete, gut gelegene und vor äußeren Störungen geschützte Räume, ausgezeichnete und kostspielige Instrumente und die vollständige Hingabe des mit allen Kenntnissen ausgerüsteten Gelehrten an die Lösung der unternommenen Aufgabe."

Die Absicht, der Akademie der Wissenschaften „eine größere Geldsumme zur Begründung eines Laboratoriums, welches wissenschaftlichen Fundamentaluntersuchungen gewidmet werden sollte, zu vermachen", hatte Siemens schließlich zugunsten der Gründung einer staatlichen Versuchsanstalt aufgegeben. Keinerlei Zweifel ließ Siemens daran, daß ihn der Kampf der deutschen Industriellen gegen die Kapitalisten anderer Länder zu seinen Vorschlägen veranlaßt hatte, wenn er auch entsprechend seinen bourgeoisen Auffassungen die Interessen der unterdrückenden und der unterdrückten Klasse gleichsetzte: „Bei dem jetzt so lebhaft geführten Konkurrenzkampfe der Völker hat das Land ein entschiedenes Übergewicht, welches neue Bahnen zuerst betritt und die auf dieselben zu gründenden Industriezweige zuerst ausbildet. Fast ohne Ausnahme sind es neue naturwissenschaftliche Entdeckungen, oft sehr unscheinbarer Art, welche solche neuen Bahnen eröffnen und wichtige Industriezweige neu erschaffen oder neu beleben. . . . Die Begünstigung der naturwissenschaftlichen Forschung ist daher in eminentem Grade eine Förderung der materiellen Interessen des Landes! . . . Nicht die wissenschaftliche Bildung, sondern die wissenschaftliche Leistung weist einer Nation die Ehrenstellung unter den Kulturvölkern an."[8]

Die hier wiedergegebenen Feststellungen zeigen Siemens, der Unternehmer und Wissenschaftler zu gleicher Zeit war, als einen Vertreter seiner Klasse, der einige Probleme, die sich aus der Verwandlung der Wissenschaft in eine Pro-

---

8 Der Brief ist abgedruckt in: Forschung und Prüfung. 50 Jahre Physikalisch-technische Reichsanstalt, Leipzig 1937, S. 11—15.

duktivkraft unter den Bedingungen des Übergangs zum Imperialismus ergaben, recht deutlich erkannte. Sein Hinweis, daß die Wissenschaft auf die Erfordernisse der materiellen Produktion Antworten geben müßte, provozierte geradezu die Frage nach der Stellung der Akademie als einer traditionellen Organisationsform der Wissenschaft.

Die Wissenschaftsentwicklung, die Wissenschaftspolitik und die Forschungsorganisation in den kapitalistischen Ländern, darunter auch in Deutschland, wurden von den antagonistischen Widersprüchen der bürgerlichen Klassengesellschaft geprägt. Mit dem Übergang zur letzten, niedergehenden Phase des Kapitalismus wurden für die bürgerliche Klasse die Bemühungen um die Erhaltung der bestehenden Gesellschaft zum entscheidenden Kriterium aller ihrer Maßnahmen. Ihr Kampf richtete sich daher vor allem gegen die Arbeiterklasse und deren Ziele. Dabei setzte die Bourgeoisie in Abhängigkeit von der jeweiligen Situation des Klassenkampfes sowohl flexible als auch brutale Mittel ein. Die Grundtendenz bestand darin, daß das offen fortschrittsfeindliche Vorgehen für die herrschende Klasse bestimmend wurde. „Der Imperialismus", sagte Lenin, „ist die Epoche des Finanzkapitals und der Monopole, die überall hin den Drang nach Herrschaft, aber nicht nach Freiheit tragen. Reaktion auf der ganzen Linie, ... das ist das Resultat dieser Tendenzen."[9] Das galt auch für die Wissenschaft. Die Bedingungen, die Erscheinungsformen und die Charakteristika des Verhältnisses von Wissenschaft und Gesellschaft, die Marx und Engels für die kapitalistische Produktionsweise entdeckt und analysiert haben[10], wirkten nach dem Übergang zum Imperialismus in verstärktem Maße fort. Diese Tatsache fand ihren Ausdruck in der weiteren Vergesellschaftung der Wissenschaft im Imperialismus[11], einem Vorgang, den bereits Lenin in seine Imperialismus-Analyse einbezogen hat.[12]

In den hochentwickelten kapitalistischen Staaten, darunter auch in Deutschland, vollzog sich der Übergang zum Imperialismus seit dem ausgehenden 19. Jh. „Der Imperialismus ist der Kapitalismus auf jener Entwicklungsstufe, wo die Herrschaft der Monopole und des Finanzkapitals sich herausbildet, der Kapitalexport hervorragende Bedeutung gewonnen, die Aufteilung der Welt durch die internationalen Trusts begonnen hat und die Aufteilung des gesamten Territoriums der Erde durch die größten kapitalistischen Länder abgeschlossen ist."[13] Seit der Jahrhundertwende kann man von einer Vorherrschaft des Imperialismus sprechen.

Die für den Imperialismus kennzeichnende rapide Polarisierung der Klassenkräfte fand ihren politischen Ausdruck im verschärften Kampf der Arbeiter-

[9] W. I. Lenin, Werke, Bd. 22, Berlin 1960, S. 302. Zur Entwicklung des Imperialismus in Deutschland vgl. den historischen Abriß in: Der Imperialismus der BRD, Berlin 1971.

[10] Vgl. Ideologie und Naturwissenschaft, Berlin 1969, S. 84ff.

[11] Vgl. H. Steiner, Der sozialökonomische Charakter der Vergesellschaftung der Wissenschaft als theoretische und methodologische Grundlage für ihre wissenschaftstheoretische Analyse. In: Deutsche Zeitschrift für Philosophie, Jg. 19 (1971), H. 12, S. 1471ff.

[12] Vgl. W. I. Lenin, Werke, Bd. 22, S. 209.

[13] Ebd., S. 271.

klasse und der von ihr geführten demokratischen Schichten gegen das imperialistische System und in den wachsenden Versuchen der Verteidiger dieses Systems, die Arbeiterbewegung zu unterdrücken und sie durch bürgerlich-ideologische Beeinflussung zu lähmen. Zugleich bestimmte die sich steigernde Auseinandersetzung zwischen den beiden Klassenlinien in der Arbeiterbewegung, der proletarischen und der bürgerlichen, die aus dem Übergang zum Imperialismus folgte, immer nachhaltiger die Entwicklung.[14]

Die sozialökonomischen und politischen Entwicklungstendenzen des Imperialismus blieben nicht ohne Einfluß auf die Stellung und die Funktion der Akademien der Wissenschaften, die neben den Universitäten in den führenden imperialistischen Ländern eine große Konzentration personeller Forschungskapazität darstellten. Die Akademien in Paris, London, Berlin und Petersburg galten um 1900 als Zentren der Wissenschaft in der Welt. Die Untersuchung der Geschichte der Berliner Akademie, ihrer inneren Entwicklung ebenso wie ihrer wissenschaftlichen Leistungen, ist ein Beitrag zu einem vertieften Verständnis des Verhältnisses von Wissenschaft und Gesellschaft im Imperialismus.

Die Preußische Akademie der Wissenschaften zu Berlin war die größte und bedeutendste der deutschen Akademien. Der Schwerpunkt ihrer Arbeit lag in der Diskussion und Rezeption von Forschungsergebnissen, die die Mitglieder der Akademie zum überwiegenden Teil außerhalb dieser Institution, meist in der Universität, erzielt hatten, und nicht in erster Linie in der Forschung selbst. Grundlegend für die Tätigkeit der Akademie war ihre Bestimmung als „Gesellschaft von Gelehrten, welche zur Förderung und Erweiterung der allgemeinen Wissenschaften, ohne einen bestimmten Lehrzweck, eingesetzt ist.“ Diese Festlegung aus dem Akademie-Statut von 1838 wurde wörtlich in das von 1881 bis 1938 geltende Statut übernommen. Die Akademie verfügte über keine Institute, sie hatte dagegen laut Statut die Aufgabe, „wissenschaftliche Unternehmen ihrer Mitglieder oder anderer Gelehrter zu fördern, insonderheit solche, für welche die gemeinsame Tätigkeit verschiedener Gelehrter nötig erscheint, sowie solche, welche durch ihren Umfang, ihre Dauer oder ihre Kostspieligkeit das Eintreten der Akademie erfordern“[15].

---

14 Zur allgemeinen Entwicklung in Deutschland vgl. Klassenkampf, Tradition, Sozialismus. Von den Anfängen der Geschichte des deutschen Volkes bis zur Gestaltung der entwickelten sozialistischen Gesellschaft in der DDR. Grundriß, Berlin 1974, S. 309ff.; J. Kuczynski, Die Geschichte der Lage der Arbeiter unter dem Kapitalismus, Bd. 4: Darstellung der Lage der Arbeiter in Deutschland von 1900 bis 1917/18, Berlin 1967; F. Klein, Deutschland 1897/98–1917, Berlin 1969.

15 Zitate aus dem Statut von 1871. Abgedruckt bei A. Harnack, Geschichte der Königlich Preußischen Akademie der Wissenschaften zu Berlin, Bd. 2, S. 626, 635 f. Eine gedrängte Übersicht über die Entwicklung der Akademie geben W. Hartkopf, G. Dunken, Von der brandenburgischen Sozietät der Wissenschaften zur Deutschen Akademie der Wissenschaften, Berlin 1967. Zur Bedeutung der Akademie vgl. H. Klare, W. Hartkopf, Die Akademie der Wissenschaften der DDR. Zum 275. Jahrestag der Gründung der Akademie, Berlin o.J. (1974).

Entsprechend den geltenden Regelungen konnten der Akademie 1899 insgesamt 274 Mitglieder[16] — 54 Ordentliche (OM), 20 Auswärtige (AM) und 200 Korrespondierende (KM) — zuzüglich einer nicht festgelegten Zahl von Ehrenmitgliedern (EM) angehören. In Wirklichkeit zählte sie zu diesem Zeitpunkt 194 Mitglieder, darunter 51 Ordentliche, 137 Korrespondierende und 6 Auswärtige. Weiterhin hatte die Akademie vier Ehrenmitglieder.

Alle Mitglieder — außer den Ehrenmitgliedern — gehörten zu einer der beiden Klassen der Akademie, der physikalisch-mathematischen oder der philosophisch-historischen, für die eine gleiche Mitgliederzahl festgelegt war: jeweils 27 OM, 10 AM und 100 KM. 1899 verteilten sie sich folgendermaßen:

	OM	AM	KM
Physikalisch-mathematische Klasse	24	4	74
Philosophisch-historische Klasse	27	2	63

Jede Klasse wurde von zwei Sekretaren geleitet. Einer der vier Sekretare fungierte als Vorsitzender Sekretar der Akademie, die zu dieser Zeit keinen Präsidenten, sondern nur einen Protektor in der Person des preußischen Königs hatte. Gemeinsam bildeten die vier Sekretare das Sekretariat der Akademie, dessen Hauptaufgabe die Entscheidungsvorbereitung für die Gesamtakademie und die beiden Klassen in wissenschaftlichen, wissenschaftspolitischen und wissenschaftsorganisatorischen Fragen war. Das Sekretariat hatte damit wichtige Funktionen, weshalb den Sekretarswahlen große Bedeutung für die wissenschaftliche und die gesellschaftlich-politische Stellung der Akademie zukam. Die Ordentlichen Mitglieder versammelten sich wöchentlich abwechselnd zu Gesamtsitzungen und zu Klassensitzungen.

Von den jeweils 27 Ordentlichen Mitgliederstellen in jeder Klasse waren 18 an bestimmte Fächer gebunden, 9 waren sogenannte „freie" Stellen. In der physikalisch-mathematischen Klasse gab es jeweils zwei Fachstellen für Physik, Chemie, Mineralogie/Geognosie, Botanik, Zoologie und Anatomie/Physiologie sowie sechs Stellen für die mathematischen Disziplinen. Die philosophisch-historische Klasse hatte eine Fachstelle für Staats- und Rechtswissenschaften, jeweils zwei für Philosophie und für Kunstwissenschaft, jeweils drei für Geschichte, für deutsche und andere neuere Philologie sowie für Orientalistik, weiterhin vier Stellen für klassische Philologie.

Ein Ordentliches Mitglied mußte seinen Wohnsitz in oder bei Berlin haben und hatte das Recht, Vorlesungen an der Berliner Universität zu halten. Diese Regelung bedingte einen engen Zusammenhang zwischen der Akademie und der Berliner Universität, die insbesondere die Mitgliederpolitik der Akademie nach-

[16] Vgl. zu den folgenden Angaben über die Mitglieder: E. Amburger (Hrsg), Die Mitglieder der Deutschen Akademie der Wissenschaften zu Berlin 1700–1950, Berlin 1950; K.-R. Biermann, G. Dunken (Hrsg), Deutsche Akademie der Wissenschaften zu Berlin. Biographischer Index der Mitglieder, Berlin 1960; Sb 1900, S. I–VII; A. Harnack, a.a.O., Bd. 1–3.

haltig beeinflußte. In den meisten Fällen ging der Wahl zum Akademiemitglied die Berufung zum Professor an die Universität voraus, die wiederum von den gleichzeitig an der Universität als Professoren wirkenden Akademiemitgliedern unter dem Gesichtspunkt beeinflußt werden konnte, ob der Kandidat als Akademiemitglied in Frage kam.

Außer der Universität boten andere Lehrstätten Berlins wie die Technische Hochschule und die Tierärztliche Hochschule Forschungsmöglichkeiten für Wissenschaftler, so daß in Einzelfällen auch Mitglieder der Lehrkörper dieser Institutionen in die Akademie gewählt wurden.[17] Meist waren auch die Leiter staatlicher wissenschaftlicher Einrichtungen in und bei Berlin — der Physikalisch-technischen Reichsanstalt, des Meteorologischen Instituts, des Geodätischen Instituts, des Astrophysikalischen Observatoriums, des Deutschen Archäologischen Instituts, der Museen, des Staatsarchivs — Mitglieder der Akademie und gleichzeitig Lehrende für ihr Fachgebiet an der Universität. Nahezu alle Ordentlichen Mitglieder der Akademie waren infolge ihrer Dienststellungen außerhalb der Akademie Staatsbeamte, wodurch die Position des einzelnen Wissenschaftlers und die gesellschaftspolitische Wirksamkeit der Akademie als Institution beeinflußt wurden.

Die Ordentlichen Mitglieder waren die Träger der akademischen Arbeit in den Klassen und in der Gesamtakademie; hier berichteten sie über wissenschaftliche Forschungsergebnisse, hier benannten und wählten sie neue Mitglieder der Akademie, hier berieten sie über wissenschaftspolitische und wissenschaftsorganisatorische Probleme und hier wurden sie als Gutachter tätig. Da durchweg alle Mitglieder der Akademie in Personalunion mehrere Funktionen im Gefüge der Forschungs- und Lehranstalten des bürgerlichen Staates einnahmen, ergaben sich für sie vielfältige Einwirkungsmöglichkeiten. Durch die Wahl neuer Mitglieder und durch die auf Anordnung des der Akademie vorgeordneten preußischen Ministeriums der geistlichen, Unterrichts- und Medizinalangelegenheiten zu erstattenden Gutachten über wissenschaftliche Fragen, die in der Tätigkeit der Klassen und der Gesamtakademie eine große Rolle spielten, erlangte die Akademie wissenschaftspolitischen Einfluß. Oftmals wurden besondere zeitweilige Kommissionen aus Ordentlichen Mitgliedern eingesetzt, die erforderliche Gutachten vorbereiteten.

Die wissenschaftlichen Arbeiten der Akademie wurden in den beiden Klassen, im Plenum sowie in den Kommissionen und Unternehmen geleistet. Der Kreis der daran beteiligten Personen beschränkte sich im wesentlichen auf die Mitglieder der Akademie — vor allem die Ordentlichen Mitglieder —, die ganz wenigen etatsmäßigen Mitarbeiter und eine geringe Zahl freier wissenschaftlicher Mitarbeiter, die thematisch und zeitlich begrenzte Aufgaben übernahmen. Die Zusammenkünfte der Klassen und des Plenums trugen den Charakter wissenschaftlicher Kolloquien, deren Bedeutung und Wirkung vor allem von der Per-

---

17 Vgl. die Personalangaben bei J. Asen (Hrsg), Gesamtverzeichnis des Lehrkörpers der Universität Berlin, Bd. I, 1810—1945, Leipzig 1955.

son des Vortragenden, vom gewählten Thema und von der Diskussions- und Rezeptionsbereitschaft der Anwesenden bestimmt wurden. Auf keinen Fall darf die interdisziplinäre Konzentration einiger Dutzend ausgewiesener und erfahrener Forscher bei der Bewertung dieser Sitzungen niedrig veranschlagt werden, da sie große Anregungen für die Forschung bieten konnte. Insofern bildeten die wöchentlichen Beratungen der Akademie in ihrer Art einmalige Gremien, wobei freilich stets im Auge behalten werden muß, daß auf die Umwandlung der gegebenen Möglichkeiten in die Realität, in wirklichen wissenschaftlichen Gewinn, die vielfältigsten Faktoren einwirkten.

Die Arbeiten der Unternehmen wurden von Kommissionen geleitet, deren Mitglieder fast immer und deren Leiter stets Ordentliche Mitglieder waren. Die Auswahl der Arbeitsthemen mußte unter Berücksichtigung der Tatsache getroffen werden, daß die Akademie keine Voraussetzungen für die Durchführung naturwissenschaftlicher oder technischer Experimente und Laborarbeiten hatte. Die akademischen Unternehmen nahmen folglich Arbeiten in Angriff, deren Ziel in der Sammlung, Bearbeitung, Systematisierung und Edition wissenschaftlicher Forschungsergebnisse bestand. Daraus vor allem, aber auch aus nachwirkenden Bindungen der Akademie an Aufgabenstellungen aus der ersten Hälfte des 19. Jh. erklärt sich das quantitative Übergewicht gesellschaftswissenschaftlicher Unternehmen der Akademie in einer Zeit, als die naturwissenschaftliche Forschung laufend an Gewicht gewann. Im weiten Bereich der experimentellen Forschung konnte die Akademie nur fördernd, nicht selbständig forschend wirksam werden.

Über die wissenschaftliche Tätigkeit in der Gesamtakademie, in den Klassen und in den Unternehmen informierte die Akademie die Öffentlichkeit durch ihre periodischen Publikationen „Sitzungsberichte" und „Abhandlungen", wobei die letzteren nach den Klassen unterteilt waren. Die „Sitzungsberichte" und die „Abhandlungen" enthalten vorwiegend wissenschaftliche Arbeiten der Ordentlichen Mitglieder — meist Akademievorträge —, eingesandte Mitteilungen Korrespondierender Mitglieder sowie Forschungsberichte anderer Wissenschaftler, die in jedem Einzelfall der Empfehlung eines Ordentlichen Mitglieds bedurften. Die jährlichen Berichte über den Fortgang der einzelnen Unternehmen erschienen in den „Sitzungsberichten", während die wissenschaftlichen Arbeitsergebnisse selbst in gesonderten Publikationen vorgelegt wurden.[18]

Der Finanzetat der Akademie wurde im wesentlichen aus der jährlichen staatlichen Dotation von 62229 Mark, weiteren staatlichen Zuschüssen und den Zinsen von den der Akademie gehörenden Kapitalien gebildet. In den letzten Jahrzehnten des 19. Jh. machte diese Summe etwa 200000 Mark aus, wovon

---

18 Vgl. die Bibliographie der akademischen Abhandlungen, bearbeitet von O. Köhnke, in: A. Harnack, a.a.O., Bd. 3 (bis 1899); Gesamtregister der Abhandlungen, Sitzungsberichte, Jahrbücher, Vorträge und Schriften der Preußischen Akademie der Wissenschaften 1900—1945, Berlin 1966. Da ein systematisches Verzeichnis der Publikationen der akademischen Unternehmen noch nicht vorliegt, müssen diese nach den einzelnen Jahresberichten erfaßt werden.

über die Hälfte für Besoldungen[19] ausgegeben werden mußte. Für wissenschaftliche Zwecke standen zwischen 45000 und 75000 Mark jährlich zur Verfügung.[20]

Ein Teil der Arbeiten der Akademie wurde durch Stiftungen finanziert, die auch dazu dienten, schon erbrachte wissenschaftliche Einzelleistungen zu würdigen. Durch Sammlungen zu Ehren bedeutender Forscher, durch testamentarische Vermächtnisse einzelner Gelehrter oder durch Spenden vermögender Laien wurden Kapitalien zur Verfügung gestellt; nur die Zinsen durften ausgegeben werden, und zwar meist für Preise oder für die Unterstützung von Forschungen.[21] Seltener stellten einzelne Gelehrte eigene Mittel zur Verfügung, mit denen sie die Weiterführung selbst begonnener Forschungen unterstützen wollten.[22] Stiftungen von Laien[23] verfolgten neben gelehrten Zwecken oft auch das Ziel, das persönliche Ansehen der Stifter zu erhöhen.[24] Die Forschungsfinanzierung durch Stiftungen der Akademie, vor allem aber die wissenschaftspolitische Funktion dieser Stiftungen bedürfen noch der eingehenden Untersuchung.

Neben den 51 Ordentlichen gehörten der Akademie 1899 insgesamt 137 Korrespondierende Mitglieder an. Über den Anteil der KM an der akademischen Arbeit sagte das Statut nichts; ihrem ursprünglichen Auftrag, wissenschaftliche Mitteilungen an die Akademie gelangen zu lassen, kamen die Korrespondenten — das gilt nicht nur für die Berliner Akademie — äußerst selten nach. Mit einigem Recht wurde daher betont, „daß die Ehre, zum Korrespondierenden Mitgliede weltberühmter Akademien erwählt zu werden, wie eine hohe Ordensdekoration an die jedesmal ältesten Vertreter der verschiedenen Nationen verteilt zu werden pflegt" und gefordert, „das gänzlich veraltete und entartete Institut des Korrespondententums neu zu beleben". Als Wege dazu wurden fleißige Korrespondenz und größere Begegnungsmöglichkeiten zwischen den Ordentlichen und den Korrespondierenden Mitgliedern genannt.[25]

---

19 Dazu gehörten neben den Gehältern für die Mitarbeiter 900 Mark jährlich für jedes Ordentliche Mitglied und 1800 Mark jährlich für jeden Klassensekretar.

20 Vgl. die Übersicht bei A. Harnack, a. a. O., Bd. 2, S. 564—588.

21 Zu den Wissenschaftlern, die — meist anläßlich eines persönlichen Jubiläums oder ihres Todes — durch die Begründung einer Stiftung geehrt wurden, gehörte u. a. 1861 der Naturforscher Alexander von Humboldt. Die Humboldt-Stiftung vergab Stipendien für naturwissenschaftliche Forschungen und Reisen. Vgl. Alexander von Humboldt. 14. 9. 1769—6. 5. 1859. Gedenkschrift zur 100. Wiederkehr seines Todestages, Berlin 1959, S. 161—179.

22 Zu nennen wären hier die Stiftung (1892) des klassischen Archäologen E. Gerhard und die Stiftung des Mathematikers J. Steiner für Forschungen auf dem Gebiet der synthetischen Geometrie (1863).

23 Z. B. die Charlotten-Stiftung für Philologie (1874), die Graf-Loubat-Stiftung für amerikanische Studien (1889) oder die mit 1,5 Mio Mark am reichsten dotierte Wentzel-Heckmann Stiftung (1894), die der Durchführung und Publikation wissenschaftlicher Forschungen dienen sollten.

24 Graf Loubat erhielt 1910 die Goldene Leibniz-Medaille der Berliner Akademie, Marie Elisabeth Wentzel, geb. Heckmann, wurde 1900 Ehrenmitglied.

25 Vgl. H. Diels, Die Organisation der Wissenschaft. In: Die Kultur der Gegenwart, Teil I, Abteilung I, Berlin, Leipzig 1906, S. 623f.

Die Berliner Akademie ließ sich, wie die Wahlanträge für die Korrespondierenden Mitglieder zeigen, bei deren Auswahl in der Regel von dem Gesichtspunkt leiten, bedeutende in- und ausländische Gelehrte zu ehren, solchen Gelehrten eine Anerkennung für ihre Mitwirkung an Berliner akademischen Unternehmen zuteil werden zu lassen oder Gelehrte für eine solche Mitwirkung zu gewinnen. Im Jahre 1899 war die Zahl der Korrespondierenden Mitglieder mit 137 von 200 möglichen auf einen sehr tiefen Stand gesunken.

Auswärtige Mitglieder der Akademie konnten Wissenschaftler werden, die nach Ansicht der allein wahlberechtigten Ordentlichen Mitglieder größere Leistungen als die Korrespondierenden Mitglieder aufzuweisen hatten. Sie wurden daher in vielen Fällen aus dem Kreis der Korrespondenten gewählt, um sie besonders auszuzeichnen. Die aus Berlin weggehenden Ordentlichen Mitglieder wurden weder Auswärtige noch Korrespondierende Mitglieder, sie wurden als Ehrenmitglieder weitergeführt. Die Wahl eines Wissenschaftlers zum Ehrenmitglied kam höchst selten vor, vorwiegend wurden in diese Funktion Persönlichkeiten berufen, von denen die Akademie dank ihrer politischen oder gesellschaftlichen Stellung Förderung erhoffte.

Neue Tendenzen in der Tätigkeit der Berliner Akademie auf mehreren Gebieten sind seit der Jahrhundertwende zu beobachten. Der Hauptgrund dafür ist darin zu suchen, daß die Akademie ihren Platz in der imperialistischen Gesellschaft zu bestimmen suchen mußte. Dieser Prozeß ist insgesamt schwer zu fassen, da es die Akademie grundsätzlich nicht als ihre Aufgabe ansah, sich öffentlich zu gesellschaftlichen Fragen zu äußern. Wenn sie es tat, konnte sie es als Gesellschaft von etwa 50 bis 60 profilierten Wissenschaftlern, die unabhängig von ihrer bürgerlichen Grundeinstellung durchaus differierende gesellschaftspolitische Anschauungen vertraten, nur sehr allgemein tun. Der rote Faden war das Bekenntnis zu der bestehenden Gesellschafts- und Staatsordnung. Dieser durchzieht insbesondere die Erklärungen, die der Vorsitzende Sekretar jedes Jahr im Januar auf der öffentlichen Sitzung der Akademie zum Friedrichstag abgab. Diese in den Sitzungsberichten publizierten Reden, ergänzt durch die entsprechenden Ansprachen am Leibniztag im Juli jeden Jahres, vermitteln insgesamt ein recht gut konturiertes Bild der gesellschaftspolitischen Grundhaltung der Akademie.

Das zeigte anschaulich die Ansprache des Vorsitzenden Sekretars Wilhelm Waldeyer zum Friedrichstag 1900. In ihr wurden anläßlich des Jahrhundertwechsels und im Hinblick auf die damals bevorstehende Zweihundertjahrfeier der 1700 gegründeten Akademie deren feste Verankerung in dem durch die Reichseinigung von 1871 geschaffenen preußisch-deutschen Staat, die weltweite Wirkung deutscher wissenschaftlicher Forschung und die Rolle des Deutschen Reiches in der Weltpolitik betont.[26] Der Sekretar Arthur Auwers nahm am Leibniztag desselben Jahres Gelegenheit, die Aufgabe der Akademie in einer Zeit zu bestimmen, die nach einem Wort von Theodor Mommsen durch

[26] Vgl. Sb 1900, S. 19–33, bes. S. 32.

den „Großbetrieb der Wissenschaft" gekennzeichnet wäre. Im wesentlichen wurde unter diesem Begriff von den damaligen bürgerlichen Wissenschaftlern eine Intensivierung der Gemeinschaftsarbeiten verstanden, die nach Auwers die „wichtigste Aufgabe", „der wahre Grund" waren, „auf dem für absehbare Zeit die Berechtigung und Notwendigkeit ihrer (d. i. der Akademie) selbständigen und fundierten Existenz beruht". Er wies besonders darauf hin, daß sich auch die physikalisch-mathematische Klasse zu diesem „Großbetrieb" bekenne, „den sie nach einem nicht in jeder Beziehung gelungenen Versuch innerhalb der Akademie lange gänzlich der philosophisch-historischen Klasse überlassen hat"[27].

Man wird nicht fehlgehen, in solchen Äußerungen eine Unzufriedenheit mit der den Forschungsbedürfnissen der Wissenschaft, insbesondere der Naturwissenschaft, nicht mehr entsprechenden Forschungsorganisation der Akademie zu sehen. Die wachsende Bedeutung der Wissenschaft für die Gesellschaft zwang auch die Akademie, ihre Stellung zu überdenken.

Dieser Prozeß wurde durch zwei äußere Anlässe gefördert, die Auwers in seiner Ansprache nannte. Das waren das Jubiläum der Akademie, das — nach Auwers — die Aufgabe stellte, die Geschichte der Akademie „abschließend und authentisch darzustellen", und der Gedanke „der förmlichen und geregelten Vereinigung der wissenschaftlichen Arbeit aller Nationen"[28], womit Auwers die im Jahre 1899 erfolgte Gründung der Internationalen Assoziation der Akademien umschrieb.

Den Auftrag zur Darstellung der Geschichte der Akademie hatte am 16. April 1896 das Ordentliche Mitglied Adolf Harnack erhalten. Zwei Monate später, am 21. Juni 1896, legte er der Akademie ein entsprechendes „Promemoria" vor. Darin wurde als Alternativlösung vorgeschlagen, die Geschichte der Akademie im 19. Jh. von 12 bis 15 Fachleuten für die einzelnen Fachdisziplinen schreiben oder diese, wenn das nicht möglich wäre, wenigstens beratend mitwirken zu lassen. Die Jubiläumskommission der Akademie entschied sich für den zweiten Weg[29], so daß Harnack auf diese Weise zum Alleinverfasser der Geschichte wurde. Das 1900 zum Jubiläum erschienene Werk umfaßt vier umfangreiche Bände — zwei Bände Darstellung, einen Band Verzeichnis der akademischen Publikationen von Otto Köhnke, einen Band Quellen.

Harnack hatte sich bereits als führender Kirchenhistoriker ausgewiesen. Wenn gerade er als Geschichtsschreiber der Akademie benannt wurde, so folgte das zunächst aus der Tatsache, daß der Akademie damals kein Historiker angehörte, der diese Aufgabe hätte übernehmen können. Max Lenz, der später die Geschichte der Berliner Universität geschrieben hat, wurde erst Ende 1896 zum Akademiemitglied gewählt. Für Harnack sprachen vor allem seine große Kenntnis der Geschichte der geistigen Kultur, seine ausgezeichneten schriftstellerischen Fähigkeiten und nicht zuletzt sein Interesse für die Organisation

---

27 Vgl. ebd., S. 657—669, bes. S. 668f.
28 Vgl. ebd., S. 657, 659.
29 Vgl. AAW II: VIa 16 Bd. I, Bl 6—8.

der wissenschaftlichen Forschung. Weltanschaulich auf den Positionen des objektiven Idealismus stehend, ist Harnack stets von dem Grundsatz ausgegangen, daß sich der Geist den Körper schafft. Geschichte war für ihn Ideengeschichte. Er stellte dabei die Einwirkung objektiv-realer Faktoren durchaus in Rechnung, zog sich freilich letztlich immer auf den ideenbildenden Geist als eigentlichen Schöpfer und Führer der Geschichte zurück. Gleichzeitig hielt er sich den Weg offen zur Anerkennung gewisser objektiver Zusammenhänge in der historischen Entwicklung, die er für erkennbar hielt. Entscheidend für seine Geschichtsauffassung blieb jedoch seine Leugnung objektiver Gesetzmäßigkeiten in der Geschichte der menschlichen Gesellschaft. Trotz einiger Elemente der idealistischen Dialektik in den geschichtstheoretischen Anschauungen Harnacks stand er in einem unversöhnlichen Gegensatz zur Geschichtsauffassung des historischen Materialismus. Die große Wirkung seiner historischen Arbeiten, darunter auch der Geschichte der Akademie, resultiert nicht zuletzt aus der konsequenten Durchführung seines geschichtsmethodologischen Grundprinzips der Ideengeschichte.[30]

Harnacks Geschichte der Akademie gilt in der bürgerlichen Historiographie bis in die Gegenwart als Standardwerk der Geschichte einer wissenschaftlichen Institution. In der Tat kann man bei der Beschäftigung mit den ersten beiden Jahrhunderten der Berliner Akademiegeschichte an diesem Werk vor allem wegen seines hohen Informationswertes hinsichtlich der Fakten nicht vorübergehen. Der Umfang des Harnackschen Werkes — über 1000 Seiten — macht es oft schwer, immer sofort das Anliegen des Autors zu erkennen, das er in seiner Festansprache zum Akademiejubiläum deutlich formuliert hat: „Die Geschichte der Akademie ist die Geschichte der Ideen und Kräfte ihres Stifters und ihrer großen Mitglieder.“[31]

Harnack wollte Ideengeschichte im bürgerlichen Sinne mit allen notwendig daraus folgenden subjektiven Interpretationsmöglichkeiten schreiben und hat das auch konsequent getan, wobei er die sich auch in der Akademieentwicklung widerspiegelnden Gesetzmäßigkeiten des historischen Prozesses nicht beachtete. Die grundsätzliche Wertschätzung seines Werkes durch die bürgerliche Geschichtswissenschaft ist daher vollauf verständlich, eine kritische Grundhaltung der marxistisch-leninistischen Historiographie zu Harnack dagegen unbedingt notwendig. Diese kann sich nicht nur auf die Methode Harnacks beziehen, sondern muß gerade angesichts des von Harnack geprägten Geschichtsbildes von der Akademie auch die Tatsache berücksichtigen, daß für die Geschichte dieser Institution nicht nur das bestimmend war, was Harnack aufgeschrieben hat.

---

30 Vgl. E. Pachaly, Die geschichtstheoretischen Anschauungen Adolf von Harnacks. In: Ost und West in der Geschichte des Denkens und der kulturellen Beziehungen, Berlin 1966, S. 724—729, dort auch die Nachweise.

31 A. Harnack, Festrede. In: Die Zweihundertjahrfeier der Kgl. Preußischen Akademie der Wissenschaften am 19. und 20. März 1900, Berlin 1900, S. 28.

Freilich wurde Harnacks „Geschichte“ schon von den bürgerlichen Zeitgenossen keineswegs unkritisch aufgenommen. Der Neokantianer Friedrich Paulsen, der Verfasser der „Geschichte des gelehrten Unterrichts“ (1885) schrieb in den „Preußischen Jahrbüchern“[32] eine ausführliche Entgegnung, in der er vor allem die von Harnack stark herausgestellte Wirkung der Friderizianischen Akademie bestritt. Eingehend äußerte sich der von Harnack geschätzte Religionsphilosoph Ernst Troeltsch, der die Ethik zum Wertkriterium des Geschichtsprozesses erklärte und sich als Überwinder des Historismus verstand, zur „Geschichte“ Harnacks.[33]

Troeltsch bedauerte, daß die besonderen „naturwissenschaftlichen Leistungen der Akademie — und diese bilden im ersten Jahrhundert ihres Bestandes weitaus den Kern ihrer dauernden Leistungen — mehr verzeichnet als geschildert und beleuchtet werden“. Der Rezensent wünschte, daß an der Geschichte der Akademie auch ein Naturwissenschaftler mitgearbeitet hätte oder Harnacks Buch durch eine naturwissenschaftshistorische Darstellung ergänzt worden wäre. Die Berliner Akademie hat nach Troeltsch „niemals eine eigene Tradition und einen eigenen Gemeingeist hervorgebracht, eben deshalb auch niemals selbständig und führend in das geistige Leben eingegriffen“, weshalb „die Ausbeute für den Historiker des geistigen Lebens in Deutschland naturgemäß nicht allzu groß“ wäre. Die These von Troeltsch — von der er nur die Zeit Friedrichs II. ausnahm — entspricht nicht den Tatsachen und ist im letzten eine Folge des von Harnack in seiner „Geschichte“ gezeichneten Bildes.

Harnack wollte zwar nach seinen eigenen Worten „eine Verbindung von Verfassungs-, Wissenschafts- und Gelehrtengeschichte“ bieten, formulierte dann aber sein Ziel: „Die Entwicklung der Institution selbst in ihren Wandlungen mußte den Faden der ‚Geschichte‘ bilden: Hier war auch relative Vollständigkeit geboten. Ihr mußte die Wissenschafts- und Gelehrtengeschichte eingegliedert werden.“[34] An eben diesen Punkt knüpfte Troeltsch kritisch an, wenn er den „Schwerpunkt der Darstellung auf die rein aktenmäßige Geschichte der Stiftung und Fortentwicklung“ gelegt sah und Harnack eine geschickte Lösung bestätigte. „Aber alles Geschick kann doch die Tatsache nicht verdecken, daß es bei der Berliner Akademie überhaupt schwer ist, eine bestimmte Leistung und Stellung auszumitteln, die sie für den großen Zusammenhang des geistigen Lebens gehabt hätte“, und zwar deshalb — so fügen wir hinzu — weil Troeltsch eben im letzten doch das von Harnack entworfene Bild der Akademiegeschichte für das wahre hielt.

Als eine sehr bedeutende Etappe der Akademiegeschichte betrachtete Troeltsch mit Harnack die Zeit Friedrichs II. Die ungelösten Fragen nach Wesen und Wirkung der Akademie, ob sie eine gewaltsame Gründung des Königs war oder ob sie gesellschaftlichen Bedürfnissen entsprach, seien — so

---

[32] Vgl. Preußische Jahrbücher, Bd. 99, 1900, S. 410—453.

[33] Vgl. Historische Zeitschrift, Bd. 86, 1901, S. 142—151.

[34] A. Harnack, Bericht über die Abfassung der „Geschichte der Kgl. Preußischen Akademie der Wissenschaften zu Berlin“. In: Sb 1900, S. 95.

Troeltsch — „noch nicht spruchreif". Recht deutlich wandte sich Troeltsch gegen Harnacks Charakterisierung der Aufklärungsbewegung, die dieser als „eine wesentlich philosophische" Strömung zu erfassen gesucht hatte. In Wirklichkeit wäre sie „eine auf Erneuerung der Naturwissenschaften, der Sozialwissenschaften und der Ethik beruhende neue Idee der Kultur, die das praktische Leben technisch, wirtschaftlich, sozial, ethisch und intellektuell verändern will." Wenn auch gerade aus der letzten Äußerung besonders deutlich das persönliche Anliegen von Troeltsch sprach und er das Wesen der Aufklärung als Ausdruck der bürgerlichen, antifeudalen Emanzipationsbewegung letztlich nicht verstand, so kam er mit der Betonung des praktischen Zwecks der Akademie deren wirklicher Bedeutung doch näher als Harnack mit seiner rein ideengeschichtlichen Konzeption.[35]

Sehr ausführlich beschäftigte sich Wilhelm Dilthey[36] in einer groß angelegten Artikelreihe im Anschluß an Harnacks Forschungen mit der Berliner Akademie, die jedoch mit der Zeit Friedrichs II. abbrach. Dilthey betonte im Gegensatz zur offiziellen Geschichtsschreibung weit stärker die Rolle von Leibniz bei der Akademiegründung gegenüber Kurfürst Friedrich III. und formulierte in diesem Punkte sogar direkt: „Ich kann doch Harnack nicht beistimmen." Neben allen Positiva über Harnacks „monumentales Werk" mußte Dilthey doch betonen: „eine starke Subjektivität waltet über dem Stoff, in Nacherleben und Urteilen". Harnacks Werk wäre „geistig durchdrungen von bestimmten Gesichtspunkten; der offizielle Geschichtsschreiber spricht diese mit einer durch seine Stellung gebotenen Vorsicht aus . . ." und es wäre möglich, „sich auch von abweichenden Standpunkten aus eine geschichtliche Ansicht des Gegenstandes zu bilden".

Obwohl natürlich auch der „Lebensphilosoph" Dilthey, der die rationale Erklärbarkeit gesellschaftlicher Erscheinungen ablehnte, dem Gegenstand nicht gerecht werden konnte, ist seine Ansicht doch insofern von Interesse, als Harnacks Buch entgegen einer bis heute weit verbreiteten Ansicht besonders im Hinblick auf seine methodologischen Grundlagen auch von bürgerlichen Historikern kritisiert wurde.

Die angeführten Urteile, die vermehrt werden könnten, dürften hinlänglich deutlich gemacht haben, daß Harnacks Werk keineswegs als „abschließend" — wie Auwers wollte — betrachtet werden kann, wenn es auch für seine Zeit eine bedeutende Leistung bleibt, die im Zusammenhang mit dem Jubiläum das Interesse für die Organisation der Wissenschaft nachhaltig angeregt hat. Immerhin konnte ein Berliner Nachrichtenbüro der Akademie „einige Hundert

---

[35] Die auf die Praxis bezogenen Arbeiten der Akademie im 18. Jh. behandelt ausführlich H. Eichler, Die preußische Akademie der Wissenschaften zwischen 1740 und 1812 — unter besonderer Berücksichtigung ihrer Bedeutung für die Entwicklung der gewerblichen Produktivkräfte. Phil. Diss. der AdW der DDR, 1974.

[36] Vgl. W. Dilthey, Die Berliner Akademie der Wissenschaften, ihre Vergangenheit und ihre gegenwärtigen Aufgaben. In: Deutsche Rundschau, Bd. 103, 1900, S. 416—444; Bd. 104, 1900, S. 81—118.

Artikel" anbieten, die zum Jubiläum erschienen waren, für die die Akademie aber „keinerlei Interesse habe", wie Auwers antwortete.[37]

Die 200. Wiederkehr des Gründungstages der Akademie wurde am 19. März 1900 durch einen Festakt im Königlichen Schloß in Anwesenheit des Kaisers und am folgenden Tage durch eine Festsitzung gefeiert, auf der Harnack die Ergebnisse seiner akademiegeschichtlichen Forschung in einem Vortrag zu verallgemeinern suchte. Der Kaiser rühmte die Akademie dafür, „daß sie sich der Verfolgung aller außerhalb der Wissenschaft liegenden Interessen gänzlich ferngehalten hat", daß sich „die großen Erlebnisse der Nation auch in ihrem Wirken gespiegelt" hätten, sie es aber „stets verschmäht" hatte, „in das Gewühl der politischen Leidenschaften hinabzusteigen".

Die bewußt betonte Unterscheidung zwischen den „großen Erlebnissen der Nation" und dem „Gewühl der politischen Leidenschaften" sollte die Akademiker darauf hinweisen, daß die Regierung von ihnen wohl ein politisches Bekenntnis zur bestehenden Gesellschafts- und Staatsordnung, nicht aber die Behandlung drängender gesellschaftlicher Probleme erwartete. Die „oberste Pflicht" der Akademie sah Wilhelm II. vielmehr „in der reinen und interesselosen Pflege der Wissenschaft"[38].

Zu ihrem Jubiläum, an dem Vertreter sehr vieler wissenschaftlicher Institutionen des In- und Auslandes teilnahmen, erhielt die Akademie 68 Grußadressen, vor allem aus Europa, die die bedeutende Stellung der Berliner Akademie in der Wissenschaft dokumentierten. Gratulanten waren u. a. die Akademien in Amsterdam, Brüssel, Bukarest, Göttingen, Helsinki, Kopenhagen, Leipzig, London, München, Paris, Petersburg, Rom, Stockholm, Turin und Wien.

Das internationale Echo auf die Akademiefeier in Berlin war auch deshalb so nachhaltig, weil sich die Akademie unmittelbar zuvor führend an der Gründung der Internationalen Assoziation der Akademien beteiligt hatte.

Die seit 1893 im Kartell der deutschsprachigen Akademien vereinigten Akademien der Wissenschaften in Göttingen, Leipzig, München und Wien — die Berliner schloß sich erst 1906 an — setzten sich auf Anregung der Royal Society in London seit 1898 für die internationale Zusammenarbeit der Akademien ein.[39] Um eine negative Entscheidung der Berliner Akademie wie 1893 über den Beitritt zum Kartell dieses Mal zu vermeiden, arbeitete der Sekretar Hermann Diels eine Stellungnahme aus, die die Mitglieder von der Notwendigkeit der Assoziation überzeugen sollte. Seine Argumentation wurde sehr stark von politischen Erwägungen geprägt. Zunächst unterstellte er den Kartellakademien die „Neigung", „sich enger an das Ausland anzuschließen und dadurch wichtige

[37] Vgl. AAW II: VIa 16 Bd. 3, Bl. 227.

[38] Vgl. über das Jubiläum die ausführliche Dokumentation: Die Zweihundertjahrfeier, a.a.O., Zitate S. 20f.

[39] Vgl. H. His, Zur Vorgeschichte des Deutschen Kartells und der Internationalen Assoziation der Akademien. In: Berichte über die Verhandlungen der Königlich Sächsischen Gesellschaft der Wissenschaften zu Leipzig. Mathematisch-physische Kl., Bd. 54, Leipzig 1902, S. 1—9 d. 2. Paginierung. Weiterhin E. Suess, Erinnerungen, Leipzig 1916, S. 418 bis 422.

nationale Interessen preiszugeben". Das würde „aufhören, wo die deutschen Akademien in Berlin ihren natürlichen Mittelpunkt gewinnen würden". Wenn die Berliner Akademie nicht zur Provinzakademie absinken wollte, müßte sie eine Stellung erringen, durch die sie „ihren Einfluß von Anfang an geltend machen und irgendwo ausgeheckte phantastische Projekte auf Grund ihrer Erfahrung und Autorität im Keim ersticken kann". Das wäre — so Diels — nur durch das Kartell möglich: „nach außen aber und der Regierung gegenüber stellt sie die Oberakademie dar zunächst für Deutschland, dann für das Ausland"[40].

Obwohl Diels im Hinblick auf das Kartell nicht erfolgreich war, überzeugte er seine Kollegen doch von der Notwendigkeit der Assoziation. Der Vorschlag der kartellierten Akademien, Berlin als die älteste deutsche Akademie der Wissenschaften möge die Gründungsversammlung einberufen, fand ein positives Echo. Am 9. und 10. Oktober 1899 kamen Vertreter von 10 Akademien — Berlin, Göttingen, Leipzig, München, Wien, London, Paris (Académie des Sciences), Petersburg, Rom, Washington — in Wiesbaden zusammen und schufen die Assoziation, mit der die Wissenschaftler große Hoffnungen verbanden.[41] Das internationale Ansehen der Berliner Akademie war durch ihre Mitwirkung an der wissenschaftlichen Zusammenarbeit sehr gewachsen. Ein erster Widerhall war die starke Beteiligung an ihrer Jubiläumsfeier.

Während der Vorbereitungen zur Zweihundertjahrfeier hatte die Akademie eine weitere Maßnahme eingeleitet: die Vervollständigung ihres Mitgliederbestandes, insbesondere durch Korrespondierende Mitglieder. Zum Jubiläum wurden 1899/1900 von der Akademie acht Ehrenmitglieder gewählt; der betont politische Charakter dieser Wahlen zeigte sich darin, daß unter den zu Ehrenmitgliedern Ernannten der Reichskanzler, drei ehemalige oder amtierende Minister, ein Diplomat und ein Ministerialdirektor waren.[42] Mit der Begründung: „Beziehung zum Militär ist uns wünschenswert" hatte A. Harnack sogar den General und Militärschriftsteller Julius Verdy du Vernois zum EM vorgeschlagen. Er bat jedoch später darum, die Wahl wieder abzusetzen, „da die Frage, ob und welchen General wir für die Akademie als Ehrenmitglied zu gewinnen suchen sollten, in einem größeren Zusammenhang zu behandeln ist"[43]. Die

---

[40] AAW II: VIa 13 Bd. 1, Bl. 85—87r; II: VIa 17 Bd. 1, Bl. 4ff.

[41] Vgl. AAW II: VIa 17 Bd. 1, Bl. 124—152; W. His, a.a.O., S. 10—12.

[42] Vgl. die Wahlanträge im AAW II:III b Bd. 17 für den Reichskanzler Chlodwig Fürst zu Hohenlohe-Schillingsfürst (Bl. 59—60, 63—63r), die ehemaligen preußischen Minister der geistlichen, Unterrichts- und Medizinalangelegenheiten Adalbert Falk (Bl. 58—61, 350) und Gustav von Gossler (Bl. 58—61, 350, 357), den während des Jubiläums amtierenden Minister Konrad Studt (Bl. 67), den bayrischen Gesandten in Berlin Hugo Graf von und zu Lerchenfeld (Bl. 59—60, 63—63r, 357), den Ministerialdirektor im preußischen Ministerium der geistlichen, Unterrichts- und Medizinalangelegenheiten Friedrich Althoff (Bl. 59—60, 62—62r, 353—353r, 357), den Generaldirektor der Museen in Berlin Richard Schöne (Bl. 59—60, 62—62r, 349, 353—353r, 356—356r, 357) und die Stifterin eines großen Kapitals zur Finanzierung akademischer Arbeiten Elise Wentzel (Bl. 58, 60—61, 357).

[43] Ebd., Bl. 357, 358.

physikalisch-mathematische Klasse ernannte sechs und die philosophisch-historische acht neue Auswärtige Mitglieder, von denen vier bzw. sechs bereits vorher Korrespondenten waren. Außerdem wurden von den beiden Klassen jeweils 25 bzw. 28 neue Korrespondierende Mitglieder gewählt, und zwar nach einer Methode, die sonst an der Akademie nicht üblich war. Die Ordentlichen Mitglieder wurden nämlich von der Akademieleitung direkt aufgefordert, entsprechende Vorschläge zu machen.[44]

Wie das starke Echo zeigte — viele Vorschläge wurden bei den Wahlen gar nicht berücksichtigt — entsprach die Anregung offensichtlich den Wünschen der überwiegenden Mehrzahl der Ordentlichen Mitglieder. Ausdrücklich geäußert zu dieser Frage hat sich nur der Historiker Ernst Dümmler, der die Gelegenheit begrüßte, „die vielen Lücken in dem Personalstande unserer Mitglieder etwas auszufüllen. Ich betrachte es nicht gerade als empfehlenswert, daß so häufig lebensmüde Greise . . . gewählt werden . . . Wer mit 70 Jahren würdig ist, unser Korrespondent zu werden, war es mit 50—60 gewiß erst recht. Aus diesem zu langen Zögern sind auch manche Unterlassungssünden entsprungen, die der Akademie nicht gerade zum Lobe gereichen. . . . Das Recht der Wahl, welches wir haben, schließt auch eine Pflicht in sich, die nicht nach Laune und Zufall geübt werden darf“[45].

In diesen Ausführungen Dümmlers, die möglicherweise nicht nur seine eigenen Gedanken wiedergaben, steckte ein realer Kern, wenn auch die Schwierigkeiten der Auswahl aus der großen Zahl der Wissenschaftler in allen Ländern nicht unterschätzt werden sollten. Seine Altersangaben, die für Einzelfälle richtig waren, stimmten insgesamt nicht. Zwar ergab sich für die sechs neugewählten Auswärtigen Mitglieder der physikalisch-mathematischen Klasse ein Durchschnittsalter von 72,2 und für die acht Auswärtigen Mitglieder der philosophisch-historischen Klasse ein Durchschnittsalter von 67,9 Jahren. Bei den neu berufenen 53 Korrespondierenden Mitgliedern betrugen die entsprechenden Zahlen für die beiden Klassen jedoch 59,1 und 56,9 Jahre.[46] Für beide Gruppen dieser Mitglieder galt, daß die Naturwissenschaftler im Durchschnitt gesehen zum Zeitpunkt ihrer Wahl älter gewesen sind als die Mitglieder der philosophisch-historischen Klasse.

Eine Aufteilung der zum Jubiläum neugewählten Korrespondierenden Mitglieder auf die einzelnen Länder zeigt folgendes Bild (Tab. Seite 20).

Unter den 25 neuen Korrespondenten der physikalisch-mathematischen Klasse waren fünf Physiker, drei Chemiker, vier Mineralogen und Geologen, drei Botaniker, drei Zoologen, zwei Anatomen und Physiologen, drei Mathematiker, ein Astronom und ein Geophysiker. In der philosophisch-historischen Klasse wurden 28 neue Korrespondenten gewählt. Davon vertraten drei die Philosophie und deren Geschichte, vier die klassische Philologie, fünf die

[44] Vgl. ebd., Bl. 384.
[45] Ebd., Bl. 353—353r.
[46] Diese und die folgenden Angaben wurden berechnet nach den Daten bei E. Amburger (Hrsg), a. a. O.

	Naturwissenschaftler	Gesellschaftswissenschaftler
Dänemark	1	1
Deutschland	9	12
England	1	5
Frankreich	2	4
Griechenland	—	1
Italien	1	—
Niederlande	2	—
Norwegen	1	—
Österreich	2	3
Rußland	2	1
Schweden	2	—
USA	2	1

Geschichte, fünf die deutsche und andere Philologien, zwei die Kunstwissenschaft, vier die Orientalistik einschließlich der vergleichenden Sprachforschung, fünf die Rechts- und Staatswissenschaft.[47]

Das Jubiläum der Akademie war der Anlaß für die Erhöhung ihrer Mitgliederzahl. Jede Klasse erhielt am 14. März 1900 drei neue Stellen, die den technischen Wissenschaften und der deutschen Sprachforschung vorbehalten waren. Damit hatte die Berliner Akademie nunmehr 60 Ordentliche Mitglieder, 30 in jeder Klasse. Zum gleichen Zeitpunkt wurden vier Stellen für wissenschaftliche Beamte der Akademie geschaffen. Obwohl die Zahl sehr klein war, erhielt die Arbeit in den Unternehmen der Akademie damit doch eine festere Grundlage.

An einer entscheidenden Wende in der Geschichte des deutschen Volkes, beim Übergang zum Imperialismus, präsentierte sich die Berliner Akademie der Wissenschaften als eine traditionsbewußte bürgerliche Versammlung bedeutender Gelehrter von hohem internationalen Ansehen. Ihre Bedeutung als wissenschaftliche Institution, ihr wissenschaftspolitisches Wirken und ihre gesellschaftliche Stellung in der Zeit seit dem Übergang zum Imperialismus bis zur Großen Sozialistischen Oktoberrevolution sind untrennbar verbunden mit der Entwicklung der Wissenschaft in diesem Zeitraum, deren Grundtendenzen unter besonderer Berücksichtigung akademiegeschichtlicher Aspekte deshalb zunächst nachgezeichnet werden sollen.

2. Grundtendenzen der Wissenschaftsentwicklung

Die Berliner Akademie war nur eine von mehreren wissenschaftlichen Institutionen Deutschlands. Sie hatte wie die höheren Ausbildungsstätten des imperialistischen Staates — die Universitäten, die Hoch- und Fachschulen —,

[47] Die Wahlbegründungen sind enthalten in AAW II:III b Bd. 17.

wie die Forschungsinstitute des Staates und der Konzerne und wie die anderen deutschen Akademien ihre speziellen Aufgaben zu erfüllen. Es wäre daher verfehlt, in der Berliner Akademie eine Gesamtrepräsentanz der Wissenschaft zu sehen. Für die Bewertung des von der Akademie Geleisteten und um einen Maßstab für die Beurteilung des Wirkens der Akademie zu gewinnen, ist es unerläßlich, die Entwicklung der Wissenschaft in ihren Grundzügen zu verfolgen, in die die Geschichte der Akademie eingebettet war. Dabei kann es sich nicht darum handeln, einen Abriß der Wissenschaftsgeschichte zu geben, sondern vorwiegend darum, Tendenzen und Schwerpunkte herauszuarbeiten, insbesondere soweit sie die gesellschaftlich-politische Relevanz der Wissenschaft betreffen.

Die notwendige Beschränkung auf die wichtigsten Entwicklungstendenzen der Wissenschaft im Imperialismus, die im vorliegenden Zusammenhang behandelt werden können, die jedoch keine gleichartige Entwicklung in der Geschichte der einzelnen Wissenschaftsdisziplinen in den verschiedenen Ländern, insbesondere nicht auf dem Gebiet der Gesellschaftswissenschaften, bedeuten, verbietet ein Eingehen auf Einzelheiten der Wissenschaftsgeschichte in allen Bereichen. Als wichtigstes Problem der Wissenschaftsentwicklung hat die marxistisch-leninistische Wissenschaftsforschung das dialektische Verhältnis von gesellschaftlicher Bedingtheit der Wissenschaften und ihrer als relativ zu bestimmenden Eigenständigkeit und Eigengesetzlichkeit zu Recht herausgestellt.[1]

Um diesen Problemkomplex wenigstens in den Umrissen zu zeichnen, muß von der Entwicklung des Marxismus-Leninismus als der fortgeschrittensten Wissenschaft in der Epoche des Imperialismus ausgegangen werden, wobei es zugleich darum geht, die marxistisch-leninistische Lehre von den beiden nationalen Kulturen in der antagonistischen Klassengesellschaft[2] auch auf die Wissenschaftsgeschichte anzuwenden. Nur so ist eine Antwort auf die Frage möglich, wie die Wissenschaft dem gesellschaftlichen Fortschritt diente und inwieweit sie von reaktionären Kräften der imperialistischen Gesellschaft mit Hilfe bürgerlicher Ideologen für Ziele eingesetzt wurde, die den Interessen der Arbeiterklasse und aller werktätiger Schichten widersprachen. Es versteht sich von selbst, daß unter diesem Gesichtspunkt den Gesellschaftswissenschaften und hier wiederum der Politischen Ökonomie, der Philosophie und der Geschichtswissenschaft besonderes Gewicht zukam und daß die Entwicklung der Naturwissenschaften vor allem in ihrer Auswirkung auf die Gesellschaft betrachtet werden muß.

In der Zeit vom ausgehenden 19. Jh. bis 1917 begannen die Tendenzen stärker wirksam zu werden, die als Differenzierungs- und Integrationsprozesse der Wissenschaften charakterisiert werden können. Sie förderten zugleich die

1 Vgl. Ideologie und Naturwissenschaft. Politik und Vernunft im Zeitalter des Sozialismus und der wissenschaftlich-technischen Revolution, Berlin 1969, S. 93ff. Vgl. auch G. Kröber, H. Laitko, Sozialismus und Wissenschaft, Berlin 1972.

2 Vgl. W. I. Lenin, Werke, Bd. 20, S. 17.

Entwicklung der Wissenschaft zu einer Produktivkraft der Gesellschaft. Es verstärkte sich die Verwissenschaftlichung des Produktionsprozesses. Zugleich schritt die kapitalistische Vergesellschaftung der Forschung rasch fort.[3] Diese Tendenzen wirkten sich mindestens indirekt auch auf die Berliner Akademie und ihre Stellung im Wissenschaftsgefüge des deutschen Imperialismus aus. Gesellschaftlich voll relevant wurden sie mit dem Übergang zur allgemeinen Krise des Kapitalismus.

Am Ausgang des 19. Jh. hatte der Marxismus über alle anderen Ideologien in der Arbeiterbewegung gesiegt.[4] Gleichzeitig zeigten sich jedoch Tendenzen einer Revision des Marxismus, deren gesellschaftliche Grundlage die Herausbildung des Imperialismus bildete. F. Engels hatte in seinen letzten Lebensjahren einen energischen Kampf gegen diesen unter verschiedenen Bezeichnungen auftretenden Revisionismus geführt, der insbesondere in Deutschland an Boden gewann[5] und auch die Arbeiterbewegung anderer Länder erfaßte.

Der Revisionismus entwickelte sich als internationale Erscheinung gesetzmäßig mit dem Eintritt in die Epoche des Imperialismus. Er ist theoretisch eine Verquickung bürgerlich-liberaler ökonomischer, soziologischer und philosophischer Theorien mit marxistischen Begriffen und markiert das Eindringen der bürgerlichen Ideologie in den Marxismus. Seine soziale Grundlage sind Arbeiteraristokratie, Arbeiterbürokratie und proletarisiertes Kleinbürgertum. Er wurde als Waffe der Bourgeoisie in die Arbeiterbewegung hineingetragen und diente der imperialistischen Bourgeoisie dazu, die Arbeiterbewegung zu schwächen. Lenin charakterisierte das Vorgehen der Revisionisten als „den Versuch, die Theorie des Marxismus einzuengen, den Versuch, die revolutionäre Arbeiterpartei in eine Reformpartei zu verwandeln"[6].

In kämpferischer Auseinandersetzung mit den revisionistischen Verfälschungen des Marxismus behandelte und löste Vladimir Il'ič Lenin[7] die neuen theoretischen und praktischen Probleme in der Periode des Imperialismus, wobei er von den Prinzipien des revolutionären Marxismus ausging. Alle Bestandteile der marxistischen Lehre entwickelte er entsprechend den Bedingungen des Imperialismus schöpferisch weiter. Zu seinen bedeutendsten Leistungen gehören die Bereicherung der marxistischen Philosophie durch neue Erkenntnisse[8], die Entdeckung des Gesetzes der ungleichmäßigen ökonomischen Ent-

[3] Vgl. dazu im einzelnen: Die Wissenschaft von der Wissenschaft. Philosophische Probleme der Wissenschaftstheorie, Berlin 1968, S. 100ff; Ideologie und Naturwissenschaft, S. 87; Wissenschaft im Klassenkampf. Naturwissenschaftlich-technische Forschung im staatsmonopolistischen Herrschaftssystem Westdeutschlands, Berlin 1968, S. 40ff.

[4] Vgl. W. I. Lenin, Werke, Bd. 15, S. 20; Bd. 18, S. 578.

[5] Vgl. Geschichte der deutschen Arbeiterbewegung, Bd. 1, Berlin 1966, bes. S. 447ff.

[6] W. I. Lenin, Werke, Bd. 4, S. 169. Vgl. zur Entwicklung des Revisionismus weiterhin: Zur Geschichte der marxistisch-leninistischen Philosophie in Deutschland, Bd. I, 2, Kap. 7, Berlin 1969, S. 273ff.

[7] Vgl. vor allem: Lenin als Philosoph, Berlin 1971; Geschichte der Kommunistischen Partei der Sowjetunion, Berlin 1971; W. I. Lenin. Biographie, Berlin 1969.

[8] Vgl. vor allem seine Werke: „Materialismus und Empiriokritizismus" (1909) und „Philosophische Hefte" (im einzelnen undatiert).

wicklung des Kapitalismus in der Periode des Imperialismus und vor allem die daraus folgende Theorie von der Möglichkeit des Sieges des Sozialismus zunächst in einem einzelnen Lande[9], die Begründung der Theorie vom Hinüberwachsen der bürgerlich-demokratischen in die sozialistische Revolution[10] und der Lehre von der Partei neuen Typus[11] sowie die Weiterentwicklung der marxistischen Staatstheorie.[12]

Auch innerhalb der deutschen Arbeiterbewegung leisteten die Marxisten einen Beitrag zur Verteidigung des Marxismus. Ihre Leistungen sind freilich trotz aller Verdienste, die Lenin durchaus anerkannte, weder in ihrem theoretischen Gehalt noch in ihrer Wirkung den Leninschen vergleichbar. Franz Mehring wandte sich schon 1899 besonders gegen die philosophische Unhaltbarkeit revisionistischer Auffassungen und ihre Unvereinbarkeit mit dem dialektischen und historischen Materialismus.[13] Ebenfalls 1899 wies Rosa Luxemburg in ihrer Schrift „Sozialreform oder Revolution" nach, daß die Revisionisten den Boden des revolutionären Klassenkampfes verlassen hatten. Sie stellte im Interesse der Arbeiterklasse und gegen den Revisionismus den Kampf um die Macht mit Recht als entscheidend in den Mittelpunkt ihrer Überlegungen.[14] Auf dem Parteitag der deutschen Sozialdemokratie 1899 in Hannover wurde der Revisionismus, vor allem unter dem Einfluß August Bebels, energisch zurückgewiesen. Die wirkliche Gefahr des Revisionismus wurde jedoch in der sozialdemokratischen Partei weitgehend verkannt, die Beschäftigung mit dem Revisionismus wurde als rein innerparteiliche Diskussion betrachtet. Da Eduard Bernstein als Hauptvertreter des Revisionismus behauptete, er trete nur für eine Änderung der Taktik ein, stimmte auch die Mehrzahl seiner Anhänger für die Resolution des Parteitages. Den Revisionisten wurde damit ein Doppelspiel ermöglicht.[15]

Unter dem Einfluß des sich verschärfenden Kampfes der Arbeiterklasse im Zusammenhang mit der russischen Revolution von 1905 bis 1907, die erstmals die Frage der Strategie und Taktik unter den Bedingungen des Imperialismus aufwarf, entstand mit dem Zentrismus eine neue opportunistische Richtung in der Arbeiterbewegung. Die Zentristen wandten sich in Worten gegen den Revisionismus, wobei sie sich auf früher bewährte Grundsätze revolutionären Kampfes beriefen, ohne den Versuch zu machen, die neuen Bedingungen des

---

9 Genannt werden müssen hier in erster Linie seine Werke „Der Imperialismus als höchstes Stadium des Kapitalismus" (1916/17) und „Über die Losung der Vereinigten Staaten von Europa" (1915).

10 Vgl. „Zwei Taktiken der Sozialdemokratie in der bürgerlich-demokratischen Revolution" (1905).

11 Vgl. „Was tun?" (1902) und „Ein Schritt vorwärts, zwei Schritte zurück" (1904)

12 „Staat und Revolution" (1917) und „Die proletarische Revolution und der Renegat Kautsky" (1918)

13 Vgl. F. Mehring, Gesammelte Schriften, Bd. 13, Berlin 1961, S. 110.

14 Vgl. R. Luxemburg, Gesammelte Werke, Bd. 1, 1, Berlin 1970, S. 367ff.

15 Vgl. zur Auseinandersetzung zwischen Marxismus und Revisionismus: Geschichte der deutschen Arbeiterbewegung, Bd. 2, S. 29ff.

Imperialismus zu berücksichtigen. Die Zentristen bildeten die stärkste Fraktion in der Führung und erlangten auch unter den Mitgliedern der sozialdemokratischen Partei großen Anhang. Sie behinderten durch ihre ständige Beschwörung der „Einheit der Partei um jeden Preis" den notwendigen Kampf gegen den Revisionismus. Darin bestand ihre besondere Gefährlichkeit. Ideologischer Führer des opportunistischen Zentrismus war seit 1910 Karl Kautsky, der schon früher neben marxistischen Auffassungen verschiedentlich zentristische Thesen vertreten hatte.[16]

Als dritte Strömung innerhalb der SPD festigte sich vor allem seit den Auseinandersetzungen im Zusammenhang mit der russischen Revolution die der deutschen Linken, zu deren Führern Karl Liebknecht, Rosa Luxemburg, Clara Zetkin und Franz Mehring gehörten. Die Linken standen fest auf dem Boden des revolutionären Klassenkampfes und vertraten die Interessen des werktätigen Volkes, konnten sich aber in dieser Zeit noch nicht zu der theoretischen Klarheit wie die von Lenin geschaffene Partei der Bolschewiki erheben.[17] Besondere Verdienste erwarb sich Karl Liebknecht durch seinen antimilitaristischen Kampf. Seine Schrift „Militarismus und Antimilitarismus" von 1907 war als große wissenschaftliche Leistung bedeutsam für die ökonomisch-politische Analyse des Imperialismus, in ihr legte Liebknecht die Funktion des Militarismus und des Marinismus „nach innen" und „nach außen" dar und bereicherte damit den Marxismus.[18]

Bedeutende Beiträge zur Geschichte der Philosophie und zur Verteidigung des Marxismus leistete Franz Mehring, „der einzige deutsche Marxist, der sich um die Jahrhundertwende in einer Vielzahl spezieller philosophisch-theoretischer Arbeiten mit der sozialen und erkenntnistheoretischen Funktion des Neukantianismus und des Bernsteinschen Revisionismus ... auseinandersetzte"[19]. 1898 erschien seine „Geschichte der deutschen Sozialdemokratie", in der er die gesellschaftlichen Triebkräfte der Entwicklung aufdeckte. Einige falsche Einschätzungen Mehrings konnten die ideologische Bedeutung seines Werkes für die deutsche Arbeiterklasse kaum mindern. 1910/11 schuf Mehring mit seiner „Deutschen Geschichte vom Ausgang des Mittelalters" eine historisch-materialistische Darstellung der deutschen Geschichte für die Arbeiterklasse. Besondere Aufmerksamkeit wandte Mehring der Rezeption des Erbes von Marx und Engels zu, wie seine Edition des literarischen Nachlasses beider Klassiker (1902) zeigte. Im Unterschied zu Kautsky, der in den von 1905 bis 1910 herausgegebenen „Theorien über den Mehrwert" von Marx dessen Ansichten im Sinne seiner sich festigenden zentristischen Auffassungen direkt verfälschte[20], leistete Mehring einen aktiven Beitrag zum ideologischen Kampf des deutschen und des internationalen Proletariats.

---

16 Vgl. ebd., S. 109 f.
17 Vgl. ebd., S. 110—112.
18 Vgl. K. Liebknecht, Gesammelte Reden und Schriften, Bd. I, Berlin 1958, S. 247ff.
19 Zur Geschichte der marxistisch-leninistischen Philosophie in Deutschland, Bd. I, 2, S. 329.
20 Vgl. K. Marx, Theorien über den Mehrwert, Teil 1, Berlin 1956, S. XIII—XVII.

Dafür liefern neben seinen genannten monographischen und editorischen Arbeiten vor allem seine Artikel zu aktuellen ökonomischen, politischen und ideologischen Fragen genügend Beispiele. In ihrer Gesamtheit bieten sie Beiträge zu einer marxistischen Analyse der Entwicklung der imperialistischen Gesellschaft in Deutschland mit ihren antagonistischen Klassenkräften. Er hat damit einen bedeutsamen Beitrag zur „Geschichte der gewaltigsten Kulturbewegung"[21] — so nannte er 1907 die revolutionäre internationale Sozialdemokratie — geleistet und überragte als Vertreter der Linken in der deutschen Arbeiterbewegung in der Erkenntnis der objektiven Entwicklung der Wissenschaft die bürgerlichen Gelehrten und deren revisionistische Nachbeter in der Arbeiterbewegung. Das zeigte sich beispielhaft in seinen Ausführungen über „bürgerliche" und „proletarische" Wissenschaft anläßlich der Eröffnung der sozialdemokratischen Parteischule 1906, die sowohl von den Revisionisten in der Arbeiterbewegung wie von der herrschenden Klasse heftig angegriffen wurde.[22] Mehring betonte die dialektische Wechselwirkung von Gesellschafts- und Naturwissenschaften, denn sie „befruchten sich gegenseitig in der mannigfachsten Weise, aber historisch haben die Gesellschaftswissenschaften den Vortritt, aus dem einfachen Grunde, weil die gesellschaftliche Entwicklung zu neuen Naturerkenntnissen führt, aber nicht umgekehrt, sowenig damit bestritten werden soll, daß neue Naturerkenntnisse die gesellschaftliche Entwicklung mächtig beeinflussen können"[23]. Mehrings These, „daß die Umwälzung der kapitalistischen in die sozialistische Produktionsweise auch zu gewaltigen Fortschritten der Naturwissenschaften führen wird"[24], begann sich nach nur wenig mehr als einem Jahrzehnt glänzend zu bestätigen.

Nach 1910 gingen die Zentristen in der deutschen sozialdemokratischen Partei unter Leitung Kautskys noch engere ideologische Bindungen mit den Reformisten ein. Erst allmählich gelang es den Linken in Deutschland, sich zu organisieren und einen ideologischen Selbstverständigungsprozeß auf der Grundlage des Marxismus einzuleiten und sich dem Leninismus anzunähern. Eine wichtige Etappe auf diesem Wege war die Bildung der Gruppe „Internationale", die sich unter der Führung von K. Liebknecht und R. Luxemburg im März 1915 um die gleichnamige Zeitschrift bildete.[25] Ebenfalls im Frühjahr 1915 schrieb R. Luxemburg ihre 1916 veröffentlichte Abhandlung „Die Krise der Sozialdemokratie" („Junius-Broschüre"), die Lenin eine „ausgezeichnete marxistische Arbeit" nannte.[26] Einen leninistischen Standpunkt erarbeitete sich zunehmend K. Liebknecht, so beispielsweise, wenn er die Beendigung des Krieges durch die Revolution forderte.[27] Unter seiner ideologischen

[21] F. Mehring, Gesammelte Schriften, Bd. 15, S. 301.
[22] Vgl. ebd., S. 201f, 290f, 298f.
[23] Ebd., S. 204.
[24] Ebd., S. 205.
[25] Vgl. zur Entwicklung der deutschen Arbeiterbewegung: Geschichte der deutschen Arbeiterbewegung: Bd. 2, Berlin 1966.
[26] W. I. Lenin, Werke, Bd. 22, S. 311.
[27] Vgl. Geschichte der deutschen Arbeiterbewegung, Bd. 2, S. 258—260.

und organisatorischen Führung stand die im Januar 1916 erfolgte Konstituierung der Spartakus-Gruppe[28], der Keimzelle der Kommunistischen Partei Deutschlands, die in harten ideologischen Auseinandersetzungen den Leninismus in der deutschen Arbeiterbewegung durchsetzte.

Lenin, der in seinen Arbeiten alle Grundfragen des Marxismus in der Epoche des Imperialismus behandelt hat, verallgemeinerte in seinem Werk „Materialismus und Empiriokritizismus" die damals neuesten naturwissenschaftlichen Erkenntnisse vom Standpunkt des Marxismus philosophisch, wies die Richtigkeit des dialektischen Materialismus nach und entwickelte ihn in grundlegenden Fragen entscheidend weiter. Gerade den Zusammenhang von Natur- und Gesellschaftswissenschaften betonte Lenin nachdrücklich, denn „die Naturwissenschaft schreitet so schnell voran, macht eine Periode so tiefgreifenden revolutionären Umbruchs auf allen Gebieten durch, daß sie ohne philosophische Schlußfolgerungen unter keinen Umständen auskommen kann."[29]

Worin bestand dieser tiefgreifende revolutionäre Umbruch? Die einsetzende Revolution der Physik[30] zerstörte das überkommene physikalische Weltbild und richtete sich damit gegen einige Grundauffassungen des mechanischen Materialismus, der diesem Weltbild zugrunde lag. Gegen Ende des 19. Jahrhunderts fand die Epoche der klassischen Physik ihren Abschluß. Das von I. Newton im 17. Jh. ausgearbeitete Weltbild, das den absoluten Raum und die absolute Zeit voraussetzte und die physikalischen Vorgänge auf die Grundgesetze der Mechanik reduzierte, hatte seine Leistungsgrenzen erreicht. Neue Entdeckungen ließen sich in dieses Weltbild nicht mehr einordnen und lösten folgerichtig die Revolution der Physik aus. Dabei ging es nicht nur um die Entwicklung der Physik, sondern vor allem auch um die notwendige dialektisch-materialistische Deutung physikalischer Erkenntnisse, um das tiefere Eindringen in das Wesen der physikalischen Prozesse. Das war sehr kompliziert und erfolgversprechend nur vom Standpunkt des dialektischen Materialismus.

Im Jahre 1897 hatte J. J. Thomson, als er den Durchgang der Elektrizität durch verdünnte Gase untersuchte, das Elektron und damit den diskreten Charakter der elektrischen Ladung entdeckt. Präzisionsmessungen über die Energieverteilung im Spektrum des sog. schwarzen Körpers interpretierte 1900 Max Planck in seiner Quantenhypothese[31] widerspruchsfrei durch die

---

[28] Vgl. ebd., S. 265—268. Weiterhin zur Gesamtproblematik: Zur Geschichte der marxistisch-leninistischen Philosophie in Deutschland, Bd. I, 2, Berlin 1969, S. 273ff.

[29] W. I. Lenin, Werke, Bd. 33, S. 220f.

[30] Zur Entwicklung der Physik vgl. vor allem M. v. Laue, Geschichte der Physik, 2. durchges. Aufl., Bonn 1947. Zahlreiche Hinweise zur Entwicklung der Physik und ihrer Grenzgebiete gab das Ordentliche Mitglied der AdW der DDR, Prof. Dr. H.-J. Treder, durch die Durchsicht der entsprechenden Texte in der vorliegenden Ausarbeitung und in ausführlichen Gesprächen, für die auch an dieser Stelle aufrichtig gedankt sei.

[31] Zur Geschichte dieser Entdeckung vgl. M. Planck, Die Entstehung und bisherige Entwicklung der Quantentheorie (Nobelvortrag), Leipzig 1920; ders., Zur Geschichte der Auffindung des physikalischen Wirkungsquantums. In: Die Naturwissenschaften, 31 (1943), S. 153—159.

Annahme diskreter Energiequanten, wobei er eine neue universelle Naturkonstante, das elementare Wirkungsquantum h (Plancksche Konstante) einführte. Die durch sein Strahlungsgesetz implizierte Erkenntnis der diskreten quantenhaften Emission der Strahlung zwang Planck zum Bruch mit den Vorstellungen der klassischen Physik über die Stetigkeit der Lichtaussendung und führte zum Aufbau der Quantentheorie. Das elementare Wirkungsquantum ist als eine Naturkonstante von fundamentaler Bedeutung für das gesamte atomare Geschehen.

Planck, einer der bedeutendsten theoretischen Physiker überhaupt, sah in der Aufdeckung der gesetzmäßigen Beziehungen zwischen tatsächlichen Vorgängen in der Natur die Aufgabe der Physik und wandte sich konsequent gegen agnostizistische und indeterministische Auffassungen. In seiner Auseinandersetzung mit den Positivisten, insbesondere mit E. Mach, verteidigte er die objektive Realität der Außenwelt, indem er davon ausging, daß „das physikalische Weltbild . . . reale, von uns ganz unabhängige Naturvorgänge widerspiegelt"[32]. Planck war ein Anhänger des naturwissenschaftlichen Materialismus; in seiner gesamten Arbeit ließ er sich durch den bürgerlichen Humanismus leiten. Das schloß eine Reihe von Inkonsequenzen in seinem Wirken und in seiner Einstellung zu gesellschaftlich-politischen Fragen seiner Zeit allerdings nicht aus.

Einfluß auf das Weltbild von Planck hatten die Anschauungen von L. Boltzmann, der sich selbst als Realisten bezeichnete und in seinem Kampf gegen E. Mach und W. Ostwald materialistische Ansichten vertrat.[33] Plancks Hochschätzung für Boltzmann fand auch darin ihren Ausdruck, daß er zusammen mit E. Warburg 1907 und 1908 nachdrücklich für die finanzielle Unterstützung einer Werkausgabe Boltzmanns durch die Berliner Akademie oder das Kartell der Akademien eintrat. Als Redakteur war zunächst A. Sommerfeld vorgesehen, dann übernahm der Wiener Physiker F. Hasenöhrl auf Vorschlag von Planck die Redaktion.[34]

Die Bedeutung der Quantenidee bestand vor allem darin, daß sie das der Physik bis dahin verschlossene Verständnis der Atomvorgänge ermöglichte. 1896 fand H. Becquerel[35] im Anschluß an die Entdeckung der Röntgenstrahlen die Radioaktivität, die entscheidend zum Wandel des Atombegriffes beitrug. P. und M. Curie untersuchten anschließend alle bekannten chemischen Elemente auf Radioaktivität und fanden zwei neue Elemente: Radium und Polonium.[36] Entscheidenden Anteil an der weiteren Erforschung radioaktiver Elemente

---

[32] Vgl. Plancks großen Leidener Vortrag „Die Einheit des physikalischen Weltbildes" (1908). In: M. Planck, Wege zur physikalischen Erkenntnis, Bd. I, 3. Aufl., Leipzig 1943, S. 22.

[33] Vgl. Geschichte der Philosophie, Bd. V, Berlin 1963, S. 529–531.

[34] Vgl. AAW II:VI a 13 Bd. 2, Bl. 20–42, 93–119.

[35] Vgl. Comptes rendus de l'Académie des Sciences, Paris, Bd. 122 (1896), S. 420, 501, 559, 609ff.

[36] Vgl. Comptes rendus, a. a. O., Bd. 126 (1898), S. 1101; Bd. 127 (1898), S. 175, 1215; Wiedemanns Annalen der Physik und Chemie, Bd. 64 (1898), S. 720.

hatten E. Rutherford, der 1900 das erste radioaktive Gas, die Thoremanation, ermittelte[37], und O. Hahn, der 1905 und 1906 Radiothor und Mesothor fand.[38] Von 1903 bis 1909 erwiesen Rutherford, W. Ramsay, F. Soddy und T. Royds die Entstehung des Elements Helium aus anderen Elementen.[39] In diese Jahre fällt auch der Nachweis, daß die Radioaktivität auf dem Zerfall von Atomen hohen Gewichts in Atome niederen Atomgewichts beruht.[40]

Einen weitreichenden Schritt zur Förderung der Quantenidee tat 1905 A. Einstein mit der Theorie des lichtelektrischen Effekts, in der er das Licht als Strom von Lichtquanten (Photonen) auffaßte.[41] Im Anschluß an Versuche von A. A. Michelson und anderen über die relativen Geschwindigkeiten, welche Licht verschiedener Richtung gegenüber der Erde hat, entstand ebenfalls 1905 Einsteins spezielle Relativitätstheorie. Sie behauptete als Naturgesetz die Existenz unendlich vieler, gegeneinander translatorisch mit konstanten Geschwindigkeiten bewegter, für die Gesamtheit der Naturvorgänge gleichberechtigter Inertialsysteme und die Gleichheit der Lichtgeschwindigkeit in allen diesen Bezugssystemen unabhängig von ihren translatorischen Geschwindigkeiten. Einstein führte hierdurch die Lichtgeschwindigkeit im Vakuum „c" als eine universelle Naturkonstante ein.[42]

Einstein revidierte mit diesem Ergebnis die klassische Mechanik Newtons, deren Grenzen schon durch die Begründung der Elektrodynamik durch J. Maxwell offenbar geworden waren. Um die Eigenschaften des elektromagnetischen Feldes mechanisch erklären zu können, wurde ein hypothetischer Äther angenommen, der so etwas wie ein absolut wirkendes Bezugssystem darstellen sollte. Der negative Ausgang des Versuchs von A. A. Michelson, die Ausbreitungsgeschwindigkeit des Lichts in Richtung der Erdbahn und senkrecht dazu die Bewegung der Erde gegen den hypothetischen Äther zu messen, veranlaßte zunächst H. A. Lorentz zu dem Versuch, die Ergebnisse Michelsons mit Hilfe der klassischen Mechanik zu erklären, ohne die Ätherhypothese aufzugeben. Das Ergebnis war die Hypothese der Lorentz-Verkürzung (Kontraktion), die sich aus der Lorentz-Transformation ergab, die die Maxwellschen Gleichungen der Elektrodynamik und die Bewegungsgesetze der Relativitätsmechanik ungeändert ließ. Einstein faßte nun die Konstanz der Lichtgeschwindigkeit und die Gleichartigkeit der mechanischen und elektromagnetischen Prozesse in allen geradlinig und gleichförmig zueinander bewegten Systemen als objektiven Sachverhalt, wodurch die Hypothese eines mechanischen Äthers überwunden wurde.[43]

---

37 Vgl. M. v. Laue, a. a. O., S. 107.

38 Vgl. Berichte der Deutschen Chemischen Gesellschaft, Bd. 40 (1907), S. 1462, 3304.

39 Vgl. M. v. Laue, a. a. O., S. 107.

40 Vgl. ebd., S. 109f.

41 Annalen der Physik, Bd. 17 (1905), S. 145.

42 Vgl. A. Einstein, Über die Spezielle und die Allgemeine Relativitätstheorie, Berlin, Oxford, Braunschweig [12]1970; H.-J. Treder, Relativität und Kosmos. Raum und Zeit in Physik, Astronomie und Kosmologie, Berlin, Oxford, Braunschweig 1970

43 Vgl. M. v. Laue, a.a.O., S. 65f.

Die erste zusammenfassende Darstellung der speziellen Relativitätstheorie publizierte M. v. Laue, wobei er bereits die über die Entdeckung von Einstein hinausgehenden Forschungsarbeiten darlegte.[44] Ab 1913 erweiterte A. Einstein seine spezielle zur allgemeinen Relativitätstheorie, mit der er das Relativitätsprinzip auf beliebig, sowohl beschleunigt wie verzögert bewegte Systeme ausdehnte, wobei er zugleich eine Erklärung für die Gravitationskraft gab, d. h. für die aller Materie eigene Massenanziehungskraft. Die Einsteinsche Gravitationstheorie schließt die Newtons als Grenzfall ein. Die zusammenfassenden Ergebnisse seiner Relativitätstheorie legte Einstein 1915 vor. Bereits ab 1914 berichtete er auch der Berliner Akademie über diese Forschungen, wobei besonders sein Vortrag vom 4. November 1915 unter dem Titel „Zur allgemeinen Relativitätstheorie" hervorgehoben werden muß.[45]

Seit dem Beginn des zweiten Jahrzehnts unseres Jahrhunderts wurde nachgewiesen, daß dem periodischen System der Elemente deren Ordnung nach den Kernladungszahlen zugrundeliegt. 1911 ersann E. Rutherford ein Atommodell, das einen positiv geladenen kleinen und doch fast die ganze Atommasse tragenden Kern mit einem Planetensystem von Elektronen umgibt[46]; zur Erklärung der Streuung der Alpha-Strahlen untersuchten H. Geiger, E. Marsden und H. G. J. Mosely 1913 die Ablenkung von Alpha-Teilchen um große Winkel.[47] Das Atommodell von Rutherford, das für die Bewegung eines Elektrons um den Atomkern eine stetige Folge von Bahnen zuließ, hat 1913 N. Bohr durch die Einführung von Quantenbedingungen abgewandelt, durch die eine diskrete Folge von Kreisen des Elektrons um den Atomkern ausgesondert wurde.[48] Nach A. Sommerfelds relativistischer Verallgemeinerung von 1916 waren auch Ellipsen zugelassen.[49]

Mit Hilfe der Massenspektroskopie erzielte J. J. Thomson 1913 den Nachweis der Isotopie nicht radioaktiv entstandener Atomarten (Neon-Isotope).[50] Die

---

[44] Vgl. M. v. Laue, Das Relativitätsprinzip, 1911.

[45] Vgl. A. Einstein, Die formale Grundlage der allgemeinen Relativitätstheorie. In: Sb. 1914, S. 1030-1085; ders., Zur allgemeinen Relativitätstheorie. In: Sb. 1915, S. 778—786, 799—801; ders., Erklärung der Perihelbewegung des Merkur aus der allgemeinen Relativitätstheorie. In: Sb 1915. S. 831—839; ders., Die Feldgleichungen der Gravitation. In: Sb 1915, S. 844—847; ders., Näherungsweise Integration der Feldgleichungen der Gravitation. In: Sb 1916, S. 688—696; ders., Hamiltonsches Prinzip und allgemeine Relativitätstheorie. In: Sb 1916, S. 1111—1116; ders., Kosmologische Betrachtungen zur allgemeinen Relativitätstheorie. In: Sb 1917, S. 142—152. Vgl. weiterhin: Deutsche Akademie der Wissenschaften zu Berlin. Einstein-Symposium: „Entstehung, Entwicklung und Perspektiven der Einsteinschen Gravitationstheorie" vom 2.—5. November 1965 in Berlin aus Anlaß des 50. Jahrestages der Entdeckung der allgemeinen relativistischen Gravitationsgleichungen und ihrer Vorlage in der Gesamtsitzung der Berliner Akademie am 5. November 1915 durch Albert Einstein. Hrsg. v. H.-J. Treder, Berlin 1966.

[46] Vgl. Philosophical Magazine, Bd. 21 (1911), S. 669; Bd. 27 (1914), S. 488.

[47] Vgl. M. v. Laue, Geschichte der Physik, 2. durchges. Aufl., Bonn 1947, S. 101.

[48] Vgl. Philosophical Magazine, Bd. 26 (1913), S. 857.

[49] Vgl. M. v. Laue, a. a. O., S. 137.

[50] Vgl. ebd., S. 103.

Verschiebungssätze, nach denen die Emission eines Alpha-Teilchens die Ordnungszahl des Atoms um 2 herabsetzt, die Emission eines Beta-Teilchens sie um 1 erhöht, wurden 1911 bis 1913 von A. S. Russel, K. Fajans, F. Soddy und G. v. Hevesy gefunden.[51] Sie standen in Übereinstimmung mit der 1913 durch die Röntgenspektroskopie gesicherten Erkenntnis der Identität von Ordnungs- und Kernladungszahl.

Die Entwicklung der Kristallphysik beeinflußte nachhaltig das 1910 erschienene Lehrbuch W. Voigts. Die Anordnung der Atome zu Raumgittern, zu Konfigurationen mit strenger Periodizität nach drei Richtungen, wurde 1912 durch Versuche von W. Friedrich und P. Knipping nachgewiesen, die auf Anregung und auf der Grundlage der Angaben von M. v. Laue durchgeführt wurden.[52] Sie wiesen an Röntgenstrahlen die durch das Raumgitter der Kristalle hervorgerufenen Interferenzerscheinungen nach. Die Ergebnisse wurden unter dem Titel „Interferenzerscheinungen bei Röntgenstrahlen" publiziert. Damit wurde zugleich der erste durchschlagende Beweis erbracht, daß die Röntgenstrahlen kurzwellige elektromagnetische Strahlung sind. Die Raumgitterhypothese der Kristallographen war damit zu einer gesicherten, experimentell geprüften Theorie geworden. Für die Mineralogie, die Erforschung des Feingefüges der Festkörper und die Werkstoffanalyse waren durch die Lauesche Entdeckung entscheidende Grundlagen geschaffen, die bis in die Gegenwart außerordentlich große Auswirkungen in der Technik und der Industrie hatten.

In der Quantenphysik leitete R. A. Millikan 1916 aus Einsteins Lichtquantenhypothese eine zuverlässige Bestimmung des Wertes *h* ab.[53] Einstein selbst stellte 1912 das photochemische Grundgesetz auf, wonach jede photochemische Reaktion primär in der Absorption eines Lichtquants und der an einem Atom oder Molekül dadurch ausgelösten Umsetzung besteht.[54] Dieses Gesetz wurde grundlegend für die Entwicklung der Biochemie, der Genetik und der Molekularbiologie.

Einen bedeutenden Beitrag zur Erkundung des Atombaus lieferten 1913 J. Franck und G. Hertz, als sie die stufenweise Abbremsung von Elektronen durch Gasatome fanden. Sie bestätigten damit die Grundlagen der Bohrschen Auffassung des Atombaus.[55] Im Anschluß an die Arbeiten von Rutherford, Bohr und Sommerfeld über das Atommodell konnten 1916 K. Schwarzschild und P. S. Epstein die Theorie des Stark-Effekts — 1913 hatte J. Stark die Aufspaltung der Spektrallinien des Wasserstoffs im elektrischen Feld nachgewiesen — und P. Debye und Sommerfeld die Theorie des normalen Zeeman-Effekts—

---

51 Vgl. Chemical News, Bd. 107 (1913), S. 49, 97; Berichte der Deutschen Chemischen Gesellschaft, Bd. 46 (1913), S. 422; Physikalische Zeitschrift, Bd. 14 (1913), S. 49.

52 Vgl. Sitzungsberichte der Bayerischen Akademie der Wissenschaften, München 1912, S. 303; Annalen der Physik, Bd. 41 (1913), S. 971.

53 Vgl, M. v. Laue, a. a. O., S. 133.

54 Vgl. Annalen der Physik, Bd. 37 (1912), S. 832.

55 Vgl. M. v. Laue, a.a.O., S. 136f.

P. Zeeman entdeckte 1896 die Aufspaltung der Spektrallinien im Magnetfeld, die H. A. Lorentz 1897 elektronentheoretisch abgeleitet hatte — vorlegen.[56]

Für die spätere Entwicklung der Quantentheorie der Festkörper wurde die von H. Kamerlingk-Onnes von 1911 bis 1914 entdeckte Supraleitung, die dann eintritt, wenn der Widerstand der Metalle als Leiter durch Abkühlung verschwindet, von großer Bedeutung. Derselbe Forscher stellte auch fest, daß die Supraleitung durch ein Magnetfeld aufgehoben werden kann.[57]

Die Quantentheorie, die Anwendung der Quantenbedingungen auf physikalische Untersuchungen sowie die Begründung und den Ausbau der allgemeinen Relativitäts- und Gravitationstheorie wird man als entscheidende Leistungen der physikalischen Forschung am Beginn des 20. Jh. herausstellen müssen. Diese Ergebnisse, an denen Physiker neben Vertretern anderer Fachgebiete beteiligt waren, sind vor allem mit den Namen Max Planck und Albert Einstein verbunden. Beide waren Ordentliche Mitglieder der Berliner Akademie, der auch zahlreiche weitere bedeutende Physiker als Ordentliche oder Korrespondierende Mitglieder angehörten. Die Berliner Akademie vermochte somit zusammen mit der Berliner Physik überhaupt in dieser Zeit eine international führende Stellung einzunehmen.[58]

Mit der Quantenhypothese und der Relativitätstheorie gewann das Problem der Anschaulichkeit[59] und der Unanschaulichkeit Bedeutung für die moderne Wissenschaftsentwicklung. Die klassische Mechanik war im Sinne des metaphysisch beschränkten naturwissenschaftlichen Materialismus eine anschauliche Theorie; nun zerstörte die Quantenhypothese und die aus ihr entstehende Quantentheorie die anschaulichen Vorstellungen im Bereich der atomaren Strukturen und im Hinblick auf die Kontinuität der elementaren Prozesse, die Relativitätstheorie überwand analog die geläufigen Vorstellungen über Raum, Zeit und Bewegung. Weitere philosophische Probleme wie die dialektische Bewegungsauffassung, das Verhältnis von Kontinuität und Diskontinuität, die Raum-Zeit-Problematik, das Problem der Wahrheit und die schöpferische Erkenntnis traten damit verstärkt ins Blickfeld.

Die umwälzenden neuen Ergebnisse auf dem Gebiet der Physik, von denen hier nur die wesentlichsten genannt wurden, bestätigten die Grundpositionen des dialektischen Materialismus, wurden aber von verschiedenen Strömungen der bürgerlichen Philosophie[60] benutzt, um idealistische Auffassungen verstärkt zu verbreiten und zu versuchen, idealistische Standpunkte naturwissenschaftlich zu begründen. Handelte es sich doch um den Zusammenbruch mechanisch-materialistischer Auffassungen, der bei vielen Physikern, die den mechanischen

---

56 Vgl. ebd., S. 137f.

57 Vgl. ebd., S. 55f.

58 Vgl. dazu H.-J. Treder, Einleitung zu: Physiker über Physiker. Wahlvorschläge zur Aufnahme von Physikern in die Berliner Akademie 1870—1929. Von H. v. Helmholtz bis E. Schrödinger, Berlin 1975.

59 Vgl. dazu Philosophisches Wörterbuch, Leipzig [7]1970, Bd. 1, S. 72ff.

60 Vgl. neben Geschichte der Philosophie, Bd. V, S. 60ff., Lenin als Philosoph, Berlin 1971.

Materialismus mit dem Materialismus überhaupt identifizierten, zum Relativismus, zum Idealismus führte. Der komplizierte Übergang vom mechanischen zum dialektischen Materialismus wurde vom Idealismus in seinem Sinne gedeutet. Die verstärkte Spezialisierung der Forschung und die Beschränkung zahlreicher Wissenschaftler auf ihre speziellen Forschungsgebiete förderten zudem einerseits deren Abneigung gegenüber philosophischen Verallgemeinerungen und andererseits ihre Hinwendung zu positivistischen und agnostizistischen Auffassungen.

Da das naturtheoretisch-philosophische Denken vieler bürgerlicher Naturwissenschaftler in den Jahrzehnten um die Wende vom 19. zum 20. Jh. bei der Interpretation der neuen naturwissenschaftlichen Entdeckungen, insbesondere auf physikalischem Gebiet, bestimmte einzelwissenschaftliche Erkenntnisprobleme von idealistischen Positionen her verabsolutierte, entstand eine Grundlagenkrise der Naturwissenschaft, die eine Erscheinungsform der umfassenderen Wissenschaftskrise im Imperialismus war. Diese Wissenschaftskrise ist ein außerordentlich komplexer Prozeß. Die herrschende Klasse der absterbenden Gesellschaft erwies sich in zunehmendem Maße als unfähig, objektive wissenschaftliche Erkenntnis und antagonistische Klassenherrschaft in Übereinstimmung zu bringen. Die Krise erfaßte mit zeitlich wechselnder Intensität alle Bereiche des Wissenschaftspotentials der imperialistischen Gesellschaft. Dabei muß die infolge der Widersprüche des Imperialismus objektiv bedingte weltanschauliche Krise der Naturwissenschaft als entscheidend angesehen werden, aus der sich andere Elemente der Krise ergaben.

Die weltanschauliche Krise der Naturwissenschaft fand ihren Ausdruck u. a. darin, daß viele Naturforscher zumindest zeitweise mit ihren positivistischen Interpretationen der neuen naturwissenschaftlichen Erkenntnisse, insbesondere unter dem Einfluß der philosophischen Lehren von E. Mach, auf die Position eines subjektiven Idealismus gelangten. Mach proklamierte: „Nicht die Dinge (Körper), sondern Farben, Töne, Drucke, Räume, Zeiten (was wir gewöhnlich Empfindungen nennen) sind eigentlich Elemente der Welt."[61] Für Mach und seine Anhänger wie für alle idealistischen Philosophen war nicht die Materie, sondern die Empfindung als Abbild bestimmter Einzeleigenschaften der Materie das Ursprüngliche. Die Dinge existierten danach nicht unabhängig vom Bewußtsein, sondern wären Verbindungen von Empfindungen.

Eine solche Interpretation und ihre Verbreitung wurde ermöglicht, weil die neuen naturwissenschaftlichen Entdeckungen in der Tat den spontanen mechanischen Materialismus der modernen Naturwissenschaft widerlegt hatten. Die mechanischen Materialisten hatten keinen umfassenden wissenschaftlichen Materiebegriff auszuarbeiten vermocht, sie erblickten in den Atomen die letzten Bausteine der Materie und begriffen die Masse als wichtigste Eigenschaft

[61] E. Mach, Die Mechanik in ihrer Entwicklung historisch-kritisch dargestellt, Leipzig 1897, S. 473. Vgl. auch A. Fuchs, Geistige Strömungen in Österreich 1867—1918, Wien 1949, S. 199ff.

der Materie. Der von Becquerel 1896 entdeckte radioaktive Zerfall erwies nun erstens, daß die Atome nicht die kleinsten Bausteine der Materie sind, und zweitens, daß die Summe der Zerfallprodukte kleiner war als die Masse des Ausgangsproduktes. Obwohl sich hierbei in Wirklichkeit nur Materie aus einer in eine andere Form verwandelt, glaubten die Idealisten aller Schattierungen verkünden zu können: Die Materie ist verschwunden!

Tatsächlich zeigten jedoch die neuen Entdeckungen nur die Grenzen des mechanischen Materialismus, wie Lenin nachwies. Er beantwortete unter Berücksichtigung des neuesten Standes der Naturwissenschaft die Frage nach der Erkennbarkeit der Welt eindeutig positiv und gab eine exakte Definition des Materiebegriffes. „Die Materie ist eine philosophische Kategorie zur Bezeichnung der objektiven Realität, die dem Menschen in seinen Empfindungen gegeben ist, die von unseren Empfindungen kopiert, fotografiert, abgebildet wird und unabhängig von ihnen existiert."[62] An die Idealisten gewandt, schrieb er: „'Die Materie verschwindet' heißt: Es verschwindet jede Grenze, bis zu welcher wir die Materie bisher kannten, unser Wissen dringt tiefer; es verschwinden solche Eigenschaften der Materie, die früher als absolut, unveränderlich, ursprünglich gegolten haben (Undurchdringlichkeit, Trägheit, Masse usw.) und die sich nunmehr als relativ, nur einigen Zuständen der Materie eigen erweisen."[63]

Lenin hat schon 1909 gezeigt, daß die Ursachen für die weltanschauliche Krise der Naturwissenschaft in der bürgerlichen Gesellschaft außerhalb der Physik und aller Naturwissenschaft lagen, er wies nach, daß es um den alten Kampf zwischen Materialismus und Idealismus unter neuen Bedingungen ging. „Das *Wesen* der Krise der modernen Physik", sagte er, „besteht in der Zerstörung der alten Gesetze und Grundprinzipien, in der Preisgabe der außerhalb des Bewußtseins existierenden objektiven Realität, d. h. in der Ersetzung des Materialismus durch Idealismus und Agnostizismus."[64] Die dialektische Forschungsmethode führte Lenin zu dieser Schlußfolgerung.

Im Jahre 1910 hat Planck eine Zusammenfassung der Entwicklung der neueren Physik gegeben, die das Gesagte nachhaltig unterstreicht. Er forderte eine zusammenfassende Betrachtungsweise für die gesamte Naturwissenschaft und sprach von der „Revolution" in der Physik, die in ihren Auswirkungen an die kopernikanische erinnerte und die es nicht mehr erlaubte, physikalische Vorgänge auf die mechanische Bewegung zurückzuführen. Mit dem „Prinzip der Relativität" wäre „die mechanische Naturanschauung schlechterdings unvereinbar". Diese lehnte er daher ebenso wie die energetische, die besonders von W. Ostwald entwickelt worden war, entschieden ab. Man müßte, so forderte Planck, die Relativitätstheorie, die „ordnend und aufbauend" wäre, „daher mindestens als eine Arbeitshypothese von eminenter Fruchtbarkeit anerkennen". Als Pioniere des neuen Weltbildes der Physik feierte er H. A. Lorenz,

---

[62] W. I. Lenin, Werke, Bd. 14, S. 124.
[63] Ebd., S. 260.
[64] Ebd., S. 257.

der den Begriff der relativen Zeit eingeführt hätte, A. Einstein, „welcher zuerst die Kühnheit besaß, die Relativität aller Zeitangaben als universelles Postulat zu proklamieren" und H. Minkowski, „dem es gelang, die Relativitätstheorie in ein abgerundetes mathematisches System zu bringen"[65].

Die Entwicklung der Mathematik[66] war etwa seit der Jahrhundertwende durch eine Vielzahl neuer fruchtbarer Ideen gekennzeichnet. Den schon von Legendre und Gauss vermuteten Primzahlsatz über die Verteilung der Primzahlen bewiesen 1896 unabhängig voneinander J. Hadamard und Ch. de la Vallée-Poussin. 1909 legte dann E. Landau eine umfassende Darstellung des gesamten Problemkreises vor.[67] Im Ideenkreis dieser Arbeiten lag auch die von E. Hecke erstmalig 1916 bewiesene Funktionalgleichung der Dedekindschen Zetafunktion.[68]

Die Theorie der algebraischen Zahlen, über die im 19. Jh. vor allem die Berliner Akademiemitglieder G. Dirichlet, E. Kummer, L. Kronecker und R. Dedekind, aber auch er selbst, gearbeitet hatten, faßte D. Hilbert 1896 in seinem berühmten „Zahlbericht" zusammen und entwickelte sie bis 1898 in mehreren Arbeiten über relativ-Abelsche Zahlkörper weiter.[69] Die ersten zwei der dabei von Hilbert herausgestellten großen Probleme löste dessen Schüler P. Furtwängler 1907 bis 1914.[70] Ebenfalls mit dem Namen Hilberts ist die Weiterentwicklung der Geometrie verbunden. 1899 erschien zum ersten Mal sein Buch „Grundlagen der Geometrie", in dem die Arbeit an der Präzisierung der Axiomatik der Geometrie vollendet und ein neues Kapitel der axiomatischen Methode eingeleitet wurde.[71] In seinen Auswirkungen bis in die unmittelbare Gegenwart reicht Hilberts berühmter Vortrag von 1900 über „Mathematische Probleme".[72]

---

[65] M. Planck, Die Stellung der neueren Physik zur mechanischen Naturanschauung (Rede auf der 82. Versammlung deutscher Naturforscher und Ärzte). In: Internationale Wochenschrift, Bd. IV (1910), Sp. 1275—1286, 1321—1334. Zitate Sp. 1281, 1324, 1328, 1332.

[66] Den Ausführungen zur Entwicklung der Mathematik liegt eine umfangreiche, exakt dokumentierte Ausarbeitung des Ordentlichen Mitglieds der AdW der DDR, Prof. Dr. H. Grell (†), zugrunde, der aus Platzgründen nur die wichtigsten Angaben entnommen werden konnten, die von Prof. Dr. Grell nochmals überprüft wurden. Er hat die Arbeiten an der Akademiegeschichte bis zuletzt mit größtem Interesse unterstützt.

[67] Vgl. E. Landau, Handbuch der Lehre von der Verteilung der Primzahlen, Leipzig, Berlin 1909.

[68] Vgl. etwa E. Landau, Einführung in die elementare und analytische Theorie der algebraischen Zahlen und Ideale, 2. Auflage, Leipzig 1927, S. IV, 75, Satz 155. Weiterhin E. Hecke, Über die Zetafunktion beliebiger algebraischer Zahlkörper. In: Nachrichten von der K. Gesellschaft der Wissenschaften zu Göttingen. Math.-physikal. Kl., Jg. 1917, S. 77—89.

[69] Vgl. D. Hilbert, Gesammelte Abhandlungen, Bd. I, Berlin 1932, S. 63—363, 370—482, 483—509.

[70] Vgl. Mathematische Annalen, 63 (1907), 67 (1909), 72 (1912), 74 (1913).

[71] Vgl. dazu I. Pogrebysski in: D. J. Struik, Abriß der Geschichte der Mathematik, 5. erw. Aufl., Berlin 1972, S. 214 ff.

[72] Vgl. Die Hilbertschen Probleme (= Ostwalds Klassiker der exakten Naturwissenschaften, Bd. 252), Leipzig 1971. Die Ausgabe besorgte der sowjetische Mathematiker P. S. Aleksandrov mit einem Autorenkollektiv; sie enthält Hilberts Vortrag, und in ihr wird die spätere Arbeit an jedem einzelnen Problem detailliert verfolgt.

Ebenso wie H. Poincarés Vortrag von 1908 („Die Zukunft der Mathematik") waren Hilberts Ausführungen von unerschütterlichem Optimismus über den Fortschritt der Mathematik getragen.

Durch seine ab 1899 erscheinenden Arbeiten über das „Dirichletsche Prinzip" leistete Hilbert einen in Richtung der „direkten Methoden" weisenden Beitrag zur Variationsrechnung, indem er nach der Kritik von K. Weierstraß und nach von C. Neumann, H. A. Schwarz und H. Poincaré ersonnenen Spezialverfahren wieder „einfache Grundtatsachen" in den Vordergrund rückte, aus denen ohne Konvergenzbetrachtungen ad hoc die sämtlichen Ergebnisse einheitlich abgeleitet werden konnten.[73] Ziel dieser und anderer Arbeiten auf dem Gebiet der Analysis und insbesondere der Randwertaufgaben der mathematischen Physik war eine Vereinheitlichung der Methoden, die insbesondere möglich wurde im Anschluß an die von E. I. Fredholm entwickelte und 1903 veröffentlichte Theorie der Integralgleichungen.[74] Neben denen von Fredholm, V. Volterra und E. Picard sind auch hier insbesondere wieder die Arbeiten Hilberts zu nennen, der — zusammen mit seinen Schülern und Nachfolgern — in Analogie zur linearen Algebra und zur Theorie der quadratischen Formen endlicher Variablenzahl von vornherein eine „Algebra" entwickelte, deren Elemente Funktionen oder unendliche Zahlenfolgen in dem seither nach ihm benannten unendlich dimensionalen Hilbertschen Raum sind, und durch Einführung einer geeigneten Topologie und Metrik in diesem Hilbertschen Raum den Weg zu den die heutige Analysis steigend beherrschenden Methoden der Funktionalanalysis bahnte. Auch wenn gewisse Hilbertsche Schlußweisen im Vergleich zu den durch Kürze und Eleganz ausgezeichneten Beweisen von E. Schmidt ungelenk erscheinen, stellen die in den Jahren 1904 bis 1912 erschienenen, erstmalig 1912 zu einer Monographie zusammengefaßten und mit einer summarisch deren Inhalt darlegenden Einleitung versehenen sechs Mitteilungen zur Integralgleichungstheorie ein noch heute studierenswertes Werk dar.[75]

Es ist kaum verwunderlich, daß sich Hilbert nun im Anschluß an diese Arbeiten zur Integralgleichungstheorie der mathematischen Behandlung der Physik zuwandte. Nach einer ersten, von 1912 bis 1914 währenden und mit der Theorie der Integralgleichungen in unmittelbarem Zusammenhang stehenden Zeitspanne folgte ein zweiter, durch die von A. Einstein erfolgte Aufstellung der allgemeinen Relativitätstheorie bestimmter und von 1915 bis 1924 dauernder Abschnitt, dem sich dann noch einmal ein letzter um 1928 endender anschloß. Auch wenn sich, wie M. Born hervorhob[76], Hilberts Blütenträume von einer Ableitung des Elektrons und der Atome aus den Feldgesetzen nicht erfüllten,

---

[73] Vgl. D. Hilbert, Gesammelte Abhandlungen, Bd. III, Berlin 1935, S. 10—14, 15—37, 73—80; vgl. auch ebd., S. 38—55.

[74] Vgl. Acta mathematica, 27 (1903), S. 365—390.

[75] Vgl. D. Hilbert, Grundzüge einer allgemeinen Theorie der linearen Integralgleichungen (= Fortschritte der mathematischen Wissenschaften in Monographien, H. 3), Leipzig 1912.

[76] Vgl. M. Born, Hilbert und die Physik. In: Die Naturwissenschaften. 10 Jg. (1922), H. 4, S. 88—93.

bleiben doch Hilberts Mitteilungen über die „Grundlagen der Physik" (I. Mitteilung vom 20. 11. 1915; II. Mitteilung vom 23. 12. 1916) vor der Göttinger Gesellschaft der Wissenschaften zusammen mit gleichzeitigen Arbeiten Einsteins im Urteil Borns die Geburtsstunde der allgemeinen Relativitätstheorie, obwohl sich Hilberts Versuch einer Kombination der Einsteinschen Ideen mit den in hohem Maße spekulativen von G. Mie als nicht tragfähig herausstellte.

Als selbständige Disziplin hatte sich im Anschluß an verfeinerte Fragestellungen der Theorie der trigonometrischen Reihen in der zweiten Hälfte des 19. Jh., insbesondere dank den Untersuchungen von P. du Bois-Reymond, C. Jordan, U. Dini und G. Peano, die Theorie der reellen Funktionen herausgebildet, die seit dem Ende des Jahrhunderts durch die fundamentalen Ideen und Begriffe der von G. Cantor geschaffenen Mengenlehre bereichert wurden. Die französischen Mathematiker E. Borel, R.-L. Baire und vor allem H. Lebesgue haben im ersten Jahrzehnt des 20. Jh. die wichtigsten Beiträge zur Theorie der reellen Funktionen geleistet.[77]

Im Anschluß an die Arbeiten französischer Mathematiker zur Theorie der reellen Funktionen ist für den hier behandelten Abschnitt besonders der russische Mathematiker N. N. Luzin zu nennen, aus dessen Kreis zahlreiche Vertreter der sowjetischen Topologenschule der zwanziger Jahre unseres Jahrhunderts hervorgingen. Als bedeutende Vorläufer der jüngeren Topologen müssen der sich durch eine bis dahin unbekannte Schärfe der Schlußweisen auszeichnende holländische Mathematiker L. J. E. Brouwer mit seinen zwischen 1911 und 1921 erschienenen topologischen Arbeiten — unabhängig von seinen fundamentalen Beiträgen zur sog. intuitionistischen Logik in den Jahren 1907, 1913, 1924 bis 1927 —, der durch die Erörterung gewisser Grundaxiome des sog. topologischen Raumes ausgezeichnete, in den zwanziger Jahren durch seine Beiträge zur Theorie der „klassischen" topologischen Gruppen hervortretende Mathematiker H. Weyl[78] und vor allem der durch die erstmalig axiomatische Behandlung topologischer Räume hervorzuhebende F. Hausdorff[79] genannt werden. Dieses Hausdorffsche Werk gelangte gerade noch vor Ausbruch des ersten Weltkrieges nach Rußland und spielte in der seit 1916 sich herausbildenden Luzinschen Schule nach persönlicher Aussage von P. S. Aleksandrov eine besonders förderliche Rolle.

Der hier angedeutete bedeutsame Einfluß der erst mit Beginn des 20. Jh. von den Mathematikern unter dem Eindruck ihrer in der reellen und komplexen Analysis bewirkten Erfolge immer mehr anerkannten Punktmengen- und der Mengenlehre überhaupt, die G. Cantor geschaffen hatte, zeigte sich auch auf anderen Teilgebieten der Mathematik. 1904 und 1908 bewies E. Zermelo mit Hilfe des sog. Auswahlaxioms den Cantorschen „Wohlordnungssatz"[80]. Im

---

77 Vgl. vor allem H. Lebesgue, Leçons sur l'intégration et la recherche des fonctions primitives, Paris 1904.
78 Vgl. H. Weyl, Die Idee der Riemannschen Fläche, Leipzig 1913.
79 Vgl. F. Hausdorff, Grundzüge der Mengenlehre, Leipzig 1914, bes. Kap. VII und VIII.
80 Vgl. Mathematische Annalen, 59 (1904), 65 (1908).

Zusammenhang mit E. Zermelos Untersuchungen entwickelte sich die erste Axiomatik der Mengenlehre. Neben seiner eigenen, später mit Überlegungen von A. Fraenkel verbundenen, entstand die sog. intuitionistische von L. J. E. Brouwer, in der das Prinzip vom ausgeschlossenen Dritten nicht akzeptiert wird.[81] Eine Axiomatik der Mengenlehre enthält auch das fundamentale, von B. Russell und A. N. Whitehead in den Jahren 1910 bis 1913 veröffentlichte dreibändige Werk „Principia mathematica", das noch die späteren Untersuchungen Hilberts über die Grundlagen der Arithmetik und seine Beseitigung der erstmalig durch B. Russell in den Arbeiten von G. Frege aufgedeckten „Paradoxien des Unendlichen" beeinflußte.

Eben durch die ungehemmte Anwendung des damals noch mit einiger Skepsis betrachteten Auswahlaxioms oder des ihm äquivalenten der Möglichkeit der Wohlordnung wirkte sich die Mengenlehre auf dem Teilgebiet Algebra in der durch E. Steinitz veröffentlichten Untersuchung aus.[82] In ihr wird zum ersten Mal eine algebraische Struktur, eben der nach Dedekind so benannte „Körper", ihrem prinzipiellen Aufbau nach, von einfachsten „Elementar"-Bestandteilen ausgehend, ganz allgemein und vollständig geklärt und so eine Aufstellung sämtlicher Körper„typen" erreicht. Von einer gleichen Lösung für die viel länger bekannte, aber auch wesentlich allgemeinere der Gruppen oder auch nur der Ringe ist man bis heute noch weit entfernt. Durch die von Steinitz mit überaus glücklichem Griff im Geiste der von D. Hilbert gut ein Jahrzehnt vorher am Beispiel der Geometrie vorexerzierten „axiomatischen Methode" wurde das Zeitalter der „modernen Algebra" eröffnet, auch wenn diese erst in den Jahren seit 1920 durch E. Noether und E. Artin und deren Schüler zur vollen Blüte gelangte.

Es muß nachdrücklichst bemerkt werden, daß fast unmittelbar vor Beginn der um 1910 einsetzenden und auf diese mengentheoretische Entwicklung gestützten, deutlich nach der Seite der Erforschung von „Strukturen" ausgeprägten Epoche der „modernen" Algebra ein hochbedeutsames, völlig mit „klassischen" Mitteln arbeitendes Algebra-Jahrzehnt lag, das durch die zwischen 1896 und 1906, teilweise in Zusammenarbeit mit I. Schur verfaßten Arbeiten von G. Frobenius zur Darstellungstheorie der endlichen Gruppen[83] charakterisiert ist, die dann in den zwanziger Jahren unseres Jahrhunderts unter den Händen von E. Noether und ihrer Schüler eine modernere, sie in die seitherigen allgemein sichtbar gewordenen Entwicklungstendenzen der neuen Algebra einordnende Fassung erhielten. Diese ausschließlich in den Sitzungsberichten der

---

81 Vgl. dazu auch I. Pogrebysski in: D. J. Struik, Abriß der Geschichte der Mathematik, 5. erw. Aufl., Berlin 1972, S. 212.

82 Vgl. E. Steinitz, Algebraische Theorie der Körper. In: Journal für die reine und angewandte Mathematik, Bd. 137 (1910). Buchausgabe Berlin 1930.

83 Bibliographische Angaben in: A. Harnack, Geschichte der K. Preußischen Akademie der Wissenschaften zu Berlin, Bd. III, Berlin 1900, S. 102, und Gesamtregister der Abhandlungen, Sitzungsberichte, Jahrbücher, Vorträge und Schriften der Preußischen Akademie der Wissenschaften 1900—1945, Berlin 1966, S. 45.

Berliner Akademie veröffentlichten Frobenius-Schurschen Arbeiten haben für die Mathematik der seit 1926 entstehenden Quantenmechanik eine ebenso unerwartete wie bedeutsame Rolle gespielt.[84]

Bemerkenswerte und sehr originelle Ergebnisse in der mathematischen Teildisziplin Zahlentheorie wurden seit den neunziger Jahren des 19. Jh. und im ersten Jahrzehnt des 20. Jh. von H. Minkowski und G. F. Voronoj erzielt.[85] Aus dem Jahre 1909 stammt Minkowskis berühmt gewordener Aufsatz „Raum und Zeit", in dem die der Einsteinschen speziellen Relativitätstheorie zugrundeliegende Geometrie im Rahmen einer allgemeinen geometrischen Systematik erstmalig ihre Fundierung und Einordnung erfuhr.[86]

Hervorragende Beiträge zur analytischen Zahlentheorie leisteten u. a. E. Landau, H. Weyl, G. H. Hardy und J. Littlewood.[87] Durch eine großartige Kraftanstrengung erreichte D. Hilbert die Bewältigung eines berühmten, isolierten Einzelproblems, des sog. Waringschen Problems.[88] Es bleibt bemerkenswert, daß diese grandiose Hilbertsche Leistung von dem bedeutenden Berliner Algebraiker G. Frobenius als ein „Seitensprung" gewertet wurde, der ein wenig zu beanstanden sei.[89]

Das Zentrum der theoretischen Wahrscheinlichkeitsrechnung blieb in dieser Zeit Rußland. Schulen auf dem Gebiet der mathematischen Statistik bildeten sich in England, den skandinavischen Ländern und später in den USA.[90]

Die in der zweiten Hälfte des 19. Jh. in Deutschland zu hoher Blüte gediehene algebraische Geometrie wurde ab 1895 vor allem in Italien gepflegt, womit gleichzeitig eine Verschiebung der Methoden, das Aufkommen einer sehr erfindungsreich anschaulich vorgehenden Arbeitsweise im Vergleich zu dem algebraisch strengeren und z.B. bei R. Dedekind und H. Weber noch heute hohen logischen Ansprüchen genügenden Stil der deutschen Schule verbunden war. So bereicherten C. Segre, E. Bertini, G. Castelnuovo, F. Enriques, der besonders produktive F. Severi und ihre Schüler allein in dieser ersten, bis etwa 1920 währenden Blüteperiode der italienischen Schule die algebraische Geometrie

---

[84] Vgl. H. Boerner, Darstellungen von Gruppen, (West-)Berlin, Göttingen, Heidelberg 1955, S. 279, 281, 282; H. Weyl, Gruppentheorie und Quantenmechanik, Leipzig 1928, S. 277 bis 280.

[85] Vgl. etwa O.-H. Keller, Geometrie der Zahlen. In: Enzyklopädie der mathematischen Wissenschaften, Bd. I, 2. Teil, C, I 2, 27, Abschnitt 29, S. 59–61; H. Minkowski, Gesammelte Abhandlungen, Bd. I, II, Leipzig 1911; G. F. Voronoj, Sobranie sočinenij, Bd. 1–3, Kiew 1952–1953.

[86] Vgl. H. Minkowski, Gesammelte Abhandlungen, Bd. II, S. 431–444.

[87] Vgl. H. Bohr, H. Cramér, Die neuere Entwicklung der analytischen Zahlentheorie. In: Enzyklopädie der mathematischen Wissenschaften, Bd. II, Teil 3, Leipzig 1922, S. 711 bis 849.

[88] Vgl. D. Hilbert, Gesammelte Abhandlungen, Bd. I, S. 510–527; A. J. Chintschin, Drei Perlen der Zahlentheorie, Berlin 1951, S. 33–61.

[89] Vgl. dazu die Ausführungen im vorliegenden Band über die Wahl Hilberts in die Berliner Akademie.

[90] Vgl. I. Pogrebysski, a. a. O., S. 126f.

um eine Fülle von mitunter nicht den modernsten Anforderungen an Strenge genügenden grundlegenden Resultaten.[91]

Im Hinblick auf die Wissenschaftsorganisation der mathematischen Forschung muß darauf verwiesen werden, daß das 1871 begründete „Jahrbuch über die Fortschritte der Mathematik" auch in dieser Zeit als bedeutende Referatenzeitschrift erschien und daß seit 1897 neben den nationalen auch internationale Mathematiker-Kongresse stattfanden. Seit 1898 erschien die „Enzyklopädie der mathematischen Wissenschaften", die von F. Klein mitbegründet worden war.[92]

Hervorzuheben ist, daß der weitere Ausbau der Quantenphysik und der Relativitätstheorie durch die fortschreitende Mathematik ermöglicht wurde, wobei sowohl Mathematiker zur Ausarbeitung physikalischer Probleme wie Physiker zur Weiterentwicklung der Mathematik beitrugen. Diese wechselseitige Verflechtung der Disziplinen, die sich auch im Aufschwung der physikalischen Naturwissenschaften wie der physikalischen Chemie, der Astrophysik, der Geophysik und anderer Grenzgebiete der Physik sowie der wissenschaftlichen Grundlagen der Technik zeigte, machte im zweiten Jahrzehnt des 20. Jh. weitere Fortschritte.[93]

Im Bereich der astronomischen Forschung überflügelte die in der zweiten Hälfte des 19. Jh. vor allem als Folge der Anwendung der Photometrie, der Spektroskopie und der Photographie auf die Untersuchung astronomischer Objekte entstandene Astrophysik die ältere Positionsastronomie, die freilich ihre Bedeutung keineswegs verlor.[94] Davon zeugen nicht zuletzt die Arbeiten der Berliner Akademie, die zu Beginn des 20. Jh. unter A. Auwers' Leitung die Herausgabe eines der großen Sternkataloge begann, die für die Durchsetzung des zu seiner Zeit bedeutendsten Astrophysikers, Karl Schwarzschilds[95], eintrat und an der oder mit deren wesentlicher Hilfe die Quantentheorie und die Relativitätstheorie als entscheidende Grundlagen auch der neueren Astrophysik erarbeitet und durchgesetzt wurden.

Das durch die Akademiemitgliedschaft seiner Direktoren mit der Berliner Akademie verbundene Astrophysikalische Observatorium Potsdam konnte seine führende Stellung in der Welt trotz des Vordringens vor allem der USA-Astronomie behaupten.

---

91 Vgl. beispielsweise M. Baldassari, Algebraic Varieties (= Ergebnisse der Mathematik und ihrer Grenzgebiete, NF, H. 2), (West-)Berlin, Göttingen, Heidelberg 1956; F. Severi, Il Teorema di Riemann-Roch per Curve, Superficie e Varietà. Questioni collegate (= Ergebnisse der Mathematik und ihrer Grenzgebiete, NF, H. 17), (West-)Berlin, Göttingen, Heidelberg 1958.

92 Vgl. I. Pogrebysski, a.a.O., S. 201, 205.

93 Vgl. dazu H.-J. Treder, Einleitung zu: Physiker über Physiker, a. a. O.

94 Vgl. über die Entwicklung der Astronomie: E. Zinner, Die Geschichte der Sternkunde, 1931; Newcomb-Engelmann, Populäre Astronomie, 8. Aufl., Leipzig 1948.

95 Die Bedeutung Schwarzschilds wurde neuestens eingehend gewürdigt von H. -J. Treder, Karl Schwarzschild und die Wechselbeziehungen zwischen Astronomie und Physik. In: Die Sterne, 50. Jg. (1974), Heft 1, S. 13–19.

Eine verfeinerte Einteilung der Sterne nach ihrem Spektrum legte E. C. Pickering 1901 vor („Harvard-Classification"), der bis 1907 einen Katalog der Sternhelligkeiten für über 9000 Sterne erarbeitete. Die „Potsdamer photometrische Durchmusterung" mit Helligkeiten von 14200 Sternen erfolgte bereits seit 1894, und 1910 schuf L. Boß einen Katalog der 6188 hellsten Sterne. 1908 entdeckte G. E. Hale die Magnetfelder der Sonnenflecken, und J. Wilsing und J. Scheiner in Potsdam ermittelten 1909 zuverlässige Fixsterntemperaturen aus dem Spektrum und dem Strahlungsgesetz. Die technischen Voraussetzungen für die astronomische Arbeit verbesserten sich u. a. durch die Zenitkamera von K. Schwarzschild (1904), den Photometer für Helligkeitsmessungen an flächenhaften astronomischen Objekten von J. Hartmann (1910) und vor allem durch die Aufstellung des 1,52-m-Spiegelteleskops für die Mount-Wilson-Sternwarte in den USA (1909).

Die sich schon länger andeutende Schwerpunktverlagerung der astronomischen Forschung in die USA fand damit sichtbaren Ausdruck. K. Schwarzschild, der den Stand der Astronomie analysierte und die wichtigsten Erfolge der amerikanischen Astronomie aufzählte, mußte daher 1910 feststellen: „An der Überlegenheit der Leistungen der amerikanischen Astronomie verglichen mit der deutschen ist für das letzte Jahrzehnt kein Zweifel." Das galt vor allem für das umfangreiche neue Beobachtungsmaterial, das im „Fabrikbetrieb" gewonnen wurde, während die theoretische Auswertung damals meist noch auf dem Kontinent erfolgte. Obwohl Schwarzschild die bessere finanzielle Sicherung der astronomischen Forschung in den USA hervorhob, sah er doch nicht allein darin, sondern in der besseren Organisation der Arbeit den Hauptgrund für die neue Entwicklung.[96]

In den Geowissenschaften brachte das 20. Jh. nicht drastische Veränderungen der im 19. Jh. geschaffenen Grundlagen, als vielmehr neue, aus der Physik und Chemie entnommene Techniken, die die Genauigkeit der Untersuchungen erhöhten und das Untersuchungsgebiet erweiterten. Als neuer Zweig bildete sich die Geophysik heraus, die vor allem die Möglichkeiten der angewandten Geologie erweiterte und eine Fülle neuen Beobachtungsmaterials erbrachte.[97] Von 1901 bis 1903 legten A. Penck und E. Brückner ihre grundlegenden Forschungen über „Die Alpen im Eiszeitalter" vor, 1909 schloß E. Sueß „Das Antlitz der Erde" ab, in dem die Theorie von der Schrumpfung der Erdkugel (Kontraktion) behandelt wurde. Die Kontraktionstheorie vereinfachte jedoch die Ergebnisse der Entwicklungsgeschichte der Erde zu sehr. Seine seither viel umstrittene Kontinentalverschiebungshypothese legte 1915 A. Wegener in seinem Werk „Die Entstehung der Kontinente und Ozeane" dar. Die geographische Erforschung noch unerschlossener Gebiete – Mittelasien, Südamerika, Afrika, Australien, Polgebiete – führte zu genauerer Kenntnis der Erdoberfläche.

---

[96] Vgl. K. Schwarzschild, Die großen Sternwarten der Vereinigten Staaten. In: Internationale Wochenschrift, Bd. IV (1910), Sp. 1531–1544.

[97] Vgl. J. D. Bernal, Die Wissenschaft in der Geschichte, S. 510ff.

Die Haupttendenz des geographischen Denkens am Anfang des 20. Jh. bestand ungeachtet vielfältiger, teils widersprüchlicher Ansichten in dem Streben, die Geographie auf die Untersuchung regionaler Erscheinungen der Erdoberfläche zu beschränken. Als besonders einflußreich erwies sich A. Hettner, der 1905 seine ideographische Methode der Geographie publizierte, wonach nicht die Erkenntnis von „Wahrheiten", sondern „einzelner tatsächlicher Fakten", der „faktischen Wirklichkeit", das Ziel der Geographie wäre. Er faßte die Geographie zu einseitig unter chorologischen Gesichtspunkten, d. h. unter dem Gesichtspunkt der räumlichen Anordnung und der räumlichen Beziehungen, was allein nicht ausreicht, um den Gegenstand der Geographie als Wissenschaft zu definieren. Eine selbständige französische Schule entstand insbesondere unter dem Einfluß von P. Vidal de la Blache, die sich auf die regionale Geographie konzentrierte. Für die russische Geographie-Schule blieb vor allem die Konzeption V. V. Dokučaevs verpflichtend, die durch den Gedanken des geographischen Komplexes geprägt war.[98]

Besondere Bedeutung erhielt mit dem Übergang zum Imperialismus die Geopolitik, die international wirksam, in Deutschland aber besonders ausgeprägt war. Einer ihrer Begründer war der Geograph F. Ratzel, der den geographischen Determinismus mit einer biologisch-sozialdarwinistischen Betrachtung der Gesellschaft verband. Den Klassenkampf leitete Ratzel aus Raummangel ab. Eine solche unwissenschaftliche Lehre, die den Expansionsdrang des Imperialismus und Militarismus „wissenschaftlich" zu rechtfertigen schien und zugleich den inneren Klassenkampf zu einer Funktion äußerer Widersprüche machte, wurde gerade von deutschen bürgerlichen Ideologen geschickt zur Begründung aggressiver Politik genutzt.[99] Solche Bemühungen des führenden Geopolitikers R. Kjellèn tangierten während des Weltkrieges auch die Tätigkeit der Berliner Akademie.

Die Herausbildung einer auf exakter wissenschaftlicher Grundlage beruhenden Chemie hat sich im 19. Jh. vollzogen. Diese Entwicklung zeigte sich, nachdem der Verbrennungsprozeß durch die Oxydationstheorie von A. L. Lavoisier richtig gedeutet worden war, zunächst seit 1770 in der Entdeckung einer großen Zahl neuer Elemente, die ein weites Feld für die experimentelle Forschung boten und für die schließlich 1869 L. Meyer und D. I. Mendeleev unabhängig voneinander das periodische System der Elemente als ordnendes Prinzip entdeckten. Ebenfalls im 19. Jh. begann die Übertragung der Kenntnisse über die Analyse und Synthese anorganisch-chemischer Verbindungen auf organische Verbindungen, wofür die organischen Arbeiten und die Elementaranalyse von

---

[98] Vgl. die ausführliche Darstellung von A. G. Isačenko, Razvitie geografičeskich idej, Moskau 1971, S. 243ff.

[99] Vgl. Die deutsche Philosophie von 1895—1917, Berlin 1962, S. 81f. Für die Zeit um die Jahrhundertwende vgl. zur Entwicklung der Geographie die durch zahlreiche Zitate aus zeitgenössischen Publikationen anschauliche, aber methodologisch verfehlte Arbeit von F.-J. Schulte-Althoff, Studien zur politischen Wissenschaftsgeschichte der deutschen Geographie im Zeitalter des Imperialismus, Paderborn 1971.

J. Liebig und F. Wöhlers Harnstoffsynthese aus dem Jahre 1828 initiierend waren. Grundsätzlich war damit die Erkenntnis vorbereitet, daß in der anorganischen und in der organischen Chemie die gleichen Gesetzmäßigkeiten wirken. Der vis vitalis, der sogenannten Lebenskraft, auf die bis dahin die entdeckten und isolierten Kohlenstoffverbindungen zurückgeführt wurden, war damit die Grundlage entzogen. Die erwiesene Möglichkeit der Analyse und z. T. auch der Synthese wichtiger Naturstoffe bereicherte die theoretische Chemie und legte den Grund für die Entwicklung einer organisch-chemischen Industrie in der zweiten Hälfte des 19. Jh., die ihrerseits einen weiteren Ausbau der anorganisch-chemischen Industrie nach sich zog. Als selbständiger Zweig der Chemie bildete sich etwa seit 1865 auf der Grundlage konkreterer Vorstellungen über die chemische Bindung, den Valenzbegriff und die Molekülstruktur die physikalische Chemie heraus.

Die sich seit der Wende vom 19. zum 20. Jh. abzeichnenden verstärkten Beziehungen zwischen Wissenschaft und Produktion – A. W. Hofmann, der auch Mitglied der Berliner Akademie war, setzte sich schon 1868 für „die Allianz zwischen Wissenschaft und Industrie"[100] ein – wurden in der Entwicklung der Chemie besonders offensichtlich. Ganze Industriezweige wie die zur Herstellung von Farbstoffen, Arzneimitteln, Kautschuk, Düngemitteln, Soda, Schwefelsäure und Ammoniak, später auch von Fasern und Plasten, basieren auf der Zusammenarbeit von chemischer Grundlagenforschung mit der Verfahrenstechnik und dem Apparatebau.[101] Die Berliner Akademie konnte diese hier nur angedeutete Vielfalt in den Entwicklungstendenzen der Chemie vorwiegend durch die Zuwahl hervorragender Chemiker sowie in der Beratung von deren Forschungsergebnissen widerspiegeln, da an ihr experimentelle Arbeiten nicht betrieben werden konnten. Als Ordentliche Mitglieder gehörten der Akademie in diesen Jahren die Chemiker H. Landolt, E. Fischer, J. H. van't Hoff, W. Nernst, E. Beckmann, R. Willstätter und F. Haber an. Insgesamt 14 weitere Chemiker, unter ihnen A. v. Baeyer, W. Ostwald und D. I. Mendeleev, wurden von 1900 bis 1917 als Korrespondierende oder Auswärtige Mitglieder in die Akademie gewählt. In der Forschungsorganisation der Chemie vollzogen sich mit dem Ausbau der Industrieforschung – nachhaltig unter dem Einfluß von C. Duisberg – und der Gründung der chemischen Kaiser-Wilhelm-Institute seit 1911 wesentliche Veränderungen. Die älteren Bemühungen insbesondere E. Fischers um die Schaffung einer Chemischen Reichsanstalt führten damit, wenn auch in abgewandelter Form, zu einem Erfolg.[102]

---

100 Diese Äußerung fiel im Zusammenhang mit der Gründung der Deutschen Chemischen Gesellschaft 1868. Vgl. Berichte der Deutschen Chemischen Gesellschaft, Jg. 1 (1868), S. 3. Vgl. auch W. Ruske, Hundert Jahre Deutsche Chemische Gesellschaft, Weinheim/Bergstraße 1967.

101 Vgl. dazu A. Rieche, Grundriß der technischen organischen Chemie, Leipzig ²1961.

102 Vgl. E. Fischer, E. Beckmann, Das Kaiser-Wilhelm-Institut für Chemie Berlin-Dahlem, Braunschweig 1913, bes. die Gründungsgeschichte von Fischer. Zur Geschichte der Chemie im 19. und 20. Jh. vgl. auch: Biographien bedeutender Chemiker, Berlin ²1970.

Die Grundlegung der klassischen physikalischen Chemie erfolgte seit den beiden letzten Jahrzehnten des 19. Jh. vor allem durch J. H. van't Hoff, S. Arrhenius, Wilhelm Ostwald und W. Nernst. Van't Hoff, der schon gemeinsam mit J. A. Le Bel 1874 im Anschluß an Vorstellungen vor allem von F. A. Kekulé über die räumliche Anordnung der Atome im Molekül die Stereochemie begründet hatte, legte 1883 erste Grundlagen für die wissenschaftliche Bearbeitung der chemischen Reaktionskinetik. Diese Arbeiten wurden 1889 von S. Arrhenius durch die Ableitung der RG/T-Beziehung und 1894 durch M. Bodenstein (erste bimolekulare Gasphasenreaktion der Jodwasserstoffbindung aus den Elementen) weitergeführt. Van't Hoff entwickelte auch neue Ideen über das chemische Gleichgewicht und dessen Zusammenhang mit den damals bekannten beiden Hauptsätzen der Thermodynamik. Ihm ist auch die thermodynamische Ableitung des bereits 1867 von C. N. Guldberg und P. Waage formulierten Massenwirkungsgesetzes, dessen Anwendbarkeit damit erhöht wurde, und die Aufstellung der osmotischen Lösungstheorie (beides 1887) zu danken. Mit dieser Theorie anfangs nicht erklärbare Eigenschaften der Lösungen von Säuren, Basen und Salzen machte 1887 die elektrolytische Dissoziationstheorie (Ionentheorie) von S. Arrhenius verständlich. W. Ostwald, der an der Schaffung der theoretischen und experimentellen Grundlagen der physikalischen Chemie wesentlich beteiligt war, hatte besonderen Anteil an der Durchsetzung des neuen Zweiges durch Lehrbücher und die 1887 vor allem von ihm gegründete „Zeitschrift für physikalische Chemie". Das neue Fachgebiet übte wegen der allgemein, auf alle chemischen Vorgänge, anwendbaren Erkenntnisse und der Möglichkeit, die bis dahin weitgehend auf experimentell-empirischer Grundlage entwickelte Chemie mit theoretischen Grundlagen auszurüsten, einen großen Einfluß aus.

Ein Höhepunkt in der Entwicklung der physikalischen Chemie war 1906 die Aufstellung des dritten Hauptsatzes der Thermodynamik durch W. Nernst. Mit Hilfe dieses Satzes, über den Nernst schon ein Jahr später auch in der Berliner Akademie in einem Vortrag sprach und der schließlich von M. Planck — ebenfalls in einem Akademievortrag — weiterentwickelt wurde[103], ist es möglich, chemische Gleichgewichte bei beliebigen Temperaturen und Drucken aus wenigen experimentell zugänglichen Daten zu errechnen. Die theoretische Erklärung für diese Möglichkeit lieferte die Quantentheorie. Damit wurden auch die wissenschaftlichen Grundlagen für die Bestimmung der Daten des Gleichgewichts der Bildung von NH_3 aus den Elementen in der Gasphase geschaffen (Haber 1906), der ersten großtechnischen Reaktion, die systematisch auf Erkenntnissen der Grundlagenforschung aufbaute. Die Erkenntnis, daß auch bei chemischen Reaktionen die Gesamtmasse der Reaktionsteilnehmer konstant bleibt, bestätigte H. Landolt von 1895 bis 1906 durch besonders sorgfältige

---

[103] Vgl. M. v. Laue, a. a. O., S. 89f. Weiterhin vor allem die Vorträge von W. Nernst in der Akademie (Sb 1906, S. 933—940; Sb 1911, S. 65—90) und den Bericht über Plancks Akademievortrag (Sb 1910, S. 865).

Wägungen, über die er auch in der Akademie mehrfach berichtete.[104] Reaktionskinetische Untersuchungen faßte M. Bodenstein erstmalig 1913 zu einer Theorie der chemischen Kettenreaktion zusammen[105], die später vor allem N. N. Semenov ausbaute.

Ein neuer fruchtbarer Zweig der chemischen Wissenschaft wurde seit dem 20. Jh. die Kolloidchemie, die Substanzen eines mit osmotischen Methoden damals nicht erfaßbaren Zerteilungsgrades untersucht. Verbesserte Möglichkeiten für die Untersuchung kolloidaler Erscheinungen bot vor allem das 1903 von R. Zsigmondy und H. Siedentopf erfundene Ultramikroskop. Klar trat die Bedeutung kolloidaler Erscheinungen auch für die Vorgänge im lebenden Organismus hervor, da z. B. die Eiweißkörper Kolloide sind, deren osmotisches Verhalten im Ablauf der Lebensprozesse eine entscheidende Rolle spielt.[106] Die Entwicklung der Kolloidchemie in diesen und den folgenden Jahren ist vor allem mit dem Wirken von Wolfgang Ostwald, R. Zsigmondy, H. Freundlich und T. Svedberg verbunden.[107]

Im Bereich der für die meisten chemischen Prozesse in der Technik und im lebenden Organismus bedeutsamen katalytischen Reaktionen, deren Kenntnis im 19. Jh. außerordentlich gewachsen war und um deren Deutung sich zahlreiche Chemiker, vor allem J. J. Berzelius und A. W. Horstmann, Verdienste erworben hatten, leitete Wilhelm Ostwald — ausgehend von den Ergebnissen der physikalischen Chemie — gegen Ende des 19. Jh. (1891) eine neue Periode ein. Er erkannte, daß die Katalyse ein kinetisches Phänomen darstellt, das vor allem in Form der heterogenen Katalyse die an Festkörperoberflächen gegebenen energetischen Möglichkeiten zur Beschleunigung einer Reaktion umfaßt. Die erste technische Synthese auf der Grundlage der heterogenen Katalyse war die SO_3-Oxydation nach R. Knietsch (1893). Die Arbeiten Ostwalds und seiner Zeitgenossen über die Katalyse zeitigten schnell praktische Erfolge, da mit ihrer Hilfe wesentliche chemische und chemisch-technische Probleme gelöst werden konnten.[108]

Ostwald selbst bearbeitete zusammen mit E. Brauer seit 1901 die katalytische Oxydation des Ammoniaks durch Einsatz von Platin als Katalysator. Dadurch wurden die Grundlagen für die Salpetersäureherstellung aus Ammoniak ge-

---

[104] Vgl. M. v. Laue, a. a. O., S. 21f. H. Landolt, Über die Erhaltung der Masse bei chemischen Umsetzungen. Ausführliche Bearbeitung der unter dem Titel: „Untersuchungen über die fraglichen Veränderungen des Gesamtgewichtes chemisch sich umsetzender Körper" in den Sitzungsberichten der Akademie Jg. 1893, S. 301—334, Jg. 1906, S. 266—298, Jg. 1908, S. 354—387, erschienenen Mitteilungen. In: Abhandlungen der K. Preußischen Akademie der Wissenschaften. Physikalisch-mathematische Klasse, 1910, H. 1.

[105] Vgl. Zeitschrift für physikalische Chemie, Bd. 85 (1913), S. 329.

[106] Gerade auf diese Seite wurde in einer der wenigen Veröffentlichungen der Berliner Akademie zur Kolloidchemie hingewiesen. Vgl. C. Neuberg, Über kolloidale und gelatinöse Kalzium- und Magnesiumverbindungen. In: Sb 1907, S. 820—822.

[107] Den zeitgenössischen Stand gibt Wolfgang Ostwald, Die Welt der vernachlässigten Dimensionen, 1915.

[108] Vgl. A. Mittasch, Kurze Geschichte der Katalyse in Praxis und Theorie, Berlin 1939, sowie W. Ostwald, Über Katalyse (Nobelvortrag 1909).

schaffen[109] und zugleich die Wege für die großtechnische Nutzung gebahnt. In den chemischen Laboratorien der Badischen Anilin- und Soda-Fabrik (BASF) wurden ebenfalls Arbeiten über die Ammoniak-Oxydation durchgeführt.

Forscher dieses Betriebes der chemischen Industrie schufen durch die großtechnische Realisierung der Ammoniaksynthese die Voraussetzungen für die Sicherung des Ammoniakbedarfs für die Salpetersäureherstellung, nachdem das Problem der Ammoniaksynthese 1908 wissenschaftlich gelöst war. Versuche Ostwalds in dieser Richtung waren zwar um die Jahrhundertwende noch erfolglos geblieben; F. Haber — aber auch W. Nernst und andere — hat dann, unter Anwendung der neuesten Erkenntnisse der physikalischen Chemie, von Hochdruckarbeiten und der katalytischen Forschung, Ammoniak künstlich aus Wasserstoff und Stickstoff bei etwa 500°C unter hohem Druck hergestellt. Die großtechnische Lösung des Problems ist vor allem mit den Namen von C. Bosch und A. Mittasch verbunden.[110]

Diese Ergebnisse waren überragende wissenschaftliche Leistungen, die auf der Grundlage des ingesamt hohen Standes der chemischen Forschung erzielt wurden. Sie bestätigten die führende internationale Stellung, die sich die deutsche Chemie errungen hatte. Daneben dürfen aber die über die Bedeutung für die Wissenschaft hinausgehenden Auswirkungen ökonomisch-politischer Art nicht übersehen werden. Schon die intensivere Beschäftigung mit dem Stickstoffproblem seit dem ausgehenden 19. Jh. war, nachdem die wissenschaftlichen Voraussetzungen gegeben waren, untrennbar mit der Furcht vor einer Erschöpfung der chilenischen Salpeterlager und auf deutscher Seite mit Bemühungen verknüpft, die Abhängigkeit der deutschen chemischen Industrie vom Chilesalpeter einzuschränken. In der Tat hat dann der Bedarf der deutschen Sprengstoffproduktion an Salpeter während des Weltkrieges, als der Nachschub aus Chile ausblieb, die Ammoniakarbeiten außerordentlich stimuliert. Die Ammoniaksynthese, die insbesondere als eine Grundlage der Düngemittelproduktion so viel zur Verbesserung der Lebensbedingungen bieten konnte, ist in großem Maßstab zuerst für kriegerische Zwecke genutzt worden. Unabhängig von dem subjektiven Wollen der Wissenschaftler deuten sich hier objektive Zusammenhänge zwischen Wissenschaft und imperialistischer Politik an, die sich auch in der Akademie reflektierten und die in der Folgezeit zu einer auch von Wissenschaftlern erkannten Unvereinbarkeit von wissenschaftlichem Ethos und Imperialismus führten.

Die Entwicklung der anorganischen Chemie hatte mit der Entdeckung und Bestätigung des periodischen Systems der Elemente in der zweiten Hälfte des 19. Jh. einen Höhepunkt erreicht, zuletzt mit der Entdeckung der Edelgase Helium, Neon, Argon, Krypton und Xenon (1894—1898) durch W. Ramsay. Das wissenschaftliche Interesse hatte vorübergehend zwar stärker der organi-

---

109 Vgl. A. Mittasch, Salpetersäure aus Ammoniak. Geschichtliche Entwicklung der Ammoniakoxydation bis 1920, Weinheim/Bergstr. 1953.

110 Vgl. A. Mittasch, Geschichte der Ammoniaksynthese, Weinheim/Bergstr. 1951.

schen und physikalischen Chemie gegolten, doch leiteten die Entdeckung der Röntgenstrahlen 1895 und die Feststellung der Uranstrahlung durch H. Becquerel 1896 einen neuen Aufschwung ein. Er führte — wie im Zusammenhang mit der Entwicklung der Physik bereits zu zeigen versucht wurde — über die Isolierung des Elementes Radium durch Marie und Pierre Curie (1898), die Entdeckung weiterer radioaktiver Elemente und der Ursache der Strahlung schließlich zum Begriff der Isotopie, womit F. Soddy 1910 der Nachweis gelang, daß Atome eines Elementes (Blei) verschiedene Massen (Atomgewichte) haben können.[111] M. v. Laues Entdeckung der Beugungserscheinungen von Röntgenstrahlen (1912) bot W. H. und W. L. Bragg (1913/14)[112] sowie P. Debye und P. Scherrer ab 1916[113] die Möglichkeit, Wege für die Erforschung des atomaren Aufbaus der Kristalle zu zeigen. Fast gleichzeitig schufen E. Rutherford und N. Bohr 1911 bis 1913 mit Hilfe der Elektronen- und Quantentheorie ein Atommodell, das die bis dahin bekannt gewordenen Eigenschaften der Atome in sich vereinigte und zu deuten versuchte. Ebenfalls 1913 bewies G. J. Moseley die gesetzmäßige Abhängigkeit der Röntgenspektren von der Ordnungszahl der Elemente im periodischen System, das dessen richtige Anordnung erneut bestätigte und Voraussagen über noch unbekannte Elemente ermöglichte.[114]

Neben dieser hier nur angedeuteten Entwicklung in der anorganischen Chemie, die stark von den Ergebnissen der modernen Physik geprägt war und bei der der Aufbau der Atome und Kristalle im Vordergrund stand, wurden auch der Bau und das Verhalten der chemischen Verbindungen weiterhin untersucht. Bedeutende Erfolge erzielten hier Otto Ruff auf dem Gebiet der Fluorchemie und Alfred Stock auf dem der Verbindungen des Bors, daneben A. Werner durch die Aufstellung der Koordinationstheorie. Sie erlangte für die Erklärung des Aufbaus insbesondere der großen Zahl der sogenannten Komplexverbindungen grundlegende Bedeutung und setzte neben der Bindung durch normale Valenzen auch noch eine Vereinigung der Moleküle unter sich durch „koordinierte" oder „Nebenvalenzen" voraus. Durch Werner wurde die Strukturchemie auch für die anorganische Chemie zur Stereochemie erweitert.[115] In Anlehnung an die anorganischen Komplexverbindungen und den Begriff der Nebenvalenzen haben W. Kossel, G. N. Lewis und I. Langmuir 1916 durch ihre Arbeiten über Valenz und Elektronenschalenbau[116] Wege zum Verständnis der zwischenatomaren Kräfte gewiesen.

---

[111] Vgl. M. v. Laue, a. a. O., S. 102f.

[112] Vgl. Proceedings of the Royal Society, Bd. 88 (1913), S. 423, Bd. 89 (1913), S. 428; Zeitschrift für anorganische Chemie, Bd. 90 (1915), S. 153.

[113] Vgl. Physikalische Zeitschrift, Bd. 17 (1917), S. 277, Bd. 18 (1918), S. 291, Bd. 19 (1918), S. 474.

[114] Vgl. Philosophical Magazine, Bd. 26 (1913), Bd. 27 (1914).

[115] Vgl. u. a. A. Werner, Neuere Anschauungen auf dem Gebiet der anorganischen Chemie, Braunschweig 1905, sowie Berichte der Deutschen Chemischen Gesellschaft, Bd. 40 (1907), S. 58, 462; Bd. 44 (1911), S. 1887.

[116] Vgl. Annalen der Physik, Bd. 49 (1916), S. 229; Journal of the American Chemical Society, Bd. 38 (1916), S. 762.

Im Jahre 1901 wurde die organische Chemie durch zwei wichtige Arbeitsmethoden bereichert. Zunächst durch die von P. Sabatier und J. B. Senderens entdeckte katalytische Hydrierung, die in der Einwirkung von Wasserstoff auf organische Verbindungen bei höherer Temperatur und in Gegenwart fein verteilter, katalytisch wirkender Metalle besteht.[117] Die zweite dieser Methoden schuf V. Grignard: die Synthese mittels organischer Magnesiumverbindungen. Sie besteht in der Einwirkung von Alkyl- oder Arylmagnesium-Halogeniden auf verschiedene — vornehmlich ungesättigte — Verbindungen.[118]

Der bedeutendste deutsche Forscher auf dem Gebiet der organischen Chemie, der international höchstes Ansehen genoß, war um die Wende vom 19. zum 20. Jh. Emil Fischer. Seine Untersuchungen erfaßten vorzugsweise die großen Stoffklassen Eiweiß und seine Grundstoffe, Zucker, Purinderivate, Gerbstoffe und Farbstoffe, wobei die Arbeiten auf dem Gebiet der Eiweißstoffe als für die weitere wissenschaftliche Forschung auf dem Grenzgebiet zwischen Chemie und Biologie von schlechthin grundlegender Bedeutung geworden sind. Durch sie wurde der Nachweis erbracht, daß α-Aminosäuren die ausschließlichen Bausteine der natürlichen Eiweiße sind.[119] Auch bedeutende Beiträge zur Heilmittellehre stammen von Fischer, beispielsweise über die Barbiturate. Auf Grund zahlreicher Verfahren für die chemische Industrie stand er mit ihr schon seit den achtziger Jahren in ständiger Verbindung.[120] Nicht zuletzt ist E. Fischer in die Wissenschaftsgeschichte eingegangen als hervorragender Organisator der chemischen Forschung. Davon zeugen sein Anteil an der Schaffung des Chemischen Instituts der Berliner Universität (1900) und seine Bemühungen um die Gründung einer Chemischen Reichsanstalt. Fischer arbeitete darüber hinaus sehr aktiv in der Akademie mit, was auch in der großen Zahl seiner in deren Publikationen veröffentlichten Abhandlungen Ausdruck fand.

Die Aufklärung der chemischen Konstitution der Naturstoffe und ihre Synthese war, wie bereits diese Hinweise zeigen, das Hauptarbeitsgebiet der organischen Chemie auch in den ersten beiden Jahrzehnten des 20. Jh.[121] Ihre Verbindungen zur Biologie und zur Medizin gewannen dadurch an Bedeutung. Zum

---

117 Vgl. zusammenfassend P. Sabatier, La catalyse en chimie organique, Paris, Liège 1920.

118 Vgl. dazu seine Dissertation: Sur les combinaisons organomagnésiennes mixtes et leurs applications à des synthèses, Lyon 1901, sowie V. Grignard, Le magnèsium en chimie organique. In: Bulletin de la Societé chimique de France, 1913, Bd. 13.

119 Fischers wichtigste Forschungsergebnisse sind systematisierend größtenteils noch von ihm selbst publiziert worden: Untersuchungen in der Puringruppe (1882—1906), Berlin 1907; Untersuchungen über Kohlenhydrate und Fermente (1884—1908), Berlin 1909; Untersuchungen über Aminosäuren, Polypeptide und Proteine, Bd. 1 (1889—1906), Bd. 2 (1907 bis 1919), Berlin 1906, 1923; Untersuchungen über Triphenylmethanfarbstoffe, Hydrazine und Indole, Berlin 1924; Untersuchungen über Depside und Gerbstoffe (1908—1919), Berlin 1919.

120 Vgl. E. Fischer, Aus meinem Leben, Berlin 1922.

121 Vgl. zur Gesamtentwicklung: P. Walden, Geschichte der organischen Chemie seit 1880, Berlin 1941.

eigentlichen Begründer der Chemotherapie wurde P. Ehrlich. Er war zusammen mit S. Hata der Entdecker des Salvarsans (1910).[122]

Auf die Herausbildung der Biochemie wirkten stark die Fortschritte der Enzymforschung. 1897 entdeckte E. Buchner, daß zerriebene Hefezellen Zukker vergären können, obwohl keine lebenden Hefezellen mehr vorhanden waren. Er löste das Gärungsenzym (Zymase) aus der Hefe heraus und führte mit ihm die Gärung durch.[123] Die Bedeutung dieser Entdeckung Buchners lag in dem Beweis, daß Reaktionen innerhalb der Zelle auf intrazelluläre Fermente oder Enzyme zurückzuführen sind. A. Harden und W. J. Young ermittelten 1904, daß die Hefezellen mehrere Gärungsfermente erzeugen, die den Zucker in Alkohol und Kohlensäure überführen und identifizierten das erste Koenzym.[124] Die Natur der Enzyme und ihren Wirkungsmechanismus begann man erst in den folgenden Jahrzehnten voll zu verstehen.

Seit der Wende vom 19. zum 20. Jh. wurden als Hormone und Vitamine zwei Stoffgruppen bekannt, die für den Ablauf und die Steuerung der Lebens- und Ernährungsvorgänge sehr wichtig sind. Als erstes Hormon isolierten J. Takamine und T. B. Aldrich 1901 das Hormon Adrenalin[125], dessen technische Synthese 1903 F. Stolz gelang. Den Begriff „Hormon" prägte E. H. Starling 1905.[126] Den ersten klaren Hinweis auf die Vitamine gab 1906 F. G. Hopkins, der erkannte, daß für die Ernährung geringe Mengen noch unbekannter Stoffe notwendig sind.[127] Im Jahre 1912 isolierte C. Funk aus Reiskleie das Vitamin B_1 und führte zugleich den Begriff „Vitamin" ein.[128] Die Hormon- und Vitaminforschung wurden in der Folgezeit zu ständig an Gewicht gewinnenden Arbeitsgebieten.

Eine hervorragende Leistung der synthetischen organischen Chemie zu Beginn des 20. Jh. war die Konstitutionsaufklärung des Blattgrüns, die vor allem mit dem Namen von R. Willstätter verbunden ist. Dessen Chlorophylluntersuchungen setzten 1906 ein und erbrachten den Nachweis, daß das Blattgrün eine komplexe Magnesiumverbindung ist.[129] Damit wurden Voraussetzungen geschaffen für die Erforschung eines wichtigen Gebietes der Photosynthese, der Kohlensäureassimilation, d. h. der Fähigkeit grüner Pflanzen, unter Verwendung der Lichtenergie aus Kohlendioxyd und Wasser organische Stoffe

---

[122] Vgl. P. Ehrlich, S. Hata, Die experimentelle Chemotherapie der Spirillosen, Berlin 1910. Hierzu und zum Folgenden vgl. auch Geschichte der Medizin. Einführung in ihre Grundzüge, Berlin 1968, S. 297ff. („Biochemie und Grenzgebiete").

[123] Vgl. Berichte der Deutschen Chemischen Gesellschaft, Band 30 (1897), S. 117, 1110, 2668. Vgl. auch J. B. S. Haldane, K. G. Stern, Allgemeine Chemie der Enzyme, Dresden 1932.

[124] Vgl. Proceedings of the Chemical Society, London, Bd. 21 (1905), S. 189.

[125] Vgl. American Journal of Pharmacy, Bd. 73 (1901), S. 457.

[126] Vgl. J. D. Bernal, Die Wissenschaft in der Geschichte, S. 282f.

[127] Vgl. Analyst, Vol. 31 (1906).

[128] Vgl. auch C. Funk, Die Vitamine, Wiesbaden 1914.

[129] Vgl. zusammenfassend R. Willstätter, Untersuchungen über das Chlorophyll, Berlin 1913; ders., Untersuchungen über die Assimilation der Kohlensäure, Berlin 1918.

aufzubauen. Die Isolierung und Aufklärung der Blütenfarbstoffe, der Anthocyane, gelang Willstätter und seinen Mitarbeitern seit 1913.[130]

Allmählich begann nach der Jahrhundertwende die Erforschung der Polymeren und Hochpolymeren, die schließlich zur Herstellung des ersten synthetischen Kautschuks und der durch chemische Modifizierung veredelten Zellulosefasern führte.[131] Untersuchungen über die Konstitution des Kautschuks wurden im Zusammenhang mit dem wachsenden Bedarf und mit dem Ziel der Unabhängigkeit vom Naturkautschuk seit dem ausgehenden 19. Jh. in mehreren Ländern durchgeführt.[132] 1909 fand dann F. Hofmann die Synthese des Methylkautschuks durch Wärmepolymerisation. Nach dieser Methode konnte 1915 — auch für die Rüstung — in Deutschland die Produktion aufgenommen werden.[133] Die technische Herstellung des ersten Phenolplasts war 1910 L. H. Baekeland gelungen.[134]

Als „die wichtigste praktische Errungenschaft der Chemie des 20. Jh." hat J. D. Bernal „das Zustandekommen von Reaktionen unter Einwirkung von Katalysatoren oder natürlichen Enzymen" bezeichnet.[135] Entscheidende Grundlagen dafür wurden in dem hier behandelten Zeitabschnitt der Chemiegeschichte gelegt, der insgesamt vor allem durch die schnell enger werdende Verbindung zwischen Chemie, Physik und Biologie und die Entwicklung der chemischen Industrie gekennzeichnet ist. Die damals in der Welt führende deutsche Chemieindustrie begann sich schon 1905 bis 1907 zu einer Monopolorganisation zusammenzuschließen.[136]

Grundlegend umgewandelt wie die Physik wurden seit dem 20. Jh. — wie bereits die Hinweise auf die Biochemie gezeigt haben — die Biowissenschaften.[137] Vor allem Physik und physikalische Technik — Verbesserung des Mikroskops[138] — hatten die Möglichkeit geschaffen, die Bauelemente der Zelle immer besser zu erkennen und die sich dort vollziehenden Vorgänge zu untersuchen. Die bei der Vererbung einzelner Merkmale schon von Gregor Mendel (1865) gefundenen Gesetzmäßigkeiten wurden 1900 von C. Correns, H. de Vries und E. v. Tscher-

---

130 Vgl. Annalen der Chemie, Bd. 401 (1913), H. 2, S. 189; Bd. 408 (1914/15), Bd. 412 (1916).

131 Vgl. H. Klare u. a., Synthetische Fasern aus Polyamiden, Berlin 1963.

132 So z. B. von C. Harries. Vgl. u. a. Berichte der Deutschen Chemischen Gesellschaft, Bd. 35 (1902), S. 3257, 4430l; Bd. 39 (1905), S. 3732. Weiterhin u. a. von I. A. Kondakov (Sintetičeskij kaučuk, ego gomologi i analogi, 1912) und S. V. Lebedev (vgl. Izbrannye raboty po organičeskoj chimii, Leningrad 1958).

133 Vgl. P. Schuppan, Die kulturelle Entwicklung Deutschlands 1897/98—1917. In: F. Klein, Deutschland von 1897/98 bis 1917, Berlin [3]1969, S. 399.

134 Die von Baekeland 1907 erfundenen Phenolharzpressmassen, die in Anlehnung an seinen Namen als Bakelit bezeichnet werden, machten ihn zum wichtigsten Begründer der Plastchemie und -technologie.

135 Vgl. J. D. Bernal, a. a. O., S. 509.

136 Vgl. R. Sasuly, IG Farben, Berlin 1952.

137 Vg. J. D. Bernal, a.a.O., S. 463, vgl. auch S. 559ff. Sehr materialreich zur Geschichte der Zoologie auch über Jena hinaus ist: G. Uschmann, Geschichte der Zoologie und der zoologischen Anstalten in Jena 1779—1919, Jena 1959.

138 Vgl. A. Ehringhaus, Das Mikroskop, Leipzig 1949.

mak-Seysenegg gleichzeitig und unabhängig voneinander wieder entdeckt[139]; 1902/03 legte de Vries seine „Mutationstheorie" vor, und 1907 publizierte Correns „Die Bestimmung und Vererbung des Geschlechts, nach Versuchen mit höheren Pflanzen". Die experimentelle Vererbungsforschung wurde wesentlich befruchtet durch die Forschungen von T. H. Morgan und seinen Mitarbeitern C. B. Bridges, H. J. Muller und A. H. Sturtevant, die ab 1910 die Kenntnis über die Grundlagen der Vererbung, über lineare Anordnung und Kopplung der Erbfaktoren in den Chromosomen entscheidend erweiterten. Die Voraussetzung für die Unterscheidung der Blutgruppen fand K. Landsteiner 1900 durch die Entdeckung der Isoagglutinine. Damit waren die Grundlagen für die Transfusionstherapie geschaffen. Den Ausbau der Entwicklungsmechanik oder Entwicklungsphysiologie, die experimentell die Gesetzmäßigkeiten und die Ursachen der Bildungsvorgänge während der Keimesentwicklung untersucht, machte insbesondere durch die Arbeiten H. Spemanns und seiner Schule rasche Fortschritte. Ihre Verbindungen zur Vererbungsforschung wurden enger. In der Zoologie[140] stand nicht mehr wie im 19. Jh. vorwiegend das abgetötete Tier, sondern das lebende Tier im Vordergrund der Forschung. Die beschreibenden Methoden wurden abgelöst durch das Experiment, die wissenschaftlich fundierte planmäßige Züchtung von Tieren und Pflanzen und die statistische Verarbeitung der Variabilität. Neben diesen Arbeiten wurden die im 19. Jh. begonnenen großen systematischen Bestandsaufnahmen, an denen die Berliner Akademie durch das „Tierreich" und das „Pflanzenreich" beteiligt war, weitergeführt.

Wie in anderen Wissenschaftsdisziplinen, so haben die bürgerlichen Ideologen, insbesondere nach dem Übergang zum Imperialismus, auch Ergebnisse der biologischen Forschung mißbraucht. Den Biologismus als soziologische und geschichtsphilosophische Strömung hat bereits Lenin widerlegt.[141] Eine besondere Form des Biologismus war der Sozialdarwinismus, der, an Darwin anknüpfend, biologische Prinzipien, vor allem das Prinzip vom Kampf ums Dasein und der natürlichen Auslese, mechanistisch auf das soziale Gebiet übertrug. Diese internationale, vor allem von H. Spencer begründete Ideologie wurde in Deutschland besonders dank der Förderung durch A. Krupp verbreitet. Er finanzierte 1900 ein Preisausschreiben über die Folgerungen aus der Deszendenztheorie für die innenpolitische Entwicklung und die Gesetzgebung der Staaten. Die Ergebnisse erschienen 1903 bis 1918 in dem Sammelwerk „Natur und Staat. Beiträge zur naturwissenschaftlichen Gesellschaftslehre"[142].

Im Januar 1912 kamen in Berlin auf Veranlassung des preußischen Ministeriums der geistlichen, Unterrichts- und Medizinalangelegenheiten nahezu 50 Biologen und Mediziner mit Vertretern der Industrie, des Staates und der

139 Darüber informiert erschöpfend H. Stubbe, Kurze Geschichte der Genetik bis zur Wiederentdeckung der Vererbungsregeln Gregor Mendels, Jena ²1965, S. 218ff.

140 Vgl. z. B. R. Hertwig, Die deutsche Zoologie und die modernen biologischen Forschungsrichtungen. In: Internationale Wochenschrift, Bd. IV (1910), Sp. 1055–1070.

41 Vgl. W. I. Lenin, Werke, Bd. 14, S. 331f.

42 Vgl. Die deutsche Philosophie, a. a. O., S. 82f.

Kaiser-Wilhelm-Gesellschaft zusammen, um auf der Grundlage von 29 Fachgutachten über Probleme der biowissenschaftlichen Forschung zu beraten. Diese neue Form wissenschaftsstrategischer Überlegungen kennzeichnete das neue Verhältnis, unter dem die Wissenschaft vom imperialistischen Staat gesehen wurde. Als wichtigste Forschungsrichtungen, die die Weiterentwicklung der Biowissenschaften international bestimmten, wurden auf der Beratung herausgestellt: Vererbungs- und Entwicklungslehre, Erforschung der Mikroorganismen, Hirnforschung und experimentelle Physiologie sowie Pathologie und Therapie.[143]

In der Medizin, deren Verhältnis zu den Biowissenschaften sich fortlaufend enger gestaltete, hatte sich im 19. Jh. die streng naturwissenschaftliche Methode durchgesetzt. Die führende Stellung innerhalb der medizinischen Disziplinen, die sich die pathologische Anatomie, insbesondere dank der Arbeiten von R. Virchow, errungen hatte, konnte sie im 20. Jh. nicht halten, obwohl die Entwicklung auf diesem Gebiet zunächst unvermindert in den von Virchow vorgezeichneten Bahnen verlief. Stärker in den Vordergrund traten jetzt die Bakteriologie, insbesondere dank der Arbeiten von L. Pasteur und R. Koch, die Physiologie und auch die hier schon im anderen Zusammenhang behandelte Biochemie.[144] Diese Tendenzen fanden allerdings in der Berliner Akademie nur bedingt eine Widerspiegelung.

Die Erfolge der Bakteriologie zeigten sich darin, daß die Entdeckung neuer Krankheitserreger weiter fortschritt[145], zugleich aber mit den Erregern die von diesen erzeugten Gifte und die Ansteckungs- und Übertragungsmechanismen bei Infektionskrankheiten untersucht und ermittelt wurden. Daraus folgte die wachsende Bedeutung der Serologie und der Hygiene als medizinischer Teildisziplinen seit dem beginnenden 20. Jh.

Für die Physiologie, die sich in weitere Teildisziplinen aufspaltete, wurden I. Pavlovs gehirnphysiologische Untersuchungen, die er im Anschluß an seine 1904 mit dem Nobelpreis ausgezeichneten Arbeiten über Verdauungsphysiologie durchführte, richtungweisend. Die Lehre von der höheren Nerventätigkeit erlangte große Bedeutung für die theoretische und praktische Medizin.

Der medizinischen Praxis eröffneten sich vor allem seit dem ausgehenden 19. Jh. durch naturwissenschaftliche Forschungsergebnisse neue große Möglichkeiten. Zugleich muß betont werden, daß vielfach erst verbesserte technische Voraussetzungen den Weg zu neuen theoretischen Erkenntnissen öffneten. Die Auswirkungen dieses wechselseitigen Prozesses zeigten sich sowohl in der

---

143 Vgl. Zur Einrichtung biologischer Forschungsinstitute durch die Kaiser-Wilhelm-Gesellschaft zur Förderung der Wissenschaften. Stenographischer Bericht über die auf Einladung des Ministers der geistlichen und Unterrichtsangelegenheiten am 3. Januar 1912 gepflogene Beratung. Als Manuskript gedruckt, o.O., o. J.

144 Zur Entwicklung der Medizin vgl. Geschichte der Medizin, a. a. O. (mit weiterführender Literatur), die auch die Belege für das Folgende gibt.

145 Die Spirochaeta pallida als Ursache der Syphilis beschrieben z. B. F. Schaudinn und E. Hoffmann 1905. Die Berliner Akademie lehnte es übrigens ab, sich mit dieser praktischen Frage der Medizin zu beschäftigen. Vgl. AAW II:VIa 1 Bd. 11, Bl. 182—186.

Forschung als auch in der Diagnostik und der Therapie. Die Morphologie z. B. gewann außerordentlich durch die Vervollkommnung histologischer Untersuchungsmethoden mit Hilfe immer besserer Mikroskope, neuer Schnittechniken und Färbeverfahren u. a. Die schon bald nach ihrer Entdeckung einsetzende medizinische Nutzung der Röntgenstrahlen ist schwerlich zu überschätzen. Bedeutsam waren die Weiterentwicklung der A- und Antisepsis sowie der Narkoseverfahren, die Möglichkeit von Bluttransfusionen, die Einführung der Elektrokardiographie sowie andere Bereicherungen der Medizin, die in nahezu allen Teildisziplinen wirksam wurden.

In der Epoche des Imperialismus begann die umfassende produktionstechnische Auswertung[146] bedeutender Erfindungen. Die Elektrizität trat ihren Siegeszug an. Die Erhöhung der Zahl der Kraftwerke von 527 auf 4100 in der Zeit von 1898 bis 1913 und die Erfindung der elektrischen Glühlampe mit Wolfram-Draht (Osram-Lampe) im Jahre 1905 schufen die Grundlage dafür, daß sich nach dem ersten Weltkrieg die elektrische Beleuchtung gegenüber dem Gasglühlicht endgültig durchsetzen konnte. Ausgehend von der Erfindung der elektrischen Eisenbahn durch W. Siemens im Jahre 1879 kam es seit den neunziger Jahren zur Elektrifizierung des binnenstädtischen Verkehrs. In der Nachrichtentechnik setzte sich die drahtlose Telegraphie durch, in der die 1903 vom Siemenskonzern und der AEG gegründete Monopolgesellschaft Telefunken AG eine führende Stellung einnahm. Die Großkonzerne Siemens und AEG beherrschten die Elektroindustrie, die zu den produktionstechnisch führenden Industriezweigen gehörte.

Die Erfindung des Verbrennungsmotors und seine ständige Vervollkommnung zum variablen Einsatz (N. Otto, G. Daimler, R. Diesel, C. Benz) lösten durch die beginnende Zurückdrängung der Dampfmaschine und die Konstruktion des Automobils eine Revolution im Verkehrswesen aus. Seit 1903 war der Motorflug möglich und schon 1912 entstand in Berlin-Adlershof die „Deutsche Versuchsanstalt für Luftfahrt".

Die Tendenz, daß Wissenschaftler ihre Erfindungen selbst industriell auswerteten, setzte sich in der Frühzeit des Imperialismus verstärkt fort. Für die Zeit des Kapitalismus der freien Konkurrenz war W. Siemens ein Prototyp eines solchen Erfinders und Unternehmers. H. Junkers benutzte den von ihm erfundenen Durchlauferhitzer zum Aufbau seiner Gasapparatefabrik, die ihm die Mittel für technische Versuche auf dem Gebiet des Schwerölmotorenbaus und des Flugzeugbaus verschaffte, die er dann wiederum produktionstechnisch ausbeutete. Ähnlich verfuhr C. v. Linde, der Entdecker des Gegenstromprinzips der Gasverflüssigung (1895), durch das Stickstoff, Sauerstoff und Edelgas in größeren Mengen rentabel aus verflüssigter Luft gewonnen werden konnten. Er wurde zum führenden Industriellen auf dem Gebiet des Kälte- und Kühl-

---

[146] Vgl. zum Folgenden P. Schuppan, Die kulturelle Entwicklung Deutschlands 1897/98 bis 1971. In: F. Klein, Deutschland von 1897/98 bis 1977, Berlin [3]1969, S. 395ff.; Geschichte der Technik, Leipzig 1964.

apparatebaus. Auch Haber war an der großtechnischen Umsetzung seiner Ammoniaksynthese persönlich beteiligt.

In zunehmendem Maße zeigte sich jedoch, daß die individuelle, ja selbst die betriebseigene Forschung nicht in der Lage war, den notwendigen wissenschaftlichen Vorlauf für die Produktion und die Nutzbarmachung der Wissenschaft für die Expansionspolitik des Imperialismus zu sichern. In Deutschland kam es daher schon vor dem ersten Weltkrieg zum Ausbau einer von Staat und Industrie gemeinsam betriebenen monopolistischen Forschung, insbesondere in der Kaiser-Wilhelm-Gesellschaft.

Wichtige Fortschritte wurden, aufbauend auf den Erfolgen der Naturwissenschaften, auf den verschiedenen Gebieten der Technik erzielt. Aus der Vielzahl neuer Entdeckungen können hier nur einige genannt werden, durch die in den beiden ersten Jahrzehnten des 20. Jh. wesentliche neue Entwicklungen eingeleitet wurden, wobei insgesamt zu beachten ist, daß der wissenschaftliche Fortschritt stärker für die Technik und die Produktion genutzt wurde und sich die Monopole auf diese Weise eine zusätzliche Profit- und Machtquelle erschlossen. Den ersten gesteuerten Motorflug führten 1903 O. und W. Wright durch, 1915 konstruierte H. Junkers das erste Ganzmetallflugzeug. Die Möglichkeit, interplanetare Flüge mit Hilfe von Strahltriebwerken zu verwirklichen, begründete theoretisch K. E. Ziolkowski, insbesondere durch seine 1903 erschienene Arbeit „Die Erforschung des Weltraums durch Raketengeräte". Voraussetzungen für die moderne Röhrentechnik schuf W. Gaede 1905 durch die Entwicklung von Hochvakuumluftpumpen. Anschließend wurde von 1906 bis 1910 die Verstärkerröhre entwickelt (R. v. Lieben, L. de Forest), die zur Grundlage der Radioröhrentechnik wurde. 1912 konstruierte V. Kaplan ein Turbinenrad mit verstellbaren Laufschaufeln für hohe spezifische Drehzahlen besonders zur Ausnutzung geringer Gefälle. Auf die Hochdrucksynthese von Haber und Bosch war schon verwiesen worden. Neben den Fortschritten der Technik, die insgesamt umwälzenden Charakter hatten, muß aber auch gesehen werden, daß sie im Imperialismus, in dem sie sich ebenso wie die kapitalistische Produktionsweise selbst nach Ländern und Industriezweigen im allgemeinen ungleichmäßig entwickelte, für die Rüstungsproduktion mißbraucht wurde. Wegen der wachsenden Bedeutung der Technik setzte gerade in fortgeschrittenen kapitalistischen Ländern um die Jahrhundertwende ein Ausbau der Technischen Hochschulen ein, die, wie etwa in Deutschland, den Universitäten gleichgestellt wurden.[147]

Eine Vorstellung von dem Anteil bedeutender Naturwissenschaftler an der internationalen Wissenschaftsentwicklung in den ersten beiden Jahrzehnten des 20. Jh. und ihrer — allerdings zuweilen erst nach den Entdeckungen erfolgten — Würdigung durch die Berliner Akademie vermittelt eine Übersicht über die

[147] Vgl. M. Salewski, Neujahr 1900. Die Säkularwende in zeitgenössischer Sicht. In: Archiv für Kulturgeschichte, Bd. 53 (1971) S. 335—381, bes. S. 365. Der Autor bringt, vor allem 372ff., mehrere Beispiele für den verbreiteten Glauben an die angebliche Allmacht der Technik und der Wissenschaft.

Träger der Nobelpreise, die für die Fachgebiete Physik, Chemie und Medizin seit 1901 verliehen wurden.[148] Ausdrücklich soll hervorgehoben werden, daß die folgende Analyse nur zur Illustration der Stellung der Berliner Akademie dient, da die Nobelpreise als eine mögliche Würdigung naturwissenschaftlicher Forschungen auch schon für die damalige Zeit keinen absoluten Maßstab abgeben können.

Unter den 22 Nobelpreisträgern für Physik von 1901 bis 1918 waren sechs Deutsche, die alle Mitglieder der Berliner Akademie waren, davon Planck seit 1894 und Laue seit 1920 Ordentliche, vier weitere Korrespondierende Mitglieder: W. Röntgen 1896, P. Lenard 1909, K. F. Braun 1914, W. Wien 1910. Von 1901 bis 1918 wurden 17 Nobelpreise für Chemie verliehen, davon sieben an deutsche Wissenschaftler, die bis auf einen auch in die Berliner Akademie gewählt wurden, davon drei als Ordentliche — Fischer 1893, Willstätter 1914 und Haber 1914 — und drei als Korrespondierende Mitglieder — A. v. Baeyer 1884, W. Ostwald 1905 und O. Wallach 1907. Nicht gewählt wurde der Nobelpreisträger E. Buchner. Der erste Chemienobelpreisträger, der Holländer J. H. van't Hoff, muß in diesem Zusammenhang erwähnt werden, da er seit 1896 Ordentliches Mitglied der Berliner Akademie war. Von den 1901 bis 1918 mit dem Nobelpreis für Medizin ausgezeichneten vier deutschen Gelehrten von insgesamt 15 gehörte der Berliner Akademie nur R. Koch als Ordentliches Mitglied seit 1904 an. Nicht mit der Mitgliedschaft ausgezeichnet wurden die Nobelpreisträger E. v. Behring, P. Ehrlich und A. Kossel. Zehn von diesen 13 in die Akademie gewählten Nobelpreisträgern gehörten der Akademie bereits an, als sie die Auszeichnung von Stockholm erhielten, drei — Laue, Lenard und Braun — bekamen das Berliner Mitgliedsdiplom erst nach dem Nobelpreis.

Ein etwas anderes Bild ergibt sich bei den ausländischen Nobelpreisträgern, zugleich werden aber auch ähnliche Tendenzen sichtbar.

Mitgliedschaft ausländischer Nobelpreisträger für Physik, Chemie und Medizin in der Berliner Akademie 1901—1918

	Physik	Chemie	Medizin
Zahl der ausländ. Nobelpreisträger	16	10	12
Von ihnen wurden vor der Auszeichnung in die Berliner Akademie gewählt	3	4	—
Von ihnen wurden nach der Auszeichnung in die Berliner Akademie gewählt	7	1	2
Von ihnen wurden nicht in die Berliner Akademie gewählt	6	5	10

War bei den deutschen Nobelpreisträgern das Verhältnis der Mitglieder der Berliner Akademie zu den Nichtmitgliedern 13:4, so bei den Ausländern 17:21. Während von den 13 deutschen Nobelpreisträgern 10 bereits der Akademie an-

[148] Die folgenden Ausführungen stützen sich auf die entsprechenden Angaben bei: V. Junk, Die Nobelpreisträger 1901—1929. Dreißig Jahre Nobelstiftung, 1930; E. Amburger (Hrsg.), a.a.O.

gehörten, bevor sie den Preis erhielten, beträgt diese Relation bei den Ausländern 7:10 und während von 17 deutschen Nobelpreisträgern vier nicht in die Berliner Akademie gewählt wurden, waren es bei den Ausländern 21 von 38, die nicht für würdig befunden wurden, Mitglied der Berliner Akademie zu werden.

Sehr auffällig ist bei den ausländischen ebenso wie bei den deutschen Nobelpreisträgern der sehr geringe Anteil der Mediziner, denen die Berliner Akademie die Mitgliedschaft zuerkannte. Sie betrug bei den Deutschen 1:3 und bei den Ausländern 2:10. Das bestätigt die aus der Geschichte der Berliner Akademie bekannte Tatsache, daß sie der Medizin nicht die gleiche Aufmerksamkeit zuwandte wie der Physik und der Chemie. In diesen beiden Fällen betrug das Verhältnis zwischen den Wissenschaftlern, die Nobelpreisträger und Berliner Akademiemitglieder waren, und denen, die nicht in die Akademie gewählt wurden, 6:0 bzw. 6:1 bei den deutschen und 10:6 bzw. 5:5 bei den ausländischen. Bei allen Vorbehalten gegen eine einseitige Hervorhebung der Nobelpreise spiegeln sich in diesen genannten Zahlen doch auch die für die damalige Zeit bedeutende Stellung der naturwissenschaftlichen Forschung in Deutschland und die Rolle der Berliner Akademie wider.

Während die Berliner Akademie an der Entwicklung der Naturwissenschaften, die entscheidend auf der experimentellen Forschung basierte, aber an der Akademie nicht betrieben werden konnte, vorwiegend indirekt anregend und durch die Rezeption der Forschungsergebnisse und teilweise durch ihre wissenschaftspolitische Tätigkeit beteiligt war, boten die Gesellschaftswissenschaften — selbstverständlich ausschließlich in ihrer von bürgerlichen Wissenschaftlern betriebenen Richtung — der Akademie mehr Möglichkeiten einer direkten Wirksamkeit.

Im gesellschaftlichen Denken des Imperialismus spiegelten sich die wachsenden Widersprüche zwischen Kapital und Arbeit deutlich wider. Die bis ins ausgehende 19. Jh. mehr oder weniger sporadische Auseinandersetzung mit Marx, die sich in erster Linie gegen die ökonomischen Lehren des Marxismus und den Sozialismus als politische Strömung richtete, erstreckte sich seit den neunziger Jahren verstärkt auf die Philosophie und die Weltanschauung des Marxismus, den dialektischen und historischen Materialismus.[149] Sie wurde nun systematischer und unter Einbeziehung des Opportunismus in der internationalen Arbeiterbewegung selbst, der wiederum Ausdruck der bürgerlichen Ideologie war, geführt.

Dic bürgerliche Philosophie der Zeit des Imperialismus vor dem ersten Weltkrieg war — wie zu anderen Zeiten auch — durch eine Vielzahl idealistischer Theorien geprägt. „Unter den Spielarten des philosophischen Idealismus", sagte Lenin, „sind dabei tausenderlei Schattierungen möglich, und man kann jederzeit noch eine tausendunderste Schattierung schaffen, und den Urheber eines

---

149 Vgl. Zur Geschichte der marxistisch-leninistischen Philosophie in Deutschland, Bd. I, 2, Berlin 1969, besonders S. 291.

derartigen tausendundersten Systemchens (z. B. des Empiriomonismus) mag der Unterschied zwischen diesem System und den anderen wichtig dünken. Vom Standpunkt des Materialismus sind diese Unterschiede völlig unwesentlich. Wesentlich ist der Ausgangspunkt. Wesentlich ist, daß der Versuch, Bewegung ohne Materie zu *denken*, den von der Materie losgetrennten *Gedanken* einschmuggelt, und das eben ist philosophischer Idealismus."[150]

Als Beispiele für die idealistischen Varianten der Philosophie[151] seien als diejenigen, die unter dem Einfluß der naturwissenschaftlichen Entdeckungen zu Beginn des 20. Jh. besonders intensiv propagiert wurden, der „physikalische" Idealismus, die Energetik W. Ostwalds und der Neovitalismus von H. Driesch genannt. Die vorherrschenden Strömungen waren der Neukantianismus und der Positivismus. Der von diesem ausgehende Neopositivismus, dessen Entwicklung mit der Herausbildung des Empiriokritizismus von R. Avenarius und E. Mach einsetzte, wurde zu einer einflußreichen Strömung der imperialistischen Philosophie erst nach dem ersten Weltkrieg. Neukantianismus und Positivismus leugneten, ausgehend von subjektiv-idealistischen und agnostizistischen Positionen, die Existenz der objektiven Realität und die objektive Erkenntnismöglichkeit, zugleich wurden aber die Einzelwissenschaften anerkannt.

Der auf A. Comte zurückgehende, in England besonders von J. S. Mill und H. Spencer ausgebaute Positivismus, dessen Hauptfunktion darin bestand, materialistische Schlußfolgerungen aus den neuen naturwissenschaftlichen Erkenntnissen, besonders in der Physik, zu verhindern, konnte der Bourgeoisie als Philosophie nur solange genügen, als sie sich sozusagen in einer Verteidigungsposition befand. In dem Maße, wie mit der Verschärfung des Klassenkampfes beim Übergang zum Imperialismus die Notwendigkeit für die Bourgeoisie entstand, eine Kampfideologie auszuarbeiten, diente der Positivismus in den entwickelten imperialistischen Ländern vor allem dazu, die naturwissenschaftlich gebildete Intelligenz ideologisch gegen den Materialismus abzuschirmen.[152]

Aus der bürgerlichen Abwehr gegen den Materialismus erwuchs auch der Neukantianismus, der stärker als der Positivismus die Polemik gegen den historischen Materialismus entwickelte und in Deutschland wie auch in Rußland die wichtigste theoretische Grundlage des Revisionismus wurde. [153] Während die Marburger Schule des Neukantianismus im wesentlichen liberale Positionen vertrat, die schließlich in die liberale Sozialdemagogie der imperialistischen Bourgeoisie mündeten und die besonders nachhaltig auf die revisionistische Verfälschung des Marxismus wirkten, vollzog sich in der südwestdeutschen Schule der Übergang auf offen chauvinistische Positionen. Die Hauptvertreter der

---

[150] W. I. Lenin, Werke, Bd. 14, S. 268.

[151] Informationen über die Entwicklung der Philosophie vermittelt unter den jeweiligen Stichworten: Philosophisches Wörterbuch, Bd. 1.2, 7. berichtigte Auflage, Leipzig 1970. Die Entwicklung des bürgerlichen philosophischen Denkens kann hier vorwiegend nur für Deutschland verfolgt werden. Vgl. zur Gesamtproblematik: Geschichte der Philosophie, Bd. V, Berlin 1963.

[152] Vgl. Die deutsche Philosophie von 1895—1917, Berlin 1962, S. 22.

[153] Vgl., auch zum Folgenden ebd., S. 22ff.

Marburger Schule waren H. Cohen, P. Natorp und E. Cassirer. Für die Stellung der Berliner Akademie zu dieser Entwicklung der Philosophie ist kennzeichnend, daß keiner der genannten Marburger zum Mitglied gewählt wurde. Lediglich der junge Cassirer war zufällig in Verbindung mit ihr gekommen, als er sich 1901 an der Leibnizpreisaufgabe der Akademie beteiligte und einen Preis erhielt.[154]

In der südwestdeutschen Schule, die vor allem von W. Windelband und H. Rickert — sie waren seit 1903 bzw. seit 1934 Korrespondierende Mitglieder der Berliner Akademie — repräsentiert wurde, vollzog sich besonders durch Rickert der Übergang zu der von ihm idealistisch als „Kulturwissenschaft" aufgefaßten Gesellschaftswissenschaft. Das Hauptziel bestand in der scharfen Unterscheidung der Wissenschaften von Natur und Gesellschaft im Hinblick auf die Erkenntnismethode, da das Streben der Bourgeoisie nach Profit, nach Niederhaltung des Proletariats und nach Festigung der eigenen Klassenherrschaft „einerseits die Erforschung der Natur und damit die Entwicklung der naturwissenschaftlichen und technischen Disziplinen verlangt und andererseits das Aufdecken der sozialen Entwicklungsgesetze und damit die Ausarbeitung einer wirklich wissenschaftlichen Theorie der Gesellschaft und ihrer Geschichte verbietet".[155]

Während der Neukantianer Rickert noch versucht hatte, den Rahmen des Rationalismus ungeachtet des Irrationalismus seiner Wertphilosophie nicht zu sprengen, arbeitete Dilthey, einer der Begründer der Lebensphilosophie, eine offen irrationalistische Erkenntnismethode aus, die den ideologischen Bedürfnissen der imperialistischen Bourgeoisie wirksamer entsprach.[156] Äußerlich fand das seinen Ausdruck darin, daß sich in der Terminologie für die bürgerliche Gesellschaftswissenschaft nicht Rickerts Bezeichnung „Kulturwissenschaft", sondern Diltheys Begriff „Geisteswissenschaft" durchsetzte. Gemeinsam war beiden Richtungen der gegen die marxistische Philosophie gerichtete subjektive Idealismus. Einen grundlegenden Beitrag zu subjektivistischen, die rationale Erklärbarkeit der gesellschaftlichen Erscheinungen bestreitenden Methodologie leistete Dilthey in Anknüpfung an seine seit 1883 („Einleitung in die Geisteswissenschaften") vorgelegten Arbeiten 1910 in seinem Werk „Der Aufbau der geschichtlichen Welt in den Geisteswissenschaften"[157], in dem er den Begriff des „Verstehens" als grundlegende Erkenntnismethode in die Gesellschaftswissenschaften einführte. „Verstehen" war für Dilthey das intuitive Nach-

---

154 Vgl. Sb 1901, S. 764. Seine Schrift, der in der Bewertung bestätigt wurde, daß sie bei der Darstellung des Systems von Leibniz die bei diesem bereits vorhandenen wesentlichen Anschauungen der Kantschen Erkenntniskritik nachweise, erschien 1902 im Druck: „Leibniz' System in seinen wissenschaftlichen Grundlagen".

155 F. Fiedler, Methodische Auseinandersetzungen in der Zeit des Übergangs zum Imperialismus. In: Studien über die deutsche Geschichtswissenschaft, Bd. II, Berlin 1965, S. 155.

156 Vgl. ebd., S. 177.

157 Abhandlungen der K. Preußischen Akademie der Wissenschaften. Philosophisch-historische Klasse, 1910, Heft 1.

fühlen geistiger Zusammenhänge, womit der subjektive Erlebnisreflex, der völlig unkontrollierbar war, zum entscheidenden Kriterium erhoben wurde.

Dilthey hat in seinen zahlreichen Arbeiten alle Grundfragen der bürgerlichen Geschichtsphilosophie in der Epoche des Imperialismus aufgeworfen, indem er die Spezifik der Geschichtserkenntnis und ihr Verhältnis zur naturwissenschaftlichen Erkenntnis, das Verhältnis von Geschichte und Philosophie, das Problem kulturgeschichtlicher Werte und die Möglichkeit einer objektiven Wissenschaft von den gesellschaftlichen Erscheinungen behandelte. Da er jedoch alle diese Probleme idealistisch und irrationalistisch löste, nahm er der Geschichtsschreibung ihre wissenschaftliche Grundlage.[158]

Diltheys Wirken in der Berliner Akademie war ein wesentlicher Teil seines Bemühens um die Durchsetzung seiner lebensphilosophischen Anschauungen und seiner „Geisteswissenschaft". Das zeigen u. a. seine seit 1904 vorgetragenen „Studien zur Grundlegung der Geisteswissenschaften".[159] Die große Nachwirkung der durch umfassende Kenntnis, große Materialfülle und hohe Darstellungskunst bestimmten Arbeiten Diltheys auf die Masse der Akademiemitglieder verdeutlicht auch die Tatsache, daß er nach seinem Tode als einziger zeitgenössischer Gesellschaftswissenschaftler im Jahre 1911 durch den Beschluß der Akademie über eine von dieser zu veranstaltende Gesamtausgabe seiner Schriften geehrt wurde.

Eine Form der subjektiv-idealistischen und agnostizistischen bürgerlichen Philosophie war der besonders in den USA und England verbreitete Pragmatismus, der vor allem von W. James entwickelt wurde. Er war im wesentlichen eine angelsächsische Erscheinungsform der Lebensphilosophie, zugleich auch vom Positivismus beeinflußt.[160]

Wenn auch die bürgerliche Philosophie in der ersten Phase des Imperialismus insgesamt der Perspektivlosigkeit der Bourgeoisie Ausdruck gab, so waren innerhalb derselben doch Unterschiede erkennbar. Während Dilthey die für die deutsche akademische Philosophie und Wissenschaftsmethode der Vorkriegszeit symptomatische kontemplative Tendenz vertrat, verkörperte F. Nietzsche, der um die Jahrhundertwende ideologisch wirksam zu werden begann, auf verwandter philosophischer Grundlage die aktivistische, offen und brutal irrationalistische Tendenz.[161] Von Nietzsche, Gobineau, Chamberlain und anderen führt eine direkte Linie zur pseudowissenschaftlichen faschistischen Rassentheorie.[162]

[158] Vgl. I. S. Kon, Die Geschichtsphilosophie des 20. Jh., Bd. 1, Berlin 1966, S. 82ff; Die deutsche Philosophie, a. a. O., S. 32ff.

[159] Vgl. Sb 1904, S. 1433. Nur eine „Studie" wurde sofort veröffentlicht: Sb 1905, S. 322–343. Weitere „Studien" wurden vorgetragen am 2. 3. 1905 (Sb 1905, S. 301), am 6. 12. 1906 (Sb 1906, S. 837) und am 7. 1. 1909 (Sb 1909, S. 1).

[160] Vgl. Philosophisches Wörterbuch, Bd. 2, S. 864.

[161] Vgl. Die deutsche Philosophie, a. a. O., S. 34.

[162] Zur Wirkung des „Rassegedankens" vor dem ersten Weltkrieg vgl. R. Hamann, J. Hermand, Stilkunst um 1900 (= Deutsche Kunst und Kultur von der Gründerzeit bis zum Expressionismus, IV), Berlin 1967, S. 52ff. („Rasse statt Völkerchaos").

In der Berliner Akademie wurde Dilthey rezipiert, Nietzsche aber ebenso wie Gobineau und Chamberlain von der Mehrheit abgelehnt, wie beispielsweise die mehr stilistisch als inhaltlich glänzende Polemik von H. Diels im Jahre 1902 zeigte. Diels, als Klassensekretar einer der Repräsentanten der Akademie, wandte sich zunächst – ohne den Namen zu nennen – gegen J. Langbehn, den „Rembrandtdeutschen", den er allerdings weniger wegen seines Chauvinismus und seines Antisemitismus kritisierte, als vor allem wegen der „heftigen Angriffe auf die Zierden unserer Akademie". Doch sei „dieses verworrene und unreife Buch" ungeachtet seines „ungeheuren ephemeren Erfolges" inzwischen schon vergessen.[163] Nietzsche dagegen, den Diels ebenfalls nur als „Bekämpfer der Wissenschaft" sah, wäre „eine Macht, ein Heros geworden". Diels ließ mit keinem Wort erkennen, welche Gefahr die irrationalistische Philosophie von Nietzsche darstellte, beschränkte sich ganz auf die Zurückweisung von dessen unwissenschaftlicher Methode, ja lobte den glänzenden Stil des „ritterlich mit offenem Visier" Kämpfenden.[164]

Diels sah zwar die von rechts kommende Gefahr, wandte sich aber gleichzeitig auch gegen progressive Tendenzen innerhalb der bürgerlichen Wissenschaft selbst. Denn die mit Langbehn und Nietzsche auf eine Stufe gestellten, „ebenfalls auf Unklarheit über die Aufgabe der Wissenschaft oder auf Überschätzung der eigenen Kraft beruhenden Versuche, im Namen einer materialistisch-aesthetischen Wissenschaft einen neuen Glauben zu stiften und die Welträtsel durch eine einseitige künstlerische Konstruktion aus der Welt zu schaffen"[165], waren ganz eindeutig gegen E. Haeckel und den naturwissenschaftlichen Materialismus gerichtet. Diels dagegen propagierte die „reine Wissenschaft". Er stellte der Akademie die Aufgabe, „die gelehrte Forschung um ihrer selbst willen ohne praktische oder pädagogische Nebenabsichten zu pflegen. Dieser Aufgabe muß unsere Akademie auch künftig unbeirrt von des Tages Meinung ihre ganze Kraft widmen."[166]

Wie sehr eine solche Forderung an den Realitäten vorbeiging, beweist die gesamte Geschichte der Akademie im Imperialismus. Gerade deshalb kann die Haltung von Diels u. a., soweit sie sich gegen die tatsächliche Wissenschaftsfeindlichkeit des Imperialismus in den Theorien eines Nietzsche wandten, nicht unbeachtet bleiben. Zeugt sie doch von dem humanistischen Kern der Wissenschaftler in der Akademie, die allerdings in der vom Imperialismus beherrschten Gesellschaft nicht ihre „bürgerliche Beschränktheit" (F. Engels) zu sprengen vermochten, zumal ihnen die Arbeiterklasse, die berufen war, die Wissenschaft aus den Fesseln des Kapitalismus zu befreien, noch keinen Ausweg zu bieten schien.

[163] Sb 1902, S. 30. Vgl. dazu das 1890 anonym erschienene Buch „Rembrandt als Erzieher" von Julius Langbehn. Darin werden u. a. die Akademiemitglieder E. du Bois-Reymond, S. 91ff, und T. Mommsen, S. 167ff, besonders scharf kritisiert (Seitenangaben nach der Ausgabe: Weimar 1943).

[164] Sb 1902, S. 30ff.

[165] Sb 1902, S. 34.

[166] Sb 1902, S. 42.

Auch später war es verschiedentlich Diels, der auf wesentliche gesellschaftswissenschaftliche Probleme einging, wenn er offiziell als Sekretar das Wort ergriff. So trat er gegen agnostizistische Auffassungen für die fortschreitende Erkenntnis ein, wenn er die astronomische Forschung verteidigte, die die Möglichkeit biete, „der Grundfrage nach der einheitlichen Entstehung der Materie auch mit überirdischem Materiale näherzutreten"[167]. Ohne sich mit dem Wesen der für die bürgerliche Wissenschaftsauffassung dieser Zeit kennzeichnenden Gegenüberstellung von Natur- und Gesellschaftswissenschaften auseinanderzusetzen, wandte sich Diels gegen diese Strömung und trat für die Einheit der Wissenschaften ein, die er formal in der Akademie verkörpert sah. Die Akademie war für ihn, wie schon seine Ausführungen über Nietzsche gezeigt hatten, die höchste Organisationsform der wissenschaftlichen Arbeit. Aus dieser Sicht verteidigte er die Einheit der Wissenschaften.[168]

Da ihm bei seinem bürgerlichen Standpunkt die Einsicht fehlte, daß diese Einheit im einheitlichen Gegenstand der Wissenschaft besteht, konnte er allerdings nur fordern und nicht begründen, daß „auch die beiden Hemisphären der Wissenschaft, die in den beiden Klassen unserer Akademie ihren äußeren Ausdruck gefunden haben, nicht mehr, wie früher, sich als getrennte Körper betrachten, sondern sich mehr und mehr zu nähern, zu verstehen, zu befruchten suchen". Er forderte den Einsatz „unendlicher Arbeit und zahlloser Kämpfe", damit die Wissenschaft „jenem ersehnten Einheitsideale", das „ein wirklicher Monismus" darstellte, näher komme. Die Vertreter des Monismus seiner Zeit, womit Diels offensichtlich wiederum den Kreis um Haeckel meinte, wären „falsche, auf einseitigen Pfaden wandelnde Propheten"[169].

In Diels fanden sich jene Kreise der Akademiemitglieder repräsentiert, die sowohl die irrationalistische wissenschaftsfeindliche Ideologie des Imperialismus, als auch den naturwissenschaftlichen Materialismus eines Haeckel ablehnten. Auf diese Weise unterstützten sie indirekt den Kampf der herrschenden Klasse gegen Haeckel und dessen Monistenbund, der klassenmäßig gesehen eine Organisation der kleinbürgerlich-demokratischen, der bürgerlich-liberalen Opposition war[170], aber auch die philosophische Grundhaltung weiter Kreise der revisionistisch eingestellten Arbeiteraristokratie widerspiegelte.

Diels, ein verdienter Erforscher der antiken Philosophie und der antiken Naturwissenschaft und Technik, wandte sich gegen Erscheinungsformen der imperialistischen Ideologie, wie sie in der Philosophie Nietzsches zum Ausdruck kamen, wobei er von den Positionen des philosophischen Idealismus die Einheit der Wissenschaft proklamierte. Die Verurteilung des Modernismus durch Papst Pius X. im Jahre 1907 war für ihn Veranlassung, namens der Akademie gegen die Bevormundung der Wissenschaft durch die Kirche aufzutreten und

---

[167] Sb 1904, S. 1000.

[168] Vgl. H. Diels, Die Einheitsbestrebungen der Wissenschaft. In: Internationale Wochenschrift, Bd. I (1907), Sp. 3–10.

[169] Sb 1912, S. 585f.

[170] Vgl. Die deutsche Philosophie, a.a.O., S. 11ff.

den Neothomismus abzulehnen.[171] Er erkannte einerseits die klerikale Ausnutzung der Philosophie Nietzsches[172], aber er wandte sich zugleich auch gegen den bürgerlichen Materialismus, in dessen Bekämpfung gerade die „frommen Dunkelmänner" jeder kirchlichen Provenienz in vorderster Reihe standen. In dieser widerspruchsvollen Zwischenstellung zeigte sich nicht zuletzt die charakteristische Integration von Diels und seinen Anhängern in das herrschende imperialistische System.

Noch vor dem Ausbruch des ersten Weltkrieges wurde in der Philosophie der Übergang von der Lebensphilosophie zur Phänomenologie voll wirksam. Letztere stand im Zusammenhang mit der allmählichen Abkehr der spätbürgerlichen deutschen Philosophie vom Neukantianismus und war durch eine völlig irrationalistische Erkenntnismethode geprägt.[173] Während Dilthey wenigstens versucht hatte, die objektive Tatsachenwelt als Ausgangspunkt seines Gedankengebäudes zu erhalten, ging E. Husserl 1913 in seinen „Ideen zu einer reinen Phänomenologie und phänomenologischen Philosophie" weit darüber hinaus, indem er die „Wesensschau", die Intuition, zur ausschließlichen Erkenntnismethode erhob und jeder alleinigen Beschäftigung mit der empirischen Tatsachenwelt den wissenschaftlichen Charakter absprach.[174] Der Übergang von Dilthey zu Husserl war fließend. Dilthey selbst hat die Kontinuität hergestellt, als er den „ausgezeichneten Untersuchungen" Husserls bescheinigte, sie gingen von „verwandten Gesichtspunkten" aus.[175] Einer der frühen Fortsetzer Husserls war dessen Schüler M. Scheler, der 1915 seine Werke „Zur Idee des Menschen" und „Vom Umsturz der Werte" vorlegte, in denen er seine phänomenologische Ethik entwickelte. Einflußreich wurde vorübergehend auch der Neufichteanismus, durch den Fichte, insbesondere im Anschluß an seine „Reden an die deutsche Nation", die antihistorisch und „zeitlos" interpretiert wurden, als Vorkämpfer des „Völkischen" propagiert wurde, wie vor allem die „Fichte-Gesellschaft von 1914" deutlich machte.[176] Um die Wende vom ersten zum zweiten Jahrzehnt des 20. Jh. lassen sich erste Ansätze des Neuhegelianismus erkennen,

---

171 Vgl. Sb 1908, S. 705—712. „Wie gegen die deutsche Naturwissenschaft im 17. Jh. mit schärfsten Waffen vorgegangen wurde, als sie an die heiligen Pforten Roms pochte, so wird jetzt mit noch schärferen Waffen gegen die deutsche Geisteswissenschaft vorgegangen". (S. 708) „. . . die Welt wird richten können, ob die Welt besser aufgehoben scheint bei denen, die unter dem Banner und in dem Banne des heiligen Thomas von Aquino fechten, oder bei denen, die mit uns in Gottfried Wilhelm Leibniz ihren geistigen Vater verehren." (S. 712).

172 Vgl. Sb 1902, S. 37: „So hat kürzlich ein frommer Dunkelmann seine Amtsbrüder belehrt, Nietzsche könne nur so richtig verstanden werden, wenn er 'als lebendiger Protest des konsequenten Voluntarismus gegen den schwindsüchtigen Intellektualismus der modernen Wissenschaft' und als Bundesgenosse im Kampfe des Glaubens gegen den Unglauben aufgefaßt werde."

173 Vgl. Philosophisches Wörterbuch, a. a. O., Bd. 2, S. 835.

174 Vgl. Die deutsche Philosophie, a. a. O., S. 35ff.

175 W. Dilthey, Studien zur Grundlegung der Geisteswissenschaften. In: Sb 1905, S. 329.

176 Vgl. R. Hamann, J. Hermand, Stilkunst um 1900, a. a. O., S. 87ff.

der sich aus dem Neukantianismus entwickelte, seine Hauptwirkung aber erst etwa 20 Jahre später erreichte.[177]

Die bereits im 19. Jh. entstandenen philosophischen Strömungen der Neuscholastik und des Neuthomismus begannen gerade in dieser Zeit der aufkommenden allgemeinen Krise des Kapitalismus nicht nur in Deutschland an Einfluß zu gewinnen.

Das galt auch für die pseudowissenschaftliche Theorie der Geopolitik, die F. Ratzel im 19. Jh. entwickelt hatte und deren führender schwedischer Vertreter R. Kjellén wohl nicht zufällig vom „Deutschen Kulturbund", einer Propagandaorganisation der deutschen imperialistisch eingestellten Intelligenz im ersten Weltkrieg, 1917 zu Vorträgen nach Berlin eingeladen wurde. Eine philosophische Interpretation der Resultate der naturwissenschaftlichen Forschung im Sinne eines theistischen objektiven Idealismus gab B. Bavink 1914 in seinem über Jahrzehnte nachwirkenden Buch „Ergebnisse und Probleme der Naturwissenschaften".

Erwähnung verdienen die in diese Zeit fallenden ersten Arbeiten Eduard Sprangers, eines Schülers des Lebensphilosophen Dilthey. Spranger kam von der Psychologie — er gilt neben Dilthey als ein Hauptvertreter der sogenannten geisteswissenschaftlichen Psychologie — und der Pädagogik her. 1909 war sein „Wilhelm von Humboldt und die Humanitätsidee" erschienen. 1914 legte er mit „Lebensformen" eines seiner Hauptwerke vor, in dessen Mittelpunkt er die Herausarbeitung des „Idealtypischen" entsprechend bestimmter von ihm charakterisierter „Grundkategorien" stellte. Spranger, dessen späteres Wirken eng mit der Akademie verbunden ist, gehört zu den älteren Vertretern der pessimistischen Linie bürgerlicher Kulturkritik, deren Hauptthemen Oswald Spengler gerade in dieser Zeit ausarbeitete und von 1918 bis 1922 unter dem Titel „Der Untergang des Abendlandes. Umrisse einer Morphologie der Weltgeschichte" publizierte.[178]

Ausdruck der bürgerlichen Ideologie waren auch die Versuche zur Neubelebung des religiösen Denkens, das Lenin vom marxistischen Standpunkt scharf kritisierte, indem er sich mit der in Rußland aufkommenden Gottsucherei auseinandersetzte.[179] Im Rahmen der katholischen Kirche wurden die Versuche des Reformkatholizismus, dessen Hauptziel die Anpassung der katholischen Religion an die moderne Welt („Modernismus") war und der im ersten Jahrzehnt des 20. Jh. einen Höhepunkt seiner Entwicklung erreichte, von der römischen Kurie energisch zurückgewiesen und bis 1910 äußerlich unterdrückt. Gleichzeitig begann mit dem Übergang zum Imperialismus die im letzten Drittel des 19. Jh. entstandene objektiv-idealistische Strömung des Neuthomismus über die katho-

---

[177] Vgl. Philosophisches Wörterbuch, a. a. O., Bd. 2, S. 781. Nach „Die Jugendgeschichte Hegels" (1907) von W. Dilthey legten 1910 W. Windelband „Die Erneuerung des Hegelianismus" und J. Ebbinghaus „Relativer und absoluter Idealismus" vor.

[178] Vgl. D. Ulle, Technik und Kultur im Imperialismus. Kritik der bürgerlichen Kulturphilosophie Westdeutschlands, Berlin 1968, S. 48ff., 96ff.

[179] Vgl. Lenin als Philosoph, Berlin 1971, bes. S. 74ff.

lische Kirche hinaus auf die spätbürgerliche Philosophie überhaupt auszustrahlen.[180]

In der deutschen protestantischen Theologie entwickelte sich seit dem ausgehenden 19. Jh. insbesondere die historisch-kritisch orientierte Forschung neben der sogenannten religionsgeschichtlichen Richtung.[181] Der unbestrittene Führer der ersten war A. Harnack, der als Gegner der kirchlichen Orthodoxie aus dem Evangelium ein — wie F. Mehring schrieb — „Evangelium des modischen Sozialliberalismus" machen wollte. Harnack hätte einen Jesus konstruiert, „der für die herrschenden politischen Strömungen durchaus ungefährlich war" und „Konservative und Liberale unter seiner Fahne zusammenhalten konnte". Gleichzeitig ergab sich die Evangelienkritik Harnacks, wie Mehring betonte, aus dessen Defensivstellung gegen die moderne Arbeiterbewegung. Mehring bestritt nicht die Gelehrsamkeit Harnacks, wandte sich aber konsequent gegen die verstärkte Hinwendung der herrschenden Ideologie zur Religion als Ausdruck des Kampfes gegen die Arbeiterbewegung, der aber dadurch — so Mehring — „nicht einmal ein Strohhalm in den Weg gelegt" werden konnte.[182]

Eine Antwort auf das Unbehagen kleinbürgerlicher und intellektueller Schichten sowie auf den in der Arbeiterbewegung zum Sieg gelangten Marxismus suchte die sich seit dem ausgehenden 19. Jh. zu selbständiger Wissenschaft entwickelnde Soziologie zu geben, deren führende Vertreter in Deutschland F. Tönnies, G. Simmel und M. Weber[183] waren. Sie alle wurden nicht in die Berliner Akademie aufgenommen, die ihre Beschränkung auf die „klassischen" Wissenschaftsdisziplinen damit dokumentierte. Seit dem ersten Kongreß des Internationalen Instituts für Soziologie (1894) wurden die Marxschen Ideen, wobei der historische Materialismus mehr oder weniger stark zu einem „ökonomischen Determinismus" simplifiziert wurde, von der bürgerlichen soziologischen Forschung aufmerksam beachtet mit dem Hauptziel, sie zu widerlegen. Daß die bürgerliche Gesellschaftswissenschaft gezwungen war, sich von einer sporadischen Marxkritik einer systematischen Auseinandersetzung mit dem Marxismus zuzuwenden und dabei verfälschend sogar von Marx Argumente übernahm, die sie ihres historisch-gesellschaftlichen Charakters entkleidete, bestätigt aufs eindringlichste die Bedeutung, die die Weltanschauung der Arbeiterklasse gewonnen hatte. Mit Hilfe der soziologischen Forschung suchte die Bourgeoisie unter Ausnutzung des Revisionismus in der Arbeiterbewegung dem Marxismus eigene gesellschaftswissenschaftliche Konzeptionen und Systeme gegenüberzustellen und Möglichkeiten der Beeinflussung und Lenkung der Massen im

---

180 Vgl. Philosophisches Wörterbuch, Bd. 2, S. 734ff., 785ff.

181 Vgl. K. Heussi, Kompendium der Kirchengeschichte, 11. verb. Aufl., Berlin 1958, S. 483f.

182 Vgl. F. Mehring, Gesammelte Schriften, Bd. 13, Berlin 1961, S. 265, 273 (Aufsätze M.s von 1901 und 1908). Zur „Reaktivierung des Religiösen" im ersten Jahrzehnt des 20. Jh. vgl. auch R. Hamann, J. Hermand, a. a. O., S. 131ff.

183 Vgl. J. Streisand, Max Weber: Politik, Soziologie und Geschichtsschreibung. In: Studien über die deutsche Geschichtswissenschaft, Bd. II, Berlin 1965, S. 179—189.

Sinne der Bourgeoisie zu erforschen. Die Bedeutung der Soziologie im bürgerlichen Wissenschaftssystem wuchs daher in dem Maße, wie der Kapitalismus mit dem Übergang zur allgemeinen Krise immer instabiler wurde.[184]

Eine gewisse Wirksamkeit der bürgerlichen Soziologie in Deutschland zeigte sich im Unterschied etwa zum nachhaltigen Einfluß von E. Durkheim und seiner Schule in Frankreich erst unmittelbar vor dem ersten Weltkrieg mit F. Tönnies' 1912 erschienenem Werk „Grundbegriffe der reinen Soziologie", das zuerst 1887 unter dem Titel „Gemeinschaft und Gesellschaft. Abhandlung des Kommunismus und des Sozialismus als empirischer Kulturform" aufgelegt worden war. In diesem ursprünglichen Titel wird die antisozialistische Tendenz sehr viel deutlicher. Tönnies war neben Nietzsche, Lagarde und Spengler einer der führenden Ideologen des für die spätbürgerliche Kulturentwicklung kennzeichnenden destruktiven Kulturpessimismus.[185] 1909 war die „Deutsche Gesellschaft für Soziologie" gegründet worden. Die vor allem von Tönnies, G. Simmel und M. Weber repräsentierte „bürgerliche Soziologie als antisozialistische Defensivtheorie"[186] gewann nicht zufällig gerade in dieser Übergangsphase an Bedeutung. Bis in die Gegenwart greifen nahezu alle Ideologen des Bürgertums in ihrem Kampf gegen den Sozialismus nicht zufällig auf M. Weber zurück, der als „Klassiker des Anti-Marxismus in der gesamten bürgerlichen Ideologie"[187] apostrophiert wurde.

Traditionell große Bedeutung für die Entwicklung der bürgerlichen Gesellschaftswissenschaft hatte die Altertumswissenschaft.

Gegenstand altertumswissenschaftlicher Forschung war seit den grundlegenden Arbeiten J. J. Winckelmanns die als klassisch empfundene griechisch-römische Periode der Menschheitsgeschichte in toto. Das bedeutete den prinzipiell geforderten und zum großen Teil auch praktisch realisierten Anspruch der Altertumswissenschaft auf Einbeziehung aller der Teildisziplinen, mit deren sich vervollkommnenden Methoden Aussagen über die antiken Gesellschaften möglich waren: Geschichte, Philosophie und Theologie, Archäologie, Kunst-, Sprach- und Literaturwissenschaft sowie Medizin, Naturwissenschaften und Technik. Durch eine weitgehende, auch durch die literarische Überlieferung bestimmte Orientierung auf die dünne freie Oberschicht der von der damaligen bürgerlichen Altertumswissenschaft insgesamt nicht erfaßbaren antiken, auf Sklaverei basierenden Gesellschaft kam ein von einzelnen Forschern und in verschiedenen Perioden unterschiedlich betontes, die bourgeoise Persönlichkeitsauffassung wesentlich bestimmendes elitäres Moment in die Altertumswissenschaft. Diese

---

184 Zur Entwicklung der Soziologie vgl. I. S. Kon, Der Positivismus in der Soziologie. Geschichtlicher Abriß, Berlin 1968; K. Braunreuther, Fragen der marxistischen Soziologie. Teil II: Ökonomie und Gesellschaft in der deutschen bürgerlichen Soziologie. Wissenschaftsgeschichtliche Studie, Berlin 1964.

185 Vgl. D. Ulle, a. a. O., S. 34.

186 Die deutsche Philosophie, a. a. O., S. 69.

187 K. Braunreuther, Fragen der marxistischen Soziologie. Teil II: Ökonomie und Gesellschaft in der deutschen bürgerlichen Soziologie. Wissenschaftsgeschichtliche Studie, Berlin 1964, S. 82.

schuf dank ihrer „Totalität" ein weitgehend in sich geschlossenes Bild einer über Jahrtausende nachwirkenden und als klassisch dargestellten Gesellschaft und paßte damit der Bourgeoisie als eine von der Gegenwart ablenkende, wissenschaftlich anspruchsvolle, politisch angeblich indifferente Komponente recht gut in ihr ideologisches Konzept. Seit dem letzten Drittel des 19. Jh. und verstärkt seit der Jahrhundertwende verbreiterte sich die Materialbasis der Antikeforschung durch die fortschreitende Erschließung schriftlicher und archäologischer Quellen.[188]

Seit dem letzten Drittel des 19. Jh. hatte auch die Orientalistik an Bedeutung gewonnen. Seit 1873 wurden Internationale Orientalistenkongresse veranstaltet. Im Zusammenhang mit der Ausweitung des Weltbildes in dem Maße, wie sich die bürgerliche Auffassung der Weltgeschichte durchsetzte, erfolgte die Anwendung der für die Geschichte Europas ausgearbeiteten Methoden auf die verschiedenen Bereiche der Geschichte des Orients. Innerwissenschaftliche Entwicklungen, die sowohl durch den allgemeinen Fortschritt der Forschung als auch durch die wachsende Fülle des Materials hervorgerufen wurden, führten zu einer immer stärkeren Differenzierung der ursprünglich stark auf die orientalische Philologie ausgerichteten Orientalistik, die sich aus einer komplexen Disziplin immer mehr in eine Summe von Spezialdisziplinen verwandelte, die fachlich und auch territorial bestimmte Probleme der Geschichte, der Literatur, der Philologie, der Philosophie- und Religionsgeschichte usw. behandelten. Die deutsche Orientalistik hat einen großen Beitrag zu dieser Entwicklung geleistet, durch die materialmäßig u. a. auch Grundlagen für die vom Marxismus-Leninismus wissenschaftlich begründete Auffassung des einheitlichen weltgeschichtlichen Prozesses geschaffen wurden. In der Berliner Akademie fand die wachsende Bedeutung der Orientalistik durch die verstärkte Einbeziehung der Forschungen auf diesem Gebiet seit dem ausgehenden 19. Jh. Berücksichtigung. Ein bedeutendes Ereignis war unter diesem Gesichtspunkt die Gründung der Orientalischen Kommission der Akademie im Jahre 1911.

Einen Höhepunkt in der Erforschung der römischen Geschichte hatten die monographischen und editorischen Arbeiten von T. Mommsen gebildet, wobei im vorliegenden Zusammenhang besonders das von ihm inaugurierte Corpus Inscriptionum Latinarum der Berliner Akademie zu nennen ist, das über Mommsens Tod hinaus bestimmend auf die Arbeiten auf diesem Gebiet einwirkte.

Der bedeutendste deutsche Graezist war seit der Jahrhundertwende U. von Wilamowitz-Moellendorff. Er erstrebte durch die Vereinigung von Philosophie und Geschichte und die allseitige Berücksichtigung der gesamten Überlieferung eine universelle griechische Altertumskunde. In der Tat hat er viel dazu beigetragen, die Unterschätzung der historischen Richtung zugunsten einer einseitigen Überbewertung der Philologie in den klassischen Studien abzu-

---

188 Zur Entwicklung der Altertumswissenschaft vgl. vor allem die Übersicht von J. Irmscher, Praktische Einführung in das Studium der Altertumswissenschaft, Berlin 1954. Weiterhin vgl. U. v. Wilamowitz-Moellendorff, Geschichte der Philologie, Leipzig 1959 (zuerst 1921).

bauen. In seiner Antrittsrede vor der Akademie sagte Wilamowitz 1900: „Es kam auch eine Zeit, wo Gefahr vorhanden war, daß die Einheit verloren ginge, Archäologie, Geschichte, Sprachwissenschaft, Epigraphik und viele andere Disziplinen sich abzulösen drohten und Philologie zur Textkritik zusammenzuschrumpfen begann, die also daran das Leben hätte, daß Abschreiber und Philologen die Texte verdorben hätten. Damals erscholl das Lob der philologischen Methode, meist als Selbstlob; hurtig wie nie drehte sich die Mühle der Produktion; es schien aber oft mehr auf das Mahlen anzukommen als auf das Mehl. Diese Zeit ist überwunden, wenigstens in der Wissenschaft; die schädlichen Folgen für das Ansehen der Philologie wirken freilich noch mit bedauerlicher Stärke nach. Allein die Einheit und Unteilbarkeit der Wissenschaft vom antiken Leben ist kaum noch bestritten, und Gefahr liegt heute eher darin, daß über dem Blick ins Weite die notwendig scharf umgrenzte konkrete Einzelforschung zu kurz komme. . ."[189] Diese von Wilamowitz und anderen Antikeforschern vertretene Einheitskonzeption war methodologisch durchaus fruchtbar. Zugleich muß auf ihre vom Standpunkt des Marxismus-Leninismus methodische Unzulänglichkeit verwiesen werden, da sie sich wesentlich auf eine Addition von Spezialmethoden unter subjektivistischen Gesichtspunkten reduzierte. Untrennbar verbunden mit dem Namen von Wilamowitz-Moellendorf sind die graezistischen Arbeiten der Berliner Akademie, insbesondere die Inscriptiones Graecae.

Ein entscheidender Anstoß für die Antike- und Orientforschung war seit dem letzten Drittel des 19. Jh. von der Archäologie ausgegangen. Von den zahlreichen Ausgrabungen in Italien, Griechenland, Ägypten und Vorderasien, die von Vertretern vieler Nationen betrieben wurden, erlangten die von A. Evans in Knossos seit 1900 sowie die von H. Winckler, O. Puchstein und anderen in Boghasköi seit 1907 besondere Bedeutung; durch sie wurde die intensive Erforschung der minoischen und der hethitischen Kultur eingeleitet. Führende deutsche Institutionen auf dem Gebiet der Ausgrabungen waren das Kaiserliche Archäologische Institut und die 1898 gegründete Deutsche Orientgesellschaft.[190] Die Grundlegung der wissenschaftlichen Papyrologie erfolgte um die Jahrhundertwende durch U. Wilcken.[191]

Gegenüber der großen tatsächlichen Ausweitung der Forschung, die hier nur angedeutet werden konnte, müssen die Bestrebungen der bürgerlichen Gesellschaftswissenschaftler gesehen werden, die erzielten faktischen Ergebnisse für die ideologische Auseinandersetzung zu nutzen. Sehr kennzeichnend sind in diesem Zusammenhang die Ausführungen von G. Roethe aus dem Jahre 1910 in seiner Untersuchung über „Humanistische und nationale Bildung": „Ich bin

[189] Sb 1900, S. 673—676, Zitat S. 674f.

[190] Vgl. zu dieser Problematik E. Meyer, Geschichte und Kultur der Mittelmeerwelt und des vorderen Orients bis zum Untergang des Altertums. In: Aus fünfzig Jahren deutscher Wissenschaft, Berlin, Freiburg, München, Leipzig 1930, S. 159ff.

[191] Vgl. über den „princeps papyrologorum" die Gedächtnisrede auf ihn in: Jahrbuch der Deutschen Akademie der Wissenschaften zu Berlin 1946—1949, Berlin 1950, S. 244—251.

außer Sorge: diese Hellenen, die uns oft so mittelbar durch Rom, schöner unmittelbar durch sich selbst vorwärts gebracht haben, sie werden uns auch weiterführen. Und zumal vor der sozialistischen und materialistischen Barbarei, die uns heranschwillt und vor der uns alle Triumphe der Technik nicht retten werden, vor diesen kulturfeindlichen Wettern sollen und werden uns die Hellenen immer wieder schützen."[192]

Direkt gegen die marxistische Theorie von der aufsteigenden Entwicklungslinie der menschlichen Gesellschaft und der Aufeinanderfolge der Klassenherrschaften richtete sich die Tendenz einer Modernisierung der antiken Gesellschaft und die damit verbundene Zyklen- oder Kreislauftheorie. Ein Hauptvertreter der letzteren war E. Meyer, zugleich einer der bedeutendsten bürgerlichen Universalhistoriker des Altertums.[193] Meyer, aber auch seine Zeitgenossen R. Pöhlmann[194] und G. Ferrero[195] suchten nachzuweisen, daß es schon im Altertum Kapitalismus gegeben hätte, der auf diese Weise apologetisch als „ewig" verteidigt werden sollte. Einer der heftigsten Gegner dieser Theorie war der Wirtschaftshistoriker K. Bücher, dessen Aufnahme in die Berliner Akademie abgelehnt wurde. Für eine modernisierende Altertumsforschung setzte sich auch K. J. Beloch ein, der zusammen mit dem Italiener E. Pais als Hauptvertreter des Hyperkritizismus angesehen werden kann. Diese Überspitzung der fortschrittlichen, im 19. Jh. erarbeiteten kritischen Methode war eine Widerspiegelung des sich im Zusammenhang mit dem Neokantianismus durchsetzenden Skeptizismus und Agnostizismus in der bürgerlichen Ideologie, der auf diese Weise auf die Antikeforschung einwirkte und im letzten ebenso wie die Modernisierung dazu diente, die Existenz historischer Gesetze, die historische Entwicklung selbst und ihre Erkennbarkeit zu leugnen. Eine vor allem in der Orientforschung wirksame bürgerliche Theorie war der in erster Linie auf H. Winckler zurückgehende Panbabylonismus, der in Anlehnung an in Europa entstandene Rassentheorien eine bestimmende Rolle der Babylonier in der alten Geschichte propagierte.[196]

Bedeutende Leistungen dieser Zeit auf dem Gebiet der Altertums- und Orientforschung verbinden sich mit der Sammlung und beginnenden Sichtung und Auswertung von Handschriften, die seit dem ausgehenden 19. Jh. von Wissenschaftlern aus mehreren Ländern im ostturkestanischen Turfangebiet ermittelt wurden. Viele dieser Handschriften gelangten nach Deutschland. An den

192 Zit. nach R. Hamann, J. Hermand, a. a. O., S. 122.

193 Vgl. E. Meyer, Geschichte des Altertums, Bd. 1—5, 1884—1902.

194 Vgl. R. Pöhlmann, Geschichte des antiken Kommunismus und Sozialismus, Bd. 1, 2, 1893—1901.

195 Vgl. G. Ferrero, Grandezza e decadenza di Roma, Bd. 1—5, 1902/07.

196 Zur gesellschaftlichen Relevanz der Altertumskunde dieser Zeit vgl. vor allem die von sowjetischen Fachwissenschaftlern erarbeiteten Artikel „Antike" (antičnost'), „Alter Orient" (drevnij vostok) und „Hyperkritizismus" (giperkriticizm) in: Sovetskaja istoričeskaja enciklopedija, Bd. 1, Moskau 1961, Sp. 616—625; Bd. 4, Moskau 1963, Sp. 451 f.; Bd. 5, Moskau 1964, Sp. 367—372. Die Enzyklopädie informiert außerdem in zahlreichen biographischen und Sachartikeln über die Altertumsforschung.

Turfan-Forschungen war auch die Akademie beteiligt, in deren Publikationen 1908 die erste zusammenfassende Arbeit über das Tocharische erschien.[197] Besondere Verdienste auf dem Gebiet der Turfan-Forschung erwarb sich F. W. K. Müller, der seine Arbeitsergebnisse ebenfalls der Akademie vorlegte.[198]

Eine erste auswertende Darstellung der Keilschriftfunde H. Wincklers und O. Puchsteins von 1906 und 1907 bei Boghasköi in Kleinasien bot E. Meyer 1914 in seinem Buch „Reich und Kultur der Chethiter". Zum Begründer der Hethitologie wurde der tschechische Forscher Bedřich Hrozný, der nach Vorarbeiten 1917 sein Buch „Die Sprache der Hethiter, ihr Bau und ihre Zugehörigkeit zum indogermanischen Sprachstamm" publizierte.[199]

In den Anfängen erkennbar ist in dieser Zeit die vor allem mit dem Namen von Werner Jaeger verbundene Humanismus-Auffassung, die insbesondere nach dem Ausbruch der allgemeinen Krise des Kapitalismus bestimmend auf die bürgerliche Philosophie und Ideologie einwirkte.[200] Sie war rein ideengeschichtlich orientiert und ausschließlich an das Humanitäts- und Bildungsideal der Antike gebunden.

In der deutschen Geschichtswissenschaft hatte sich im Unterschied zu anderen Ländern die an L. Ranke orientierte vorwiegende Behandlung der politischen Geschichte weitgehend durchgesetzt. Der Methodenstreit um Karl Lamprecht als Begründer der „kulturhistorischen Schule" führte zu einem völligen Sieg seiner Gegner.[201] In seiner „Deutschen Geschichte" (1891—1909), besonders in den ersten Bänden, suchte Lamprecht die Idee des historischen Fortschritts und der Gesetzmäßigkeit im bürgerlich-liberalen Sinn als Grundlage einer Geschichte des deutschen Volkes herauszuarbeiten. Die offizielle Geschichtsschreibung beschuldigte ihn dafür — völlig unberechtigt — des Materialismus und des Kollektivismus und G. v. Below, der 1922 als Korrespondierendes Mitglied in die Berliner Akademie aufgenommen wurde, stellte 1898 in der „Historischen Zeitschrift" im Hinblick auf Lamprecht die brutale Forderung auf: „Man muß die Axt gebrauchen"[202].

---

[197] Vgl. E. Sieg, W. Siegling, Tocharisch, die Sprache der Indoskythen. Vorläufige Bemerkungen über eine bisher unbekannte indogermanische Literatursprache. In: Sb 1908, S. 915—934. Vgl. auch H. Lüders, Über die literarischen Funde von Ostturkestan. Festrede. In: Sb 1914, S. 85—105.

[198] Vgl. bes. F. W. K. Müller, E. Sieg, Maitrisimit und „Tocharisch". In: Sb 1916, S. 395 bis 417. Weitere Literaturhinweise: Gesamtregister der Abhandlungen, Sitzungsberichte, Jahrbücher, Vorträge und Schriften der Preußischen Akademie der Wissenschaften 1900 bis 1945, Berlin 1966, S. 120f.

[199] Vgl. L. Matouš, Bedřich Hrozný. Leben und Forschungswerk eines tschechischen Orientalisten, Prag 1945.

[200] Vgl. W. Jaeger, Humanistische Reden und Vorträge, (West-)Berlin ²1960.

[201] Vgl. E. Engelberg, Zum Methodenstreit um Karl Lamprecht. In: Studien über die deutsche Geschichtswissenschaft, Bd. II, S. 136—152.

[202] G. v. Below, Die neue historische Methode. In: Historische Zeitschrift, Bd. 81 (1898), S. 195.

Below gehörte mit D. Schäfer zu den extremsten Vertretern des imperialistischen Machtstaates.[203] Beide waren Mitglieder des Alldeutschen Verbandes. Ebenfalls auf dem rechten Flügel der Geschichtsschreibung standen die konservativen Rankeaner, die wie die ihnen nahestehenden rechtsliberalen Rankeaner entscheidenden Einfluß auf die seit den neunziger Jahren des 19. Jh. einsetzende Ranke-Renaissance hatten.[204] In der Berliner Akademie waren nahezu ausschließlich diese rechten Nachfolger Rankes vertreten. Die konservative Richtung repräsentierten u. a. M. Lenz, O. Hintze, M. Ritter und R. Koser, während die rechtsliberale u. a. durch F. Meinecke, H. Delbrück — der der Akademie nicht angehörte, aber einflußreich als Herausgeber der „Preußischen Jahrbücher" war — und H. Oncken vertreten war. Die letzte Gruppe suchte mittels einer begrenzten Pflege liberaler Traditionen die Klassenbasis des imperialistischen Systems durch die ideologische Beeinflussung linksbürgerlicher Kreise und opportunistischer Kräfte in der Arbeiterbewegung zu verbreitern. Kennzeichnend dafür ist die 1904 in erster Auflage erschienene Lassalle-Biographie von Oncken. Meinecke legte 1908 mit seiner Darstellung „Weltbürgertum und Nationalstaat" das erste seiner Hauptwerke zur Begründung der bürgerlichen geistesgeschichtlichen Historiographie Rankescher Provenienz vor. In diesem Buch, der wichtigsten Publikation Meineckes vor 1914, lassen sich bereits die meisten Wesensmerkmale seiner Geschichtskonzeption erkennen, deren Grundzug die versuchte „Synthese zwischen Macht und Geist" ist. Das lief auf eine Einordnung — und damit Mißdeutung — progressiver bürgerlich-demokratischer Traditionen in die Genesis des preußisch-deutschen Machtstaates hinaus, der damit verklärt wurde. Obwohl Meinecke nach zwei Niederlagen des deutschen Imperialismus einige seiner Thesen revidieren mußte, kann er als ausgeprägter Kontinuitätsträger der imperialistischen deutschen Geschichtsschreibung vom Kaiserreich bis zur Bundesrepublik angesehen werden.[205]

Die bürgerliche Ökonomie, der es nicht gelingen konnte, der politischen Ökonomie des Marxismus eine geschlossene Lehre entgegenzustellen, beschränkte sich weitgehend auf die Variierung schon früher erarbeiteter Theorien. Eine große Rolle spielte in dieser Zeit des Übergangs vom Kapitalismus der freien Konkurrenz zum monopolistischen Kapitalismus die Grenznutzenschule.[206] Einer ihrer Hauptvertreter, E. Böhm-Bawerk, legte sein Werk „Kapital und Kapitalzins" von 1909 bis 1914 in dritter, wesentlich erweiterter Auflage vor. J. Schumpeter entwickelte 1908 im „Wesen und Hauptinhalt der theoretischen Nationalökonomie" die mathematisch-funktionalistische Richtung der Volkswirtschafts-

---

203 Vgl. H. Krause, Die alldeutsche Geschichtsschreibung vor dem Ersten Weltkrieg. In: Studien über die deutsche Geschichtswissenschaft, Bd. II, S. 190—226.

204 Vgl. auch zum Folgenden H. Schleier, Die Ranke-Renaissance. In: Ebd., S. 99—135.

205 Vgl. vor allem G. Lozek, Friedrich Meinecke. In: Ebd., S. 303—325, mit eingehenden Analysen der Hauptwerke und weiterführender Literatur. Weiterhin: Unbewältigte Vergangenheit. Handbuch zur Auseinandersetzung mit der westdeutschen bürgerlichen Geschichtsschreibung, Berlin 1970.

206 Vgl. H. Lehmann, Grenznutzentheorie, Berlin 1968.

lehre und G. F. Knapp schuf 1905 in der „Staatlichen Theorie des Geldes" eine nominalistische Geldtheorie, in der er den Geldwert als Geschöpf der Rechtsordnung darstellte, wodurch ökonomische Schwierigkeiten als durch bloße Geldoperationen behebbar hingestellt und von den tatsächlichen Problemen abgelenkt wurde.[207]

Das Schwergewicht verlagerte sich jedoch jetzt verstärkt auf ökonomisch-historische Studien, wofür G. Schmollers[208] von 1900 bis 1904 erschienener zweibändiger „Grundriß der allgemeinen Volkswirtschaftslehre", über dessen Inhalt er auch der Berliner Akademie mehrmals berichtete, oder W. Sombarts „Die deutsche Volkswirtschaft im 19. Jh." kennzeichnend sind. In dieselbe sog. historisch-soziologische Schule wie Sombart gehörten politökonomisch M. Weber, der 1909 sein Werk „Über den Standort der Industrien", und O. Spann, der 1910 über die „Haupttheorien der Volkswirtschaftslehre" publizierte. 1910 erschien auch Webers „Der Kampf zwischen Kapital und Arbeit". Alle diese Werke verfolgten ungeachtet ihrer unterschiedlichen Auffassungen im einzelnen das Ziel, die kapitalistische Gesellschaftsordnung gegen das Proletariat zu verteidigen. Die Wirkung des Nationalökonomen und Soziologen Max Weber reichte dabei weit über die Volkswirtschaftslehre hinaus. Mit seiner Lehre vom Idealtypus und seiner Forderung nach der Werturteilsfreiheit gewann er nachhaltigen Einfluß auf die bürgerliche Gesellschaftswissenschaft, indem er den Kampf gegen den historischen Materialismus und gegen den Sozialismus zum Kern seines Wirkens machte.[209]

Das für die Zeit ab 1900 kennzeichnende Streben bürgerlicher Gesellschaftswissenschaftler nach dem „Typischen", nach Verallgemeinerung, nach idealistischer Gesamtschau gegenüber dem Biographisch-Deskriptiven, das beispielsweise Spranger in seinen „Lebensformen" scharf abgelehnt hatte, läßt sich deutlich auch in der Literatur- und Kunstwissenschaft verfolgen. Gegenüber der positivistischen Literaturgeschichtsschreibung, deren zentrale Gestalten W. Scherer und E. Schmidt waren, stellte man nicht mehr das Einzelne, das Besondere in den Vordergrund, sondern orientierte sich auf eine mehr ideengeschichtliche, Stil und Gehalt literarischer Werke besonders beachtende Forschung, wobei man ökonomische, soziale, überhaupt historische Voraussetzungen bewußt mißachtete und von sogenannten zeitlosen ästhetischen Idealen ausging. Die 1911 erschienenen Werke von F. Gundolf „Shakespeare und der deutsche Geist" und von R. Unger „Hamann und die deutsche Aufklärung" können als Markierungspunkte für die Durchsetzung dieser Richtung angesehen

---

207 Vgl. K. Braunreuther, a. a. O., S. 64. Eine Übersicht über die Wirtschaftswissenschaft in Deutschland, Frankreich, den USA, Schweden, England und Italien in dieser Zeit bietet: Die Wirtschaftswissenschaft nach dem Kriege, Bd. 2, München, Leipzig 1925.

208 Zur Wirkungsgeschichte Schmollers: K.-H. Noack, Zu einer Tradition der gegenwärtigen Sozialgeschichtsschreibung in der BRD (Gustav Schmoller). In: Probleme der Geschichtsmethodologie, Berlin 1972, S. 287–298.

209 Vgl. Die deutsche Philosophie, a. a. O., S. 59ff.; Philosophisches Wörterbuch, Bd. 1, S. 500f, Bd. 2, S. 1156f.

werden.[210] Für den Übergang von ,,positivistischer Zertrümmerung aller größeren Zusammenhänge in molekulare Einzelfakten"[211] zu ,,Gehalt" und ,,Stil" im Sinne bürgerlicher antihistorischer Ideenkombination auf dem Gebiet der Kunstwissenschaft ist vor allem auf das zwar um die Jahrhundertwende einsetzende, nachhaltig aber in den ,,Kunstwissenschaftlichen Grundbegriffen" von 1915 wirksam werdende Bemühen von H. Wölfflin zu verweisen.

Reaktionäre Grundzüge bürgerlicher wissenschaftlicher Forschung, die gleichzeitig eng verbunden sind mit einer großen Bereicherung des Tatsachenwissens, lassen sich vielfältig nachweisen. Das gilt besonders für die Kunst und die Literatur, in der sich wesentliche Tendenzen der reaktionären Ideologie widerspiegelten.[212] In der Literaturwissenschaft begannen sich gerade in dieser Zeit die verschiedenen ,,Schulen" herauszubilden, die von der Sprachphilosophie oder der Soziologie, von der Psychologie oder Psychoanalyse, von der Ästhetik oder der Ideengeschichte aus die Geschichte der Literaturen zu bearbeiten suchten. Als besonders einflußreich erwiesen sich beispielsweise R. Ungers Versuche einer geistes- und ideengeschichtlichen, von W. Dilthey beeinflußten Literaturwissenschaft.[213]

Auf dem Gebiet der Volkskunde kam es im ausgehenden 19. und im ersten Jahrzehnt des 20. Jh., insbesondere unter dem Einfluß von K. Weinhold, zu einer regen Diskussion über den Gegenstand dieser Wissenschaft und ihre Abgrenzung zu anderen Disziplinen.[214] Zahlreiche im ersten Jahrzehnt des 20. Jh. erschienene Arbeiten, so von F. N. Finck, W. Wundt, B. Croce, E. Husserl, F. Mauthner, K. Voßler, A. Marty und F. de Saussure, dokumentierten das

---

210 Über die bürgerliche Literaturwissenschaft schrieb P. Reimann, Über realistische Kunstauffassung, Berlin 1951, S. 230: ,,Als die Hauptmomente zeigten wir auf: 1. daß die bürgerliche Wissenschaft die Frage nach den sozialen Wurzeln und die Rolle der Literatur in den sozialen und politischen Kämpfen der Zeit nicht beantwortet, oder aber, als treue Dienerin der herrschenden Klasse, durch eine freche Legendenbildung (Weimarlegende) entstellt, 2. daß sie in ihren Werturteilen nicht von einer ,objektiven' historischen und künstlerischen Bewertung ausgeht, und daß sie 3. die revolutionäre Literatur aus der Literaturgeschichte wegeskamotiert. Das vierte Moment, in dem die Verlogenheit und der engstirnige Klassencharakter der bürgerlichen Forschung zum Ausdruck kommt, ist die bewußte Verfälschung des historischen Sinns und Inhalts bedeutender Werke der Literatur." — Eine Einschätzung des im Jahrzehnt vor der Oktoberrevolution wirksamen Expressionismus als wesentlicher literarischer Strömung bietet W. Mittenzwei, Der Expressionismus. Aufbruch und Zusammenbruch einer Illusion. In: Menschheitsdämmerung. Ein Dokument des Expressionismus, Leipzig 1972, S. 5—26. Vgl. zur literarischen Entwicklung weiterhin: H. Kaufmann, Krisen und Wandlungen der deutschen Literatur, Berlin ,Weimar 1969.

211 Vgl. R. Hamann, J. Hermand, a. a. O., S. 99f., auch zum Folgenden.

212 Vgl. die materialreiche Darstellung ebd., S. 23ff. (,,Der Gedankenkreis der ,fortschrittlichen Reaktion'").

213 Zusammenfassend vgl. R. Unger, Literaturgeschichte als Problemgeschichte, Berlin 1924.

214 Einen Wiederabdruck der wichtigsten damals vorgetragenen Thesen bietet: Volkskunde. Ein Handbuch zur Geschichte ihrer Probleme. Hg. v. G. Lutz, (West-)Berlin 1958, S. 38—101.

von philosophisch-idealistischen, die geistige Seite der Sprache verabsolutierenden Überlegungen ausgehende Interesse an der Sprachwissenschaft.[215]

In der Rechtswissenschaft herrschte der Rechtspositivismus, der die Rechtsgeschichte ebenso wie die Rechtsphilosophie als bloße Hilfswissenschaften für die Wissenschaft vom staatlich gesetzten Recht auffaßte.[216]

Kennzeichnend für bürgerliches Forschen und Denken war insgesamt die Vielfalt der Meinungen, Schulen und Richtungen, die freilich die generelle ideologische Einheit unter dem Vorzeichen imperialistischer Reaktion nur notdürftig verhüllen konnte. Auch die bürgerlichen Wissenschaftler, die subjektiv ehrlich nach neuen Forschungsergebnissen strebten und dadurch die Wissenschaft voranbrachten, blieben dem bestehenden imperialistischen Gesellschaftssystem durchaus verhaftet und wirkten durch ihre Arbeit herrschaftsstabilisierend. Diese Tatsache vorausgesetzt, bieten sich alle Möglichkeiten, die Leistungen dieser Wissenschaftler aufzuheben im doppelten Sinne dieses Wortes, was die Marxisten auch stets getan haben. Ein leuchtendes Beispiel dafür ist die Erarbeitung der Imperialismus-Theorie durch Lenin. In seiner Analyse des bürgerlichen Denkens, die er schon 1909 im „Materialismus und Empiriokritizismus" gab, stellte er für die Gesellschaftswissenschaften am Beispiel der Philosophie und der politischen Ökonomie fest, daß man „*keinem einzigen* Professor der politischen Ökonomie, der imstande ist, auf dem Gebiet spezieller Tatsachenforschung die wertvollsten Arbeiten zu liefern, *auch nur ein einziges Wort* glauben darf, sobald er auf die allgemeine Theorie der politischen Ökonomie zu sprechen kommt. Denn diese letztere ist eine ebenso parteiliche Wissenschaft in der modernen Gesellschaft wie die *Erkenntnistheorie.* Im großen und ganzen sind die Professoren der politischen Ökonomie nichts anderes als die gelehrten Kommis der Kapitalistenklasse und die Philosophieprofessoren die gelehrten Kommis der Theologen"[217].

Einige spezifische Merkmale der Wissenschaft im 20. Jh. hat der marxistische Wissenschaftshistoriker Bernal herausgearbeitet, die durchaus nicht in jedem Falle exakt auf ein bestimmtes Jahr festzulegen sind, die aber alle gerade zwischen 1900 und dem Epochenjahr der Weltgeschichte 1917 wirksam zu werden begannen. Bernal nannte u. a. den über alle Maßen wachsenden Umfang der wissenschaftlichen Arbeit, die Veränderung der geographischen Verteilung

---

[215] Vgl. F. N. Finck, Der deutsche Sprachbau als Ausdruck deutscher Weltanschauung, Marburg 1899; ders., Die Aufgabe und Gliederung der Sprachwissenschaft, Halle 1905; W. Wundt, Die Sprache (1900 als 1. Teil seiner „Völkerpsychologie"); B. Croce, Ästhetik als Wissenschaft des Ausdrucks und der allgemeinen Linguistik (1902), dt. Ausgabe Leipzig 1905; E. Husserl, Logische Untersuchungen, 2. Teil, Halle 1901; F. Mauthner, Beiträge zu einer Kritik der Sprache (1901/02); K. Voßler, Positivismus und Idealismus in der Sprachwissenschaft, Heidelberg 1904; A. Marty, Untersuchung zur Grundlegung einer allgemeinen Grammatik, Bd. 1, Halle 1908; F. de Saussure, Grundfragen der allgemeinen Sprachwissenschaft (1906 bis 1911 als Vorlesungen, deutscher Druck 1931).

[216] Vgl. die einleitenden Ausführungen bei H. Klenner, Rechtsleere. Kritik der „Reinen Rechtslehre", Berlin 1972.

[217] W. I. Lenin, Werke, Bd. 14, S. 347.

der Zentren der Wissenschaft, die unmittelbar und schneller erfolgende Anwendung wissenschaftlicher Entdeckungen sowie den bewußten militärischen Mißbrauch der Wissenschaft, der erstmals im ersten Weltkrieg erfolgte.[218]

Die Entwicklungstendenzen der Naturwissenschaften und der Technik, aber auch der bürgerlichen gesellschaftswissenschaftlichen Forschung im Imperialismus müssen unverständlich bleiben, wenn nicht dieser Zusammenhang zwischen Imperialismus, Krieg und Wissenschaft beachtet wird. Die von Lenin als kennzeichnend für den Imperialismus erkannte ungleichmäßige Entwicklung der einzelnen Länder war neben anderen Ursachen wesentlich durch die Anwendung wissenschaftlicher Erkenntnisse auf Produktionsprozesse bedingt. Gerade in dieser Hinsicht hatte die deutsche Industrie beachtliche Erfolge errungen. Seinen relativ hohen Organisationsgrad und die Anfänge einer staatsmonopolistischen Forschungsorganisation setzte das deutsche Monopolkapital ein, um Wissenschaft und Technik für die Durchsetzung seiner Weltherrschaftspläne zu benutzen.

Obwohl der Einsatz der Wissenschaft für den Krieg kennzeichnend für alle imperialistischen Staaten war[219], können Beispiele entsprechend der Thematik der vorliegenden Arbeit vor allem aus Deutschland gebracht werden. Welche Aufgaben man sich hier stellte, formulierte prägnant der Präsident der Bayerischen Akademie der Wissenschaften, K. Th. v. Heigel, schon im November 1914. „Die von stiller Forscherarbeit beratene Waffentechnik schafft Geschütze und Geschosse von bisher unbekannter Größe, Sprengkraft und Tragweite ... Die Geographie gibt dem Offizier die unentbehrlichen Landkarten in die Hand, die Physik stellt Telephonisten und Funker ins Feld, die Chemie erzeugt Sprengstoffe von erstaunlicher Wirkung, die Meteorologie leistet den Fliegern und Luftschiffern nützliche Dienste."[220] Diese keineswegs vollständige Aufzählung liest sich wie das Inhaltsverzeichnis des über tausendseitigen, im Jahre 1919 erschienenen Sammelbandes „Deutsche Naturwissenschaft, Technik und Erfindung im Weltkriege", in dem vom ideologischen bis zum praktischen „Kriegseinsatz" alles aufgezählt wird, was deutsche Wissenschaftler auf ihren Fachgebieten versuchten, um dem deutschen Imperialismus zu einem Sieg zu verhelfen. Der Zusammenhang, der im Imperialismus zwischen wissenschaftlichen Erkenntnissen und ihrem Mißbrauch für den Krieg besteht, wird in solchen Publikationen besonders deutlich.

Unter diesen Umständen war es selbstverständlich, daß auch die seit 1911 gegründeten Kaiser-Wilhelm-Institute in diesem sogenannten Kriegseinsatz insbesondere bei der Grundlagenforschung nicht zurückstanden. So führte das Kaiser-Wilhelm-Institut für Chemie unter der Leitung von E. Beckmann Untersuchungen über die Futtermittelverbesserung durch[221], die übrigens auch

[218] Vgl. J. D. Bernal, a. a. O., S. 453ff.
[219] Vgl. ebd., S. 532f.
[220] K. T. v. Heigel, Krieg und Wissenschaft, München 1914, S. 5.
[221] Vgl. Handbuch der Kaiser-Wilhelm-Gesellschaft zur Förderung der Wissenschaften, Berlin 1928, S. 41.

in der Arbeit der Berliner Akademie ihren Niederschlag fanden.[222] Das Institut für physikalische Chemie und Elektrochemie unter der Leitung von F. Haber wurde zur „Zentralstelle" für den Gaskrieg, den die deutsche Heeresleitung entgegen den völkerrechtlichen Festlegungen der Haager Friedenskonferenz von 1899 im April 1915 erföffnete. Dem Institut wurde dadurch „militärischer Charakter" zugesprochen und Haber „übernahm unter Beibehaltung seiner bürgerlichen Stellung eine militärische Funktion im Kriegsministerium". Schließlich beschäftigte das Institut im Krieg 150 Wissenschaftler und 2000 Hilfskräfte.[223] Das waren für die damalige Zeit immens hohe Zahlen für ein „wissenschaftliches" Institut. Ebenfalls „für die Heeresverwaltung" arbeitete das Institut für Kohleforschung.[224] Unter unmittelbarem Einfluß der „zuständigen Heeres- und Marinebehörden" konnten ab 1915 aerodynamische Forschungen intensiviert werden.[225]

Dieser Einsatz der Naturwissenschaften für den Krieg war keine Besonderheit der Entwicklung des deutschen Imperialismus. Die Beispiele wurden hier unter dem Gesichtspunkt gewählt, daß sie personell und sachlich die Tätigkeit der Berliner Akademie tangierten. Der „Kriegseinsatz" der Wissenschaft war im übrigen nicht auf die Naturforschung beschränkt. Auch in die ideologisch-politischen Auseinandersetzungen um die Kriegszielpolitik griffen die Naturforscher ein, doch blieben sie gegenüber den Gesellschaftswissenschaftlern in der Minderheit.

Die Stellung der meisten Wissenschaftler in den kriegführenden imperialistischen Staaten zum Krieg war durch den Nationalismus geprägt. Die aus der besonderen Aggressivität des deutschen Imperialismus resultierende führende Position der deutschen Wissenschaftler auf dem Gebiet der chauvinistischen Propaganda muß dabei allerdings besonders hervorgehoben werden. Die deutschen Forscher waren auch zeitlich die ersten, die sich mit der militärischen Austragung imperialistischer Gegensätze solidarisierten und den Deutschland angeblich aufgezwungenen Krieg zu einem Kampf um kulturelle Werte emporstilisierten.[226] Ähnliche Reaktionen der Wissenschaftler in England und Frankreich hatten zwar ebenso wie in Deutschland den bürgerlichen Nationalismus

---

[222] Vgl. E. Beckmann, Chemische Bestimmungen des Nährwertes von Holz und Stroh. In: Sb 1915, S. 638—644; ders., Seetang als Ergänzungsfuttermittel. In: Sb 1915, S. 645—651; Sb 1916, S. 1009—1033.

[223] Vgl. Handbuch der Kaiser-Wilhelm-Gesellschaft, a. a. O., S. 51.

[224] Vgl. ebd., S. 56.

[225] Vgl. ebd., S. 90.

[226] Vgl. die materialreichen, von einer bürgerlichen Defensivposition ausgehenden Ausführungen von K. Schwabe, Wissenschaft und Kriegsmoral. Die deutschen Hochschullehrer und die politischen Grundfragen des Ersten Weltkrieges, Göttingen, Zürich, Frankfurt/M. 1969. Dazu die Rezension von W. Schlicker in: Deutsche Literaturzeitung, Jg. 91 (1971), Sp. 1051—1055. Weiterhin W. Basler, Zur politischen Rolle der Berliner Universität im ersten imperialistischen Weltkrieg 1914 bis 1918. In: Wissenschaftliche Zeitschrift der Humboldt-Universität zu Berlin. Gesellschafts- und sprachwissenschaftliche Reihe, Bd. X (1961), S. 181—203.

zur Grundlage, waren aber gleichzeitig auch ein Echo auf die von deutscher Seite inaugurierte „ideologische" Kriegführung.

Die Intensität des „Kriegseinsatzes" der einzelnen deutschen bürgerlichen Ideologen war von verschiedenen Faktoren abhängig. Generell kann man sagen, daß sie zu Beginn des Krieges am größten war und daß sich der unter deutscher imperialistischer Blickrichtung in den verschiedenen Kriegsphasen positiv oder negativ darstellende Kriegsverlauf fördernd oder mäßigend auf die Kriegszielforderungen und die Aktivitäten der bürgerlichen Intelligenz auswirkte, die insgesamt wiederum nur ein Reflex der Bestrebungen des deutschen Monopolkapitals waren. Unter den Wissenschaftlern in Deutschland gab es nur eine sehr kleine Gruppe, die von humanistisch-demokratischen Positionen sich entweder von Anfang an gegen den imperialistischen Krieg wandte — Albert Einstein war ihr bedeutendster Repräsentant — oder die sich unmittelbar nach der ersten chauvinistischen Welle im Sommer und Frühherbst 1914 in zunehmendem Maße und mit zeitweiligen Rückschlägen von der deutschen Kriegspolitik distanzierten. Der hervorragendste Vertreter dieser deutschen Wissenschaftler war zweifellos Max Planck.

Die große Mehrheit der deutschen Intelligenz, insbesondere die Gesellschaftswissenschaftler, unterstützte die Kriegspolitik des deutschen Imperialismus offen und rückhaltslos. Diese Gruppe zerfiel jedoch in zwei ungleiche Teile im Hinblick auf den Grad, den sie für die Vorherrschaft des imperialistischen Deutschlands unter den damaligen konkreten Bedingungen erstrebten, wobei alle davon ausgingen, daß auf jeden Fall der Sieg errungen werden mußte. Die weitestgehenden Forderungen vertraten die Kreise der deutschen Intelligenz, die sich organisatorisch im „Unabhängigen Ausschuß für einen deutschen Frieden" und 1917 in der „Vaterlandspartei" zusammenfanden. Führend in dieser Gruppe waren, um nur zwei Mitglieder der Berliner Akademie zu nennen, Dietrich Schäfer und Ulrich von Wilamowitz-Moellendorff. Flexibler im Hinblick auf die Durchsetzung deutscher imperialistischer Forderungen verhielt sich eine kleinere Gruppe deutscher Intellektueller, die die „Freie Vaterländische Vereinigung" bildete. Die gleichen Kräfte standen auch hinter dem als Reaktion auf die Gründung der „Vaterlandspartei" geschaffenen „Volksbund für Freiheit und Vaterland". Diese Gruppe ging nicht wie Schäfer vom Primat außenpolitischer Zielsetzungen aus, um eine festere Basis für den Kampf gegen den „inneren" Feind zu schaffen, sondern sie suchte für die Durchsetzung der Kriegsziele durch „innere Reformen" des imperialistischen Staates eine günstigere Ausgangsposition für die Nachkriegszeit vorzubereiten. Adolf von Harnack und Friedrich Meinecke — auch hier nur die Namen zweier Berliner Akademiemitglieder als pars pro toto — waren führende Repräsentanten dieser liberalisierenden Gruppe.[227]

Die „wissenschaftliche" Arbeit der deutschen bürgerlichen Gesellschaftswissenschaftler, vorwiegend der Historiker und Philosophen, bestand in der

227 Vgl. zu den Einzelheiten: Deutschland im ersten Weltkrieg, Bd. 1, 2, Berlin 1970.

Hauptsache darin, ihre Kenntnisse und ihr Ansehen einzusetzen, um die werktätigen Massen und auch bürgerliche Kreise mit pseudowissenschaftlichen Argumenten von der Gerechtigkeit des vom imperialistischen Deutschaland entfesselten Krieges zu überzeugen.[228] Neues für die Weiterentwicklung der Wissenschaft konnte dabei kaum herauskommen. Die Grundtendenz der bürgerlichen Ideologie in diesen Jahren der Herausbildung der allgemeinen Krise des Kapitalismus, die 1917 mit der Entstehung des ersten sozialistischen Staates voll wirksam wurde, war daher die weitere Ausprägung immanenter reaktionärer Ansätze des bürgerlichen Denkens.

Für die Bewertung der unter imperialistischen Bedingungen erzielten Erkenntnisse über die Natur und die Gesellschaft hat Lenin im Anschluß an Marx und Engels den Schlüssel gegeben, indem er ganz klar zwischen den tatsächlichen Errungenschaften der Wissenschaft und ihrer reaktionären Deutung durch bürgerliche Ideologen der verschiedensten Provenienz unterschied. Eine allseitige Entwicklung der Gesellschaftswissenschaften in dieser Zeit war nur auf der Grundlage der marxistisch-leninistischen Gesellschafts- und Geschichtstheorie möglich, diese konnte aber angesichts der bestehenden Gesellschaftsverhältnisse noch nicht zur Grundlage der gesellschaftswissenschaftlichen Forschung werden.

Auf die hier unter besonderer Berücksichtigung Deutschlands angedeuteten Grundtendenzen der Wissenschaftsentwicklung und auf die neuen Merkmale der Wissenschaft im Imperialismus konnte die Berliner Akademie, vor allem nachdem sie durch die Gründung der Kaiser-Wilhelm-Gesellschaft aus der eigentlichen Forschung bis 1945 ausgeschaltet war, nur mit ihren traditionellen Mitteln reagieren, da die bestehende Forschungsorganisation an der Akademie unverändert erhalten blieb.

---

[228] Vgl. z. B. die Abschnitte ,,Krieg und Kultur" und ,,Krieg und Völkerkunde" mit ihren umfangreichen Literaturangaben in: Deutsche Naturwissenschaft, Technik und Erfindung im Weltkriege, 1919, S. 1—32, 499—552.

KAPITEL II

Zur Entwicklung der Berliner Akademie in der Zeit der Durchsetzung des Imperialismus bis zum Übergang zur direkten Kriegsvorbereitung durch den deutschen Imperialismus. Anfänge der imperialistischen Forschungsorganisation und Stellung der Akademie in der Wissenschaftsentwicklung (1900 bis 1910)

1. Zur politischen Haltung der Akademie. Aspekte ihrer wissenschaftspolitischen Funktion in der imperialistischen Forschungsorganisation

Seit dem Übergang zum Imperialismus begannen konzerneigene und monopolabhängige Forschungseinrichtungen nicht nur zunehmend an Gewicht zu gewinnen, auch in die staatlichen Forschungsinstitutionen drangen Arbeitsformen der kapitalistisch-organisierten Forschung ein[1], wenn auch in der frühen Phase des Imperialismus noch in unterschiedlichem Maße. Das Verhältnis zwischen Monopolen und organisierter Forschung war ein wechselseitiges. Während die Bildung der Monopole einerseits eine höhere Konzentration der Forschungstätigkeit ermöglichte, trug die Entwicklung der Wissenschaft im allgemeinen und der Forschung im besonderen andererseits selbst zur Bildung von Monopolen bei, „da sie ebenfalls große Kapitalinvestitionen notwendig machte. Die in der Hauptsache oder ganz auf der Wissenschaft basierenden Industriezweige, wie die chemische und die Elektroindustrie, trugen von Anfang an monopolistischen Charakter"[2]. Die Verbindung von Forschung und Monopolen war also dort am engsten, wo wissenschaftliche Forschungsergebnisse unmittelbar in der Produktion wirksam wurden.

Die Stellung der Berliner Akademie in dem sich herausbildenden imperialistischen Forschungsgefüge wurde nachhaltig durch die Tatsache bestimmt, daß sie wie im 19. Jh. vor allem eine Versammlung bedeutender Gelehrter blieb. Die Konzentration hervorragender Einzelforscher und selbst der Übergang zu einer intensivierten Gemeinschaftsarbeit in den akademischen Unternehmen machten die Akademie noch nicht zu einer Forschungsinstitution. Die Bedeutung der Akademie ergab sich zum großen Teil aus den Möglichkeiten, die die Beratungen in den Klassen und im Plenum sowie wissenschaftliche Publikationen boten, sie resultierte dagegen nicht in erster Linie aus ihrer Forschungsarbeit im engeren Sinne, die auf entscheidenden naturwissenschaftlich-technischen Gebieten wegen des Mangels der entsprechenden Voraussetzungen recht gering war. Sie beruhte vorwiegend auf dem Ansehen und dem Einfluß ihrer Einzelmitglieder, die durch ihre an anderen Institutionen erarbeiteten Forschungsergebnisse zur Entwicklung in den Natur- und Gesellschafts-

---

[1] Vgl. Wissenschaft im Klassenkampf, Berlin 1968, S. 40ff.

[2] J. D. Bernal, Die Wissenschaft in der Geschichte, 3. bearb. Aufl., Berlin 1967, S. 445.

wissenschaften beitrugen. In den vielfältigen Diskussions- und Rezeptionsprozeß dieser Ergebnisse war die Akademie eingegliedert, woraus sich ihre Stellung im Wissenschaftsgefüge zu einem nicht geringen Teil ableiten läßt. Erkenntnisfördernde und ideologiebildende Faktoren waren im Wirken der Akademie eng miteinander verflochten. In einigen Bereichen, insbesondere in den Gesellschaftswissenschaften und bei der Systematisierung und Beratung naturwissenschaftlicher Forschungsergebnisse, hatte die Akademie Leistungen vorzuweisen, die sie vor anderen Institutionen auszeichneten.

Die Berliner Akademie war eine Institution in Preußen, dem größten Bundesstaat des Deutschen Reiches. In diesem imperialistischen Staat traten sich die beiden Hauptklassen der kapitalistischen Gesellschaft, das Proletariat und die Bourgeoisie, seit der Jahrhundertwende in verschärfter Konfrontation gegenüber.[3]

Die deutsche Arbeiterklasse verfügte über eine festorganisierte Partei, sie war im Klassenkampf geschult und sie kämpfte gegen die imperialistische Rüstungs- und Weltmachtpolitik, gegen Ausbeutung und politische Entrechtung, gegen Reaktion und Kriegsvorbereitung. Deutschland war zu dieser Zeit jedoch nicht mehr das Zentrum der internationalen Arbeiterbewegung. Dieses hatte sich seit dem Übergang zum Imperialismus nach Rußland verlagert, wo unter den neuen Kampfbedingungen von 1905 bis 1907 die bürgerlich-demokratische Revolution stattfand, die die erste Volksrevolution in der Epoche des Imperialismus und überhaupt die erste Revolution der Weltgeschichte war, „in der die marxistische Partei der Arbeiterklasse als eine selbständige politische Kraft mit einem eigenen Programm, einer eigenen Strategie und Taktik aufgetreten ist“[4]. In Rußland hatte W. I. Lenin die erste Partei neuen Typus und damit auch die subjektiven Voraussetzungen für den kommenden Sieg der Arbeiterklasse über die Bourgeoisie geschaffen. Trotz großer Erfolge im Klassenkampf zeigte sich die Führung der Partei der deutschen Arbeiterklasse demgegenüber nicht fähig, aus den veränderten Kampfbedingungen unter dem Imperialismus richtige Schlußfolgerungen zu ziehen. In der deutschen Partei gewann der Opportunismus die Oberhand. „Das Wesentliche am Opportunismus ist die Idee der Zusammenarbeit der Klassen“[5], die bei den Vertretern des Revisionismus und des Zentrismus in der deutschen Arbeiterbewegung an die Stelle des Klassenkampfes trat. Die Bedeutung der Linken, die die wahren Interessen der Arbeiterklasse vertraten, wuchs unter dem Einfluß der russischen Revolution[6] ständig. Doch in der Führung der Sozialdemokratischen Partei

[3] Vgl. auch zum Folgenden: Klassenkampf, Tradition, Sozialismus, a. a. O., S. 309ff; weiterhin: F. Klein, Deutschland 1897/98—1917. Berlin [3]1969.

[4] Geschichte der KPdSU, Berlin 1971, S. 141.

[5] W. I. Lenin, Werke, Bd. 21, S. 237.

[6] Vgl. Die Auswirkungen der ersten russischen Revolution von 1905 bis 1907 auf Deutschland. Hg. v. L. Stern (= Archivalische Forschungen zur Geschichte der deutschen Arbeiterbewegung, Bd. II, 1,2), Berlin 1954, 1956; Die russische Revolution von 1905 bis 1906 im Spiegel der deutschen Presse. Hg. v. L. Stern (= ebd., Bd. II, 3), Berlin 1961; Despotie in der Karikatur. Die russische Revolution 1905 bis 1907 im Spiegel der deut-

Deutschlands errangen Revisionisten und Zentristen zunehmend und ab etwa 1910 durchgehend entscheidende Positionen. Darin zeigte sich das Eindringen der bürgerlichen Ideologie in die Arbeiterbewegung. Schon sehr früh setzte ein Teil der bürgerlichen Ideologen seine Hoffnungen auf diese beiden Strömungen der Arbeiterbewegung, vor allem aber auf den Revisionismus. So unterschied das Akademiemitglied G. Schmoller schon 1903 in einem Vortrag vor der Akademie die „Maßvolleren" — „der einigermaßen vernünftig gewordene Radikalismus, der rechte Flügel der Sozialdemokratie" — und „die gewaltsame Umsturzbewegung"[7].

Gegen diese „wohlwollenden Ideologen der Bourgeoisie" — wie sie F. Mehring ironisch nannte —, gegen die Schmoller, Delbrück, Sombart und manche andere, die daran arbeiteten, „das Klassenbewußtsein der Arbeiter abzuschwächen und der modernen Arbeiterbewegung die Spitzen abzubrechen, die der Bourgeoisie wehe tun könnten"[8], haben nur die deutschen Marxisten, so A. Bebel, K. Liebknecht, R. Luxemburg, F. Mehring und C. Zetkin, nach 1900 einen energischen Kampf geführt. Von vielen führenden deutschen Sozialdemokraten wurde dagegen die Ideologie als ein wichtiges Feld des Klassenkampfes des Proletariats gegen die Bourgeoisie unbeachtet gelassen. Eine organisatorische Trennung der Marxisten von den Revisionisten erfolgte noch nicht.

Der politische und ideologische Hauptgegener der deutschen Arbeiterklasse war die imperialistische Bourgeoisie, die im Bündnis mit den Junkern in Deutschland herrschte. Nach innen und außen drängte der deutsche Imperialismus, für den die von Lenin erarbeiteten Hauptmerkmale des Imperialismus besonders kennzeichnend waren[9], auf eine Festigung und Ausweitung seiner Macht. Verschärfter Kampf gegen die sozialistische Arbeiterbewegung[10] und Übergang zur „Weltpolitik" um die Jahrhundertwende spiegelten das wider. Die besondere Aggressivität des deutschen Imperialismus hatte vor allem zwei Ursachen. Erstens bewirkte die ungleichmäßige ökonomische und politische Entwicklung des Kapitalismus in der Epoche des Imperialismus erhebliche Veränderungen des ökonomischen und politischen Kräfteverhältnisses der imperialistischen Länder. Diesem entsprach die alte Verteilung der Kolonien, der Kapitalanlage- und Einflußsphären nicht mehr. Zweitens erhob die deutsche Monopolbourgeoisie ihren Weltmachtanspruch, der auf ihrer relativen ökonomischen Stärke basierte, zu einer Zeit, als die Welt bereits aufgeteilt war; daher konnte er nur mit Gewalt gegen die anderen imperialistischen Staaten durch-

schen politischen Karikatur. Hg. v. L. Stern, Berlin 1967. Weiterhin L. Stern, Die deutsche Sozialdemokratie und die russische Revolution 1905 bis 1907. Karl-Marx-Vorlesung in der Deutschen Akademie der Wissenschaften zu Berlin am 23. Mai 1957. In: Wissenschaftliche Annalen, Jg. 6, 1957, Heft 9, S. 577—592; ders., Die zwei Traditionen in der deutschen Polenpolitik und die Revolution von 1905—1907 im Königreich Polen, Berlin 1961.

7 G. Schmoller, Klassenkämpfe und Klassenherrschaft. In: Sb 1903, S. 1113f.

8 F. Mehring, Gesammelte Schriften, Bd. 15, Berlin 1966, S. 28.

9 Vgl. F. Klein, a. a. O., S. 17ff.

10 Vgl. Geschichte der deutschen Arbeiterbewegung, Bd. 2, Berlin 1968, S. 29ff.

gesetzt werden. Zusätzlich verschärft wurde die Aggressivität des deutschen Imperialismus durch den preußisch-junkerlichen Militarismus.[11] Als entscheidend im weltpolitischen Kräfteverhältnis erwies sich der Gegensatz zwischen dem deutschen und dem englischen Imperialismus.

Mit der 1898 einsetzenden Flottenrüstung wurde eine der Hauptvoraussetzungen für die aggressive Eroberungspolitik des deutschen Imperialismus geschaffen. Ideologisch wurde diese Politik durch entsprechende Propaganda-Organisationen[12] sowie in dem speziellen Fall der Flottenrüstung auch durch einen gezielten propagandistischen Einsatz deutscher Wissenschaftler zahlreicher Fachdisziplinen abgesichert. In Erklärungen, Aufsätzen und Monographien suchten sie „wissenschaftlich" die Notwendigkeit zu „beweisen", daß Deutschland aufrüsten müßte, um sich zu „verteidigen". Unter den mehr als hundert Wissenschaftlern, die die Flottenrüstung verteidigten, befanden sich viele, die Akademiemitglieder waren oder es später geworden sind. Es waren die Historiker R. Koser, M. Lenz, E. Meyer, D. Schäfer, O. Hintze, E. Marcks und H. Oncken, die Nationalökonomen G. Schmoller und M. Sering, die Philosophen B. Erdmann und W. Wundt, der klassiche Philologe U. von Wilamowitz-Moellendorf, der Anglist A. Brandl, der Theologe A. Harnack, die Mediziner W. Waldeyer, O. Hertwig und M. Rubner sowie der Physiker W. von Bezold.[13]

Aber nicht nur einzelne Akademiemitglieder griffen als Ideologen des Imperialismus aktiv in das politische Tagesgeschehen ein, auch die Akademie als Institution gab öffentliche politische Stellungnahmen ab, die auf eine generelle Sanktionierung der imperialistischen Politik hinausliefen. Solche politischen Urteile, die der Vorsitzende Sekretar der Akademie anläßlich der öffentlichen Sitzungen zum Friedrichstag (Januar) und zum Leibniztag (Juli) namens der Akademie vorzutragen pflegte, wurden häufiger, je mehr sich die internationale Lage angesichts der Expansionspolitik des deutschen Imperialismus verschärfte und der Kampf der Volksmassen gegen den Imperialismus intensiver wurde.

Schon 1901 begrüßte die Akademie durch ihren Sekretar, den Anatomen W. Waldeyer, den Übergang des deutschen Imperialismus zur Weltpolitik und verteidigte den Kolonialismus. Er feierte die deutsche Ostexpansion des Mittelalters als Vorbild für die neuzeitliche Kolonialpolitik, da „die Ritter so gut zu kolonisieren verstanden, daß man sie heute darum beneiden möchte!" Die blutige Unterdrückung des antiimperialistischen Boxeraufstandes (Ihotuan-Aufstand) in China unter Führung der deutschen Imperialisten verniedlichte er zu einer Beteiligung „an einer der größten Begebenheit, welche die Weltgeschichte gesehen hat, an dem Aufschlusse des bisher unbeweglichsten und am meisten

---

11 Vgl. über diesen K. Liebknecht, Militarismus und Antimilitarismus. In: Gesammelte Reden und Schriften, Bd.I, Berlin 1958, S. 247—456.

12 Vgl. z.B. über den „Alldeutschen Verband" J. Kuczynski, Studien zur Geschichte des deutschen Imperialismus. Bd. II: Propagandaorganisationen des Monopolkapitals, Berlin 1950, S. 7—116.

13 Vgl. W. Marienfeld, Wissenschaft und Schlachtflottenbau in Deutschland 1897—1906, (West-)Berlin, Frankfurt/M. 1957 (Beiheft 2 der Marine-Rundschau).

versperrten Teiles von Asien, ein Aufschluß, der als kulturgeschichtliche Notwendigkeit in dem politischen Entwicklungsgange unseres Erdballs kommen mußte"[14]. Die wahren Interessen des deutschen Volkes verteidigten in dieser wie in allen anderen Fragen nur die Vertreter der Arbeiterklasse. Als „gewaltsame Verdrehung der Tatsachen" kennzeichnete im selben Jahr Karl Liebknecht diese Begründung der Chinapolitik. „Die eigentliche Absicht des Kapitalismus ist nicht, die Kultur auszubreiten, sondern auf alle mögliche Art Profit zu machen."[15] Im gleichen Sinne verwahrte sich August Bebel gegen die Chinapolitik des deutschen Imperialismus.[16]

Das Interesse der Akademie an China und an Asien überhaupt beschränkte sich freilich nicht auf Bekenntnisse zur Expansionspolitik des deutschen Imperialismus, es ergab sich auch aus der wissenschaftlichen Zielstellung, der sich die Akademie verpflichtet wußte. Seit 1901 bemühte sich die Akademie durch Gutachten um die Einsetzung eines „wissenschaftlichen Attachés" bei der deutschen Botschaft in Peking, dessen Hauptaufgabe der Erwerb ostasiatischer Kunstschätze in Konkurrenz mit dem Ausland sein sollte.[17] Aufmerksam registriert wurden Bemühungen der französischen Kolonialverwaltung um die naturwissenschaftliche Erforschung Indochinas, wobei die 1903 noch negativ beantwortete Frage nach entsprechenden Untersuchungen in den deutschen Kolonien aufgeworfen wurde.[18]

Ab 1901 war die Akademie mit den Bemühungen von Forschern aus England, Rußland, den USA und Deutschland in Turkestan konfrontiert, die in der Folge zu wichtigen Handschriftenfunden führten. In einem Gutachten von 1901 wurde ausdrücklich auf die großen Erfolge Englands und Rußlands hingewiesen, an denen die deutsche Wissenschaft nicht vorbeigehen könnte. Im Jahre 1906 häuften sich in der Akademie Berichte des deutschen Generalkonsulats in Simla im Norden Indiens über den „Wettstreit der Nationen, um chinesisch Ostturkestan gründlicher zu erforschen". Der Gegensatz zu England fand seinen Ausdruck in den mehrfachen Hinweisen auf englische Behinderungen der Reisepläne des schwedischen Asienforschers Sven Hedin, der von 1906 bis 1908 Tibet bereiste.[19]

Wenn auch nicht unmittelbar durch ihre Forschungsarbeiten, so war die Akademie doch durch solche Fragen mit der Politik dem Imperialismus konfrontiert. Das galt auch für die besonders seit 1905 versuchte politische Verständigung zwischen dem Deutschen Reich und den USA. Die USA nahmen — ausgehend vom Übergang zum Imperialismus in diesem Land — einerseits das Recht für sich in Anspruch, sich in die Weltpolitik einzumischen und vertraten daher gegenüber anderen Ländern das Prinzip der „offenen Tür". Andererseits hielten sie nach wie vor an der Monroe-Doktrin fest, die die amerikanische

14 Sb 1901, S. 56, 57.
15 K. Liebknecht, Gesammelte Reden und Schriften, a. a. O., S. 11.
16 Vgl. Deutsche Geschichte in Daten, Berlin 1967, S. 537.
17 Vgl. AAW II: VI a 1 Bd. 9, Bl. 192—196r; Bd. 11, Bl. 89—99; Bd. 13, Bl. 65.
18 Vgl. AAW II:VI a 1 Bd. 10, Bl. 201—204r.
19 AAW II:VI a 1 Bd. 12, Bl. 139—140, 153—161r.

Hemisphäre zum ausschließlichen Einflußgebiet der USA erklärt hatte. In der versuchten Annäherung des deutschen Reiches an die USA fand auch die wachsende imperialistische Rivalität zwischen Deutschland und England ihre Widerspiegelung. Unter diesem Gesichtspunkt der imperialistischen Konkurrenz, zugleich aber als Ausdruck des Interesses für die in beiden Ländern durchgeführte wissenschaftliche Arbeit müssen der Professorenaustausch zwischen den USA und dem deutschen Reich[20] und andere wissenschaftspolitische Maßnahmen gesehen werden, die auch die Akademie betrafen.

Die Anfänge solcher Bemühungen der Akademie um engere wissenschaftliche Kontakte zwischen den USA und Deutschland reichen sogar noch weiter zurück. Schon 1900 wurde der Botschafter der USA in Berlin, der Historiker und Literaturwissenschaftler A. D. White, auf Antrag von 18 Mitgliedern der philosophisch-historischen Klasse zum Ehrenmitglied gewählt. Harnack hatte die Laudatio entworfen, in der auf enge Beziehungen des Botschafters zur Akademie hingewiesen und festgestellt wurde, „daß dieser Botschafter einer großen und befreundeten Macht *die Wissenschaft* als ein festes Band und als gemeinsames Ziel der zivilisierten Völker schätzt" und „der deutschen Wissenschaft den weitesten Eingang in seinem Heimatland eröffnen hilft"[21].

Als sich Waldeyer 1905 als Sekretar der Akademie zu außenpolitischen Fragen äußerte, erwähnte er nur nebenbei den „Kampf im Fernen Osten", den russisch-japanischen Krieg. Sein Anliegen bestand dieses Mal darin, den Versuch einer engeren Zusammenarbeit des deutschen Imperialismus mit den USA zu verteidigen, wobei er sich von der Weltausstellung 1904 in Saint Louis und dem von Kaiser Wilhelm II. 1905 angeregten Professorenaustausch inspirieren ließ.

Auf der Weltausstellung in Saint Louis hatte sich die deutsche Ausstellungsleitung das Ziel gestellt, „die Organisation der wissenschaftlichen Arbeit in Deutschland in eigenartiger Weise zu veranschaulichen" durch die Vorlage möglichst umfangreicher Serienpublikationen der vier Akademien in Berlin, München, Göttingen und Leipzig. Die Vorbereitungen dafür wurden der Berliner Akademie übertragen, die zusammen mit den anderen Akademien insgesamt 58 laufende Meter Bücher ausstellte. Das Interesse war offensichtlich groß, wie Wünsche nach dem Erwerb der ausgestellten Publikationen zeigten.[22]

Der Professorenaustausch zwischen Deutschland und den USA, der 1905 begann, lag ganz auf der Linie dieser Annäherung zwischen den beiden imperialistischen Staaten. Der persönliche Anteil des Kaisers und des USA-Präsidenten an dieser Aktion, für die als erster deutscher Professor das Korrespondierende Mitglied der Berliner Akademie, der Physikochemiker Wilhelm Ostwald ausgewählt wurde, ist schon in der zeitgenössischen bürgerlichen Presse besonders

---

[20] Vgl. E. Kühnemann, Vom Professorenaustausch mit Amerika und seinen Auswirkungen. In: Aus deutscher Bildungsarbeit im Auslande, Bd. 2, Langensalza 1928, S. 499f; Internationale Wochenschrift, Bd. I, 1907, Sp. 35—40.

[21] AAW II:III b Bd. 16, Bl. 48—50.

[22] Vgl. AAW II:VI a 19 Bd. 1.

herausgestellt worden. Diese feierte Theodore Roosevelt, der in Deutschland studiert hatte und auch wissenschaftlich mit geographischen, ethnographischen und historischen Arbeiten hervorgetreten war, als einen Mann, der „mehr als jeder andere dem deutschen Wesen Verständnis und Vertrauen entgegengetragen hat"[23]. Worin dieses „Verständnis" bestand, hat Karl Liebknecht während seines Aufenthaltes in den USA im Herbst 1910 den amerikanischen Arbeitern deutlich gesagt: „Euer Roosevelt ist genau so ein hartgesottener Militarist wie der Kaiser . . . Was den Imperialismus anbelangt, so ist er ein Produkt des Kapitalismus und in Amerika ebenso stark wie in Deutschland. Die amerikanische Regierung sucht genau wie jede europäische Regierung, Kolonien zu annektieren, wenn nicht noch eifriger"[24].

Waldeyer fand also 1905 genügend Anlaß, „den Präsidenten der großen amerikanischen Republik" zu feiern, der für ihn „der klar und weit blickende, edeldenkende Führer der Union" war, denn er zeigte sich den Bündnisangeboten des deutschen Imperialismus geneigt. Deutschland und die USA verbände eine historische und natürliche Interessengemeinschaft, und das gälte auch für die wissenschaftlichen Beziehungen. Die Kritiker der imperialistischen Pläne einer deutsch-amerikanischen Annäherung waren für Waldeyer Menschen, „die an allem mäkeln müssen, und leider auch solche, deren niederem, allem Menschlichen entfremdeten Sinn nichts achtungswürdig ist"[25].

Kennzeichnenderweise trat 1909 wiederum der Sekretar Waldeyer, der zu dieser Zeit konsequenteste Verteidiger der imperialistischen Ideologie in der Leitung der Akademie, im Namen der Akademie mit einer politischen Stellungnahme hervor. Er konstatierte eine Verschärfung der internationalen Lage angesichts der wachsenden Gegensätze im imperialistischen Lager durch die Bildung der Triple-Entente und die bosnische Annexionskrise.[26] Seine Hauptaufmerksamkeit galt jedoch der Innenpolitik, in der sich die Gegensätze innerhalb des konservativ-liberalen Blocks vertieften.[27] Seine Rede zum Friedrichstag 1909, gedeckt durch die wissenschaftliche Autorität der Akademie, war ein Aufruf zur Einigkeit im Innern: „War es am Platze, so wird vielleicht einer oder der andere fragen, in den Einleitungsworten zur heutigen Feier mit dem Hinweise auf den gesteigerten Ernst der Zeiten zu beginnen und politische Fragen zu berühren? Sollte die Akademie sich nicht auf das Gebiet der Wissenschaften streng beschränken? Gewißlich! Aber wir sind auch Glieder unseres Vaterlandes, und die Akademie steht in dessen Dienst nicht minder wie jede andere Institution. Alles in einem Staate steht wie in einem Organismus in

---

[23] Vgl. T. Schiemann, Theodore Roosevelt, Präsident der Vereinigten Staaten von Amerika. In: Internationale Wochenschrift, Bd. I, 1907, Sp. 679—694. Vgl. auch T. Roosevelt, Die Weltkulturbewegung. In: Ebd., Bd. IV, 1910, Sp. 609—634. Ebd., S. 641—650, auch ein Bericht über die Roosevelt-Feier der Berliner Universität.

[24] P. S. Foner, Karl Liebknecht und die Vereinigten Staaten von Amerika. Eine dokumentarische Studie. In: Jahrbuch für Wirtschaftsgeschichte, 1968, Teil III, S. 24.

[25] Vgl. Sb 1905, S. 105—121, Zitate S. 106.

[26] Vgl. dazu F. Klein, Deutschland, a. a. O., S. 197—207.

[27] Vgl. ebd., S. 207—221.

lebendiger Wechselwirkung, muß es wenigstens, falls der Staat gesund bleiben soll; so ist eines nicht vom anderen zu scheiden. In Zeiten, wie es die heutigen sind, tut es not, daß alle enger im Gefühle patriotischer Zusammengehörigkeit sich zusammenschließen und den Parteizank verstummen lassen, tut es not, daß alle die alte Opferfreudigkeit in sich wachrufen, die in unserem Vaterlande der Zersplitterung nach politischem, religiösem und nationalem Empfinden die Waage hält, tut es not, daß alle sich um Kaiser und Reich scharen."[28] Von der durch die bürgerlichen Ideologen so hoch gepriesenen angeblichen Unabhängigkeit und Freiheit der Wissenschaft ist in diesen Worten auch nicht eine Spur zu entdecken. Bürgerliche Wissenschaft und bürgerliche Wissenschaftler werden hier von einem konsequent zu Ende denkenden reaktionären Wissenschaftspolitiker als das charakterisiert, was sie ungeachtet ihrer Leistungen für die Vertiefung und Erweiterung der wissenschaftlichen Erkenntnis gleichzeitig auch sind: integrale Bestandteile des imperialistischen Systems.

Dem von Waldeyer so nachdrücklich proklamierten Ziel eines Ausgleichs diente offensichtlich auch eine Aktion der Akademie, deren letzte Hintergründe allerdings nicht völlig überschaubar sind. Der konservativ-liberale Block war endgültig auseinander gefallen, als Reichskanzler B. Fürst von Bülow am 10. Juli 1909 durch Kaiser Wilhelm II. seinen Abschied erhalten hatte. Nur wenige Tage später, am 22. Juli 1909, teilte Harnack in der philosophisch-historischen Klasse vertraulich seine Absicht mit, den ehemaligen Kanzler Bülow als Ehrenmitglied der Akademie vorzuschlagen. Nach den Akademieferien wurde im November 1909 auch das Plenum darüber informiert, das ebenfalls keine Bedenken hatte. Die Wahl erfolgte im Januar 1910 auf der Grundlage der Laudatio Harnacks, die von dem Historiker R. Koser, dem Literaturwissenschaftler E. Schmidt und dem Volkswirtschaftler G. Schmoller mitunterzeichnet war. Auch die Sekretare H. Diels und J. Vahlen gaben ihre Unterschrift, die Harnack als „im Interesse einer glatten Wahl *sehr wünschenswert*" bezeichnet hatte. Als Grund für die vorgeschlagene Wahl wurde Bülows Förderung der Wissenschaft in seiner früheren amtlichen Stellung genannt.[29] Obwohl eine solche Wahl durchaus nicht ungewöhnlich war, verdienen die Begleitumstände Beachtung eben deshalb, weil eine vom Kaiser zu bestätigende Wahl eines von ihm selbst gerade in Ungnaden entlassenen Kanzlers zum Ehrenmitglied der Akademie, die zudem noch von einem Vertrauten Wilhelms II. ventiliert wurde, nur als eine nach außen sichtbare, gleichzeitig aber von der politischen Problematik scheinbar ablenkende, versöhnende Geste betrachtet werden kann. Dafür bot die Akademie in diesem Falle einer gespannten innerpolitischen Situation eine gute Möglichkeit, die auch schnell und wirksam genutzt wurde.

Das für eine wissenschaftliche Institution, die sich selbst als durchaus „unpolitisch" verstand, vielfach zu beobachtende starke öffentliche Engagement hatte seine Ursache in der festen Einordnung der Akademie in das imperialisti-

---

[28] Sb 1909, S. 106f.
[29] Vgl. AAW II:III b Bd. 60, Bl. 133—135.

sche Leitungs- und Lenkungsgefüge der Wissenschaftspolitik. Wie andere wissenschaftliche Einrichtungen in Preußen, vor allem die Universitäten und die staatlichen Forschungsinstitute, unterstand die Akademie organisatorisch dem Ministerium der geistlichen, Unterrichts- und Medizinalangelegenheiten.

Leiter der zuständigen Abteilung Wissenschaft und Kunst war bis 1907 der Ministerialdirektor Friedrich Althoff.[30] Als sein wichtigster Mitarbeiter und als sein Nachfolger fungierte Friedrich Schmidt-Ott, der spätere preußische Kultusminister und Präsident der Notgemeinschaft der deutschen Wissenschaft. Die Bedeutung, die die Akademie Althoff als Wissenschaftsorganisator und Vertrauensmann der Akademie in der Staatsverwaltung zuerkannte, zeigte seine Wahl zum Ehrenmitglied im Jahre 1900 anläßlich des 200. Akademie-Jubiläums mit der Begründung, daß er „jederzeit die Interessen der Akademie warm vertreten" hätte: seine Verdienste „wiegen reichlich das auf, was gegen ihn voraussichtlich eingewendet wird"[31].

Althoff hat dank seiner einflußreichen Stellung als Wissenschaftsorganisator entscheidend dazu beigetragen, Forschung und Hochschulbildung den sozialökonomischen und ideologischen Bedürfnissen der imperialistischen Bourgeoisie anzupassen. Er setzte sich für das Programm ein, das der preußische Minister der geistlichen, Unterrichts- und Medizinalangelegenheiten, Robert Bosse, 1897 verkündet hatte und das darauf hinauslief, die Interessen der Großbourgeoisie in Forschung und Lehre nachdrücklicher zu vertreten. In diesem Zusammenhang charakterisierte F. Mehring mit aller wünschenswerten Klarheit die preußisch-deutsche Wissenschaftspolitik: „Das Gesalbader von der ‚Freiheit der Wissenschaft' ... kann einem übel machen. Alle bürgerlichen Gevattern, mögen sie rechts oder links oder in der Mitte sitzen, sind darüber einig, daß jeder Vertreter des wissenschaftlichen Kommunismus, mag er sonst der ruhigste und sachlichste Forscher sein, um seiner wissenschaftlichen Überzeugung willen von den Lehrstätten der deutschen Hochschulen ferngehalten werden muß. Daß der moderne Kommunismus, wie ihn in erster Reihe Marx in seinem großen Werk über das Kapital begründet hat, eine streng wissenschaftliche Richtung ist, kann nicht bestritten werden ... Ihn dennoch von den deutschen Hochschulen ausschließen, heißt die ‚Freiheit der Wissenschaft' an deutschen Hochschulen zu vernichten. Hier gilt es einfach, der Wahrheit die Ehre zu geben, und der Kultusminister Bosse hat vor seinen bürgerlichen Gegnern entschieden die Tugend der Ehrlichkeit voraus, wenn er sich mit dem verlogenen Gerede von der ‚Freiheit der Wissenschaft' nicht lange aufhält und kurzweg erklärt, den jungen Leuten, die sich an den Brüsten der königlich-preußischen Wissenschaft nähren wollen, müsse die Heiligkeit der Profitinteressen besser eingepaukt

---

30 Vgl. über ihn A. Sachse, Friedrich Althoff und sein Werk, Berlin 1928. Weiterhin I. Goltdammer, Paul Hinneberg und die Deutsche Literaturzeitung 1880—1900. Ein Beitrag zur Wissenschaftsgeschichte in Deutschland. Phil. Diss. Berlin 1966, S. 74ff.; F. Paulsen, Friedrich Althoff. In: Internationale Wochenschrift, Bd. I, 1907, Sp. 967—978.

31 AAW II:III b Bd. 17, Bl. 62—62r, 357.

werden, als es gegenwärtig geschehe."[32] Aus diesem Geist waren die Pläne Althoffs um die Jahrhundertwende für die Gründung von Forschungsinstituten der Berliner Universität in Dahlem geboren, die wenig später bei der Schaffung der Kaiser-Wilhelm-Gesellschaft eine große Rolle spielten.[33]

Die Berliner Universität und die Akademie der Wissenschaften waren als Teile der imperialistischen Forschungsorganisation und durch eine weitgehende personelle Identität miteinander verbunden: alle Ordentlichen Akademiemitglieder gehörten als Professoren oder als „lesende Akademiemitglieder" zum Lehrkörper der Hochschule. Was Karl Liebknecht über die Wissenschaftspolitik im Hinblick auf die Universitäten sagte, galt mutatis mutandis auch für die Akademien: „Wer in Preußen etwa an die Freiheit der Wissenschaften auf den Universitäten glaubt, auf den könnte man wohl das Tertullianische Wort anwenden: credo, quia absurdum — ich glaube daran, weil es Unsinn ist. In der Tat gibt es eine weitgehende Freiheit der Wissenschaft in Preußen; aber diese Freiheit hat die Eigentümlichkeit, daß sie nur nach der rechten Seite, nach der reaktionären Seite, zu geht. Es kann in Preußen kein Wissenschaftler so reaktionär, so volksfeindlich, so gemeingefährlich in diesem Sinne des Wortes sein, daß er etwa dadurch von seiner Dozentur ausgeschlossen werden würde oder auch nur im geringsten die Freundlichkeit der Regierung einbüßen würde."[34]

Diese reaktionäre Ausrichtung der Wissenschaft war die eine wichtige Seite der imperialistischen Wissenschaftspolitik. Eine andere bestand in der Heranbildung von den Bedürfnissen der imperialistischen Gesellschaft entsprechenden Fachleuten. J. D. Bernal konnte für die Wende vom 19. zum 20. Jh. davon sprechen, daß die deutsche Wissenschaft dank der großen Zahl der Universitäten, der technischen Hochschulen, der Zeitschriften und der Handbücher mehr und mehr die wissenschaftliche Welt zu beherrschen begann und daß die deutschen Professoren eine Art wissenschaftliches Imperium errichteten. Zugleich wurde von ihm festgestellt, daß die notorische Ergebenheit der deutschen Wissenschaftler für das Bündnis von Militarismus und Großindustrie bereits auf das folgende Stadium in der Entwicklung der Wissenschaft hindeutete, der Verwendung der Wissenschaft im Dienste des imperialistischen Staates, vornehmlich für militärische Zwecke.[35] Mit vollem Recht hat daher Mehring schon 1903 betont, „daß, soweit von idealen Gütern der Nation wirklich gesprochen werden kann, soweit es sich nicht um die idealistisch verklärte Profitmacherei, sondern um Kunst und Wissenschaft handelt, diese Güter heute keine treueren, keine zuverlässigeren Beschützer haben als das klassenbewußte Proletariat."[36]

Die Akademie konnte ohne die Universitäten nicht existieren, denn letztere schufen durch die Ausbildung von Wissenschaftlern eine wesentliche Voraus-

---

[32] F. Mehring, Gesammelte Schriften, Bd. 14, Berlin 1964, S. 181f.

[33] Vgl. die Aktenpublikation: „Althoffs Pläne für Dahlem". In: Idee und Wirklichkeit einer Universität, (West-)Berlin 1960, S. 483—524.

[34] K. Liebknecht, Gesammelte Reden und Schriften, Bd. III, Berlin 1960, S. 211.

[35] Vgl. J. D. Bernal, a. a. O., S. 367, auch S. 818ff.

[36] F. Mehring, a. a. O., Bd. 14, S. 566.

setzung für die Forschung und boten den Akademiemitgliedern zugleich Forschungsmöglichkeiten. Obwohl sich die Relation von Forschung und Lehre an den imperialistischen höheren Bildungsstätten in Richtung auf ein Übergewicht der Lehre zu verschieben begann, war die Forschungskapazität der Universitäten nach wie vor nicht gering. Aus dem gleichzeitigen Wirken eines Wissenschaftlers an der Akademie und an der Universität in Berlin ergab sich eine Art Arbeitsteilung: Der Universitätsprofessor, der forschte und lehrte, konnte als Akademiemitglied über seine Forschungsergebnisse berichten, wobei er in beiden Funktionen auf die Entwicklung der Wissenschaft und ihre Integration in das bestehende Gesellschaftssystem einzuwirken vermochte. Die Akademiemitglieder beeinflußten als Universitätsprofessoren die Berufungspolitik der Universität unter dem Gesichtspunkt, ob der auf einen Lehrstuhl Berufene für die Wahl zum Akademiemitglied in Frage kam. Die einheitliche sozialökonomische Grundlage für die Entwicklung der Wissenschaft in beiden Institutionen und deren enge personelle Verflechtung bedingten, daß es um die sogenannte Freiheit der Wissenschaft an der Akademie nicht anders bestellt sein konnte als an den Universitäten. Beide waren Bestandteil des imperialistischen Wissenschaftsgefüges.

Vom ausgehenden 19. Jahrhundert bis zum Ende des ersten Weltkrieges arbeitete die Berliner Akademie weiterhin auf der Grundlage des Statuts von 1881.[37] Es bestanden nach wie vor zwei Klassen, die philosophisch-historische und die physikalisch-mathematische.

Der Schwerpunkt der akademischen Arbeit lag noch immer in den Klassen und im Plenum, in denen Forschungsergebnisse vorgetragen und wissenschaftspolitische Probleme beraten wurden. Die Tendenz, im Rahmen der Akademie durch die akademischen Unternehmungen verstärkt Forschungen zu betreiben, ist allerdings unverkennbar. Durchgreifende Änderungen konnten aber in dieser Richtung nicht erzielt werden, weil sie die grundlegende Umgestaltung der Akademie aus einer Gelehrtenversammlung, die sie in erster Linie war, zu einer entsprechend dotierten Forschungsinstitution mit einer größeren Zahl von Forschungseinrichtungen vorausgesetzt hätte.

Die wenigen Neuerungen an der Akademie änderten ihre bestehende Organisationsform nicht. Die Zahl der Mitglieder wurde mehrmals erhöht, so anläßlich des 200. Jubiläums der Akademie im Jahre 1900 die Zahl der Ordentlichen Mitglieder in jeder der beiden Klassen von 27 auf 30. Im Jahr 1906 wurden in jeder Klasse zwei weitere Stellen geschaffen, so daß sich die Gesamtzahl der Ordentlichen Mitglieder auf 64 erhöhte.

In sehr begrenztem Maße wurde unabdingbaren wissenschaftlichen Bedürfnissen an der Akademie dadurch Rechnung getragen, daß am 4. April 1900 vier wissenschaftliche Beamtenstellen für die größeren Unternehmungen der Akademie geschaffen wurden. Dadurch war eine kontinuierlichere Arbeit in diesen

---

37 Vgl. den Abdruck dieses Statuts bei A. Harnack, Geschichte der K. Preußischen Akademie der Wissenschaften zu Berlin, Bd. 2, S. 625ff.

Unternehmen jetzt möglich.[38] Bis 1910 kam es allmählich zur Erhöhung der wissenschaftlichen Beamtenstellen auf zehn einschließlich des Bibliothekars und Archivars. Ursprünglich hatte die Akademie schon 1899 insgesamt 16 Stellen für festangestellte wissenschaftliche Mitarbeiter beantragt, und zwar zehn für die Unternehmen der philosophisch-historischen und sechs für die Unternehmen der physikalisch-mathematischen Klasse.

Die Finanzierung der Forschungen an der Akademie erfolgte auch in dieser Etappe ihrer Entwicklung über den Staatshaushalt Preußens. Gegenüber dem ausgehenden 19. Jh. erhöhte sich der Akademie-Etat bis 1913 von etwa 200000 auf etwa 360000 Mark[39], von denen die Gehälter der Klassensekretare, der Akademiemitglieder und der wissenschaftlichen Beamten sowie die wissenschaftlichen Unternehmungen bezahlt werden mußten, soweit dazu nicht Sonderzuwendungen seitens der Regierung oder Stiftungsmittel zur Verfügung standen. Die Ausgaben der Akademie aus dem Etat für wissenschaftliche Zwecke betrugen etwa 80000 bis 90000 Mark.[40]

Die Zahl der Stiftungen wurde erweitert, wobei gleichzeitig die schon genannten weiter existierten. Seit 1904 bestand die Theodor-Mommsen-Stiftung[41], seit 1908 die Hermann-Vogel-Stiftung, durch die Medaillen für astrophysikalische Forschungen verliehen werden sollten.[42] Durch die Karl-Güttler-Stiftung von 1907 sollten wissenschaftliche Reisen zu Natur- und Kunststudien und zu Archivforschungen sowie Editionen unterstützt werden.[43] Anläßlich der Akademie-Feier im Jahre 1900 war die Akademische Jubiläums-Stiftung der Stadt Berlin ins Leben gerufen worden, aus der alle vier Jahre — erstmals 1904 — 14000 Mark zur Verfügung standen.[44]

Das Stiftungswesen ist eine Form der Wissenschaftsförderung unter dem Kapitalismus. Es dient der Sicherung des Einflusses der herrschenden Klasse auf die wissenschaftliche Forschung. Subjektive Beweggründe von Wissenschaftsförderern, die sowohl vom Streben nach persönlichem Ansehen als auch von durchaus achtbaren Bemühungen um die Forschung bestimmt sein können und denen die Wissenschaft unter Umständen viel zu verdanken hat, verhüllen

---

[38] Bis 1898 gab es nur einen hauptamtlich beschäftigten Wissenschaftler an der Akademie, den Archivar; seit diesem Zeitpunkt nannte er sich Bibliothekar und Archivar. Die Funktion hatte von 1898 bis 1918 Otto Köhnke inne. Über die Beamten der Akademie vgl. E. Amburger (Hrsg), Die Mitglieder der deutschen Akademie der Wissenschaften zu Berlin 1700—1950, Berlin 1950.

[39] Vgl. K. Griewank, Staat und Wissenschaft im Deutschen Reich, Freiburg/B. 1927, S. 111.

[40] Im Jahre 1900 wurden beispielsweise für 49 Forschungsaufgaben ungefähr 87000 Mark ausgeworfen, davon 45000 für 25 naturwissenschaftliche Aufgaben. Im Jahre 1910 wurden nur knapp 78000 Mark bewilligt, davon 49000 Mark für 20 gesellschaftswissenschaftliche und 29000 Mark für 22 naturwissenschaftliche Forschungsaufgaben. Vgl. Abhandlungen d. Akad. d. Wiss., entsprechende Jahrgänge.

[41] Vgl. Sb 1904, S. 617f, 641—644.

[42] Vgl. Sb 1908, S. 1024f.

[43] Vgl. Sb 1907, S. 494f.

[44] Vorsitzende des Kuratoriums der Stiftung waren bis 1908 Waldeyer, von 1909 bis 1913 Diels und ab 1913 Planck.

vielfach das Wesen solchen kapitalistischen Mäzenatentums. Vor dem ersten Weltkrieg beschränkte sich das Stiftungswesen im Hinblick auf die Akademie noch weitgehend darauf, daß einzelne Geldgeber bestimmte personengebundene Forschungsarbeiten finanziell unterstützten. Zu einem einheitlichen System der Wissenschaftsförderung wurde das Stiftungswesen im Interesse der Integration der Wissenschaft in die imperialistische Ordnung erst nach dem Beginn der allgemeinen Krise des Kapitalismus ausgebaut.[45]

Für wie bedeutsam die Akademie solche Spenden hielt, zeigte ihre allergische Reaktion, als der Reichstag 1906 die Besteuerung von Förderungsmitteln für wissenschaftliche Zwecke beschloß. Unmittelbar vor der Entscheidung machte die Berliner Akademie nach Rücksprache mit den Akademien in Göttingen und München eine Eingabe an den Reichstag, in der sie auf die Nachteile einer solchen Besteuerung für die Forschung hinwies, die von Spenden abhängig wäre, und in der sie das Beispiel der USA anführte, wo solche Spenden sogar noch gefördert würden. Die Petition blieb ohne Ergebnis.[46]

Eine wichtige Aufgabe der Akademie war ihre Gutachtertätigkeit für das vorgeordnete Ministerium. Dadurch beeinflußte sie wissenschaftspolitische Entscheidungen des imperialistischen Staates. Da für die Erarbeitung der entsprechenden Stellungnahmen der Akademie in der Regel besondere Kommissionen aus Ordentlichen Akademiemitgliedern eingesetzt wurden, vermitteln die Protokolle dieser Beratungen oft selbst dann wichtige Einblicke, wenn der Anlaß relativ unbedeutend war.

Verschiedentlich äußerte sich die Akademie darüber, ob editorische Unternehmen vom Staat oder von ihr selbst unterstützt werden sollten. Das betraf beispielsweise das „Biographische Jahrbuch und deutscher Nekrolog" von A. Bettelheim[47], das „Allgemeine Lexikon der bildenden Künstler von der Antike bis zur Gegenwart" von U. Thieme und F. Becker[48], die Edition deutscher Volksmärchen durch W. Wisser[49], eine Sammlung deutscher Volkslieder[50] und die Bearbeitung der Geschichte der deutschen Reichskreisverfassung durch R. Fester.[51]

Im Rahmen dieser Gutachtertätigkeit wurde die Akademie 1909 auch mit der Rassenideologie und dem Antisemitismus konfrontiert, die sich der Protektion des kaiserlichen Hauses erfreuten. So setzte sich der Kronprinz 1910 vor der Königsberger Universität für die „gesunde völkische Eigenart" ein und

---

45 Vgl. G. Wendel, Zur gesellschaftlichen Stellung und Funktion der Kaiser-Wilhelm-Gesellschaft zur Förderung der Wissenschaften e. V., dargestellt anhand ihrer Gründungsgeschichte und Entwicklung bis zum 1. Weltkrieg (1911—1914). Phil. Diss. Leipzig 1964, S. 41—51.

46 Vgl. AAW II:VIa 1 Bd. 12, Bl. 90—100.

47 Vgl. AAW II:VIa 1 Bd. 10, Bl. 1—9r.

48 Vgl. ebd., Bl. 28—41.

49 Vgl. AAW II:VIa 1 Bd. 12, Bl. 343—349; Bd. 13, Bl. 116—118r; Bd. 14, Bl. 7.

50 Vgl. AAW II:VIa 1 Bd. 13, Bl. 218—223r.

51 Vgl. AAW II:VIa 1 Bd. 12, Bl. 257—274; Bd. 13, Bl. 57—60r, 70.

verurteilte die „internationalisierenden Bestrebungen"[52]. Kaiser Wilhelm II. selbst förderte die Gobineau-Vereinigung, die unter der Leitung von L. Schemann die Werke des Rassenideologen edieren wollte und zu diesem Zweck 10000 Mark erbat. Die Gutachter der Akademie waren ihre Mitglieder M. Lenz, E. Meyer und W. Waldeyer. Meyer rechnete das Werk Gobineaus ebenso wie das seines Nachfolgers Chamberlain „unter alle möglichen dilettantischen Phantasien". Für Lenz war der wissenschaftliche Wert der Arbeiten von Gobineau „gleich Null, oder weniger als das". Er schrieb: „Eine Unterstützung des Unternehmens würde die Verwirrung, den diese Rassentheoretiker bereits in unklaren Köpfen angerichtet haben, nur vermehren". Als einziger machte der Anatom W. Waldeyer einen offensichtlichen Unterschied zwischen Gobineaus „Rassenkunde" („Essai sur l'inégalité des races humaines", 4 Bände, 1853—1855), für deren Edition es überhaupt keinen Grund gäbe, und der „Renaissance" („La Renaissance", 1877), die eine anerkennenswerte künstlerische Leistung wäre. Sicher ist bei dieser in Nuancen unterschiedlichen Stellungnahme der Akademiemitglieder zu beachten, daß sich Meyer und Lenz intern äußerten, während Waldeyer den offiziellen ablehnenden Bescheid der Akademie an das Ministerium zu formulieren hatte.[53]

Die Einstellung der Akademie zur pseudowissenschaftlichen Rassentheorie korrespondiert durchaus mit einer öffentlichen Stellungnahme von H. Diels als Vorsitzendem Sekretar der Akademie im Jahre 1902, in der er sich namens der Akademie gegen die Anschauungen von F. Nietzsche verwahrte[54], der zwar kein Rassist, aber ein extremer Vertreter der imperialistischen Machtideologie war. Die mehrfache Konfrontation der Akademie mit Auffassungen, die mit dem von der Mehrheit der Akademiemitglieder vertretenen bürgerlichen Wissenschaftsbegriff nicht übereinstimmten, während eines einzigen Jahrzehnts beleuchtet schlaglichtartig den Einfluß, den derartige Anschauungen im Imperialismus gewannen. Sie zeigt aber auch, daß die Akademie als Institution in dieser Frage zu Zugeständnissen nicht bereit war, ungeachtet aller persönlich bedingten Unterschiede im einzelnen. Das bestätigte auch eine die Rassentheorie betreffende Eingabe von 1906.

Der Soziologe und Anhänger des Revisionismus Ludwig Woltmann, der in seinen Werken „Die Darwinsche Theorie und der Sozialismus" (1899) und „Der historische Materialismus. Darstellung und Kritik der marxistischen Weltanschauung" (1900) Sozialismus und Neodarwinismus sowie dialektischen Materialismus und Kant'sche Philosophie versöhnen wollte, sandte 1906 seine rassistischen Werke „Die Germanen und die Renaissance in Italien" (1905) und „Die Germanen in Frankreich" (1906) an die Akademie mit der Bitte um finanzielle Unterstützung für seine weiteren geplanten Arbeiten. Kennzeichnend sind hierbei zwei Tatsachen: das Absinken des revisionistischen Ideologen

---

[52] Vgl. F. Mehring, a. a. O., Bd. 15, S. 507, 509.
[53] Vgl. AAW II: VIa 1 Bd. 13, Bl. 172—176r.
[54] Vgl. Sb 1902, S. 35ff.

infolge seines Idealismus und Biologismus auf die Position der Rassentheorie und dessen Schweigen über seine „sozialistischen" Arbeiten, die er der Akademie offensichtlich nicht empfehlen wollte.

Zu den beiden Werken Woltmanns über die Germanen haben sich immerhin sechs Akademiemitglieder schriftlich geäußert. Für den Germanisten R. Roethe, der Blondheit und Körpergröße als wissenschaftliche Kategorien zwar ablehnte, war „gewiß ein wahrer Kern" in diesen Machwerken enthalten, da die romanische Forschung die germanischen Elemente in ihrer Entwicklung negiert hätte. Er lehnte die Arbeiten Woltmanns nicht ausdrücklich ab, sondern warf ihnen vor, sie seien „doch gar zu naiv". Der Romanist A. Tobler bestätigte Woltmann zwar allerlei Kenntnisse, aber auch Unwissenschaftlichkeit. Der Anatom W. Waldeyer begrüßte die Heranziehung der Anthropologie und der Ethnologie für die Geschichtsforschung, lehnte aber die Schlußfolgerung von der körperlichen Beschaffenheit auf die Rasse ab. Für die Unterstützung war er „nicht unbedingt". K. Burdach als Kenner der spätmittelalterlichen und frühbürgerlichen Geschichte des Denkens verwarf „diese Plädoyers eines blinden Chauvinismus und einer phantastischen Übertragung vermeintlicher biologisch-anthropologischer Methode und Erkenntnis auf die Geschichtsforschung", warnte aber gleichzeitig vor Unterschätzung: „Allerdings dürfen sie, einer Modeströmung folgend, die durch glänzend geschriebene Schriften geistreicher Halbgelehrter wie Chamberlain genährt ist, in dem leider immer wachsenden Kreise derer auf Beifall rechnen", die ohne Kritik und Quellenkenntnis historische Probleme lösen wollten. Aber auch Burdach glaubte, durch die Forschungen Woltmanns wäre ein „großes, bedeutungsvolles Problem angerührt" worden. Der Germanist E. Schmidt lehnte finanzielle Mittel der Akademie für „diese von Gobineau und Chamberlain ... angeregte und zur fixen Idee gewordene ‚Forschung'" vor allem unter außenpolitischen Gesichtspunkten ab: „Es wäre auch eine Herausforderung der anderen Nationen." Mit den Worten „dieser blutige Dilettantismus" charakterisierte H. Diels die Arbeiten Woltmanns. Auf die Wichtigkeit des Urteils des alldeutschen Historikers D. Schäfer hatte Burdach hingewiesen, doch warnte Roethe im Anschluß an die Stellungnahmen seiner Kollegen jetzt „dringend" vor einer Unterstützung, und zwar unabhängig von der Meinungsäußerung Schäfers, die die Sache nicht ändern würde. Da Woltmann im Januar 1907 starb, wurde die Angelegenheit nicht weiter verfolgt.[55]

Diese Äußerungen charakterisieren eindrucksvoll eine Affinität bürgerlicher Gelehrter der Akademie für die Rassentheorie in ihrer vorfaschistischen Form, die nicht konsequent als pseudowissenschaftlich zurückgewiesen wurde, weil sie im Prinzip der nationalistischen Grundhaltung vieler bürgerlicher Gelehrter entsprach. Als erfahrene Ideologen des deutschen Imperialismus erkannten diese Wissenschaftler jedoch, daß eine „gar zu naive" Propagierung der Blondheit und der blauen Augen zwar „ehrlicher, aber ganz dilettantischer Übereifer" wäre, wie E. Schmidt formulierte.

---

[55] Vgl. AAW II:VI a 1 Bd. 12, Bl. 192—197.

Mehrfach beschäftigte sich die Akademie im Auftrage des Ministeriums 1901/02 mit der Gesellschaft für deutsche Erziehungs- und Schulgeschichte[56], deren Tätigkeit sie in Absprache mit den Akademien in München und Leipzig durch Mitarbeit von Akademiemitgliedern in einem wissenschaftlichen Beirat zu unterstützen sich bereit erklärte.[57] Diese Bestrebungen müssen im Zusammenhang gesehen werden mit den 1900 erfolgten Reformen des höheren Schulwesens, durch die die Gleichberechtigung der drei höheren Schularten in Preußen — Gymnasium, Realgymnasium und Oberrealschule — durchgesetzt und somit Voraussetzungen für eine angesichts der wissenschaftlichen Entwicklung erforderliche angemessenere Berücksichtigung der „Realia" gegenüber den „Humaniora" geschaffen wurden. Mit dieser Schulreform wurden günstigere Bedingungen für eine bessere quantitative und qualitative Vermittlung wissenschaftlicher Kenntnisse gerade auf den naturwissenschaftlich-technischen Gebieten erstrebt, die für die Umwandlung der Wissenschaft in eine Produktivkraft unter den einschränkenden sozialökonomischen Bedingungen des Kapitalismus und seines Bildungsmonopols von Bedeutung waren.[58]

Im naturwissenschaftlichen Bereich der Forschung wurde die Akademie bei wissenschaftspolitischen Grundsatzfragen von den Staatsorganen ebenfalls konsultiert, oder sie regte solche Entscheidungen in Einzelfällen sogar an. Das galt beispielsweise für die sich über mehrere Jahre erstreckenden Bemühungen der Akademie um den Schutz der Anthropoiden in den deutschen westafrikanischen Kolonien für wissenschaftliche Zwecke.[59] Gutachtlich positiv äußerte sich die Akademie nach Beratungen ihrer Fachvertreter F. Freiherr von Richthofen, W. Branco, R. Helmert und W. von Bezold zur Organisation der seismischen Forschungen im Anschluß an die Hauptstation für Erdbebenforschung in Straßburg/E., die seit der Jahrhundertwende über das Deutsche Reich hinaus international organisiert werden sollte.[60] Ebenfalls positiv stellte sich die Akademie zu einem Gutachten über die Ergebnisse der von Belgien, Deutschland, Dänemark, Großbritannien, den Niederlanden, Norwegen, Rußland und Schweden international betriebenen Meeresforschung, für deren Fortführung sie sich einsetzte.[61]

Im Zusammenhang mit der intensiven Erforschung der Radioaktivität und der Gründung eines Radiuminstituts in Wien gutachtete die Akademie 1909 über einen Bericht des Kaiserlichen Gesundheitsamtes über die Förderung der Radiumforschung. Der Bericht forderte das Eingreifen der Reichsregierung in

[56] Über diese 1890 von Karl Kehrbach gegründete Gesellschaft vgl. Geschichte der Erziehung, 7. verb. Aufl., Berlin 1966, S. 22f.

[57] AAW II:VI a 1 Bd. 9, Bl. 167—177r; Bd. 10, Bl. 62—153r.

[58] Vgl. H. Steiner, Der sozialökonomische Charakter der Vergesellschaftung der Wissenschaft als theoretische und methodologische Grundlage für ihre wissenschaftstheoretische Analyse. In: Deutsche Zeitschrift für Philosophie, Jg. 19 (1971), H. 12, S. 1481f.

[59] Vgl. AAW II:VI a 1 Bd. 12, Bl. 230—231; Bd. 13, Bl. 1—6r, 94—95r, 204—211; Bd. 14, Bl. 73—94r.

[60] AAW II:VI a 1 Bd. 9, Bl. 59—72; Bd. 10, Bl. 180—200.

[61] Vgl. AAW II:VI a 1 Bd. 12, Bl. 43—50.

die Radiumgewinnung, da Deutschland, obwohl es an der physikalischen, chemischen und medizinischen Untersuchung radioaktiver Stoffe hervorragend beteiligt gewesen wäre, bei der Verteilung des in Österreich vorhandenen Radiums leer ausgegangen wäre. Deshalb verlangte der Bericht Regelungen, die der Verbreitung in Deutschland gewonnenen Radiums Einhalt gebieten, denn nur durch gerechte Verteilung des für die Forschung notwendigen Radiums könnte verhindert werden, daß eine geschäftsmäßige Ausbeutung erfolgte. Ein eigenes Institut für Radiumforschung wurde nicht für erforderlich gehalten, da vorerst das Gesundheitsamt, die Physikalisch-technische Reichsanstalt sowie die medizinischen, physikalischen und chemischen Universitätsinstitute ausreichend wären.

Dieser Bericht wurde in der physikalisch-mathematischen Klasse der Akademie eingehend beraten, wobei sich insbesondere der Chemiker E. Fischer, die Physiker W. Nernst und H. Rubens und die Mediziner M. Rubner und W. Waldeyer beteiligten. Auf Vorschlag von Nernst wurde eine Kommission gebildet, der er selbst, Fischer, Rubens, Rubner und der Mineraloge T. Liebisch angehörten. Diese Kommission empfahl zunächst die Erforschung der Radiumvorkommen in Deutschland durch die Radiumforscher W. Marckwald und O. Hahn, um festzustellen, ob die gewonnene Quantität eine besondere Regelung lohnen würde. Für ein besonderes Radiuminstitut setzten sich auch die Kommissionsmitglieder nicht ein. Entsprechend wurde an das Ministerium berichtet.[62]

In einem weiteren Gutachten trat die Akademie dafür ein, daß sie selbst Eigentümer deutscher Radiumvorräte würde, die notwendigen Mittel für deren Erwerb durch Spenden aufgebracht würden und Forscher leihweise von der Akademie Radium erhalten könnten.[63] Diesem zaghaften Versuch, eine einflußreiche Stellung der Akademie auf einem neuen Forschungsgebiet zu sichern, war kein Erfolg beschieden.

Ebenfalls ohne Ergebnis blieb zunächst der Versuch der Akademie von 1905, die Voraussetzungen für die astronomische Forschung durch die Errichtung einer Hauptsternwarte zu verbessern. Deutschland und seine Gelehrten wären auf Grund der günstigen Forschungssituation in Potsdam bisher führend auf dem Gebiet der Astronomie gewesen, als deren Aufgabe die Akademie „die Erforschung des räumlichen Aufbaues des Weltsystems und der sein Bestehen beherrschenden Gesetze" formulierte. Die beste Sternwarte in Deutschland wäre die Straßburger, die nach Anlage und Ausstattung allerdings nur zweitrangig, als wissenschaftliche Forschungsstätte sogar nur drittrangig wäre. Ebenfalls drittrangig wären von den preußischen Sternwarten die in Berlin, Königsberg und Bonn, während Göttingen und Kiel nur einen vierten Rang beanspruchen könnten. Alle wären zudem vorwiegend Unterrichts-Institute, die außerdem durch ihre Lage innerhalb der Städte in ihrer Arbeit behin-

---

[62] Vgl. AAW II:VI a 1 Bd. 13, Bl. 89–89r.
[63] Vgl. AAW II:VI a 1 Bd. 13, Bl. 182–192, 227–229; Bd. 14, Bl. 101–110.

dert würden. Angesichts dieser Situation müßten Forschungsergebnisse von Greenwich, Paris, Pulkovo und Washington übernommen werden. Es wäre dringend erforderlich, daß Deutschland eine Hauptsternwarte erhielte wie England und Frankreich schon im 17. Jh. und Rußland und die USA im 19. Jh. Eine solche „günstig gelegene, mit besten Hilfsmitteln für alle Zwecke der Messung und Ortsbestimmung am Himmel ausgerüstete und mit ausreichendem Material versehene Sternwarte" für die reine Forschungsarbeit könnte für Deutschland nur Preußen schaffen.[64]

Die Akademie stellte sich hinter diese Eingabe ihrer Mitglieder Auwers und Struve. Die Sternwarte in Berlin, die zu dieser Zeit Struve leitete, war allerdings keineswegs so unbedeutend, wie es nach der Eingabe scheinen mochte. Nach dem Tode von J. F. Encke war die Sternwarte 1865 endgültig von der Akademie getrennt worden. Damals wurde Auwers Astronom der Akademie, und Wilhelm Förster übernahm die Leitung der Sternwarte, die er 1903 an Struve abgab. Die Sternwarte in Berlin hatte unter Förster durchaus positive Arbeitsergebnisse vorzuweisen, wenn auch das Potsdamer Astrophysikalische Observatorium mehr leistete. Zwischen Förster, der nicht Akademiemitglied war, und Auwers bestand ein gespanntes Verhältnis. Dadurch war das negative Urteil in der Eingabe von Auwers sicher mitgeprägt, obwohl die mitten in der Stadt gelegene Berliner Sternwarte wegen der zunehmenden Bautätigkeit in ihrer Nähe, der wachsenden Durchsichtsminderung durch Staub und die Lichter der Großstadt sowie der Erschütterungen durch den Verkehr modernen Ansprüchen nicht mehr gerecht wurde. Von 1911 bis 1913 wurde ihr schließlich in Babelsberg ein Neubau errichtet[65], so daß die Eingabe der Berliner Akademie am Schlusse doch nicht ohne Nachwirkungen geblieben ist.

Zu Auseinandersetzungen in der Akademie kam es über die Nachfolge des 1907 verstorbenen Direktors des Astrophysikalischen Observatoriums in Potsdam, H. Vogel, der Ordentliches Mitglied war.

Nach einer vertraulichen Anfrage des Ministeriums bei der Akademie in der Nachfolgefrage wurde eine Kommission aus den Astronomen A. Auwers und H. Struve, dem Geodäten R. Helmert und dem Physiker E. Warburg gebildet, die sich jedoch nicht auf einen einheitlichen Vorschlag einigen konnten. Einigkeit bestand über den ersten Vorschlag. Er betraf den Münchener Astronomen Hugo von Seeliger, der Korrespondierendes Mitglied der Berliner Akademie war und der angesichts seiner Bedeutung stets an die erste Stelle gesetzt werden müßte. An zweiter Stelle nannten Struve, Helmert und Warburg einen der bedeutendsten Astronomen des 20. Jh., den damals wenig über dreißigjährigen Göttinger Professor Karl Schwarzschild; Auwers dagegen schlug den Bonner Astronomen Friedrich Küstner vor. Über den dritten Vorschlag bestand wieder Einmütigkeit: er galt dem Hauptobservator des Potsdamer Astrophysikalischen Observatoriums Gustav Müller. In dieser Reihenfolge und mit einem Separat-

---

[64] Vgl. AAW II:VI a 1 Bd. 11, Bl. 118—123.

[65] Vgl. J. Dick, 250 Jahre Berliner Sternwarte. In: Die Sterne, Jg. 26 (1950), S. 161—171.

votum von Auwers wurden die Vorschläge der Akademie dem Ministerium vorgelegt.

Die Auseinandersetzungen in der Akademie um die Nachfolge Vogels waren wissenschaftsgeschichtlich von einiger Bedeutung. Da alle Kommissionsmitglieder ziemlich sicher wußten, daß Seeliger und Küstner — den Auwers übrigens auf persönlichen Wunsch Vogels vorschlug — wahrscheinlich ablehnen würden, ging es eigentlich nur um Schwarzschild und Müller. Während die Mehrheit der Kommission die bedeutenden Leistungen des noch jungen Seeliger-Schülers Schwarzschild auf astronomischem und physikalischem Gebiet hervorhob, wandte sich Auwers betont gegen den „Theoretiker" Schwarzschild, der wahrscheinlich gerade den praktischen Aufgaben des Astrophysikalischen Observatoriums nicht gewachsen sein würde, obwohl er, wie Auwers schrieb, „ein ungewöhnlich talentvoller, vielseitig begabter und in weitem Umfang kenntnisreicher Naturforscher ist, wenn ich mich auch weder der absoluten Wertschätzung der von ihm bereits ausgeführten Arbeiten noch der Bemessung ihrer Bedeutung für die Astrophysik ohne erhebliche Einschränkung anzuschließen vermag, auf welcher der Vorschlag beruht". Auwers' Begründung für Müller disqualifizierte den Vorschlagenden ebenso wie den Vorgeschlagenen als Wissenschaftler. Dieser Vorschlag sichere, „daß die nächsten 10 bis 20 Jahre hindurch in Potsdam wohl großenteils recht hausbackene, aber durchweg solide und gewissenhafte, umfangreiche Arbeit von dauerndem Wert und Nutzen für die Astrophysik geleistet werden würde"[66].

Das Ministerium, auf das die Vorschläge von Auwers gegen einen ausgewiesenen Wissenschaftler und für einen Wissenschaftsverwalter vielleicht nicht ohne Eindruck blieben, lehnte schließlich sowohl Schwarzschild wie Müller ab, diesen wegen der zu erwartenden persönlichen Spannungen bei einem Direktor, der über seine ehemaligen Kollegen gesetzt würde, jenen, weil angeblich seine Leistungsfähigkeit nicht genügend erwiesen wäre. Statt dessen erbat das Ministerium jetzt eine Stellungnahme zu einer möglichen Berufung des Göttinger Professors Carl Runge. Runge wurde von der Akademie als Nicht-Astronom abgelehnt, dafür von ihr jetzt Schwarzschild und Küstner ex aequo vorgeschlagen. Schwarzschild wurde daraufhin 1909 berufen[67] und für Berlin trotz allem Hin und Her ein führender Wissenschaftler gewonnen, der freilich noch bis 1912 auf seine Wahl zum Ordentlichen Akademiemitglied warten mußte, eine lange Zeit für den Direktor eines der bedeutendsten Forschungsinstitute des preußischen Staates. Bei Schwarzschilds Wahl zum Ordentlichen Mitglied enthielt sich Auwers ausdrücklich der Stimme.[68] Da Schwarzschild 1916 ein Opfer des imperialistischen Krieges wurde, ist der „hausbackene" Müller schließlich doch noch Direktor des Astrophysikalischen Observatoriums und schließlich sogar Ordentliches Akademiemitglied geworden.

---

[66] Vgl. AAW II:VI a 1 Bd. 12, Bl. 301—324r.
[67] Vgl. AAW II:VI a 1 Bd. 13, Bl. 131—139r, 214.
[68] Vgl. AAW II:III a Bd. 18, Bl. 214.

Neben der von der Öffentlichkeit überschaubaren Einflußnahme auf die Wissenschaftspolitik, die in den Sitzungsberichten ihren Niederschlag fand, und neben der für außenstehende Zeitgenossen inhaltlich unbekannten Gutachtertätigkeit hatte die Akademie als Institution durchaus weitere Möglichkeiten, um sich in der imperialistischen Wissenschaftspolitik zur Geltung zu bringen. Dabei bleibt erstaunlich, daß sie die Publizistik für diese Zwecke so gut wie gar nicht nutzte. Das ist umso auffälliger, da zahlreiche Mitglieder als Vertreter ihrer jeweiligen Fachgebiete durchaus massenwirksam zu publizieren verstanden.

Für die Akademie als Institution wurden in dieser Richtung nur H. Diels und W. Waldeyer tätig. Diels publizierte 1904 einen Artikel über die Rolle der Akademien der Wissenschaften. Insbesondere ging er darin auf die Berliner Akademie ein, deren Vorbildwirkung er herausstellte, wobei er zugleich den „Großbetrieb" der Wissenschaft charakterisierte.[69] Diels war es auch, der 1908 das Problem der Öffentlichkeitsarbeit vor das Plenum der Akademie brachte, und zwar im Zusammenhang mit der 1907 auf Anregung Althoffs inaugurierten und von dessen Vertrauten Paul Hinneberg redigierten „Internationalen Wochenschrift für Wissenschaft, Kunst und Technik". Die Kenntnis dieser Zeitschrift, die als offiziöses Organ des preußischen Kultusministeriums gelten kann und in der in kurzer einprägsamer Form wissenschaftliche und wissenschaftspolitische Probleme von meist erstrangigen bürgerlichen Fachleuten populär behandelt wurden, ist vor allem für die Bewertung der gesellschaftlichen Wirksamkeit bürgerlicher deutscher Wissenschaftler vor und während des Weltkrieges unentbehrlich.[70]

In dieser Zeitschrift sollten, nach Diels und Waldeyer, Kenntnisse über die Akademie „für ein größeres Publikum" verbreitet werden. „Daß solche Kenntnis und solches Interesse sich in Deutschland auf sehr enge Kreise beschränkt, wurde allseitig als eine sehr bedauerliche Tatsache anerkannt", heißt es im Protokoll.[71]

Diels und Waldeyer veröffentlichten daraufhin zum ersten und einzigen Mal in einer nicht von der Akademie herausgegebenen Zeitschrift einen ausführlichen Bericht über deren Arbeiten, der sich im wesentlichen auf die Berichte vor der Akademie am Friedrichstag 1908 stützte. Die Information breiterer Kreise der Öffentlichkeit und die Hoffnung auf private Geldmittel für die weitere Arbeit der Akademie war das ausgesprochene Ziel dieser Veröffentlichung, die die Bedeutung der Forschungsarbeit für den industriellen Aufschwung Deutschlands betonte.[72]

---

[69] H. Diels, Die Akademien der Wissenschaften. In: Die Woche. Moderne Illustrierte Zeitschrift, Bd. IV, Heft 40—53, 1904, S. 2303—2305.

[70] Über die „Internationale Wochenschrift" vgl. I. Goltdammer, a. a. O., S. 75f.

[71] Vgl. AAW II:VI 1 a Bd. 13, Bl. 79—80r.

[72] Vgl. H. Diels, W. Waldeyer, Die wissenschaftliche Arbeit der K. Preußischen Akademie der Wissenschaften im Jahre 1907. In: Internationale Wochenschrift, Bd. II, 1908, Sp. 327—344.

In der Plenarsitzung der Akademie war der Physiologe Munk allerdings der Meinung, „es würden viel weiterreichende Maßnahmen erforderlich sein". Wie sehr die Akademiemitgliederschaft in dieser Frage gespalten war, zeigt der Fortgang dieser Angelegenheit. Zwar beteiligten sich H. Diels, H. Munk, A. Penck, J. Vahlen, W. Nernst und A. Harnack — außer Vahlen alles auch gesellschaftlich aktive Wissenschaftler — an der durch Munk eingeleiteten Diskussion, die aber „wegen allzu geringen Bestandes der Versammlung" schließlich abgebrochen werden mußte. Die noch Anwesenden bildeten eine Kommission zur „Vertretung der Akademie in der Tagespresse". Diese Kommission, der H. Diels, E. Sachau, A. Harnack, E. Meyer, H. Munk, W. Nernst, H. Rubens und A. Auwers angehörten, richtete freilich wenig aus. Sie einigte sich auf die Notwendigkeit eingehender und regelmäßiger Berichterstattung, lehnte die Schaffung eines entsprechenden Publikationsorgans der Akademie ab, regte die Mitglieder zu zusammenfassenden Informationen in populärwissenschaftlichen Zeitschriften an und änderte schließlich nichts.[73]

Auf die Stellung der Akademie im Wissenschaftsgefüge des imperialistischen Deutschlands konnte nicht ohne Nachwirkung bleiben, daß sie trotz richtiger Einsichten zumindest eines Teils ihrer Mitglieder offensichtlich nicht in der Lage war, aus der Tatsache, daß die Zeit der Isolierung von Wissenschaft und Öffentlichkeit vorbei war, im Hinblick auf ihre publizistische Arbeit Schlußfolgerungen zu ziehen. Wohlgemerkt: Das gilt für die Akademie als Institution, nicht für jedes einzelne Akademiemitglied. Die Bemühungen deutscher bürgerlicher Wissenschaftler um die Popularisierung ihrer wissenschaftlichen Erkenntnisse, aber auch ihre gesellschaftspolitischen Aktivitäten bei der Verbreitung der imperialistischen Ideologie waren durchaus nicht zu unterschätzen.

Ein groß angelegter Versuch, wissenschaftliche Erkenntnisse in den Dienst imperialistischer Meinungsbildung zu stellen, war das von Paul Hinneberg 1901 mit Unterstützung des preußischen Ministeriums der geistlichen, Unterrichts- und Medizinalangelegenheiten, insbesondere Althoffs — der selbst das Vorwort redigierte — begonnene enzyklopädische Unternehmen „Die Kultur der Gegenwart", in dem monographisch alle Wissenschaftsgebiete behandelt werden sollten. Ein Blick in das Vorwort des Kaiser Wilhelm II. persönlich zugeeigneten Werkes, dessen erster Band 1906 erschien, verdeutlicht die ideologische Zielsetzung dieses Unternehmens für „eine Zeit des Überganges, eine Epoche des Suchens und Tastens nach neuen, zeitgemäßen Lebensformen und Bildungsidealen", wie Hinneberg die Zeit um die Wende vom 19. zum 20. Jh. beschrieb.[74]

Im einleitenden Band zur „Kultur der Gegenwart" behandelte H. Diels „Die Organisation der Wissenschaft" und in diesem Zusammenhang auch die Akademien, die er als Teil des gesamten Bildungssystems betrachtete. Er betonte, daß erst das 19. Jh. „die rein ‚akademische' Auffassung der Akademie zur vollen Entwicklung, ja vielleicht zur Überspannung getrieben" hätte und wandte sich

---

[73] Vgl. AAW II:VI a 1 Bd. 13, Bl. 79–80r.

[74] Über Hinneberg und seine „Kultur der Gegenwart" vgl. I. Goltdammer, a. a. O., S. 62–66.

u. a. gegen die „Verachtung der Technik" und gegen die „Akademie bloß als Vermittler zwischen Autor und Drucker", zu der sie degradiert würde, wenn sie nicht der Diskussion wissenschaftlicher Probleme, sondern nur deren Publikation in den Sitzungsberichten und Abhandlungen diente. Als Aufgaben der Akademie nannte Diels: „Gutachten über wissenschaftliche Gegenstände", „neue Forschungsergebnisse auf allen Gebieten des Wissens zu veröffentlichen", „Preisaufgaben", „Unterstützung der noch nicht vollendeten Arbeiten" und den „Großbetrieb der Akademie", der Unternehmungen umfaßt, „deren Methode und Ziel feststeht, die aber Ausdauer, Kenntnis und vor allem reiche materielle Mittel zur Ausführung verlangen".

Die Frage nach ständigen wissenschaftlichen Forschungsinstituten der Akademie hat Diels nicht aufgeworfen. Sie ergab sich auch nicht aus seiner Auffassung der Akademie als Versammlung bedeutender Gelehrter, obwohl er die Diskrepanz zwischen der „Summierung von geistigen Kräften" und dem „wirklichen Effekt" deutlich sah: „daß eine ganze Akademie oder auch nur eine ihrer Kommissionen ein wirklich epochemachendes wissenschaftliches Werk durch gemeinsame Arbeit zustande gebracht hätte, davon gibt es meines Wissens kein Beispiel". Diels suchte den Grund darin, daß „Forschen im innersten Wesen individuell" sein muß: „Das geniale Werk liebt die Einsamkeit."[75]

Die Bedeutung kollektiver Arbeit für den wissenschaftlichen Fortschritt konnte Diels damals in der Tat noch nicht sehen. Ihm bleibt allerdings das Verdienst, schon recht früh am Beispiel der Forschungsorganisation in der Akademie das Problem Aufwand und Nutzen in der wissenschaftlichen Forschung aufgeworfen zu haben.

Die nationale und internationale Zusammenarbeit der Akademien war 1906 noch zu jung, als daß Diels Ergebnisse hätte verzeichnen können. Recht hoch bewertete er den möglichen Erfahrungsaustausch, also eigentlich den indirekten Nutzen. Im übrigen betonte er die Abhängigkeit der einzelnen Akademien von der Regierung ihres Landes. Dadurch spiele „die Politik mit hinein und stellt sich gewiß oft dem besten Willen der verbündeten Korporationen offen oder versteckt entgegen". Diese den Zusammenhang zwischen Politik und Wissenschaft vorsichtig umschreibende Erfahrung hat Diels als einer der maßgeblichen Vertreter der Berliner Akademie im Kartell der deutschsprachigen Akademien und in der Internationalen Assoziation der Akademien selbst oft genug gemacht.

Das Streben nach wissenschaftlicher Zusammenarbeit der Akademien trat nicht zufällig in der Übergangsperiode zum Imperialismus hervor. Der Kapitalismus hat den Weltmarkt hervorgebracht; Lenin wies in seiner Imperialismus-Analyse auf die „Schaffung des internationalen Netzes der Abhängigkeiten und Verbindungen des Finanzkapitals"[76] hin, auf die „Bildung von internationalen

---

[75] Vgl. H. Diels, Die Organisation der Wissenschaft. In: Die Kultur der Gegenwart, Teil I, Abteilung I, Berlin, Leipzig 1906, S. 622–630. Unverändert auch in der 2. Auflage Berlin, Leipzig 1912, S. 662–671.

[76] W. I. Lenin, Werke, Bd. 22, S. 224.

Kartellen"[77]. In diesen Internationalisierungsprozeß[78], der eine Form des Konkurrenzkampfes der imperialistischen Staaten war, wurden zunehmend auch die Wissenschaft und ihre Organisationen einbezogen. Kontakte zwischen den Akademien hatte es zwar schon in früherer Zeit gegeben, sie basierten aber in der Regel auf den persönlichen Beziehungen einzelner Wissenschaftler und konnten sich nicht zu einem organisatorischen Zusammenschluß verdichten. Angeregt durch nationale und internationale Wissenschaftler-Kongresse, die seit der zweiten Hälfte des 19. Jh. verstärkt zum Austausch von Forschungsergebnissen einberufen wurden, entstand die Idee einer Vereinigung der Akademien.[79]

Dem bereits 1893 von den Akademien der Wissenschaften in Göttingen, Leipzig, München und Wien gegründeten Kartell trat die Berliner Akademie erst 1906 bei [80], obwohl sie am Kartellunternehmen „Thesaurus linguae Latinae" seit dessen Begründung führend mitarbeitete.

Größere Bedeutung maß die Berliner Akademie von Anfang an der Internationalen Assoziation der Akademien bei, an deren Gründung in Wiesbaden im Herbst 1899 sie führend beteiligt war. Die vorbereitenden Arbeiten der Berliner Akademie für die Asssoziation, insbesondere die Ausarbeitung des Statutenentwurfs, hatten in den Gesamtsitzungen jeweils nur knappe Mehrheiten ergeben, da durchaus nicht alle Mitglieder zu diesem Zeitpunkt die Notwendigkeit einer Assoziation einsahen. Es trat daher der seltene Fall ein, daß das Plenum der Akademie am 27. Juli 1899 Sonderregelungen für die Behandlung der Assoziation beschloß. Zu allen Verhandlungen der Akademie über die Assoziation mußte danach gesondert eingeladen werden, wichtigere Vorlagen wären vorher gedruckt mitzuteilen und über sie an bevorzugter Stelle der Sitzungen zu verhandeln. Mindestens fünf Mitglieder erhielten das Recht, eine Vertagung des Plenums zu beantragen, wenn die Zahl der Anwesenden nicht mindestens 30 betrüge. Dieser Beschluß wurde erst 1908 aufgehoben, als die Assoziation „seit längerem schon keinen Zankapfel mehr in der Akademie" bildete.[81]

Der erste Kongreß der assoziierten Akademien fand im April 1901 in Paris statt, weil dort die älteste Akademie der Wissenschaften, die Mitglied der Assoziation war, arbeitete. Die Delegierten der Berliner Akademie waren die Altphilologen H. Diels und Th. Mommsen, der Geodät R. Helmert, der Chemiker J. H. van't Hoff, der Orientalist E. Sachau und der Anatom W. Waldeyer. Diels und Waldeyer waren zugleich die ständigen Vertreter der Berliner Akademie in der historisch-philologischen und der mathematisch-naturwissenschaftlichen Sektion der Assoziation. In ihrem Bericht über die Pariser Veranstaltung betonten sie den Wert der Zusammenkunft für die künftige internationale Zu-

---

[77] Ebd., S. 250.

[78] Vgl. Wissenschaft im Klassenkampf, a. a. O., S. 217f.

[79] Zur Entwicklung des „Kartells" und der „Assoziation" vgl. auch: K. Th. v. Heigel, Die Anfänge des Weltbundes der Akademien, München 1907.

[80] Vgl. AAW II:VI a 13 Bd. 1, Bl. 139—140r, 143, 148—149, 157—158, 161r. Weiterhin Sb 1906, S. 311.

[81] Vgl. AAW II:VI a 17 Bd. 5, Bl. 1.

sammenarbeit und das entgegenkommende Verhalten der französischen Seite. Gleichzeitig mußten sie erkennen, welche Schwierigkeiten sich einmal aus der Vorlage unausgereifter Pläne für die effektive Arbeit der Assoziation und zum anderen aus nationalistischem Prestigedenken ergeben könnten, denn schon jetzt werfe „die bevorstehende Konkurrenz ihren Schatten auf die beabsichtigte entente cordiale".

Das Auftreten der deutschen Wissenschaftler wurde offensichtlich besonders aufmerksam beachtet und selbst die Sprache der Redner wurde registriert. Daß Waldeyer beim Empfang durch die Verwaltung der Stadt Paris deutsch sprach, fand zwar, wie es hieß, bei den Gelehrten gute Aufnahme, wurde aber „in den nationalistisch gesinnten Blättern weniger wohlwollend beurteilt". Die Verhandlungen selbst dagegen „blieben von jedem Mißton in dieser Beziehung frei". Insgesamt hat der Pariser Kongreß die Stellung der Berliner Akademie innerhalb der Assoziation weiter gefestigt, was auch darin seinen Ausdruck fand, daß Diels Präsident der geisteswissenschaftlichen Sektion der Assoziation war.[82]

In der Presse trat Diels offen für wissenschaftliche Beziehungen zwischen Deutschland und Frankreich ein, die „um so nützlicher und nötiger sind, als es weder hüben noch drüben an Überpatrioten fehlt, denen jede friedliche Verbindung der europäischen Kulturvölker ein Greuel ist". Dieser Artikel[83], in dem Diels noch 1901 auf der Grundlage des gedruckten Protokolls über die Konferenz in Paris berichtete, sollte offensichtlich die wissenschaftspolitische Bedeutung unterstreichen, die der Tätigkeit der Berliner Akademie zukam. W. Waldeyer benutzte den Leibniztag 1902, um in dieser Richtung weiterzuarbeiten. Für ihn war die Gründung der Assoziation das folgenschwerste Ereignis in der Geschichte der Akademie, für das die Erweiterung der Kommunikationsmöglichkeiten dank der Dampfkraft und der Elektrizität, aber auch die Bereitstellung größerer finanzieller Mittel für die wissenschaftliche Forschung, die Voraussetzungen geschaffen hätten. Die Assoziation entspräche „der allgemeinen Weltlage"[84].

Die Bedeutung der internationalen Kooperation der Wissenschaft wird hier zwar richtig konstatiert, ihr Zusammenhang mit dem Übergang zum Imperialismus wird aber völlig aus dem Auge gelassen und ihre Möglichkeiten unter den damaligen Verhältnissen werden nicht richtig eingeschätzt. Die Entwicklung der Wissenschaft im Imperialismus war unter anderem dadurch gekennzeichnet, daß eine Beschränkung auf die nationale Forschung immer weniger möglich war, „denn das gesamte wirtschaftliche, politische und geistige Leben der Menschheit wird schon im Kapitalismus immer mehr internationalisiert", hat Lenin in Abgrenzung zur Internationalisierung der genannten Prozesse auf

---

[82] Vgl. AAW II:VI a 17 Bd. 2, Bl. 77—91r.

[83] Vgl. H. Diels, Internationale Assoziation der Akademien zu Paris. In: Deutsche Revue, 26. Jg., Bd. 3, Juli—Sept. 1901, S. 344—352.

[84] Sb 1902, S. 783, 788.

sozialistischer Grundlage formuliert.[85] Gleichzeitig zwangen die Widersprüche zwischen den imperialistischen Staaten diese immer wieder, auch die Wissenschaft und ihre Ergebnisse in jedem Land vor allem der eigenen Politik dienstbar zu machen.

Die fehlende Einsicht in diese objektiven Zusammenhänge hinderte bürgerliche Wissenschaftler wie Diels und Waldeyer daran, das Verhältnis zwischen dem Nationalen und dem Internationalen in der Wissenschaft richtig zu erkennen. Eine Folge davon war das auch bei den Akademiemitgliedern ständig zu beobachtende Schwanken zwischen dem durch den Charakter der Wissenschaft schon im Kapitalismus gegebenen internationalen Kontakt und dem durch das Bekenntnis zum „eigenen" Imperialismus bedingten Geltendmachen nationalstaatlicher Belange.

Generalversammlungen der Internationalen Assoziation der Akademien fanden erneut 1904 in London[86], 1907 in Wien[87] und 1910 in Rom[88] statt. Stärker als in Paris, als allgemeine Probleme mehr im Vordergrund des Interesses standen, waren diese Konferenzen Arbeitsbesprechungen über den Stand und die Weiterführung gemeinsamer Unternehmen der über 20 in der Assoziation vereinigten Akademien. Der Antrag der französischen Akademien, internationale Gemeinschaftsarbeiten nur durch die Assoziation zu veranstalten, war schon 1904 in London beraten worden. Als einzige Akademie hatte die Berliner dagegen gestimmt mit der Begründung, daß dadurch ein Monopol für die internationale wissenschaftliche Zusammenarbeit geschaffen würde.[89]

Die Internationale Assoziation hat im ersten Jahrzehnt ihrer Existenz mehr als 20 überstaatliche Unternehmen beraten und beschlossen, von denen aber kein einziges zu Ende gebracht werden konnte. Die Berliner Akademie war nicht an allen diesen Unternehmen beteiligt, von denen einige zudem über erste Überlegungen nicht hinaus gelangten. Es seien daher hier nur die Unternehmen erwähnt, die für die Stellung der Berliner Akademie in der Wissenschaftspolitik bedeutsam waren.

Auf einen Antrag der Berliner Akademie, insbesondere auf einen Wunsch von Diels, ging die schon 1901 beschlossene internationale Regelung des Handschriftenleihverkehrs zurück, der bis 1903 mit den deutschen Bundesstaaten diplomatisch vorbereitet wurde. Danach trat die deutsche Reichsregierung auf die entsprechende Bitte der Akademie in Verhandlungen mit anderen

---

85 W. I. Lenin, Werke, Bd. 19, Berlin 1962, S. 237. Zur Entwicklung der internationalen Zusammenarbeit vgl. auch A. M. Sorkin, Zur Entstehungsgeschichte des „International Catalogue of Scientific Literature". In: NTM. Zeitschrift für Geschichte der Naturwissenschaften, Technik und Medizin, 1. Jg., Heft 4, o. J., S. 67—84, sowie neuerdings sehr eingehend E. D. Lebedkina, Meždunarodnyj sovet naučnych sojuzov i Akademija nauk SSSR, Moskau 1974, bes. Kap. I: Social'no—ekonomičeskaja rol' nauki i razvitie meždunarodnogo sotrudničestva učenych v konce XIX — načale XX v.

86 Vgl. AAW II:VI a 17 Bd. 3.

87 Vgl. AAW II:VI a 17 Bd. 4.

88 Vgl. AAW II:VI a 17 Bd. 5.

89 AAW II:VI a 17 Bd. 3, Bl. 100r.

Ländern. 1907 bildete die Assoziation eine Kommission für die Weiterführung der Arbeiten.[90]

Im Jahre 1904 hatte die Wiener Akademie eine kritische Ausgabe des indischen Heldenepos Mahabharata angeregt. Die Berliner Akademie schloß sich dem Unternehmen nach einigem Zögern an, ernannte ihr Mitglied, den Indologen R. Pischel, zum Mitglied der entsprechenden Kommission, deren Arbeit insbesondere von dem Rostocker Indologen H. Lüders[91] getragen wurde, der 1909 als Nachfolger Pischels Ordentliches Mitglied der Berliner Akademie wurde.

An drei weiteren Unternehmen der Assoziation, der Realenzyklopädie des Islam, dem Corpus der griechischen Urkunden des Mittelalters und der neueren Zeit und dem Thesaurus der griechischen Sprache, beteiligte sich die Berliner Akademie nicht, ebensowenig an weiteren seit 1907 angeregten Unternehmen auf gesellschaftswissenschaftlichem Gebiet: einer geplanten internationalen Bibliographie der philosophischen, philologischen und historischen Literatur, der Erforschung der Fremdengesetzgebung, der Organisation des Austausches bibliographischer Verzeichnisse und am Wörterbuch der indischen Pali-Sprache.

Dagegen ging ein weiteres Unternehmen der Assoziation, das Corpus medicorum graecorum, auf einen Antrag Berlins von 1903 zurück. An dieser Ausgabe arbeitete die Berliner Akademie gemeinsam mit der Kopenhagener. Die Geschichte dieses Unternehmens und die Berliner Mitarbeit an der Ausgabe der Werke von G. W. Leibniz, die auf Anregung von Paris erfolgte, wird unter den Arbeiten der Akademie im letzten Abschnitt dieses Kapitels behandelt werden.

Das Kriterium für die Beteiligung der Berliner Akademie an der internationalen gesellschaftswissenschaftlichen Zusammenarbeit war offensichtlich die Möglichkeit, eigene wissenschaftliche Kräfte und finanzielle Mittel für die Lösung der gestellten Aufgabe einzusetzen — Mahabharata, Corpus medicorum graecorum, Leibnizausgabe — oder die organisatorischen Voraussetzungen für die eigene wissenschaftliche Arbeit zu verbessern — internationaler Handschriftenleihverkehr, der vor allem der Durchführung der editorischen Unternehmen der Akademie nützte.

Anders war die Situation der Akademie auf mathematisch-naturwissenschaftlichem Gebiet. Da die Akademie selbst keine naturwissenschaftlichen Forschungsarbeiten im engeren Sinne durchführte, wirkte sie hier vor allem regulierend und fördernd auf die Durchsetzung von Arbeiten ein, die von anderer Seite veranlaßt worden waren.

Das einzige von der Berliner Akademie angeregte naturwissenschaftliche Unternehmen war die magnetische Messung eines Breitenkreises zur Überprüfung der Gauss'schen Theorie des Erdmagnetismus. Der Vorschlag ging von dem Meteorologen W. v. Bezold aus, der auch die Akademie in der entsprechen-

---

[90] Vgl. AAW II:VI a 17 Bd. 3, Bl. 24—36, 269—282; Bd. 4, Bl. 22 (= S. 25—28).

[91] Vgl. AAW II:VI a 17 Bd. 3, Bl. 4—5r, 102r, 234—238r, 292—299; Bd. 4, Bl. 22 (= S. 29—32).

den internationalen Kommission vertrat. Sein Nachfolger wurde R. Helmert, doch kam die Angelegenheit bis 1910 kaum voran.[92] Dasselbe galt für Unternehmen, die auf Anregung anderer Akademien eingeleitet wurden, so die Erforschung der atmosphärischen Elektrizität, die Messung des Bogens des 30. Meridians, Nivellements und geodätische Messungen, die lunare Nomenklatur und die Organisation meteorologischer Stationen. An dem mit der Assoziation verbundenen Institut Marey bei Paris, das physiologische Forschungen betrieb, beteiligte sich das Deutsche Reich auf Anregung der Akademie erst ab 1908, um die dort erfolgte Weiterentwicklung der physiologischen Technik für die Ausbildung junger Physiologen zu nutzen.[93] Die Nennung aller dieser Unternehmen, die — wie betont werden muß — wissenschaftlich kaum zum Tragen kamen, zeigt immerhin die relative Breite internationaler naturwissenschaftlicher Bestrebungen der Akademien im ersten Jahrzehnt des 20. Jahrhunderts.

Bei drei naturwissenschaftlichen Unternehmen ist die Berliner Akademie mit Nachdruck für die Durchsetzung eingetreten, weil ihnen hoher wissenschaftlicher Wert zukam und sie ihr zudem geeignet erschienen, das Ansehen des imperialistischen Deutschland in der internationalen Wissenschaft zu festigen.

Das erste betraf die Organisation der seismischen Beobachtungen, über die 1904 auf dem Kongreß in London ein Beschluß gefaßt wurde. Dieser tangierte die Bemühungen des Straßburger Instituts für Erdbebenforschung, auf dessen Initiative 1903 eine Assoziation gegründet worden war, der bis 1905 insgesamt 18 Staaten beitraten, von den großen allerdings nicht Österreich, Frankreich und England. Vor der Assoziation der Akademien stand die schwierige Aufgabe, die allgemein anerkannte Notwendigkeit seismischer Beobachtungen, die Prioritätsansprüche Deutschlands und den Widerstand einiger europäischer Großmächte gegen eine deutsche Vorherrschaft auf diesem Gebiet in Übereinstimmung zu bringen.[94]

Ein weiteres Unternehmen war die von dem südafrikanischen Astronomen und Korrespondierenden Mitglied der Berliner Akademie David Gill organisierte Messung auf dem 30. Meridian von Südafrika bis Kairo, der am Tanganjika-See die damalige deutsche Kolonie Ostafrika berührte. Diese Messung der Meridianbogenstücke war wissenschaftlich bedeutsam für die Kenntnis der Größe und der Figur der Erde sowie für die Erforschung der Zusammensetzung der Erdkruste. Ihr Wert für die Forschung wäre noch gewachsen, wenn es gelungen wäre, was auch beabsichtigt war, sie mit der älteren russisch-skandinavischen Messung zu verbinden.

Die Assoziation hatte diese Messung schon 1901 in ihr Arbeitsprogramm aufgenommen. Die Berliner Akademie unterstützte sie wegen ihrer wissenschaft-

---

92 Vgl. AAW II:VI a 17 Bd. 2, Bl. 248—249, 255—263; Bd. 3, Bl. 24—36; Bd. 4, Bl. 22 (= S. 22—23).

93 Vgl. AAW II:VI a 17 Bd. 4, Bl. 22 (= S. 24); Bd. 5, Bl. 20—25.

94 Vgl. AAW II:VI a 17 Bd. 3, Bl. 104r—105r, 156—164r, 314—319; Bd. 4, Bl. 22 (= S. 17 bis 20).

lichen Bedeutung, daneben aber auch aus politischen Gründen, wie aus einem Gutachten der Akademie an das Kultusministerium hervorgeht. „Deutschland läuft die Gefahr einer Schmälerung seines Ansehens", wenn es nicht für vier Jahre die erforderlichen 200000 Mark zur Verfügung stellt, um die notwendigen Messungen in Ostafrika durchzuführen. Die Verbindung dieses Unternehmens mit der Kolonialpolitik des deutschen Imperialismus, die in Südwestafrika schon zum Aufstand der einheimischen Bevölkerung gegen den Kolonialismus geführt hatte, wird besonders offensichtlich, wenn in der Stellungnahme der Akademie gesagt wird, daß die geforderte Summe „auch der wirtschaftlichen Erforschung des Landes dient. Die Vorgänge in Südwestafrika zeigen überdies, daß man doch in absehbarer Zeit lediglich aus Gründen der Landesverwaltung sich veranlaßt sehen wird, Dreiecksketten über das ostafrikanische Gebiet zu legen"[95].

Das von der Akademie am eifrigsten unterstützte Unternehmen der Assoziation war die internationale Organisation der Hirnforschung, die 1901 auf Antrag der Sächsischen Akademie in Leipzig beschlossen worden war.[96] Inspirator des Unternehmens war der 1904 verstorbene Leipziger Anatom Wilhelm His, der auch Korrespondierendes Mitglied der Berliner Akademie war. Mitglied der auf dem Pariser Kongreß eingesetzten Kommission, die „die Mittel und Wege einer internationalen Hirnforschung eingehend zu beraten" hatte, war auch W. Waldeyer, der der Nachfolger von His als Kommissionsvorsitzender wurde. 1903 ermächtigte die Assoziation ihre Mitgliedsakademien, bei ihren jeweiligen Regierungen die Errichtung von Hirnforschungsinstituten oder von Abteilungen für Hirnforschung in anderen Instituten zu beantragen.[97]

Die Berliner Akademie sprach sich 1905 in einer Eingabe an die Regierung unter Berufung auf das Vorbild der Physikalisch-technischen Reichsanstalt für die Gründung eines Zentralinstituts für die Erforschung des Zentralnervensystems, insbesondere des Gehirns aus, das spezielle Abteilungen für normale Hirnanatomie, für vergleichende Hirnanatomie, für Hirnentwicklung und für Hirnpathologie haben sollte. Dem Zentralinstitut sollten angeschlossen sein ein Museum mit Präparaten und Belegstücken, eine Abteilung für Technik der Untersuchungsmethoden (Experimentiertechnik) und eine Bibliothek. Der Plan wurde wenig später noch ergänzt durch den Vorschlag, das Institut in Verbindung zu setzen mit einer neurologischen oder einer psychiatrischen Klinik. Für ein solches deutsches Zentralinstitut sprach sich auch die Göttinger Akademie aus.[98]

Bis 1908 waren Hirnforschungsinstitute in Wien, Leipzig, Frankfurt/M., Zürich, Petersburg, Madrid und Philadelphia geschaffen, in Amsterdam war ein Institut im Aufbau. Das zeigt, für wie bedeutsam dieser Forschungszweig an-

---

[95] Vgl. AAW II:VI a 17 Bd. 2, Bl. 250—250r; Bd. 3, Bl. 116—145r, 224—229, 285—291; Bd. 4, Bl. 155—157.

[96] Vgl. AAW II:VI a 17 Bd. 2, Bl. 22—25r.

[97] Vgl. AAW II:VI a 17 Bd. 2, Bl. 89, 303—304r.

[98] Vgl. AAW II:VI a 17 Bd. 3, Bl. 16—17r, 303—309, 320.

gesehen wurde. Das Drängen der Berliner Akademie auf die Realisierung ihres Vorschlages und die Hervorhebung der wissenschaftspolitischen Bedeutung des Instituts in einer weiteren Eingabe an das Ministerium war von dem nationalistischen Gedanken diktiert, daß „Deutschland etwas Neues schaffen würde, was allen übrigen Hirnforschungsinstituten zum Muster dienen könnte. Deutschland würde sich, wenn die Errichtung einer solchen Anstalt zur Zeit geschähe, in dieser Beziehung an die Spitze der wissenschaftlichen Welt stellen“[99]. Diese Forderungen machten wie viele gesellschaftlichen und wissenschaftspolitischen Aktivitäten der Berliner Akademie oder ihrer führenden Vertreter im ersten Jahrzehnt der imperialistischen Entwicklung in Deutschland neben dem Interesse am Fortschritt der wissenschaftlichen Forschung ihre enge Verflechtung mit der herrschenden Ordnung deutlich.

Nicht zuletzt zeigte sich die enge Verflechtung zwischen der Wissenschaft und der Wissenschaftspolitik im Rahmen der Akademie in den noch zu behandelnden Zuwahlen und Arbeiten der Akademie, aber auch in der Vergabe der am 27. Januar 1906 auf Antrag der Akademie gestifteten Leibniz-Medaille, die ab 1907 jährlich einmal in Gold und dreimal in Silber am Leibniztag verliehen werden konnte. Von 1907 bis 1910 sind vier goldene und neun silberne Leibniz-Medaillen vergeben worden.[100]

Durch die Leibniz-Medaille sollten wissenschaftliche Leistungen gewürdigt werden, die unabhängig von der Akademie erbracht wurden, die die Akademie aber durch eine Wahl zum Korrespondierenden oder Ehrenmitglied nicht anerkennen konnte oder wollte. Ein vielleicht noch wichtigeres Ziel bei der Stiftung der Leibniz-Medaille bestand darin, den Spendern größerer finanzieller Mittel für Forschungen und Forschungsinstitute in Preußen eine sichtbare Anerkennung zukommen zu lassen.[101] Solche Persönlichkeiten erhielten dann die goldene Leibniz-Medaille.

Da 1908 keine Medaillen vergeben wurden, konnten 1909 auf Vorschlag der Ordentlichen Mitglieder der Akademie E. Fischer und W. Nernst gleich zwei Vertreter der chemischen Industrie mit der goldenen Leibniz-Medaille bedacht werden. Es waren der Präsident des Aufsichtsrates der Farbenfabriken vorm. Friedrich Bayer u. Co. AG in Elberfeld, H. T. von Böttinger, und der Chemie-Industrielle E. Solvay. Beide hatten vor allem den Plan der Gründung einer Chemischen Reichsanstalt durch finanzielle Mittel wesentlich gefördert.[102]

Im Jahre 1910, als der Förderer der Amerikanistik, J.-F. Graf de Loubat, die Goldmedaille erhielt[103], wurden gleichzeitig Gustav Krupp von Bohlen und

---

99 Vgl. AAW II:VI a 17 Bd. 5, Bl. 36, 38—38r.

100 Vgl. die Namen der Inhaber bei E. Amburger (Hrsg), Die Mitglieder, a. a. O., S. 179.

101 Vgl. zur Entstehungsgeschichte der Leibniz-Medaille AAW II:VIII i Bd. 1, Bl. 1—22; die bestätigte Satzung ebd., Bl. 40—42.

102 Vgl. AAW II:VIII i Bd. 1, Bl. 65—69.

103 Bei der Akademie bestand seit 1889 eine Loubat-Stiftung. Vgl. das Statut in: Harnack, Geschichte der K. Preußischen Akademie der Wissenschaften zu Berlin, Bd. 2, Berlin 1900, S. 646—648.

Halbach von den Ordentlichen Akademiemitgliedern E. Fischer, W. Nernst, O. Hertwig und W. Waldeyer sowie der amerikanische Stahlindustrielle Andrew Carnegie von dem Ordentlichen Mitglied J. Orth für die goldene Leibniz-Medaille vorgeschlagen. Als Begründung für Krupp wurden unter anderem seine Zahlungen für die geplante Chemische Reichsanstalt und für ein Hirnforschungsinstitut und für Carnegie seine finanzielle Förderung der Tuberkuloseforschung genannt.[104] Trotz der Ablehnung beider Vorschläge wurde die Verleihung der Leibniz-Medaille an Krupp und Carnegie — wenn auch erfolglos — weiter verfolgt.

Ein wichtiger Gesichtspunkt bei der Auswahl der Kandidaten für die Leibniz-Medaille war die Förderung, die eine Persönlichkeit den Arbeiten der Akademie zuteil werden ließ. So hatten die Empfänger der silbernen Leibniz-Medaille von 1907, der Chemiker K. A. von Martius und der Ingenieur und Amateur-Astronom A. F. Lindemann, die Deutsche Kommission der Akademie mit 15000 Mark und die Arbeiten an der Geschichte des Fixsternhimmels unterstützt.[105] Von den Inhabern der silbernen Leibniz-Medaille des Jahres 1910 förderte K. Zeumer die Edition der Monumenta Germaniae historica[106], A. von Le Coq hatte großen Anteil an der Entdeckung der Turfan-Handschriften[107], J. Ilberg und M. Wellmann leisteten durch ihre Forschungen zur Geschichte der antiken Medizin wichtige Vorarbeit für die von der Akademie betriebene Herausgabe des Corpus der griechischen Ärzte.[108]

Angesichts dieser Praxis der Verleihung der Leibniz-Medaillen, besonders der goldenen, war der Vorschlag von U. von Wilamowitz-Moellendorff, bei der Auswahl der Kandidaten vor allem solche Leistungen zu berücksichtigen, „bei welchen auch der Aufwand materieller Mittel in Betracht kommt", nicht abwegig. Der Vorschlag wurde im Plenum der Akademie mit 30 gegen 6 Stimmen abgelehnt[109], doch änderte sich an der Methode der Verleihung der Leibniz-Medaille nichts Wesentliches.

Wenn Wissenschaftspolitik als „die in ökonomischer Macht und politischem Einfluß wurzelnde Entscheidung über Art, Umfang und Richtung der Wissenschaftsentwicklung, über die Bedarfssicherung der Forschung sowie über die Regulierung des Einsatzes von Wissenschaftlern"[110] betrachtet wird, so kann festgestellt werden, daß die Akademie am Entscheidungsprozeß über die imperialistische deutsche Wissenschaftspolitik zwar nicht direkt mitwirkte, aber als angesehene wissenschaftliche Institution auf ihn einwirkte. Das wird noch deutlicher bei der Darstellung der Mitgliederpolitik und der Behandlung der wissenschaftlichen Arbeiten der Akademie in den folgenden Abschnitten.

---

104 Vgl. AAW II: VIII i Bd. 1, Bl. 82, 87, 88.
105 Vgl. AAW II: VIII i Bd. 1, Bl. 29–30.
106 Vgl. AAW II: IV i Bd. 1, Bl. 91.
107 Vgl. AAW II: VIII i Bd. 1, Bl. 93.
108 Vgl. AAW II: VIII i Bd. 1, Bl. 94–95.
109 Vgl. AAW II: VIII i Bd. 1, Bl. 71–71 r.
110 Ideologie und Naturwissenschaft, a. a. O., S. 166.

2. Mitgliederpolitik der Akademie. Zum wissenschaftlichen Wirken ihrer Ordentlichen Mitglieder im Plenum und in den Klassen

Die Wahl zum Mitglied der Berliner Akademie wurde zu Recht als hohe Würdigung wissenschaftlicher Arbeit gewertet. Die Auswahl ihrer Mitglieder, insbesondere ihrer Ordentlichen, war eine der Hauptformen, durch die die Akademie auf die Entwicklung der Wissenschaft einzuwirken vermochte, denn es waren in jener Zeit nahezu ausschließlich die Ordentlichen Mitglieder, die das wissenschaftliche Leistungsvermögen der Institution durch ihre Arbeit in den Klassen, im Plenum und in den Unternehmen bestimmten. Zugleich wurden die Stellung der Akademie in der Gesellschaft sowie ihr Einfluß auf die Wissenschaftspolitik und die Forschungsorganisation in entscheidendem Maße vom Wirken ihrer einzelnen Mitglieder geprägt. Jede Zuwahl war im Rahmen der von keinem Beteiligten in Frage gestellten Voraussetzung, daß sie sich in einer Institution des imperialistischen Staates nur auf Wissenschaftler erstrecken konnte, die die bestehende bürgerliche Gesellschafts- und Staatsordnung anerkannten, eine wissenschaftliche und eine wissenschaftspolitische Entscheidung von zuweilen recht beachtlicher Tragweite.

Die conditio sine qua non für jede Zuwahl bestand darin, daß der zu wählende Wissenschaftler seine den Durchschnitt überragende Befähigung zu wissenschaftlicher Forschung in den von der bürgerlichen Wissenschaftsauffassung gesteckten Grenzen auf seinem Fachgebiet nachgewiesen hatte. Daraus folgte unter den damals obwaltenden Umständen, daß in weit überwiegendem Maße Professoren der Universitäten und Hochschulen sowie Leiter von Forschungsinstituten gewählt wurden.

Der Regelfall war, daß die Akademie auf der Grundlage des ihr im Statut erteilten Auftrags und der Bestimmungen der Geschäftsordnung über die Fachstellen der Mitglieder Wissenschaftler zu ihren Mitgliedern wählte, die auf ihrem Fachgebiet anerkannte Leistungen bereits aufzuweisen hatten. Die Wahl war in diesen Fällen eine Bestätigung, eine Art Auszeichnung, die zugleich positiv auf die weitere Rezipierung der durch die Akademie in der Person des Wissenschaftlers gewürdigten Forschungsergebnisse wirken konnte. Wenn dieser Gelehrte dann, was vielfach der Fall war, durch seine folgenden Arbeiten als Akademiemitglied die Forschungen auf seinem Wissenschaftsgebiet durch neue Erkenntnisse bereicherte, förderte er zugleich das Ansehen und die Stellung der Akademie. Ausnahmen waren Wahlen jüngerer Wissenschaftler, die ihre großen, ihnen ihren Platz in der Wissenschaftsgeschichte sichernden Leistungen erst als Akademiemitglieder erbrachten. Nicht ohne Einfluß auf Wahlentscheidungen blieb zuweilen die Funktion eines Wissenschaftlers, der die fachlichen Voraussetzungen für seine Wahl bot, im Wissenschaftsgefüge des Staates.

In die Akademie konnten Ordentliche, Korrespondierende, Auswärtige und Ehrenmitglieder gewählt werden. Die Wahl neuer Mitglieder erfolgte auf Vorschlag Ordentlicher Mitglieder ausschließlich durch diese nacheinander in der entsprechenden Klasse und im Plenum, nachdem die Antragsteller in der Laudatio eine wissenschaftliche Würdigung des Kandidaten gegeben hatten. Die genannten, auf Wesentliches reduzierten Zuwahlprinzipien konnten bei den jeweiligen Wahlen im einzelnen der vielfältigsten Beeinflussung durch subjektive Faktoren unterliegen; sie galten grundsätzlich für die drei zuerst genannten Mitgliederkategorien, von denen die Ordentlichen Mitglieder insofern eine abweichende Stellung einnahmen, als ihre Mitgliedschaft mit ihrer ständigen Präsenz und der Wahrnehmung der ihnen vorbehaltenen Rechte und Pflichten verbunden war. Dazu gehörten z. B. die Teilnahme an allen Entscheidungen der Akademie einschließlich aller Zuwahlen mit beschließender Stimme, regelmäßige Vortragspflicht in der Klasse und im Plenum, finanzielle Würdigung der Mitgliedschaft und das Recht der Wahl in leitende Funktionen der Akademie. Die Ordentlichen Mitglieder einerseits und die Korrespondierenden und Auswärtigen Mitglieder andererseits unterschieden sich folglich vor allem durch die Qualität und die Quantität ihres Wirkens in der und für die Akademie, nicht aber durch ihre wissenschaftlichen Leistungen. Diese unter dem Gesichtspunkt der Mitgliederpolitik sehr zu beachtende Tatsache wird nachhaltig dadurch bestätigt, daß es keine Berliner Korrespondierenden Mitglieder der Akademie gab. Korrespondierende Mitglieder, die ihren Wohnsitz nach Berlin verlegten, wählte die Akademie zu Ordentlichen Mitgliedern. Weniger für wissenschaftliche Leistungen, als vorwiegend für Verdienste um die Wissenschaft und als Anerkennung für wissenschaftspolitisches Wirken wurde die Ehrenmitgliedschaft der Akademie vergeben. Alle Zuwahlen, außer denen der Korrespondierenden Mitglieder, bedurften der staatlichen Bestätigung.[1]

Am 1. Januar 1900 gehörten der Akademie 24 Ordentliche Mitglieder der physikalisch-mathematischen Klasse an.[2] Drei Stellen von den 27 zur Verfügung stehenden waren also unbesetzt. Von diesen 24 Mitgliedern sind zehn bis 1910 verstorben; 15 wurden in diesem Zeitraum hinzugewählt, von denen jedoch bis 1910 wiederum drei verstarben. Am 1. Januar 1911 zählte die physikalisch-mathematische Klasse demnach 26 Ordentliche Mitglieder; da die zulässige Mitgliederzahl in den Jahren 1900 und 1906 auf 32 erhöht worden war, fehlten in dieser Klasse demnach sechs Mitglieder.

---

[1] Für die Erarbeitung dieses Abschnitts wurden neben den im einzelnen zu nennenden Publikationen und Archivalien vor allem benutzt: E. Amburger (Hrsg), Die Mitglieder der Deutschen Akademie der Wissenschaften zu Berlin 1700—1950, Berlin 1950; K.-R. Biermann, G. Dunken (Hrsg), Deutsche Akademie der Wissenschaften zu Berlin. Biographischer Index der Mitglieder, Berlin 1960; W. Hartkopf, G. Dunken, Von der Brandenburgischen Sozietät der Wissenschaften zur Deutschen Akademie der Wissenschaften zu Berlin, Berlin 1967; Bildnisse berühmter Mitglieder der Deutschen Akademie der Wissenschaften zu Berlin 1700—1950, Berlin 1950 (mit Kurzbiographien der abgebildeten Mitglieder); J. Asen (Hrsg), Gesamtverzeichnis des Lehrkörpers der Universität Berlin, Bd. I, 1810 bis 1945, Leipzig 1955. Über die neugewählten Ordentlichen Mitglieder informierten laufend die „Sitzungsberichte".

[2] Über den Mitgliederstand informieren nach Fachgebieten am ausführlichsten die jährlich ergänzten Verzeichnisse. Vgl. AAW II:III c 2 Bd. 1 (OM); II:III c 3 Bd. 1 (KM der phys.-math. Kl.); II:III c 4 Bd. 1 (KM der phil.-hist. Kl.).

In der philosophisch-historischen Klasse waren am 1. Januar 1900 alle 27 Stellen besetzt. Elf Mitglieder starben bis 1910, 15 wurden hinzugewählt, von denen zwei durch Tod bis 1910 aus der Klasse ausschieden. Diese hatte daher am 1. Januar 1911 von den auch ihr dank der Erhöhungen von 1900 und 1906 zustehenden 32 Stellen 29 besetzt.

Selbst wenn man berücksichtigt, daß im Mitgliederbestand der Akademie eine ständige Fluktuation herrschte, ist eine Nichtersetzung von 9 Stellen bei insgesamt 64 Ordentlichen Mitgliedern doch auffallend hoch. Sicher wäre es verfehlt, aus dieser Tatsache zu weitgehende Schlußfolgerungen zu ziehen. Immerhin gewinnen diese Zahlen im Vergleich mit den Korrespondierenden Mitgliedern, deren Stellen ebenfalls nicht immer alle besetzt wurden, einige Bedeutung und lassen den Schluß zu, daß der Zuwahl nicht in jedem Falle entsprechende Aufmerksamkeit der Akademie zugewandt wurde.

Die jeweils 100 Korrespondentenstellen in jeder Klasse waren nach den zum Akademiejubiläum erfolgten umfangreichen Zuwahlen — 53 Korrespondierende Mitglieder — am 19. März 1900 in der physikalisch-mathematischen Klasse mit 96 und in der philosophisch-historischen Klasse mit 80 Mitgliedern besetzt. Bis zum 1. Januar 1911 waren diese Zahlen auf 76 bzw. 72 gesunken. Bei den Korrespondierenden Mitgliedern waren also zeitweilig zwischen 20 und 30% der Stellen unbesetzt. Diese ungenügende Beachtung der Zuwahl wird in einigen Fällen noch offensichtlicher, wenn die Verteilung der Korrespondierenden Mitglieder auf die festgelegten Fachstellen in Betracht gezogen wird (in Klammern nach den einzelnen Fächern werden die zulässigen Zahlen der Korrespondierenden Mitglieder angegeben).

Korrespondierende Mitglieder der physikalisch-mathematischen Klasse nach der alten Fachstelleneinteilung von 1899 bis 1901

	1. 1. 1899	19. 3. 1900	1. 1. 1901
Physik (12)	10	12	12
Chemie (12)	7	11	11
Mineralogie/Geognosie (12)	10	12	12
Botanik (12)	3	12	12
Zoologie (12)	9	12	12
Anatomie (12)	12	12	11
Mathematische Wissenschaften (28)	23	25	25
Insgesamt	74	96	95

Die von 1900 bis 1910 in die physikalisch-mathematische Klasse gewählten Korrespondierenden Mitglieder verteilten sich folgendermaßen auf die Fachstellen (Tab. siehe S. 110).

Von diesen 55 Korrespondierenden Mitgliedern stammten 32 aus dem Ausland und 23 aus Deutschland (Tab. siehe S. 110).

Korrespondierende Mitglieder der physikalisch-mathematischen Klasse nach der Neufestlegung der Fachstellen von 1901 bis 1910 (jeweils am 1. Jan., wenn nicht anders vermerkt)

	1.3.01	02	03	04	05	06	07	08	09	10	11
Physik (10)	11	10	10	9	10	10	10	10	8	9	10
Chemie (10)	11	11	10	10	8	9	8	8	8	9	8
Mineralogie (10)	12	11	10	10	10	10	10	10	8	8	8
Botanik (10)	12	12	12	12	11	11	10	10	10	10	9
Zoologie (10)	12	12	12	12	12	12	12	12	11	11	10
Anatomie (10)	11	10	9	9	8	6	6	6	5	5	8
Mathematik (10)	13	13	12	10	9	9	9	9	9	9	9
Astronomie (10)	8	8	8	8	7	6	9	8	8	7	8
Geographie u. Geophysik (10)	5	5	4	4	4	4	4	4	4	3	5
Technik (10)	0	0	0	0	0	1	1	1	1	1	1
Insgesamt	95	92	87	84	79	78	79	78	72	72	76

Zahl der von 1900 bis 1910 gewählten KM der physikalisch-mathematischen Klasse nach Fachstellen:

Physik	10
Chemie	11
Mineralogie, Geologie u. Paläontologie	5
Botanik	3
Zoologie	3
Anatomie u. Physiologie	8
Mathematik	3
Astronomie	6
Geographie u. Geophysik	4
Technik	2
Insgesamt	55

Zahl der von 1900 bis 1910 gewählten KM der physikalisch-mathematischen Klasse nach Ländern:

Dänemark	1
Frankreich	5
Großbritannien	5
Italien	4
Niederlande	3
Norwegen	1
Österreich	2
Rußland	2
Schweden	2
Ungarn	1
USA	6
Insgesamt	32

Von den 23 aus Deutschland gewählten Korrespondierenden Mitgliedern wirkten 22 zum Zeitpunkt ihrer Wahl als Professoren an insgesamt 12 von den in Deutschland bestehenden 21 Universitäten, ein Wissenschaftler lebte als emeritierter Professor in Frankfurt/M.

Zahl der von 1900 bis 1910 gewählten KM der physikalisch-mathematischen Klasse nach Universitätsstädten Deutschlands

Bonn	1	Heidelberg	2
Breslau	1	Leipzig	4
Erlangen	1	Marburg	1
Freiberg (Bergakademie)	1	München	2
Gießen	1	Straßburg	3
Göttingen	4	Würzburg	1
		Insgesamt	22

Am stärksten waren also die Universitätsstädte, in denen es Akademien der Wissenschaften gab (Göttingen, Heidelberg, Leipzig, München), und die Reichsuniversität Straßburg vertreten. Von den 11 nichtpreußischen Universitäten erscheinen in der Übersicht außer den genannten nur Erlangen, Gießen und Würzburg, also insgesamt sieben, und die Bergakademie Freiberg. Tübingen, Freiburg, Rostock und Jena blieben unberücksichtigt. Von den neun preußischen Universitäten — außer Berlin — waren Greifswald, Halle, Kiel, Königsberg und Münster nicht unter denjenigen, aus deren Lehrkörper Korrespondierende Mitglieder in die physikalisch-mathematische Klasse gewählt wurden.

Für die philosophisch-historische Klasse ergab sich hinsichtlich der Korrespondierenden Mitglieder folgendes Bild.

Korrespondierende Mitglieder der philosophisch-historischen Klasse nach der Neufestlegung der Fachstellen von 1900 bis 1910 (jeweils am 1. Januar, wenn nicht anders vermerkt)

	1. 3. 00	01	02	03	04	05	06	07	08	09	10	11
Philosophie u. deren Geschichte (8)	5	5	5	6	7	6	6	6	5	6	5	4
Klass. Philologie einschl. d. klass. Epigraphik (24)	21	21	20	20	21	22	20	19	21	19	19	19
Geschichte einschl. d. hist. Hilfswiss. u. d. Geographie (19)	17	17	14	12	11	13	13	13	17	17	18	16
Deutsche u. a. europ. Philologie ausschl. d. klass. (11)	7	7	8	8	8	8	7	9	9	8	9	9
Kunstwissenschaft einschl. d. Münzkde. (9)	6	5	5	5	5	4	4	4	3	7	6	6
Orient. Philologie einschl. d. vergl. Sprachforsch. (19)	16	16	16	15	14	15	13	13	11	9	8	11
Rechts- u. Staatswiss. (10)	8	8	8	7	7	8	9	8	8	7	7	7
Insgesamt	80	79	76	73	73	76	72	72	74	73	72	72

Von 1900 bis 1910 wählte die Akademie 68 Korrespondierende Mitglieder in die philosophisch-historische Klasse, die folgendermaßen auf die Fachstellen verteilt waren.

Von 1900 bis 1910 gewählte Korrespondierende Mitglieder der philosophisch-historischen Klasse nach Fachstellen

Philosophie und deren Geschichte	6
Klass. Philologie einschließlich der klassischen Epigraphik	13
Geschichte einschließlich der hist. Hilfswiss. und der Geographie	15
Deutsche und andere europ. Philologie ausschließlich der klass.	10
Kunstwissenschaft einschließlich der Münzkunde	7
Oriental. Philologie einschließlich der vergl. Sprachforschung	10
Staats- und Rechtswissenschaft	7
Insgesamt	68

Von diesen 68 Korrespondierenden Mitgliedern kamen 38 aus insgesamt zehn ausländischen Staaten.

Von 1900 bis 1910 gewählte Korrespondierende Mitglieder der philosophisch-historischen Klasse nach Ländern

Dänemark	2	Österreich	8
Frankreich	11	Rußland	1
Griechenland	1	Schweden	1
Großbritannien	9	Ungarn	1
Italien	2	USA	2
		Insgesamt	38

Auffallend sind die hohen Anteile Frankreichs und Englands, während die USA im Vergleich zu den Korrespondierenden Mitgliedern in der physikalisch-mathematischen Klasse recht schwach beteiligt sind.

Von den 30 deutschen Korrespondierenden Mitgliedern lebten je ein Mitglied in Rom und Paris. Die restlichen wirkten in 10 deutschen Universitätsstädten.

Von 1900 bis 1910 gewählte Korrespondierende Mitglieder der philosophisch-historischen Klasse nach deutschen Universitätsstädten

Bonn	5	Königsberg	1
Breslau	1	Leipzig	7
Göttingen	3	Marburg	1
Halle	4	München	2
Heidelberg	2	Straßburg	2
		Insgesamt	28

Das Übergewicht der Universitätsstädte mit Akademien der Wissenschaften — Göttingen, Heidelberg, Leipzig, München — fällt bei den Gesellschaftswissenschaftlern außer bei Leipzig weit weniger ins Gewicht als bei den Naturwissenschaftlern. Von den 11 nichtpreußischen Universitäten des Deutschen Reiches zählten nur Heidelberg, Leipzig, München und Straßburg Korrespondierende Mitglieder der Berliner Akademie zu ihrem Lehrkörper. Nur aus drei von den neun preußischen Universitäten außerhalb Berlins — Greifswald, Kiel und Münster — wurden keine Angehörigen des Lehrkörpers zu Korrespondenten der Akademie gewählt. Der Anteil der Mitglieder aus Preußen war mit 15:13 bei den Gesellschaftswissenschaftlern bedeutend höher als bei den Naturwissenschaftlern mit 7:15. Wenn in elf Jahren nur 7 von 22 Naturwissenschaftlern, aber 15 von 28 Gesellschaftswissenschaftlern aus Preußen in die Preußische Akademie gewählt wurden, wird man mit Recht feststellen dürfen, daß die naturwissenschaftlichen Universitätsinstitute in den anderen deutschen Ländern offensichtlich größere Anziehungskraft auf erstklassige Fachleute ausübten als die preußischen Provinzuniversitäten, von denen nur Göttingen ausgenommen werden kann, das allein vier dieser sieben naturwissenschaftlichen Korrespondenten der Berliner Akademie stellte.

a) Mitglieder der physikalisch-mathematischen Klasse[3]

Nach dem Tode des Mathematikers Lazarus Fuchs, der sich vorwiegend mit linearen Differentialgleichungen beschäftigt und dadurch die Analysis befruchtet hat, wurde Friedrich Schottky im Jahre 1903 Ordentliches Mitglied der Akademie, der er bereits seit 1900 als Korrespondent angehörte. Mit Georg Frobenius, der der Akademie vor allem seine Arbeiten zur Algebra und Zahlentheorie — lineare Algebra, Invariantentheorie, Gruppentheorie — vorlegte, und Amandus Schwarz, der nach 1900 überhaupt nur noch einen Vortrag aus dem Gebiet der Analysis hielt, wirkten damit wieder drei Mathematiker an der Akademie. Schottky, wie die Genannten ein Schüler von K. Weierstraß, förderte die schwierigsten Teile der Analysis wesentlich, insbesondere durch seine Arbeiten über die Abelschen Funktionen. Frobenius und Schottky waren als Vortragende in der Klasse und im Plenum sehr aktiv.[4]

Obwohl der Frobenius-Schüler Issai Schur, der auf den Forschungsgebieten seines Lehrers tätig war, offiziell keine Verbindung zur Akademie hatte, publizierte er jedoch häufig seine Forschungsergebnisse in deren Periodica. Von den Korrespondierenden Mitgliedern im Fache der Mathematik — genannt seien von den schon im 19. Jh. gewählten nur Richard Dedekind und der bedeutende französische Mitbegründer der Topologie Henri Poincaré — haben Gaston Darboux als Sekretär der Pariser Académie im Rahmen der Assoziation mit der Berliner Akademie viele Jahre zusammengearbeitet und Leo Koenigsberger der Akademie regelmäßig Abhandlungen eingesandt, vorwiegend aus dem Gebiete der Analysis. Anläßlich des Jubiläums der Akademie wurden Paul Gordan, insbesondere wegen seiner Verdienste um die Invariantentheorie und weil er „unstreitig zu den besten Mathematikern unserer Zeit" gehörte[5], und Franz Mertens als der bedeutendste Mathematiker Österreichs zu Korrespondierenden Mitgliedern gewählt.[6] Daß die Berliner Mathematiker ihren hervorragenden Kollegen Hermann Minkowski niemals in die Akademie aufgenommen haben, gereicht der Institution sicher nicht zur Ehre. Die Ursache dafür dürfte in den Differenzen zwischen Berlin und Göttingen gelegen haben, die auch die Wahl von David Hilbert und Felix Klein über viele Jahre verzögerten, denn ab 1905 war immerhin eine Korrespondentenstelle für Mathematiker unbesetzt.[7]

---

[3] Die der Akademie vorgelegten und veröffentlichten wissenschaftlichen Abhandlungen sind verzeichnet in: Gesamtregister der Abhandlungen, Sitzungsberichte, Jahrbücher, Vorträge und Schriften der preußischen Akademie der Wissenschaften 1900—1945, Berlin 1966. Im allgemeinen werden diese bibliographischen Angaben daher hier nicht noch einmal gegeben.

[4] Vgl. K.-R. Biermann, Vorschläge zur Wahl von Mathematikern in die Berliner Akademie (= Abhandlungen der DAW. Kl. f. Math., Phys. u. Techn., Jg. 1960, 3).

[5] Vgl. AAW II:IIIb Bd. 17, Bl. 138, 119r.

[6] Vgl. AAW II:IIIb Bd. 17, Bl. 139, 119r.

[7] Vgl. über Göttingen und Berlin in diesem Zusammenhang K.-R. Biermann, Die Mathematik und ihre Dozenten an der Berliner Universität 1810—1920. Stationen auf dem Wege eines mathematischen Zentrums von Weltgeltung, Berlin 1973, und die dort angegebene Literatur.

Bedeutende Namen weist die Liste der Physiker in der Akademie auf. Schon seit 1894 gehörte ihr Max Planck an, der durch seine Quantentheorie[8] zum Mitbegründer des neuen Weltbildes der Physik wurde. Planck war ein Gegner des Positivismus und wandte sich gegen agnostizistische Auffassungen. Er gehörte zu den Berliner Akademiemitgliedern, die sich vom bürgerlichen Standpunkt aktiv für eine humanistische Wissenschaftspflege einsetzten. Seine recht zahlreichen Fachvorträge in der Akademie waren zum größeren Teil seinen engeren Arbeitsgebieten gewidmet. Sie behandelten Probleme der Mechanik, der Thermodynamik, der statistischen Physik, der physikalischen Optik und der Relativitätstheorie.

1895 wurden Friedrich Kohlrausch und Emil Warburg zu Ordentlichen Mitgliedern gewählt. Beide waren als Nachfolger von Helmholtz nacheinander Präsidenten der Physikalisch-technischen Reichsanstalt[9] (1895 bis 1905 bzw. 1905 bis 1922). Kohlrauschs Verdienste — er war bereits seit 1884 Korrespondierendes Mitglied — liegen in der Vervollkommnung der Meßmethoden auf allen Gebieten der Physik, Warburg wurde vor allem durch seine photochemischen Arbeiten bekannt. Über beide Arbeitsgebiete haben sie auch in der Akademie vorgetragen. Als Kohlrausch 1905 Berlin verließ, trat der Experimentalphysiker Paul Drude[10] an seine Stelle, der sich vor allem mit der Elektrizitätslehre beschäftigte, aber schon 1906 seinem Leben selbst ein Ende setzte.

Nachfolger Drudes wurde 1907 Heinrich Rubens, für den Planck die Laudatio schrieb.[11] Er verwies darin auf Rubens' Messungen „der Fortpflanzungsgeschwindigkeit elektrischer Wellen in isolierenden Flüssigkeiten, in welcher Arbeit der Nachweis geliefert wurde, daß für Hertzsche Wellen die Maxwellsche Beziehung zwischen dem Brechungsexponenten und der Dielektrizitätskonstanten viel besser erfüllt ist als für die optischen Wellen". Plancks Feststellung, daß Rubens diese Arbeiten in Gemeinschaft mit Leo Arons durchgeführt hatte, entsprach dem Grundsatz, wissenschaftliches Eigentum zu achten, kann aber auch durchaus politisch verstanden werden in einer Zeit, als die sog. „Lex Arons" jedem Wissenschaftler die Grenzen der „freien" Forschung im imperialistischen Deutschland vor Augen führte. Die „Lex Arons", benannt nach dem durch die imperialistischen Behörden vom Lehramt ausgeschlossenen Physiker Leo

---

[8] Vgl. M. v. Laue, Max Plancks 100. Geburtstag (Vortrag vor der DAW 24. 4. 1958). In: Die Naturwissenschaften, 45 (1958), S. 221—226; über Plancks Tätigkeit in der Akademie vgl. auch H. Frühauf, Max Planck als beständiger Sekretar. In: Mitteilungsblatt für die Mitarbeiter der DAW, 4. Jg. (1958), H. 4/5, S. 80—85.

[9] Vgl. über diese: Forschung und Prüfung. 50 Jahre Physikalisch-technische Reichsanstalt, Leipzig 1937.

[10] Vgl. AAW II:III a Bd. 17, Bl. 25—34. Drude wurde auf Wunsch des Ministeriums gewählt, das ihn unbedingt an die Universität berufen wollte.

[11] Vgl. AAW II:III a Bd. 17, Bl. 139—141. Rubens war seit 1906 Direktor des Physikalischen Instituts der Universität. Vgl. über ihn: A. Deubner, Die Physik an der Berliner Universität von 1910 bis 1960. In: Wissenschaftliche Zeitschrift der Humboldt-Universität zu Berlin. Beiheft zum Jubiläumsjahrgang (IX) 1959/60, S. 85f.

Arons, der als Mitglied der sozialdemokratischen Partei revisionistische Anschauungen vertrat, diente den imperialistischen Wissenschaftspolitikern dazu, jede Berufung eines Professors unmöglich zu machen, wenn dieser sich nicht vorbehaltlos zur bestehenden kapitalistischen Ordnung bekannte.[12]

Rubens' Ultrarotforschungen, auf die Planck schon in seinem Wahlantrag hinwies, fanden in Rubens' Tätigkeit in der Akademie erst später Widerhall. In den ersten Jahren seiner Mitgliedschaft hat er vorwiegend Probleme der Thermodynamik, der physikalischen Optik, der Festkörperphysik und der Spektroskopie behandelt, zum großen Teil gemeinsam mit seinen Mitarbeitern.

Anläßlich des Jubiläums 1900 wählte die Akademie fünf Physiker zu Korrespondierenden Mitgliedern, die alle bedeutende Leistungen aufzuweisen hatten. Der USA-Physiker Josiah Willard Gibbs, dessen Hauptarbeitsgebiet die Thermodynamik und die mechanische Statistik waren, wurde vor allem wegen seiner wichtigen Arbeit über das heterogene Gleichgewicht gewählt.[13] Ebenfalls aus den USA stammte Henry Augustus Rowland, dessen 1882 geschaffenes Konkavgitter von den Verfassern der Laudatio als „eins der wichtigsten Hilfsmittel moderner Optik", insbesondere für die Durchmusterung des Sonnenspektrums und des Spektrums zahlreicher chemischer Elemente, neben seinen Ohm-Bestimmungen und seinen Arbeiten über das mechanische Wärmeäquivalent und die spezifische Wärme herausgestellt wurde. Rowland war ein Schüler von Helmholtz, der schon 1876 vor der Akademie von dessen Untersuchungen über die magnetische Wirkung konvektiv bewegter Elektrizität berichtet hatte.[14] Als Begründung für die Wahl des Mitglieds der Pariser Académie Gabriel Lippmann wurden die durch ihn erfolgte Entdeckung der kapillarelektrischen Methode und der photographischen Reproduktion natürlicher Farben genannt, die „als Nachweis für die stehenden Lichtwellen von größtem Interesse" war. Den gleichen Nachweis hatte O. Wiener schon vor Lippmann „auf anderem Wege geführt"[15]. Die Lebensarbeit des ebenfalls zum Korrespondenten gewählten Johannes Diderik van der Waals hatte der Kontinuität des gasförmigen und flüssigen Zustandes gegolten, wodurch der bis dahin angenommene prinzipielle Unterschied zwischen beiden Aggregatzuständen aufgehoben wurde.[16] Für seine Zustandsgleichung von realen Gasen und Flüssigkeiten erhielt van der Waals 1910 den Physik-Nobelpreis. Als ein führender theoretischer Physiker Deutschlands wurde der Göttinger Professor Woldemar Voigt im Wahlantrag bezeichnet. Seine „neueren, zum Teil sehr wertvollen Arbeiten über die magnetooptischen Erscheinungen" wurden von den Verfassern der Laudatio hervorgehoben. Nachdem Voigts umfangreiche Theorie der optischen

---

12 Vgl. D. Fricke, Zur Militarisierung des deutschen Geisteslebens im wilhelminischen Kaiserreich. Der Fall Leo Arons. In: Zeitschrift für Geschichtswissenschaft, VIII. Jg., 1960, Heft 5, S. 1069–1107.

13 Vgl. AAW II:III b Bd. 17, Bl. 119–122.

14 Vgl. AAW II:III b Bd. 17, Bl. 119, 124–125.

15 Vgl. AAW II:III b Bd. 17, Bl. 119, 123–123r.

16 Vgl. AAW II:III b Bd. 17, Bl. 119, 128–129.

Dispersion der elektromagnetischen Theorie hätte weichen müssen, schiene er „eine mehr mathematisch-formale als physikalische Betrachtungsweise in seine Untersuchungen einzuführen"[17]. Voigt gehörte zu den nicht sehr zahlreichen Korrespondierenden Mitgliedern, die in den Periodica der Berliner Akademie publizierten. Zwei Physiker, die bereits seit 1871 bzw. 1884 Korrespondenten waren, William Thomson (Lord Kelvin) und Wilhelm Hittorf, wurden anläßlich des Akademiejubiläums zu Auswärtigen Mitgliedern ernannt.[18]

Bis 1910 wählte die Akademie fünf weitere Physiker zu Korrespondierenden Mitgliedern. Bei dem Entdecker der Radioaktivität Henri Becquerel, der 1907 auch die Helmholtz-Medaille der Akademie[19] erhielt, war die 1904 erfolgte Wahl jedenfalls ein Echo auf seine Auszeichnung mit dem Nobelpreis im Jahre 1903. In der Begründung für die Wahl Becquerels wurden seine Verdienste um die Radioaktivität genannt, gleichzeitig aber darauf verwiesen, daß die führende Rolle auf diesem Gebiet an M. Curie — die niemals gewählt wurde — und an E. Rutherford — der erst 1928 Korrespondierendes Mitglied wurde — übergegangen sei[20]. Im Jahre 1905 wurde der theoretische Physiker und Nobelpreisträger von 1902 Hendrik Antoon Lorentz gewählt, und zwar auf Vorschlag von Max Planck. Als seine größten Verdienste wurden die Ausbildung und Weiterführung der Maxwellschen Theorie genannt; auf die Schwierigkeiten, die sich aus Lorentz' elektrodynamischen Studien ergaben, wurde ausführlich eingegangen.[21]

Im Jahre 1909 wählte die Akademie Philipp Lenard wegen seiner im Anschluß an H. Hertz durchgeführten Arbeiten über die Kathodenstrahlen, die die Entdeckung der Becquerel- und der Röntgenstrahlen vorbereiteten, zum Korrespondierenden Mitglied. Wilhelm Conrad Röntgen war bereits seit 1896 Korrespondent der Akademie. Die Verfasser der Laudatio für Lenard — Warburg, Planck und Rubens — verhielten sich jedoch gleichzeitig kritisch zu dessen Versuchen, seine eigenen Verdienste um den Fortschritt der Physik einseitig herauszustellen, wobei sie insbesondere auf seine Nobelpreisrede verwiesen. Sie stellten fest, „daß die Entdeckung der Röntgenstrahlen nicht als eine so einfache experimentelle Folgerung aus den Lenardschen Arbeiten sich darstellt, als man nach seiner Schilderung meinen sollte"[22].

Für seine Verdienste um die Erforschung der Wärmestrahlung, für die er 1911 den Nobelpreis erhielt, wurde der Helmholtz-Schüler Willy Wien 1910 zum Korrespondenten der Physik gewählt. Wien, der nach Drudes Tod Redakteur „der wichtigsten physikalischen Zeitschrift Deutschlands: der ‚Annalen der Physik'" geworden war, hatte auch Drudes Lehrstuhl in Berlin übernehmen

---

[17] Vgl. AAW II:III b Bd. 17, Bl. 143–146.
[18] Vgl. AAW II:III b Bd. 17, Bl. 1–4.
[19] Sie ist bis heute die höchste Auszeichnung, die die AdW der DDR vergibt.
[20] Vgl. AAW II:III b Bd. 16, Bl. 193–195r; Bd. 17, Bl. 3, 14–14r.
[21] Vgl. AAW II:III b Bd. 18, Bl. 106–109r, 135.
[22] Vgl. AAW II:III b Bd. 20, Bl. 23–27. Lenard übte als Propagandist der rassistischen „deutschen Physik" in der Zeit des Faschismus verhängnisvollen Einfluß aus.

sollen, eine Berufung aber abgelehnt.[23] Als „zweifellos einer der ideenreichsten und fruchtbarsten" Physiker der Gegenwart, der das Cavendish-Laboratorium „zum Mittelpunkt der experimentellen Forschung in England" gemacht hatte, wurde ebenfalls 1910 der 1906 mit dem Nobelpreis geehrte Strahlenforscher Joseph John Thomson zum Korrespondierenden Mitglied gewählt.[24] Im Jahre 1910 wurde der Physiker John William Lord Rayleigh, der 1904 für seine Entdeckung des Edelgases Argon mit dem Nobelpreis geehrt wurde und schon seit 1896 Korrespondierendes Mitglied war, Auswärtiges Mitglied.[25]

1905 hielt mit Walther Nernst als Ordentlichem Mitglied die physikalische Chemie ihren Einzug in die Akademie. Den Wahlantrag in der Akademie stellten Physiker und Chemiker gemeinsam. Dabei wurde seine Berechnung der „Diffusionsgeschwindigkeit bei den Elektrolyten aus der Ionenbeweglichkeit" als eine der „hervorragendsten Leistungen Nernsts" genannt, weitere Verdienste erwähnt und sein Lehrbuch als Standardwerk bezeichnet.[26] 1906 stellte Nernst den Satz von der Unerreichbarkeit des absoluten Nullpunktes auf, das Nernstsche Wärmetheorem, das bald allgemein als dritter Hauptsatz der Thermodynamik anerkannt wurde. Für diese Leistung erhielt er 1920 den Nobelpreis für Chemie. In seinen Akademievorträgen behandelte Nernst vorwiegend Probleme der Thermodynamik und der Thermochemie.

In demselben Jahre wie Nernst wurde Wilhelm Ostwald zum Korrespondierenden Mitglied gewählt. Seine vielseitige wissenschaftliche und organisatorische Tätigkeit wurde als besonders nützlich herausgestellt, auf seine Forschungen über die Reaktionsgeschwindigkeit unter dem Einfluß von Katalysatoren, für die er 1909 den Nobelpreis erhielt, wurde verwiesen. „Unter den jetzigen Chemikern ist Ostwald unbedingt eine der meist hervorragenden Figuren in allen Weltteilen, deren Summe von Arbeit auch von den Vorgängern nur selten erreicht ist."[27]

Seit 1881, 1893 und 1896 vertraten Hans Landolt, Emil Fischer und Jacobus van't Hoff die Chemie als Ordentliche Mitglieder in der Akademie. Landolt gelang 1908 gemeinsam mit Lorand Eötvös der exakte Nachweis des Massenerhaltungssatzes, dem er alle drei nach der Jahrhundertwende in den Periodica der Akademie enthaltenen Publikationen widmete.

Emil Fischer[28] trug durch seine organisch-chemischen und seine biochemischen Forschungen entscheidend zum Aufschwung der Chemie auf dem Gebiet der Grundlagenforschung und der Anwendung chemischer Erkenntnisse in der Pra-

---

23 Vgl. AAW II: III b Bd. 20, Bl. 190–194.

24 Vgl. AAW II: III b Bd. 20, Bl. 206–209, 230–230r.

25 Vgl. AAW II: III b Bd. 20, Bl. 152–153, 155–155r.

26 Vgl. AAW II: III a Bd. 17, Bl. 27–28, 31–33r; Bd. 18, Bl. 65. Der Hinweis auf Nernsts Lehrbuch bezieht sich auf „Theoretische Chemie vom Standpunkt der Avogadroschen Regel und der Thermodynamik" (1893).

27 Vgl. AAW II: III b Bd. 18, Bl. 83–83r, 86–87.

28 Über ihn vgl. K. Heinig, Das chemische Institut der Berliner Universität unter der Leitung von August Wilhelm von Hofmann und Emil Fischer. In: Forschen und Wirken, Bd. I, Berlin 1960, S. 348–357.

xis bei. Er hat die akademischen Zusammenkünfte in erster Linie zur regelmäßigen Berichterstattung über seine Forschungen benutzt. Sein Festvortrag von 1907 über die Beziehungen der Chemie der Proteine zur Biologie vermittelt einen glänzenden Eindruck von der Weite des wissenschaftlichen Forschungsgebietes dieses Gelehrten und verdeutlicht zugleich die Formen, in denen chemische Forschungsergebnisse in der Akademie rezipiert werden konnten. Fischer gab eine Übersicht über den Forschungsstand, befaßte sich aber auch mit der wirtschaftlichen Verwertung naturwissenschaftlicher Forschungsergebnisse und wandte sich gegen skeptische Naturforscher, die die Bedeutung der chemischen Synthese für die Biologie und die Medizin leugneten. Fischer würdigte die physiologischen Forschungsergebnisse I. Pavlovs und hielt es für möglich, Fermente künstlich zu erzeugen. Der vorherrschenden Geschichtsschreibung machte Fischer den Vorwurf, nicht genügend berücksichtigt zu haben, daß der Mensch zunächst einmal leben muß, bevor er sich mit gesellschaftlichen und kulturellen Fragen beschäftigen kann.[29] Vom Ansatz her zeigt sich darin eine tiefere Einsicht in die Entwicklung der menschlichen Gesellschaft, als sie üblicherweise bei bürgerlichen Gelehrten in der Zeit des Imperialismus angetroffen wird. Immerhin waren seine Ausführungen von 1907 in einer vorwiegend geisteswissenschaftlich ausgerichteten Institution wie der Akademie eine recht herbe Kritik.

Fischer veranlaßte 1896 gemeinsam mit M. Planck die Berufung von van't Hoff an die Akademie; van't Hoff war einer der Bahnbrecher für die Anwendung physikalischer und mathematischer Methoden auf theoretische und praktische Probleme der Chemie. Seine bereits genannten bedeutenden Leistungen waren der Grund für seine Berufung an die Akademie, die ihm ein Forschungslaboratorium einrichtete. Van't Hoff war eines der ganz wenigen Akademiemitglieder, die hauptamtlich an der Akademie arbeiteten, ohne zuvor als Professor an eine Lehranstalt oder als Direktor eines Forschungsinstitutes nach Berlin berufen worden zu sein.

In Berlin führte van't Hoff umfangreiche experimentelle und theoretische Arbeiten über ozeanische Salzablagerungen durch, deren Ergebnisse kontinuierlich in über 50 Studien in den Akademiepublikationen von 1897 bis 1908 ihren Niederschlag fanden, bevor sie zusammenfassend veröffentlicht wurden.[30] Sie stellen teilweise noch heute die wissenschaftliche Grundlage dar für die technische Kalisalzgewinnung. Seine gegen Ende seines Lebens auch der Akademie vorgelegten Arbeiten über die synthetischen Wirkungen der Fermente konnte er nicht mehr abschließen.

---

[29] Vgl. E. Fischer, Die Chemie der Proteine und ihre Beziehungen zur Biologie. Festvortrag. In: Sb 1907, S. 35—56. Fischers Hinweis auf die bürgerliche Geschichtsforschung (S. 35): „Und wie sehr Nahrungsfragen den Handel und Verkehr oder die sozialen und politischen Einrichtungen der Völker beeinflußt haben, ist von der Geschichtsforschung vielleicht noch nicht genügend berücksichtigt worden."

[30] J. H. van't Hoff, Die Bildung ozeanischer Salzablagerungen, Bd. 1.2, Braunschweig 1905 bis 1909.

In den Begründungen für die Wahl von drei Chemikern zu Korrespondierenden Mitgliedern im Jahre 1900 wurden deren Verdienste um die Anwendung chemischer Erkenntnisse in der Industrie neben ihren Leistungen in der Forschung vorrangig herausgestellt. Bei dem russischen Chemiker Dimitrij Mendeleev, der sich durch das gleichzeitig mit L. Meyer, aber unabhängig von ihm entdeckte periodische System der Elemente „sofort zu den ersten Anorganikern seiner Zeit stellte", wurde sein Anteil an der Hebung der russischen Petroleum-Industrie im Kaukasus hervorgehoben.[31] Für die Wahl des dänischen Chemikers Julius Thomsen sprachen sich die Akademiemitglieder vor allem wegen seiner thermochemischen Untersuchungen, aber auch wegen seiner technischen Erfolge bei der Begründung der Kryolith-Soda-Industrie aus.[32] In der Laudatio für den Anorganiker Clemens Winkler wurden als Verdienste genannt seine Atomgewichtsbestimmungen, die Entdeckung des Germaniums und sein Einfluß auf „zwei industrielle Prozesse, die erst jetzt in den Vordergrund treten": auf die Synthese des Schwefelsäureanhydrids mit Hilfe von Platinasbest als Katalysator und auf die Darstellung von Elementen wie Bor, Silizium und vielen Metallen aus deren Oxyden.[33]

Auswärtiges Mitglied wurde 1906 der französische Chemiker Marcellin Berthelot, der „wohl zufällig" noch nicht Korrespondent geworden wäre. Als Verdienste wurden in der Begründung seine Arbeiten über die organische Synthese genannt, zugleich aber darauf verwiesen, daß er „sich hartnäckig gegen das Beste, was wir auf theoretisch-chemischem Gebiet haben, die Atomistik, Avogadros Satz, die Strukturlehre, die Stereochemie, die Konsequenzen der Thermodynamik gewehrt" und durch seine Autorität die ganze französische Schule in dieser Hinsicht „ungünstig beeinflußt" habe. Die Begründung stammte von Fischer, Landolt und van't Hoff.[34]

Der 1906 für seine Fluor-Isolierung und die Konstruktion eines elektrischen Ofens mit dem Chemie-Nobelpreis ausgezeichnete französische Chemiker Henri Moissan war auf Grund dieser Leistungen schon 1905 zum Korrespondierenden Akademiemitglied gewählt worden.[35] Inhaltlich decken sich auch die Akademie-Laudationes und die Begründungen für die Chemie-Nobelpreisträger von 1910 und 1914, Otto Wallach[36] und Theodore William Richards[37], die 1907 und 1909 zu Korrespondierenden Mitgliedern gewählt wurden. Jener wurde geehrt für seine Erforschung der ätherischen Öle, dieser für seine Atomgewichtsbestimmungen. Gemeinsam mit Wallach wurde 1907 der in der chemischen Industrie tätige Carl Graebe für die künstliche Darstellung des Alizarins, das den natürlichen Krappfarbstoff verdrängte, und für seine Untersuchungen über den

---

[31] Vgl. AAW II:III b Bd. 17, Bl. 98–100.
[32] Vgl. AAW II:III b Bd. 17, Bl. 98, 101.
[33] Vgl. AAW II:III b Bd. 17, Bl. 98, 102.
[34] Vgl. AAW II:III b Bd. 17, Bl. 1,5–7.
[35] Vgl. AAW II:III b Bd. 18, Bl. 83r–85.
[36] Vgl. AAW II:III b Bd. 19, Bl. 79, 82–84.
[37] Vgl. AAW II:III b Bd. 20, Bl. 100–103, 113.

Steinkohlenteer gewählt.[38] Zusammen mit Richards trat 1909 der bedeutende italienische Organiker Giacomo Ciamician in die Akademie ein, der insbesondere für seine biochemischen Forschungen geehrt wurde.[39] Der in Mailand tätige Chemiker Wilhelm Körner wurde 1909 wegen seiner Verdienste um die Benzolderivate gewählt.[40] Weiterhin wurde 1910 Albert Ladenburg für seine Arbeiten in der organischen Chemie — Entdeckung der Derivate des Siliziums, Experimente über Pflanzenalkaloide, partielle Synthese des Atropins — und für seine Arbeit am Handwörterbuch der Chemie zum Korrespondierenden Mitglied für das Fach Chemie gewählt.[41]

Von den mit dem Chemie-Nobelpreis geehrten Forschern gehörten Adolf von Baeyer und William Ramsay der Akademie bereits seit 1884 bzw. 1896 als Korrespondenten an. Baeyer wurde 1905, als er für seine Indigosynthese den Nobelpreis erhielt, als einer der bedeutendsten organischen Chemiker Deutschlands von der Berliner Akademie zum Auswärtigen Mitglied gewählt.[42]

Nahezu 50 Jahre, von 1866 bis 1915, wirkte Arthur Auwers, der Begründer des Unternehmens „Geschichte des Fixsternhimmels", als Astronom an der Akademie. Nach der Jahrhundertwende ist Auwers, der von 1878 bis 1912 Sekretar war, als Vortragender nur noch dreimal in Erscheinung getreten, wobei er u. a. Probleme der praktischen Astronomie, der Astrometrie, behandelte. Seine letzte Festrede — im Jahre 1900 — war ebenso wie sein Wirken an der Akademie in seinen letzten Lebensjahren der „Geschichte des Fixsternhimmels" gewidmet. 1904 wählte die Akademie mit Hermann Struve, dem Direktor der Berliner Sternwarte, unter dem Gesichtspunkt einer Verbreiterung der astronomischen Forschung einen weiteren Astronomen zum Mitglied, der sich jedoch auf gelegentliche Vorträge aus der Theorie der Satelliten und über Planeten beschränkte.[43] Seit 1892 gehörte bereits der Direktor des Astrophysikalischen Observatoriums in Potsdam, Hermann Karl Vogel, der Akademie als Ordentliches Mitglied an. Vogel hatte sich Verdienste um die Einteilung der Sterne nach ihrem Spektrum erworben. Neben einem zusammenfassenden Bericht über die Fortschritte in der Himmelsmechanik behandelte er in seinen Vorträgen Probleme der praktischen Astronomie und der Astrophysik.

Im Jahre 1900 wurde der schwedische Astronom Nils Kristofer Dunér zum Korrespondierenden Mitglied gewählt, vor allem wegen seiner „Untersuchung über die Rotation der Sonne mit Anwendung des Spektroskops", aber auch für seine photometrischen Beobachtungen.[44] Als Anerkennung für seine bedeutenden Leistungen in der Photometrie und seine erfolgreiche Organisation der astronomischen Forschung in den USA wurde 1906 Edward Charles Pickering

---

[38] Vgl. AAW II:III b Bd. 19, Bl. 79—81r, 84.
[39] Vgl. AAW II:III b Bd. 20, Bl. 97—99, 102r—103.
[40] Vgl. AAW II:III b Bd. 20, Bl. 6—15r.
[41] Vgl. AAW II:III b Bd. 20, Bl. 122—124r, 131—131r.
[42] Vgl. AAW II:III b Bd. 18, Bl. 143—147.
[43] Vgl. AAW II:III a Bd. 16, Bl. 227—228r, 251; Bd. 17, Bl. 163.
[44] Vgl. AAW II:III b Bd. 17, Bl. 119r, 137—137r.

berufen. „Pickering hat in Cambridge einen wissenschaftlichen Großbetrieb eingerichtet, wie er in diesem Umfange und in dieser Intensität kaum je in der Astronomie seines Gleichen gehabt hat. Von einem solchen Großbetrieb ist eine gewisse Fabrikmäßigkeit nicht abzustreifen, welche die äußerste Verfeinerung und strengste Versicherung jeder Einzelheit nicht zu erreichen gestattet. Seitdem die Astronomie aber an das Studium des Fixsternsystems gegangen ist, bedarf sie notwendig des großen Massenmaterials, und kann nicht vorwärts kommen ohne Großbetriebe, welche ihr solches herbeischaffen."[45] Pickering konnte auf dieser Grundlage eine verfeinerte Einteilung der Sterne nach ihrem Spektrum, die Harvardklassifikation, schaffen.

Zusammen mit Pickering traten Heinrich Bruns und Hugo von Seeliger als Astronomen in die Akademie ein. Bruns hatte als Mathematiker begonnen und sich später Verdienste um die Anwendung der höheren Analysis auf Probleme der Astronomie und verwandter Wissensgebiete, wie der Geodäsie, der Ausgleichungsrechnung und der geometrischen Optik erworben.[46] Der Münchener Astronom Seeliger wurde besonders als Förderer der Himmelsmechanik und der Photometrie empfohlen. Seine „Betrachtungen über die räumliche Verteilung der Fixsterne" von 1898 galten zugleich als abschließend für das Jahrhundert und als weiterführend.[47] Seeliger und Pickering waren schon 1900 zur Wahl vorgesehen, ihre Laudationes aber dann nicht eingereicht worden.[48]

Im Jahre 1910 wurden noch einmal Astronomen als Korrespondenten gewählt. Die Ehrung galt dem USA-Astronomen Lewis Boss, insbesondere für seine Fundamentalbestimmungen der Fixsternörter[49], und dem Bonner Astronomieprofessor Friedrich Küstner, der die dritte große Entdeckung gemacht hatte, die in der sphärischen Astronomie nach Bradleys Entdeckung der Aberration und der Nutation nach Ansicht der Laudatoren noch zu machen gewesen wäre: „die der Veränderlichkeit der Polhöhen infolge kurzperiodischer Schwankungen der Rotationsaxe im Erdkörper". 1918 wurde Küstner als erster Astronom mit der von A. Auwers gestifteten Bradley-Medaille der Berliner Akademie geehrt. Verdienste erwarb er sich auch um „die Auswertung der Beobachtungsmethoden der Astrophysik für Probleme der Astrometrie"[50].

Mit Robert Helmert, dem Direktor des Geodätischen Instituts in Potsdam, trat 1900 zum ersten Mal ein Geodät als Ordentliches Mitglied in die Akademie ein. Außer zwei Mitarbeitern seines Instituts war er der einzige, der in der Akademie über geodätische Arbeiten berichtete. Mit seinem Werk „Die mathematischen und physikalischen Theorien der höheren Geodäsie" (1880—1884) legte er Grundlagen für die Gradmessungsarbeiten. Die Akademie schuf sich durch diese Wahl, wie in der Laudatio ausgeführt wurde, die Verbindung zu einem der

[45] Vgl. AAW II:III b Bd. 18, Bl. 179, 183—190, 194, 202—203.
[46] Vgl. AAW II:III b Bd. 18, Bl. 179—182.
[47] Vgl. AAW II:III b Bd. 18, Bl. 179, 183—190, 194, 199.
[48] Vgl. AAW II:III b Bd. 18, Bl. 183.
[49] Vgl. AAW II:III b Bd. 20, Bl. 260—262r.
[50] Vgl. AAW II:III b Bd. 20, Bl. 260—260r, 263—264.

bedeutendsten inländischen Institute, das für die gesamte Geophysik bedeutsam wäre.[51]

Auch der Direktor des Meteorologischen Instituts in Potsdam, der dritten preußischen staatlichen naturwissenschaftlichen Forschungseinrichtung neben dem Astrophysikalischen Observatorium und dem Geodätischen Institut, war Ordentliches Mitglied der Akademie. Es war zu dieser Zeit der Physiker Wilhelm von Bezold, der der Akademie seit 1886 angehörte. Er hatte den Vorschlag der Akademie für die Internationale Assoziation über eine magnetische Vermessung eines ganzen Parallelkreises zur Prüfung der Grundlagen der Gauss'schen Theorie des Erdmagnetismus ausgearbeitet und dieses Anliegen auch in der Assoziation vertreten. Seine Vorträge in der Akademie waren der atmosphärischen Mechanik und Thermodynamik sowie der allgemeinen Klimatologie gewidmet. Die Mitgliedschaft der Direktoren der preußischen staatlichen Forschungsinstitute für Astrophysik, Geodäsie und Meteorologie in Potsdam, die bedeutende Fachleute auf ihrem Gebiet waren, zeigt ebenso wie die Wahl vieler naturwissenschaftlicher Ordinarien der Berliner Universität zu Mitgliedern der Akademie die enge Verflechtung aller dieser Forschungs- und Lehreinrichtungen. Da an der Akademie nahezu alle Voraussetzungen für naturwissenschaftliche Forschungen fehlten, mußte die Mitgliedschaft daher vor allem auch den Charakter einer Würdigung der wissenschaftlichen Leistungen haben.

Meteorologen und Geophysiker waren nur in geringer Zahl unter den Korrespondierenden Mitgliedern. Zwar gehörte der Wiener Meteorologe Julius Hann, Verfasser des „Lehrbuches für Meteorologie", eines Standardwerks, der Akademie bereits seit 1889 an, ebenso der Direktor des Zentralbüros für Meteorologie in Paris, Eleuthère Mascart seit 1895. Ein weiterer Meteorologe wurden 1900 zum Jubiläum gewählt: Henrik Mohn, der führende norwegische Klimatologe, der wertvolle Beiträge zur Physik der Atmosphäre und des Meeres geliefert hatte.[52] Für das Fach der Geophysik wurde 1908 der Astronom George Darwin berufen unter Bezug auf seine Verdienste in der Gezeitenforschung und der Geodäsie.[53] Auf dem gleichen Gebiet arbeitete der 1910 gewählte ungarische Experimentalphysiker Lorand (Roland) Eötvös, der durch seine Drehwaage zur Ermittlung der Gestalt einer Niveaufläche mit ihren mathematischen Einzelheiten die Geodäsie befruchtete.[54]

Mit Ferdinand Freiherr von Richthofen, der 1881 zum Korrespondierenden und 1899 zum Ordentlichen Mitglied gewählt wurde, und dessen Nachfolger Albrecht Penck, Ordentliches Mitglied seit 1906, wechselte die Geographie aus der philosophisch-historischen in die physikalisch-mathematische Klasse über. Die Verwandlung dieser Disziplin in eine naturwissenschaftliche fand damit

---

[51] Vgl. AAW II:III a Bd. 15, Bl. 142—144, 152. Weiterhin: L. Lerbs, Über die Entwicklung des Geodätischen Instituts von der Gründung 1870 bis zur Eingliederung in das Zentralinstitut Physik der Erde 1969. Diss. DAW 1969.

[52] Vgl. AAW II:III b Bd. 17, Bl. 119r, 140—141r.

[53] Vgl. AAW II:III b Bd. 19, Bl. 185—188r.

[54] Vgl. AAW II:III b Bd. 20, Bl. 126—131r.

auch in der Akademie ihren Ausdruck. Penck, der die Entwicklung der Geomorphologie entscheidend beeinflußte und der nahezu vier Jahrzehnte Mitglied der Akademie war, galt schon zum Zeitpunkt seiner Wahl als Autorität auf dem Gebiet glazialer geologischer Forschung.[55] Seine beiden ersten Akademievorträge waren der Tektonik und der physischen Geographie gewidmet. Penck gehörte zu der kleinen Zahl der Naturwissenschaftler in der Akademie, die sich offen zur imperialistischen Expansions- und Kolonialpolitik bekannten, bis 1917 allerdings weniger in seinen Akademievorträgen, als vielmehr in seinem sonstigen Auftreten und durch Versuche, auch in der Akademie wissenschaftspolitisch wirksam zu werden. Gegenüber seinen bedeutenden wissenschaftlichen Leistungen sind seine reaktionären gesellschaftspolitischen Anschauungen und insbesondere seine politische Rolle in der Zeit des Hitlerfaschismus entsprechend herausgestellt worden.[56]

Ein Korrespondierendes Mitglied der Geographie wurde erst 1910 gewählt. William Morris Davis war allerdings zugleich auch Geophysiker. Seine Wahl hing offensichtlich damit zusammen, daß er 1908/09 amerikanischer Austauschprofessor in Berlin war. Er galt als führender Geograph der USA, hatte anerkannte Lehrbücher der „Physical Geography" und der Meteorologie geschrieben und die Theorie der „geographischen Zyklen" zu „einer genetischen Klassifikation der Formen der Erdoberfläche" erarbeitet.[57]

Die Geologie war in der Akademie seit 1899 durch das Ordentliche Mitglied Wilhelm von Branco (Branca) vertreten, der sich vor allem mit der Paläontologie und dem Vulkanismus beschäftigte. In seinen Akademievorträgen behandelte er außer paläontologischen Fragen Probleme der endogenen Kräfte und der Sedimentgesteine.

Die zweite Stelle dieses Faches Mineralogie und Geologie hatte schon seit 1887 Karl Klein inne. Seine Vorträge betrafen ebenfalls endogene Kräfte, daneben allgemeine Probleme der Geochemie und der Mineralogie, vor allem aber die Mineralkunde. Kleins Nachfolger an der Universität und an der Akademie wurde 1908 Theodor Liebisch. Er hatte mit petrographischen Studien begonnen, sich aber vor allem als Kristallograph einen „bedeutenden Namen erworben" und war danach zur Kristallphysik übergegangen. Durch zusammenfassende Darstellungen suchte er Einfluß auf die weitere Forschung zu nehmen.[58] Seine Mitarbeit in der Akademie begann er mit Vorträgen aus dem Gebiet der Kristallchemie und der Mineralkunde.

---

[55] Vgl. AAW II:III a Bd. 17, Bl. 78—79.

[56] Vgl. H. Sanke, Gesellschaftlich-politische Anschauungen der großen Geographen Berlins und seiner Universität. In: Forschen und Wirken, Bd. I, Berlin 1960, S. 334ff. Weiterhin H. Schulz, Der Geograph Albrecht Penck (1858—1945) und seine Stellung zu Zeitfragen (eine aktuelle kritische Einschätzung seiner Berliner Zeit). Ms. d. Forschungsstelle.

[57] Vgl. AAW II:III b Bd. 20, Bl. 226—230r.

[58] Vgl. AAW II:III a Bd. 17, Bl. 190—194r. Über ihn vgl. W. Kleber, Die Entwicklung der Mineralogie an der Berliner Universität während der ersten Hälfte des 20. Jh. In: Wissenschaftliche Zeitschrift der Humboldt-Universität zu Berlin, Beiheft zum Jubiläumsjahrgang (IX) 1959/60, S. 101f.

Ein weiterer Mineraloge wurde 1900 als Korrespondent gewählt, der Deutsch-Italiener Johannes (Giovanni) Strüver, der in Italien als einer der ersten Mineralogen galt und auch im italienischen Unterrichtsministerium tätig gewesen war. Die Berliner Mitglieder, die ihn vorschlugen, sahen in ihm vor allem auch einen Forscher, der — wie sie schrieben — „deutschen Fleiß und deutsche Gründlichkeit" in Italien repräsentierte.[59]

Die vier weiteren für dieses Fach zu Beginn des 20. Jh. gewählten Korrespondierenden Mitglieder waren Geologen und Paläontologen. Ernst Wilhelm Benecke, 1900 gewählt, hatte über Trias und Jura in den Alpen gearbeitet und mit seinen Forschungen „wesentlich" zu den Grundlagen für die klassischen Alpenforschungen von Eduard Sueß beigetragen.[60] Sueß, „unbestritten der erste jetzt lebende Geologe", wurde 1900 zum Auswärtigen Mitglied gewählt mit der ausdrücklichen Feststellung, daß es ein Versäumnis der Akademie gewesen sei, ihn nicht früher unter ihre Mitglieder einzureihen.[61] Er hatte führend an der Gründung der Internationalen Assoziation der Akademien mitgewirkt.

Ebenfalls 1900 wurde als Korrespondent der französische Paläontologe Albert Gaudry gewählt, dessen engeres Arbeitsgebiet die Säugetierfauna des Tertiärs war.[62] Der dritte in diesem Jahre in die Akademie berufene Fachwissenschaftler auf diesem Gebiet war das Ordentliche Mitglied der Petersburger Akademie Friedrich Schmidt (Fedor B. Šmidt). Die Anerkennung erfolgte für seine Verdienste um die geologische und paläontologische Erforschung Nordosteuropas und Sibiriens.[63]

Der Göttinger Professor der Geologie und der Paläontologie Adolf von Koenen wurde 1904 in die Akademie berufen. Die Wahl fiel auf ihn „als den ausgezeichneten geologischen Historiographen der tertiären und neocomen Meeresbildungen Norddeutschlands" und „als den scharfsinnigen Interpreten der Beziehungen, welche zwischen der Oberflächengestaltung und dem inneren geologischen Aufbau norddeutscher Lande bestehen"[64].

Die beiden Fachstellen für Botanik waren im Jahre 1900 mit Simon Schwendener — seit 1879 — und Adolf Engler — seit 1890 — besetzt. Schwendener war Vertreter der physiologischen Botanik. Seine wenigen bis 1902 noch in den Periodica der Akademie veröffentlichten Arbeiten sind der Verteidigung seiner physiologischen und morphologischen Ansichten gewidmet. Das Hauptarbeitsgebiet des auf pflanzengeographischem Gebiet bedeutenden Forschers Engler war die afrikanische Flora. Sein fünfbändiges Hauptwerk „Die Pflanzenwelt Afrikas" erschien von 1908 bis 1921. Er schuf das heute gebräuchliche phylogenetische Pflanzensystem und war der Leiter des akademischen Unternehmens

---

59 Vgl. AAW II:III b Bd. 17, Bl. 98—98r, 108—109r.
60 Vgl. AAW II:III b Bd. 17, Bl. 98—98r, 104—104r.
61 Vgl. AAW II:III b Bd. 17, Bl. 1,9—10r, 36—37r.
62 Vgl. AAW II:III b Bd. 17, Bl. 98—98r, 105—106.
63 Vgl. AAW II:III b Bd. 17, Bl. 98—98r, 107—107r.
64 Vgl. AAW II:III b Bd. 18, Bl. 4—7r, 16.

„Das Pflanzenreich"[65]. Seine Akademievorträge behandelten vorwiegend pflanzengeographische Probleme Afrikas, in einem Falle auch Asiens.

Die drei Wahlen von Korrespondierenden Mitgliedern für Botanik in diesem Zeitabschnitt der Akademiegeschichte lagen durchaus in der Richtung der von Schwendener und Engler betriebenen Forschungen. Alle Wahlen erfolgten 1900. Der schwedische Botaniker Alfred Nathorst hatte sich seinen Ruf als Erforscher fossiler Pflanzen und der nördlichen Glazialflora sowie durch pflanzengeographische Arbeiten über die arktischen Länder erworben. Seine Wahl hatte Engler angeregt.[66] Auf Schwendeners Antrag wurden Ludwig Radlkofer in München und der Niederländer Melchior Treub gewählt. Radlkofer bemühte sich, „die anatomische Methode in der Systematik zur Geltung zu bringen" und wurde so „zum eifrigen Förderer der neuen anatomisch-systematischen Forschungsrichtung"[67]. Treub war Direktor des Botanischen Gartens in Buitenzorg auf Java, einer für die Entwicklung der Botanik bedeutsamen Forschungsstätte in den holländischen Kolonien, in der viele europäische Forscher arbeiten konnten. Treub hatte auf entwicklungsgeschichtlichem und auch ernährungsphysiologischem Gebiet gearbeitet, seine Wahl hing aber selbstverständlich vor allem auch mit seiner Dienststellung zusammen.[68] Bereits seit 1889 und 1899 gehörten der Begründer der neuen modernen Pflanzenphysiologie, Wilhelm Pfeffer, und der Schwendener-Schüler Gottlieb Haberlandt der Akademie als Korrespondierende Mitglieder an. Der Botaniker Joseph Dalton Hooker, seit 1854 bereits Korrespondierendes, wurde 1904 Auswärtiges Mitglied.[69]

Die Zoologie vertraten in der Akademie als Ordentliche Mitglieder Franz Eilhard Schulze seit 1884 und Karl Möbius seit 1888. Schulze[70] arbeitete insbesondere über die Anatomie und die Entwicklungsgeschichte der niederen Tiere, er war Leiter des akademischen Unternehmens „Das Tierreich". Seine Akademievorträge widmete er der Tiergeographie, der Taxonomie und vor allem dem Atmungssystem. Möbius war der Begründer der Lehre von der Lebensgemeinschaft (Biozönose), hat aber in der Akademie nach der Jahrhundertwende nur einige Vorträge über die ästhetische Beurteilung von Tieren gehalten.

Drei Korrespondierende Mitglieder für das Fach Zoologie wurden im Jahre 1900 gewählt. Der Leipziger Zoologe und vergleichende Anatom Karl Chun hat

[65] Über ihn vgl. L. Diels, Zum Gedächtnis von Adolf Engler. In: Botanische Jahrbücher, Bd. 64 (1931). Die ausführliche Biographie wird ergänzt durch ein Verzeichnis der Schriften.

[66] Vgl. AAW II:III b Bd. 17, Bl. 98–98r, 110–112r.

[67] Vgl. AAW II:III b Bd. 17, Bl. 98–98r, 113–114r.

[68] Vgl. AAW II: III b Bd. 17, Bl. 98–98r, 115–116. Treubs Geschichte des Gartens in Buitenzorg erschien auch deutsch: „Der Botanische Garten, 's Lands Plantentuin, zu Buitenzorg", Leipzig 1873. Über Treubs Bemühungen um den Ausbau Buitenzorgs zur Zentrale der Erforschung der tropischen Planzenwelt vgl. G. Haberlandt, Erinnerungen, Bekenntnisse und Betrachtungen, Berlin 1933, S. 129f.

[69] Vgl. AAW II:IIIb Bd. 18, Bl. 18–18r, 26.

[70] Über ihn vgl. G. Tembrock, Die Geschichte des zoologischen Instituts. In: Wissenschaftliche Zeitschrift der Humboldt-Universität zu Berlin, Beiheft zum Jubiläumsjahrgang (IX) 1959/60, S. 107–117.

sich durch seine Mitarbeit an der Auswertung der Plankton-Expedition und seine Teilnahme an der Tiefsee-Expedition auf dem Dampfer „Valdivia" (1898/99) Verdienste um die Ozeanographie und Meeresbiologie erworben.[71] Auf dem Gebiete der Meeresforschung arbeitete auch der Gießener Zoologe Wilhelm Spengel.[72] Die Verdienste des Grazer Zoologen Ludwig v. Graff lagen in der Erforschung der Strudelwürmer (Turbellaria).[73] Alle diese Forscher, deren Wahl von Schulze angeregt worden war, arbeiteten in einer Richtung, die der seinigen sehr nahe lag.

Die immer engeren Verbindungen zwischen den Biowissenschaften und der Medizin fanden auch in der Wahlpolitik der Akademie ihren Niederschlag. Bereits seit 1880 war der Physiologe Hermann Munk Ordentliches Mitglied der Akademie. In seinen Vorträgen hat er vor allem Probleme des Nervensystems, aber auch der Speziellen Psychologie und der Angewandten Zoologie behandelt. Gemeinsam mit ihm vertrat seit 1884 der Anatom Wilhelm Waldeyer das Fach Anatomie/Physiologie in der Akademie und war zugleich seit 1896 Sekretar der physikalisch-mathematischen Klasse.

Waldeyer wurde vor allem bekannt durch seine Forschungen auf dem Gebiet der Anatomie des Nervensystems, der Anatomie und Entwicklungsgeschichte der Geschlechtsorgane und der Geschwulstlehre. In seinen wissenschaftlichen Vorträgen vor der Akademie behandelte er Fragen der Anthropologie und der Anatomie (Bewegungs-, Verdauungs- und Nervensystem). Von 1900 bis 1910 hat er als Sekretar acht Festreden vor der Akademie gehalten, mehr als jeder andere Sekretar. Außer einer Ansprache aus seinem Fachgebiet — einer medizinhistorischen Abhandlung über die Bedeutung Kaspar Friedrich Wolffs für die Entwicklungsgeschichte — sind sie zumeist am Friedrichstag der Akademie gehalten worden; sie dienten der Apologie des Preußenkönigs und der Verteidigung der imperialistischen Wissenschaftspolitik, deren wichtigster naturwissenschaftlicher Vertreter Waldeyer in dieser Zeit in der Akademie war. Zweimal hat sich Waldeyer vor der Akademie ausführlich zur Internationalen Assoziation der Akademien geäußert, mit der seine wissenschaftsorganisatorische Tätigkeit als Ständiger Delegierter der Berliner Akademie in der alle drei Jahre tagenden Generalversammlung und als Leiter der internationalen Hirnforschungs-Kommission eng verbunden war.

Da die Fachstellenzahl auf dem Gebiet der Medizin nicht ausreichte, wurden weitere Vertreter dieser Disziplin auf freie Stellen berufen. Rudolf Virchow, der 1902 starb, wirkte als Mediziner nicht mehr in der Akademie.[74] Seit 1893 war der Anatom und Haeckel-Schüler Oskar Hertwig, der Entdecker der Befruch-

---

[71] Vgl. AAW II:III b Bd. 17, Bl. 93—96r.
[72] Vgl. AAW II:III b Bd. 17, Bl. 93, 97—97r.
[73] Vgl. AAW II:III b Bd. 17, Bl. 98—98r, 117—118r.
[74] Vgl. R. Rössle, Rudolf Virchow und die Königlich Preußische Akademie der Wissenschaften. In: Deutsche Akademie der Wissenschaften zu Berlin 1946—1956, Berlin 1956, S. 235—241. Weiterhin K. Winter, Rudolf Virchow. In: Forschen und Wirken, Bd. I, Berlin 1960, S. 253—266.

tung am Seeigel-Ei (1875), auf deren Grundlage er seine Kernidioplasma-Theorie[75] entwickelte, Ordentliches Akademiemitglied. Er war ein Gegner der imperialistischen Lehre des Sozialdarwinismus.[76] In seinen Akademievorträgen konzentrierte er sich, ausgehend von allgemeinen wissenschaftlichen Problemen, zunehmend auf seine Lehre vom Idioplasma, die er unter den Gesichtspunkten der Physiologischen Chemie und der Biophysik behandelte. Neben Hertwig stand seit 1898 der Physiologe Theodor Wilhelm Engelmann, der sich jedoch in der Akademie nur einmal zur Allgemeinen Physiologie geäußert hat. Kaum beteiligt an der Arbeit der Akademie war auch der erst 1904 gewählte Robert Koch, der nur einmal über ein mikrobiologisches Thema sprach. Koch erhielt 1905 den Medizin-Nobelpreis für seine Tuberkuloseforschung. Seine Wahl in die Akademie, die sowohl in der Klasse wie im Plenum mit der hohen Zahl von acht Gegenstimmen erfolgte, wurde ganz offensichtlich nur als eine Ehrenpflicht der medizinischen Vertreter der Akademie gegenüber einem international angesehenen Gelehrten betrachtet. Der Hinweis im Wahlantrag auf Kochs Mitgliedschaft in zahlreichen Akademien und auf seine Wahl zum Auswärtigen Mitglied der Pariser Académie des Sciences als Nachfolger Rudolf Virchows ist ein Indiz dafür.[77]

Im Jahre 1906 wurden der Pathologe Johannes Orth und der Hygieniker Max Rubner in neu geschaffene Stellen der Akademie gewählt, die damit der weiteren Differenzierung der medizinischen Wissenschaften Rechnung trug. Orth war der Nachfolger Virchows an der Universität. Sein Arbeitsgebiet reichte von der pathologischen Anatomie und der experimentellen Pathologie bis zur Geschichte der Medizin; hervorgehoben wurden auch seine Arbeiten über Vererbung („Entstehung und Vererbung individueller Eigenschaften", „Bedeutung der Erblichkeit in der Pathologie") sowie seine in mehreren Auflagen erschienenen Lehrbücher, die zu den besten der Zeit gehörten. Ein entscheidender, für die Entwicklung der Medizin bedeutsamer Grund für die Wahl Orths wurde darin gesehen, daß in der Akademie nach Virchows Tod — der sich aber an der medizinischen Arbeit der Akademie in seinen letzten Lebensjahren gar nicht mehr beteiligt hatte — „die wissenschaftliche Pathologie in ihren wichtigen anatomischen und physiologischen Beziehungen fast gänzlich unvertreten ist, während dieses Feld in seiner gegenwärtigen Durchbildung immer mehr den biologischen Wissenschaften, deren Pflege der Akademie zugewiesen ist, sich zugehörig und ebenbürtig an die Seite stellt"[78]. Orth, der ein angesehener Tuberkuloseforscher war, hat diesem Thema und der Speziellen Pathologie seine ersten Akademievorträge gewidmet.

Max Rubner verdankt die Physiologie den Nachweis, daß das Gesetz der Erhaltung und Umwandlung der Energie auf den Stoffwechsel von Mensch und

[75] Vgl. R. Weissenberg, Oscar Hertwig 1849—1922. Leben und Werk eines deutschen Biologen, Leipzig 1959.

[76] Vgl. O. Hertwig, Zur Abwehr des ethischen, des sozialen, des politischen Darwinismus, Jena 1918. Vgl. auch Die deutsche Philosophie von 1895—1917, Berlin 1962, S. 82f.

[77] Vgl. AAW II:IIIa Bd. 16, Bl. 196—197, 200—200r, 218—218r.

[78] Vgl. AAW II:IIIa Bd. 17, Bl. 75—77r, 79. Vgl. auch Sb 1907, S. 624—628, 631—633.

Tier angewendet werden kann. Dieser Tatsache, die 1902 in seinem Hauptwerk „Die Gesetze des Energieverbrauchs bei der Ernährung" Ausdruck fand, und seinen Leistungen auf dem Gebiet der Hygiene verdankte er seine Wahl.[79] Seine ersten Akademievorträge behandelten mikrobiologische Probleme der Ernährung. Seine Wahl zeigte ebenso wie die von Orth, daß die Vertreter der Medizin bemüht waren, neuen Anforderungen an ihre Disziplin im Hinblick auf die biowissenschaftliche Entwicklungstendenz gerecht zu werden. Das galt auch für die Zuwahlen von Korrespondierenden Mitgliedern auf dem Gebiet Anatomie/Physiologie.

Im Jahre 1900 wurden der Heidelberger Anatom Max Fürbringer[80] und der Oxforder Physiologe John Burdon-Sanderson[81] gewählt. Beider Untersuchungen galten insbesondere dem Muskel- und Nervensystem. Fürbringer wurde als bedeutendster Schüler des Anatomen Karl Gegenbaur bezeichnet, der schon seit 1884 Korrespondierendes Mitglied war und 1900 zum Auswärtigen gewählt wurde.[82] Die gleiche Ehre widerfuhr 1900 dem Physiologen Eduard Pflüger, der seit 1873 Korrespondierendes Mitglied war.[83]

1910 beriefen die Mediziner gleich sechs neue Korrespondierende Mitglieder. Von ihnen arbeitete der Londoner Pathologe Victor Horsley insbesondere über die Schilddrüse und das Cerebrospinalsystem. Er begann als erster, krankhafte Geschwülste des Gehirns und des Rückenmarks operativ zu entfernen.[84] Der Leipziger Professor der pathologischen Anatomie Felix Marchand, an den als Nachfolger Virchows an der Berliner Universität gedacht war, hatte sich besonders auch mit der Hirnanatomie beschäftigt.[85] Er stand also einem Gebiet nahe, für das sich die Berliner Akademie interessierte. Als Begründung für die Wahl des Göttinger Anatomen Friedrich Merkel wurden neben seiner Vielseitigkeit vor allem seine Forschungen zur beschreibenden und topographischen Anatomie genannt.[86]

Der 1910 zum Korrespondierenden Mitglied gewählte, aber noch im gleichen Jahr gestorbene Turiner Physiologe Angelo Mosso war ein Schüler des Physiologen Jacob Moleschott. Gegen materialistische Auffassungen Moleschotts grenzten sich die Berliner Akademiemitglieder ab, indem sie in der Laudatio feststellten, Mosso wäre von Moleschott nicht nachhaltig beeinflußt. Mosso hatte vor allem den Tätigkeitswechsel der Organe und die gegenseitigen Beziehungen einzelner Körperbezirke zueinander unter Vermittlung des Blutstroms untersucht und den Mehrverbrauch von Blut bei der Steigerung der Zellarbeit nachgewiesen.[87]

[79] Vgl. AAW II: III a Bd. 17, Bl. 74, 79.
[80] Vgl. AAW II: III b Bd. 17, Bl. 119, 131—132r.
[81] Vgl. AAW II: III b Bd. 17, Bl. 119, 133—134.
[82] Vgl. AAW II: III b Bd. 17, Bl. 1, 11—12.
[83] Vgl. AAW II: III b Bd. 17, Bl. 1,13—14.
[84] Vgl. AAW II: III b Bd. 20, Bl. 211—212r, 230—230r.
[85] Vgl. AAW II: III b Bd. 20, Bl. 211, 213—214, 230—230r.
[86] Vgl. AAW II: III b Bd. 20, Bl. 211, 215—216r, 230—230r.
[87] Vgl. AAW II: III b Bd. 20, Bl. 211, 217—220, 230—230r.

Außerdem wurden 1910 noch zwei Straßburger Professoren gewählt, und zwar Gustav Schwalbe in Anerkennung für seine histologischen und anthropologischen Arbeiten[88] und Oswald Schmiedeberg, der großen Anteil an der Entwicklung der experimentellen Pharmakologie zu einer der Physiologie ebenbürtigen Wissenschaft hatte.[89] Mosso, Schwalbe und Schmiedeberg waren, wie ausdrücklich betont wurde, Schüler des namhaften Leipziger Physiologen Karl Ludwig, der der Berliner Akademie als Korrespondent angehört hatte.

Im Zusammenhang mit dem Akademiejubiläum wurden 1900 drei Fachstellen für Ordentliche und 10 Fachstellen für Korrespondierende Mitglieder der technischen Wissenschaften geschaffen. Dieser Schritt entsprach dem gewaltigen Aufschwung, den die Technik genommen hatte, und ihrer Bedeutung für den wissenschaftlichen Fortschritt. Die Akademie hat freilich die ihr damit gebotenen Möglichkeiten unzureichend genutzt.

1901 wurde der mit der AEG eng verbundene Elektrotechniker Friedrich von Hefner-Alteneck — er war Mitglied des Aufsichtsrates der AEG — gewählt.[90] Er war u. a. der Erfinder des Trommelankers für Dynamomaschinen (1872) und der Differentiallampe (1878). In der Akademie hat er sich zur allgemeinen Mechanik und über optische Geräte geäußert. Eine zweite Ordentliche Fachstelle für Technik besetzte ebenfalls 1901 der Bauingenieur Heinrich Müller-Breslau.[91] Er hat ein in mehrere Sprachen übersetztes Lehrbuch über die Statik der Baukonstruktionen geschrieben und zu diesen Fragen der technischen Mechanik auch zweimal Vorträge in der Akademie gehalten.

Da Hefner-Alteneck schon 1904 starb, waren wiederum zwei Technik-Stellen frei. Die eine nahm der Bauingenieur Hermann Zimmermann ein. Er war Fachmann für Eisenkonstruktionen — der Entwurf der Reichstagskuppel stammte von ihm — und für Eisenbahnoberbau.[92] In seinen Akademievorträgen behandelte er Probleme der technischen Mechanik. Im selben Jahre 1904 wurde der Direktor des Materialprüfungsamtes, der Ingenieur Adolf Martens, zum Mitglied gewählt. Martens konstruierte zahlreiche Werkstoffprüfmaschinen und hat durch seine Forschungen und durch sein „Handbuch der Materialkunde" nachhaltig auf die Begründung der Wissenschaften der Metallprüfung und der Gefügemikroskopie eingewirkt.[93] Der Materialprüfung sind auch seine insgesamt nur drei Akademievorträge gewidmet.

Von den 10 technischen Korrespondentenstellen sind bis 1910 überhaupt nur zwei besetzt worden. 1905 wurde Henri Le Chatelier gewählt, der die Metallographie, die Theorie des Erhärtens von Bindemitteln und Mörteln, die industrielle Feuerungstechnik und die Untersuchung von Kohlenstaub- und Schlagwetterexplosionen gefördert hatte. Er verband damit, was die Akademie

---

[88] Vgl. AAW II:III b Bd. 20, Bl. 211, 225—225r, 230—230r.
[89] Vgl. AAW II:III b Bd. 20, Bl. 211, 221—224, 230—230r.
[90] Vgl. AAW II:III a Bd. 15, Bl. 170—173, 179, 183.
[91] Vgl. AAW II:III a Bd. 15, Bl. 174—176r, 179.
[92] Vgl. AAW II:III a Bd. 16, Bl. 237—238r, 251.
[93] Vgl. AAW II:III a Bd. 16, Bl. 239—241, 251.

besonders hervorhob, Wissenschaft und Praxis.[94] Eine zweite Korrespondentenstelle war nur ein knappes halbes Jahr besetzt, da der 1909 gewählte Ludwig Mond noch im selben Jahr starb. Mond, der Begründer der Sodafabrikation nach dem Solvay-Verfahren in England, war zugleich Erfinder und Großindustrieller. In die Akademie wurde er auch deshalb gewählt, weil er nach Ansicht der Akademiemitglieder der bedeutendste Vertreter der deutschen Technik im Ausland war.[95]

Eine zusätzliche Möglichkeit der Würdigung naturwissenschaftlicher Leistungen hatte die Akademie seit 1892 durch die Verleihung der Helmholtz-Medaille. Sie wurde „zur Auszeichnung wissenschaftlicher Forscher aller Länder bestimmt, welche die in der physikalisch-mathematischen Klasse der Akademie vertretenen Wissenschaften oder die Erkenntnislehre durch hervorragende Leistungen gefördert haben". Sie galt als höchste Auszeichnung der Akademie, ihre Verleihung wurde ermöglicht, da Gelehrte anläßlich des 70. Geburtstages von H. v. Helmholtz am 31. August 1891 insgesamt 48000 Mark gespendet hatten, deren Zinsen für die Herstellung einer goldenen Medaille verwendet werden sollten. Die Helmholtz-Medaille wurde ab 1898 alle zwei Jahre verliehen, nachdem Helmholtz selbst 1892 vier Medaillenträger hatte auswählen dürfen. Vorschläge zur Verleihung der Medaille machten die Inhaber der Helmholtz-Medaille, die Ordentliche Akademiemitglieder waren, unter Berücksichtigung der Anregungen der Inhaber der Helmholtz-Medaille, die nicht Ordentliche Mitglieder waren. Sank die Zahl der Ordentlichen Mitglieder, die Inhaber der Helmholtz-Medaille waren, unter drei, dann wurden die Sekretare und das älteste Ordentliche Mitglied der physikalisch-mathematischen Klasse nacheinander Mitglieder des Vorschlagskomitees, bis die Dreizahl erreicht war. Die endgültige Wahl der Träger der Helmholtz-Medaille erfolgte in der physikalisch-mathematischen Klasse unter Hinzuziehung der Vertreter des Faches Philosophie aus der philosophisch-historischen Klasse und danach im Plenum der Akademie mit einfacher Mehrheit; das Vorschlagskomitee durfte stets nur einen Kandidaten zur Wahl vorschlagen.[96]

Die von Helmholtz benannten ersten vier Inhaber der Medaille des Jahres 1892 waren zwei Ordentliche Mitglieder, der Anatom und Physiologe Emil du Bois-Reymond und der Mathematiker Karl Weierstraß, ein Auswärtiges Mitglied, der Chemiker Robert Bunsen, und ein Korrespondierendes Mitglied, der Physiker William Thomson Lord Kelvin, der 1900 anläßlich des Akademiejubiläums auch zum Auswärtigen Mitglied gewählt wurde. 1898 wurde die Medaille an den Anatomen Rudolf Virchow verliehen, der Ordentliches Mitglied war.

Obwohl das nach den Statuten nicht vorgeschrieben war, wurde die Medaille abwechselnd an Vertreter der biowissenschaftlichen Disziplinen und der „exak-

---

94 Vgl. AAW II:III b Bd. 18, Bl. 162—165, 167.
95 Vgl. AAW II:III b Bd. 20, Bl. 19—22r, 27.
96 Vgl. das Statut der Helmholtz-Stiftung in: A. Harnack, Geschichte der K. Preußischen Akademie der Wissenschaften zu Berlin, Bd. 2, Berlin 1900, S. 559—563.

ten" Naturwissenschaften vergeben, wobei man die Chemie als beiden Richtungen zugehörig betrachtete. Aus den Protokollen über die Verleihung der Helmholtz-Medaille ergibt sich, daß die Einigung über den jeweils auszuzeichnenden Wissenschaftler meist ohne lange Diskussionen erzielt wurde.[97] Vorherige Absprachen unter den Mitgliedern scheinen daher getroffen worden zu sein.

Die Medaille für das Jahr 1900 erhielt der Mathematiker George Gabriel Stokes, der seit 1859 Korrespondierendes und seit 1899 Auswärtiges Mitglied der Berliner Akademie war. Er hatte die Entwicklung der mathematischen Physik nachhaltig beeinflußt. 1902 sollte die Medaille dem Anatomen Karl von Kupffer verliehen werden, der seit 1896 Korrespondierendes Mitglied war. Gegen den Vorschlag sprachen sich in der Klasse die Mitglieder Munk und Engelmann aus, da es nach ihrer Ansicht würdigere Kandidaten gab. Die in der physikalisch-mathematischen Klasse erfolgte Wahl Kupffers mit 16 gegen 4 Stimmen bei 2 Enthaltungen wurde wegen des Todes des Kandidaten nicht zu Ende geführt. Für 1902 wurde deshalb keine Helmholtz-Medaille vergeben.

Die Medaille für das Jahr 1904 erhielt der spanische Professor für Pathologische Anatomie und Histologie Santiago Ramon y Cajal mit der Begründung, daß die Berliner Akademie dessen wissenschaftliche Leistungen sonst noch nicht gewürdigt hatte. Ramon y Cajal bekam 1906 zusammen mit dem Italiener Camillo Golgi den Medizin-Nobelpreis für seine Forschungen über die Struktur des Nervensystems.

Der Erforscher der Radioaktivität Henri Becquerel, der 1903 den Physik-Nobelpreis erhielt und 1904 Korrespondierendes Mitglied der Berliner Akademie wurde, ist auf Vorschlag von Lord Kelvin für das Jahr 1906 zum Inhaber der Helmholtz-Medaille gewählt worden.

Für das Jahr 1908 gab es ursprünglich eine Reihe von Vorschlägen. Waldeyer wollte den Physiologen Eduard Pflüger oder den Pharmakologen Oswald Schmiedeberg ausgezeichnet sehen. Schwendener sprach sich für die Botaniker Hugo de Vries und Karl Correns aus. Erfolg hatte Auwers mit seinem Vorschlag, das Ordentliche Mitglied, den Chemiker Emil Fischer, zu wählen, da die Biowissenschaftler schon die Mehrheit der Inhaber der Helmholtz-Medaille stellten und zudem die Wahl eines Ordentlichen Mitglieds der Berliner Akademie als wünschenswert angesehen wurde. Seit 1898 hatte kein Ordentliches Mitglied diese Auszeichnung erhalten. Auf Vorschlag von Fischer wurde die Helmholtz-Medaille für das Jahr 1910 dem Chemiker Jacobus Henricus van t'Hoff verliehen, der seit 1896 Ordentliches Mitglied der Berliner Akademie war.

Die Akademie hatte damit die Helmholtz-Medaille seit deren Stiftung im Jahre 1892 bis 1910 zehnmal an bedeutende Forscher verliehen, einmal war die Verleihung nicht zustande gekommen.

---

[97] Vgl. über die Wahl der Inhaber der Helmholtz-Medaille AAW II:XIIIp Bd. 2, Bl. 2–83. Die Übersicht über die Inhaber der Helmholtz-Medaille bei E. Amburger (Hrsg), Die Mitglieder, a. a. O., S. 178, ist nicht völlig exakt.

b) Mitglieder der philosophisch-historischen Klasse

Die beiden philosophischen Fachstellen der Akademie hatten seit 1887 der Begründer der Lebensphilosophie Wilhelm Dilthey und seit 1895 der Philosoph und Musikforscher Carl Stumpf inne. Dilthey, einer der führenden imperialistischen deutschen Ideologen, hat vor allem durch seine methodologische Gegenüberstellung von Natur- und Geisteswissenschaften nachhaltig auf die bürgerliche Wissenschaftsauffassung eingewirkt.[98] Gerade in dieser Hinsicht sind auch seine Akademiepublikationen besonders bedeutsam, vor allem seine 1910 veröffentlichte Arbeit „Der Aufbau der geschichtlichen Welt in den Geisteswissenschaften". Wissenschaftsmethodologischen Fragen widmete sich in der Akademie auch Stumpf, der sich jedoch an deren Arbeit während seiner mehr als vierzigjährigen Mitgliedschaft wenig beteiligte. Genannt sei von seinen Akademiepublikationen seine ausführliche Darstellung über die Klassifikation der Wissenschaften von 1906.

Die Zuwahlen von Korrespondierenden Mitgliedern im Fache der Philosophie erfolgten unter zwei Gesichtspunkten: der Förderung des bedeutendsten akademischen philosophischen Unternehmens, der Kant-Ausgabe, und dem Bemühen, die damals neuesten idealistischen philosophischen Richtungen zu rezipieren. Aus dem ersten Grund wurden 1900 Max Heinze[99] und 1903 Benno Erdmann gewählt, deren Kant-Forschungen in den Laudationes besonders hervorgehoben wurden. Für Erdmann sprachen zudem seine logischen und erkenntnistheoretischen sowie seine psychologischen Studien[100], durch die er Dilthey besonders nahe stand. Auch bei Wilhelm Wundt, der 1900 gewählt wurde, hoben die Antragsteller dessen Arbeiten auf dem Gebiet der Psychologie heraus[101], während bei der Wahl Wilhelm Windelbands im Jahre 1903 auf seinen bei Rickert nachwirkenden Versuch verwiesen wurde, „den Unterschied der Naturwissenschaften und der historischen auf eine neue Weise zu bestimmen"[102]. Außerdem wählte die Akademie in dieser Zeit zwei ausländische Philosophen, im Jahre 1900 den Begründer des nordamerikanischen Pragmatismus William James[103] und im Jahre 1908 den Franzosen Emile Boutroux[104], letzteren vor allem als guten Kenner der deutschen Philosophie und als französischen Leiter der interakademischen Leibnizausgabe. Bei Heinze und Windelband wurden ihre philosophiehistorischen Arbeiten hervorgehoben.

---

98 Vgl. über ihn zusammenfassend: Die deutsche Philosophie von 1895—1917, Berlin 1962; das Interesse der bürgerlichen Ideologieforschung gerade an Dilthey bestätigt neuestens U. Herrmann, Die Pädagogik Wilhelm Diltheys. Ihr wissenschafts-theoretischer Ansatz in Diltheys Theorie der Geisteswissenschaften, Göttingen 1971.

99 Vgl. AAW II:III b Bd. 17, Bl. 147—147r, 149.

100 Vgl. AAW II:IIIa Bd. 18, Bl. 2—4, 99, 101—103, 145; II:III b Bd. 16, Bl. 138—140r, 157.

101 Vgl. AAW II:III b Bd. 17, Bl. 147—147r, 150—151.

102 Vgl. AAW II:III b Bd. 16, Bl. 143—144, 157.

103 Vgl. AAW II:III b Bd. 17, Bl. 147—147r, 149—149r.

104 Vgl. AAW II:III b Bd. 19, Bl. 158—159, 162.

Bei allen Unterschieden, die im einzelnen zwischen den Philosophen der Akademie bestanden, lassen sich doch zwei Grundtendenzen deutlich unterscheiden. Erstens rezipierte die Akademie sehr stark den Neukantianismus, und zwar in der Form der „badischen" Schule Rickerts, der von Windelband ausgegangen war. Die führenden „Marburger" Kantianer Hermann Cohen, Paul Natorp und Ernst Cassirer wurden niemals gewählt. Da der Entwicklung von der „Marburger" zur „badischen" Schule des Neukantianismus der Übergang von liberalen zu offen chauvinistischen Positionen und die Wendung von der erkenntnistheoretischen Begründung der Naturwissenschaften zur subjektiv-idealistischen Methodologie der Gesellschaftswissenschaften entsprach, ist der Platz der Akademie damit bestimmt. Die zweite Grundtendenz ist, daß sich gerade an der Akademie, vor allem in der Lebensphilosophie Diltheys, der Übergang zu der für den Imperialismus kennzeichnenden irrationalistischen Methodologie vollzog. Dem entsprach völlig die bewußte Aufnahme des Pragmatismus durch die Akademie, der als angelsächsische Form der Lebensphilosophie angesehen werden kann.[105]

Die Geschichte verfügte in der Akademie über drei Fachstellen, die jedoch niemals ausreichten, weshalb stets ein relativ großer Teil der freien Stellen mit Historikern besetzt war.

Das Fach der deutschen Geschichte vertraten seit 1888 Ernst Dümmler, der 1902 starb, und seit 1896 die Neorankeaner Reinhold Koser und Max Lenz. Die beiden letzten haben in der Akademie des öfteren Forschungsergebnisse aus ihrem engeren Arbeitsgebiet vorgetragen — zur politischen Geschichte Preußens und zur Geschichte der Berliner Universität —, die aber in den Publikationen der Akademie so gut wie keinen Niederschlag fanden. In den akademischen Unternehmen zur preußischen Geschichte war Koser weit aktiver tätig als Lenz.[106] Seit 1905 war Koser als Nachfolger Dümmlers Leiter der mit der Akademie verbundenen Monumenta Germaniae Historica. Der 1899 gewählte Mediävist Paul Scheffer-Boichorst war nur drei Jahre an der Akademie tätig und beeinflußte deren Wirken daher nicht nachhaltig. Seine Wahl erfolgte ausdrücklich unter dem Gesichtspunkt, die Verbindung zwischen der Universität und der Akademie auf dem Gebiet der mittelalterlichen Geschichte zu pflegen.[107]

Sein 1903 zum Ordentlichen Akademiemitglied gewählter Nachfolger Dietrich Schäfer behandelte in der Akademie nur sehr sporadisch einige Spezialprobleme der mittelalterlichen deutschen Geschichte. Die Begründung für seine Wahl war für die ideologische Grundposition der Akademie sehr charakteristisch. Schäfer, dessen eigentliches Arbeitsgebiet die politische Geschichte war, hätte

---

105 Zur Entwicklung der Philosophie vgl. Geschichte der Philosophie, Bd. V, Berlin 1963.

106 Über beide sowie über weitere in die Akademie gewählte Historiker der Universität vgl. G. Schilfert, Zur neueren Geschichte an der Berliner Universität. In: Wissenschaftliche Zeitschrift der Humbolt-Universität zu Berlin, Beiheft zum Jubiläumsjahrgang (IX) 1959/60, bes. S. 23ff.

107 Vgl. AAW II: IIIa Bd. 15, Bl. 26—29, 115—118, 131.

„ein warmes Herz für die Bewegungen, welche die Gegenwart erfüllen, und für die Entwicklung unseres jungen Nationalstaats", seine Arbeiten wären „von warmer nationaler Empfindung getragen"[108]. Diese Worte fand der Rankeaner Koser für den Alldeutschen Schäfer, dessen Antrittsrede den politischen Zusammenhang beider Richtungen bestätigte. Schäfer war der profilierteste Vertreter der alldeutschen akademischen Geschichtsschreibung.[109] Er bekannte sich zu Treitschke und Ranke und stellte sich ganz im Sinne seines bewußten Bekenntnisses zum imperialistischen Staat in seiner Antrittsrede das Ziel, „in größeren oder kleineren Schriften, je nachdem mehr wissenschaftlich oder mehr populär, auf das historisch-politische Denken und Empfinden der Mitlebenden einzuwirken."[110]

Unter den 15 von 1900 bis 1910 gewählten Korrespondierenden Mitgliedern der Geschichte waren nur drei Historiker der deutschen Geschichte. Sie standen alle mit der Münchener Akademie in enger Verbindung. Der politische Hintergrund dieser Wahlen angesichts der preußisch-bayrischen Divergenzen im Reich ist daher unverkennbar. Der 1904 gewählte Karl Theodor von Heigel war Präsident der Bayerischen Akademie der Wissenschaften, das Schwergewicht seiner Arbeit lag auf dem Gebiet der deutschen Reichsgeschichte im 18. Jh. Auch bei ihm sprach Koser von „warmer nationaler Gesinnung", er hätte „sich in München bei jedem Anlaß zu der Idee des deutschen Reiches und zu dem Andenken der großen Reichsgründer bekannt".[111] Mitglied der Bayerischen Akademie war der 1907 gewählte Friedrich von Bezold. Seiner Geschichte der deutschen Reformation wurde in der Laudatio der erste Platz unter allen Versuchen seit Ranke zugesprochen.[112] Die „Deutsche Geschichte im Zeitalter der Reformation und des Dreißigjährigen Krieges", die von 1889 bis 1908 erschien, war das Hauptwerk von Moritz Ritter und wurde neben dessen Mitarbeit in der Historischen Kommission der Bayerischen Akademie 1907 als Wahlgrund für ihn genannt.[113] Der von Dümmler angeregte Gedanke, im Jahre 1900 den Wiener Hilfswissenschaftler Engelbert Mühlbacher, vor allem wegen seines Anteils an den Monumenta Germaniae Historica, zum Korrespondierenden Mitglied zu wählen, wurde nicht realisiert.[114] Dagegen setzte sich Dümmler im gleichen Jahr mit dem Vorschlag durch, den seit 1876 der Akademie als Korrespondent angehörenden Theodor Sickel für seine Verdienste um die mittelalterliche Diplomatik zum Auswärtigen Mitglied zu wählen.[115]

Die Geschichte des Altertums vertrat als Ordentliches Mitglied seit 1885 Otto Hirschfeld. Seine wenigen Vorträge in der Akademie behandelten Spezial-

---

108 Vgl. AAW II:III a Bd. 16, Bl. 120—122r, 131.

109 Vgl. H. Krause, Die alldeutsche Geschichtsschreibung vor dem ersten Weltkrieg. In: Studien über die deutsche Geschichtswissenschaft, Bd. II, Berlin 1965, S. 190—226.

110 Sb 1904, S. 1011.

111 Vgl. AAW II:III b Bd. 18, Bl. 49—50, 55—55r, 73.

112 Vgl. AAW II:III b Bd. 19, Bl. 2—4r, 14—14r.

113 Vgl. AAW II:III b Bd. 19, Bl. 2, 11—13, 14—14r.

114 Vgl. AAW II:III b Bd. 17, Bl. 345—345r, 354.

115 Vgl. AAW II:III b Bd. 17, Bl. 15, 19—19r.

probleme der römischen Geschichte im Zusammenhang mit seiner Hauptarbeit am Corpus Inscriptionum Latinarum. Der 1903 verstorbene Ulrich Köhler, der seit 1870 Korrespondent und seit 1888 Ordentliches Mitglied war, hat in seinen letzten Lebensjahren nur noch wenige Beiträge zur griechischen Geschichte geliefert. Er arbeitete am zweiten großen altertumskundlichen Unternehmen, dem Corpus Inscriptionum Graecarum, mit.

Mit Eduard Meyer zählte die Akademie seit 1903 den bedeutenden bürgerlichen Universalhistoriker des Altertums zu ihrem Ordentlichen Mitglied. Seine Wahl zum Korrespondenten wurde schon 1900 erwogen.[116] Ordentliches Mitglied wurde er nach seiner Berufung nach Berlin. Seiner ,,Geschichte des Altertums" wurde eine Fülle von Gelehrsamkeit und Anerkennung bescheinigt, sie fand aber auch scharfen Widerspruch im einzelnen.[117] Die Hauptarbeitsgebiete Meyers waren die Geschichte des Alten Orients, besonders Ägyptens, daneben aber auch die Religionsgeschichte. Meyer vertrat konservative gesellschaftspolitische Anschauungen und stand den Alldeutschen nahe. Mit Dietrich Schäfer war er befreundet.[118] In der Akademie hielt Meyer überwiegend Fachvorträge, nahm aber auch zu geschichtsmethodologischen Fragen Stellung. So postulierte er gegen den von ihm abgelehnten Liberalismus, der die Bedeutung des Staates hätte herabdrücken wollen, eine überragende Stellung des Staates in der Geschichte. Über Meyers grundsätzliches Einverständnis mit der Diltheyschen Gegenüberstellung von sogenannter Geistes- und Naturwissenschaft kann nicht hinwegtäuschen, daß er einen Ausgleich herbeizuführen versuchte. Er betonte besonders die Zufälligkeit in der naturwissenschaftlichen Forschung. Dem neuen Quellenfund in der Geschichtsforschung maß er gleiches Gewicht für die Bestätigung der Richtigkeit des Erforschten bei wie dem Experiment in der naturwissenschaftlichen Forschung. Trotz des sich darin ausdrückenden Versuchs, gewisse objektive Momente in der gesellschaftswissenschaftlichen Forschung zu retten, blieb für Meyer im Sinne der positivistischen Wissenschaftstheorie ,,doch" zuletzt ,,dieses Individuelle, Singuläre eben dasjenige, was die Eigenart und das innerste Wesen jedes geschichtlichen Vorgangs bestimmt"[119].

In den Jahren 1900 und 1905 wurden Korrespondenten für die alte Geschichte gewählt. Die Verdienste des Dubliner Althistorikers John Pentland Mahaffy lagen in der Auswertung griechischer Papyri-Urkunden aus Ägypten [120] und die des Bonner Professors Heinrich Nissen vor allem auf dem Gebiet der historischen Geographie.[121] Als vielseitiger Altertumshistoriker — er hatte über Homer

116 Vgl. AAW II:III b Bd. 17, Bl. 157.
117 Vgl. AAW II:III a Bd. 16, Bl. 123—124r, 13; Bd. 18, Bl. 27; Bd. 19, Bl. 117.
118 Vgl. D. Schäfer, Mein Leben, Berlin, Leipzig 1926, S. 103, 172, 181.
119 E. Meyer, Über die Anfänge des Staats und sein Verhältnis zu den Geschlechtsverbänden und zum Volkstum. In: Sb 1907, S. 538; vgl. ders., Die Bedeutung der Erschließung des alten Orients für die geschichtliche Methode und für die Anfänge der menschlichen Geschichte überhaupt. In: Sb 1908, S. 648—663.
120 Vgl. AAW II:III b Bd. 17, Bl. 147—147r, 157.
121 Vgl. AAW II:III b Bd. 17, Bl. 147—147r, 158—158r.

gearbeitet, den Flavius Josephus ediert, einen Abriß der römischen Geschichte geschrieben und mit seiner „Geschichte der griechischen und makedonischen Staaten" sein Hauptwerk 1903 abgeschlossen vorgelegt — wurde Benedictus Niese 1905 zum Korrespondenten gewählt. Zwar wurde von den Laudatoren seine „gewissenhafte Prüfung aller Einzelheiten der literarischen Überlieferung" gelobt, gleichzeitig jedoch „das Fehlen oder das bewußte Zurückdrängen der schöpferischen Tätigkeit der rekonstruierenden Phantasie" bemängelt.[122]

Obwohl die Kirchen- und Religionsgeschichte kein in der Akademie vertretenes Fach war, gehörten ihr doch zahlreiche Vertreter dieser Disziplin an. Die Ursache dafür lag in der starken Ausrichtung ihrer Arbeiten auf die Geschichte der alten Welt.

Als Ordentliches Mitglied vertrat Adolf Harnack[123] dieses Fach in der Akademie. In seiner Mitarbeit in der Klasse und im Plenum beschränkte er sich auf die regelmäßige Vorlage einzelner kirchengeschichtlicher Forschungsarbeiten. Harnack war einer der einflußreichsten imperialistischen Wissenschaftspolitiker. Er genoß das Vertrauen Wilhelms II., der ihn 1905 zum Generaldirektor der Königlichen Bibliothek in Berlin berief und ihm 1914 den erblichen Adel verlieh. Die politisch-ideologische Begründung und Verschleierung der staatsmonopolistischen Forschungsorganisation in Deutschland ging teilweise auf Harnack zurück, der es geschickt verstanden hatte, sich bestimmten Monopolkreisen unentbehrlich zu machen und der 1911 auch der erste Präsident der Kaiser-Wilhelm-Gesellschaft wurde. Im Evangelisch-sozialen Kongreß, einer sozialreformerischen Organisation der liberalen Bourgeoisie, die die Arbeiterklasse vom Klassenkampf abhalten wollte, hat Harnack aktiv mitgearbeitet und ihm als Vorsitzender von 1903 bis 1911 weitgehend das Gepräge gegeben. Obwohl er niemals der Akademieleitung angehörte, hat er die Tätigkeit der Akademie nachhaltig beeinflußt. Zunächst und vielleicht am wirksamsten durch seine „Geschichte der Akademie" und seine damit im Zusammenhang stehende wissenschaftlich-politische Wirksamkeit. Weiterhin durch die Leitung des von ihm wesentlich mitbegründeten Unternehmens der griechischen christlichen Schriftsteller — sog. Kirchenväterausgabe — und durch den bestimmenden Einfluß auf die Wahl Korrespondierender Mitglieder, insbesondere im Hinblick auf eben diese Edition. Die Wahl mehrerer Korrespondenten der Geschichte und der klassischen Philologie erfolgte auf Antrag Harnacks.

In einer Eingabe an die Akademie benannte Harnack 1900 als Korrespondierende Mitglieder den Leipziger Kirchenhistoriker Albert Hauck auf Grund seiner Kirchengeschichte Deutschlands[124] und den Göttinger Philologen für Semitistik Julius Wellhausen. Dieser hatten insbesondere durch seine in den achtziger Jahren vorgelegten kritischen Untersuchungen über das Alte Testa-

[122] Vgl. AAW II:IIIb Bd. 18, Bl. 88—90r.

[123] Vgl. E. Pachaly, Adolf von Harnack als Politiker und Wissenschaftsorganisator des deutschen Imperialismus in der Zeit von 1914 bis 1920, Phil. Diss. Berlin 1964, und die dort verzeichnete Literatur.

[124] Vgl. AAW II:IIIb Bd. 17, Bl. 147—147r, 156, 359.

ment und die Geschichte des Volkes Israel zunächst scharfen Widerspruch hervorgerufen, sich aber schließlich doch durchgesetzt. Das bestätigte Harnack in der Laudatio für Wellhausen, dessen Arbeiten „die gesamte Religionsforschung von rationalistischen Vorurteilen und Verengungen befreit und in der wirksamstem Weise befruchtet" hätten.[125] Hauck und Wellhausen wurden 1900 gewählt.

Harnacks Vorschlag, den Münchener Byzantinisten F. Krumbacher zu berufen[126], wurde nicht weiter behandelt, ebenso wie später der von Krumbacher gemachte Vorschlag über die Edition mittelalterlicher griechischer Urkunden in Berlin nicht auf Gegenliebe stieß. Der von Harnack schon 1900 vorgeschlagene Oscar von Gebhardt, der als guter Kenner der griechischen und lateinischen altchristlichen Literatur Mitarbeiter der Kirchenväterausgabe war und der deren Arbeit zudem als Direktor der Leipziger Universitätsbibliothek zu fördern vermochte, wurde erst 1903 gewählt.[127]

Die Wahl des Hallenser Kirchenhistorikers Friedrich Loofs, die 1903 an einer fehlenden Stimme im Plenum gescheitert war, konnte Harnack 1904 durchsetzen. Loofs' „Konfessionskunde", seine Leitung der Melanchthon-Ausgabe und seine Mitgliedschaft in der Kirchenväter-Kommission wurden als Begründung für die Wahl angeführt.[128] Ein weiteres Mitglied dieser Kommission war Adolf Jülicher, ein Erforscher der ältesten Geschichte des Christentums — seine Forschungen über Jesus zählte Harnack zu den „wertvollsten historischen Werken der letzten Jahrzehnte". Insbesondere als „gefürchtetster" und „geschätztester" Kritiker auf dem Gebiet des Neuen Testaments und der alten Kirchengeschichte hätte Jülicher „weitreichenden Einfluß auf die Entwicklung der Wissenschaft". Er wurde 1906 zum Korrespondenten gewählt.[129]

Von 1900—1910 wurden vier ausländische Historiker Korrespondenten. Bei der Wahl des liberalen französischen Historikers Albert Sorel im Jahre 1900, die auf Lenz zurückging, traf die Akademie wissenschaftsgeschichtlich zweifellos eine gute Wahl, die allerdings nicht ganz in den Rahmen ihrer sonstigen Wahlpolitik paßte. Sorel, der Verfasser von „L'Europe et la Revolution", der bedeutenden Geschichte der französischen Revolution, wurde als der führende Historiker Frankreichs gewählt.[130] Ob hier politische Überlegungen eine Rolle spielten, kann man nur vermuten. Von der Hand zu weisen sind sie nicht, wenn man die Wahl zweier weiterer französischer Historiker im Jahre 1907 betrachtet.

Für Sorel, der 1906 gestorben war, wurde Arthur Chuquet gewählt. Er hatte sich mit den Revolutionskriegen und Napoleon, aber auch mit der deutschen Literatur des 18./19. Jh. befaßt. Seine Bedeutung als Historiker wurde zwar herausgestellt, zuvor aber noch die Tatsache, daß er „durch Geburt,

125 Vgl. AAW II:III b Bd. 17, Bl. 147—147r, 160, 359.
126 Vgl. AAW II:III b Bd. 17, Bl. 359.
127 Vgl. AAW II:III b Bd. 16, Bl. 169—169r, 176; Bd. 17, Bl. 359.
128 Vgl. AAW II:III b Bd. 16, Bl. 171—171r, 176; Bd. 18, Bl. 53—53r, 55—55r.
129 Vgl. AAW II:III b Bd. 18, Bl. 266—268, 272.
130 Vgl. AAW II:III b Bd. 17, Bl. 147—147r, 159.

Lebenslauf und Studiengang recht zu einem Vermittler deutschen und französischen Geisteslebens geworden" wäre. Chuquet stammte aus den Ardennen, hatte das Lyzeum in Metz im 1871 okkupierten „Reichsland" Elsaß-Lothringen besucht und anschließend auch in Deutschland studiert.[131]

Anders lag der Fall des gleichzeitg vorgeschlagenen anerkannten französischen Historikers Gabriel Monod. Für ihn sprach in den Augen der meisten Akademiemitglieder, daß er deutsche Anregungen durch die Einbürgerung der historischen Ausbildung an den französischen Universitäten in historischen Seminaren und durch die Gründung der „Revue historique" nach dem Vorbild der „Historischen Zeitschrift" aufgenommen hätte. Diese Mitglieder wählten ihn auch gegen die ausdrückliche Stellungnahme von D. Schäfer. Diese bezog sich auf eine Arbeit des jungen Monod, die er unter dem Titel „Allemands et Français" nach dem Kriege 1870/71 geschrieben hatte. Darin hätte er „unerlaubt leichtgläubig" den Beschuldigungen seiner Landsleute gegen deutsche Offiziere und Intellektuelle Raum gegeben und Deutschlands Anspruch auf Elsaß-Lothringen bestritten. „Er wendet sich mit großer Schärfe gegen die deutschen Professoren und Schriftsteller und beschuldigt sie, die nationalen Empfindungen ihres Volkes überreizt zu haben." Bei der fortdauernden „Gespanntheit der Beziehungen zwischen den beiden Nationen" könnte man nicht wissen, wohin Monod eventuell wieder geführt und ob seine Wahl nicht eine Bestätigung seiner früheren Anschauungen sein würde. „Die Klasse bzw. die Akademie muß sich schlüssig machen, wie weit sie diesem Bedenken, die es dem fachlich den Arbeiten Monods am nächsten stehenden Mitgliede der Klasse unmöglich machen, für die Wahl zu stimmen, Raum geben bzw. übersehen will." Die Akademie „übersah", indem die Passagen über Monods Vergangenheit in der Laudatio gestrichen wurden.[132] Bei diesem Zusammenstoß zwischen dem deutschen und dem französischen Nationalismus auf dem Papier siegte die politische Opportunität.

Als bedeutender Historiker Schwedens und führender „Vertreter der Bestrebungen, die der durch ein Menschenalter herrschenden, stark materialistisch gefärbten geringschätzigen Abkehr von den großen Erinnerungen der schwedischen Vorzeit, der fast Mode gewordenen Bekrittelung und Selbstbespöttelung ein Ende zu machen bemüht sind", wurde der Erforscher der schwedischen Großmachtpolitik im 17./18. Jh., Harald Hjärne, 1909 auf Antrag von D. Schäfer zum Korrespondierenden Mitglied gewählt.[133]

Auswärtige Mitglieder für das Fach Geschichte wurden 1900 „der namhafte Historiker des modernen Italien", Pasquale Villari, der Biographien Savonarolas und Machiavellis geschrieben hatte[134], und 1902 der Leiter der Pariser Nationalbibliothek Léopold Delisle, der schon seit 1867 Korrespondent war.[135] Durch

---

131 Vgl. AAW II:III b Bd. 19, Bl. 7—9, 14—14r.
132 Vgl. AAW II:III b Bd. 19, Bl. 5—6r, 14—14r, 24.
133 Vgl. AAW II:III b Bd. 20, Bl. 46—47, 48r.
134 Vgl. AAW II:III b Bd. 17, Bl. 15, 22.
135 Vgl. AAW II:III b Bd. 16, Bl. 116—116r, 122.

seine Dienststellung hatte Delisle eine Schlüsselposition in dem von der Berliner Akademie international geplanten Handschriftenaustausch zur Förderung ihrer Arbeiten.

Auf dem Gebiet der Staats- und Rechtswissenschaften verfügte die Akademie nur über eine Fachstelle, die bis zu seinem Tode 1901 der Professor der Rechte Alfred Pernice einnahm. Dann rückte der Rechtshistoriker Heinrich Brunner, der schon sei 1884 Ordentliches Mitglied auf einer freien Stelle war, auf seinen Platz. Er war Begründer und Leiter des akademischen Unternehmens „Wörterbuch der deutschen Rechtssprache" und galt als führende Autorität auf dem Gebiet der deutschen Rechtsgeschichte. An der Arbeit der Klasse beteiligte er sich als Vortragender nur bis 1901.

Im ersten Jahrzehnt des 20. Jh. wählte die Akademie sechs Rechtshistoriker zu ihren Korrespondenten, von denen zunächst die drei in Deutschland wirkenden genannt seien. 1900 wurde der Münchener Erforscher der nordischen Rechtsgeschichte Karl von Amira insbesondere für die „erschöpfende Darstellung" des „nordischen Obligationsrechts" auf Antrag Brunners gewählt.[136] Den Professor für deutsches Recht und Handelsrecht in Heidelberg Richard Schroeder holte Brunner ebenfalls 1900 in die Akademie. Er bezeichnete Schroeders deutsche Rechtsgeschichte als die „zur Zeit stoffreichste und brauchbarste Gesamtdarstellung" und verwies auf dessen Mitarbeit an dem von ihm geleiteten „Wörterbuch".[137]

Als romanistischer Jurist wurde der Leipziger Professor Ludwig Mitteis 1905 gewählt. Er war ursprünglich als Pernices Nachfolger an der Universität vorgesehen, aber nicht nach Berlin gekommen. Dagegen hatte er nach Pernice die Redaktion der romanistischen Abteilung der Zeitschrift der Savigny-Stiftung für Rechtsgeschichte übernommen. Mitteis hatte 1891 durch sein „Reichsrecht und Volksrecht in den östlichen Provinzen des römischen Kaiserreichs" die Vorstellung von der Rechtseinheit in der römischen Monarchie zerstört.[138]

Der österreichische Rechtshistoriker Arnold Luschin von Ebengreuth wurde 1904 zum Korrespondierenden Mitglied gewählt. Er war damals der bedeutendste germanistische Rechtshistoriker Österreichs und gehörte als Mitglied der Wiener Akademie der Zentraldirektion der Monumenta Germaniae Historica an.[139] Als ersten Rechtshistoriker und Geschichtsforscher Englands, der „die Ergebnisse deutscher Forschung in breitem und vollem Strom in das vertrocknete Bette der englischen Geschichte und Rechtsgeschichte geleitet" hätte, hat Brunner 1900 Frederic William Maitland zur Wahl empfohlen.[140] Maitlands Untersuchungen über die mittelalterliche Rechtsgeschichte Englands, die an Konrad von Maurer, der seit 1889 Korrespondierendes Mitglied in Berlin war,

---

[136] Vgl. AAW II:III b Bd. 17, Bl. 147—147r, 171.
[137] Vgl. AAW II:III b Bd. 17, Bl. 147—147r, 175.
[138] Vgl. AAW II:III b Bd. 18, Bl. 92—94.
[139] Vgl. AAW II:III b Bd. 18, Bl. 42—43r, 46.
[140] Vgl. AAW II:III b Bd. 17, Bl. 147—147r, 174—174r.

anschlossen, waren insbesondere durch ihre Quellenerschließung in der Tat bedeutend für die Erforschung des Feudalismus; politisch zielten sie auf die Ablehnung der Rolle des Klassenkampfes in der Geschichte.[141]

Das Fach der Nationalökonomie vertrat an der Akademie seit 1887 das Ordentliche Mitglied Gustav Schmoller, der zugleich als Wirtschaftshistoriker tätig war. Er war einer der führenden „Kathedersozialisten" und der einzige, der sich in seinen Vorträgen vor der Akademie expressis verbis gegen die Sozialdemokratie wandte.

1901 suchte er in einem Akademievortrag die Arbeitswerttheorie von Marx zu widerlegen, die „das Extrem" der Lehre darstellte, die in der Arbeit das Wertmaß gefunden hätte. Er setzte dieser seine psychologisch begründete Wertlehre entgegen.[142] 1902 beschäftigte er sich mit dem Lohnkampf der Arbeiterklasse, wobei er die „Arbeitsschutzgesetzgebung", den „Gewerkverein" und „die politische Organisation der Arbeiterpartei" als gleichberechtigte Faktoren, „die zusammen sozialreformatorisch wirken", nebeneinander stellte. Auf diese Weise sollte die entscheidende Funktion des politischen Kampfes der Arbeiterklasse für den Sturz der Ausbeuterordnung eliminiert werden. Daher schlußfolgerte Schmoller:„Es ist vor allem der Ausbau der gesamten modernen sozialen Institutionen, welche die Garantie weiteren Fortschritts bieten, welche es wahrscheinlich machen, daß auch ungünstige Konjunkturen und Krisen immer wieder überwunden werden."[143] Die Notwendigkeit sozialer Reformen, aber eben auch die Notwendigkeit, sich auf Reformen allein zu beschränken, begründete Schmoller im selben Jahre in einem weiteren Vortrag.[144]

Die doppelte, in sich einheitliche Funktion der bürgerlichen politischen Ökonomie, deren Aufgabe die Rechtfertigung der kapitalistischen Klassenherrschaft und gleichzeitig die Bekämpfung der wissenschaftlichen Weltanschauung der Arbeiterklasse ist, wurde in den genannten Vorträgen von Schmoller bereits deutlich. Dennoch waren sie nur eine Vorbereitung, denn erst die Vorträge

[141] Vgl. über die Rolle Maitlands in der Historiographie des Feudalismus P. F. Laptin, Obščina v russkoj istoriografii poslednej treti XIX-načala XX v., Kiev 1971.

[142] G. Schmoller, Einige prinzipielle Erörterungen über Wert und Preis. In: Sb 1901, S. 634 bis 676. Die gegen die Marxsche Lehre gerichtete, verfälschende Formulierung S. 643: Die Forschung nach einem Wertmaß „blieb zuletzt bei der Arbeit stehen, suchte alle Produktionskosten in Arbeit oder Arbeitsstunden, alle geistige Arbeit in Handarbeit aufzulösen. Man glaubte so zu einer objektiven Werttheorie gekommen zu sein. Das Extrem dieser Richtung stellt Marx mit seiner Lehre dar, der Gebrauchswert sei als etwas Technologisches volkswirtschaftlich bedeutungslos, aller Wert beruhe auf dem Quantum gesellschaftlich notwendiger (d. h. dem technischen Kulturniveau entsprechender) Arbeitsstunden, die eine Ware kostet. ‚Alle Werte sind als Ware nur bestimmte Massen festgeronnener Arbeitszeit.' Als ob jemals irgendein Mensch, unabhängig von seinen Bedürfnissen und den Mengenverhältnissen der Güter, irgend etwas noch wertete, nur weil Arbeitsstunden darin stecken."

[143] G. Schmoller, Die historische Lohnbewegung von 1300—1900 und ihre Ursachen. In: Sb 1902, S. 144f.

[144] G. Schmoller, Entstehung, Wesen und Bedeutung der neueren Armenpflege. In: Sb 1902, S. 924f.

von 1903 lassen ganz sichtbar werden, welche Ziele die Schmollersche „Sozialreform" eigentlich verfolgte.

Er verteidigte die angebliche „Interessengemeinschaft" zwischen Arbeitern und Unternehmern, die durch gegenseitig anerkannte Verbände der „Arbeitgeber und Arbeitnehmer" verwirklicht werden sollte; man müsse in Arbeitsstreitigkeiten „mehr und mehr zu obligatorischen Schiedsgerichten kommen", gegebenenfalls durch die Einsetzung von „Staatskommissaren"[145].

Um diese bei einem Blick auf die Gegenwart so modern anmutende Apologie des Imperialismus abzurunden, fehlte eigentlich nur noch die offene Leugnung des Klassenkampfes. Schmoller verwendet zwar diesen Begriff, nimmt ihm aber seinen Inhalt, indem der jede wirtschaftliche oder ideologische Auseinandersetzung zwischen Menschen unterschiedlicher sozialer Stellung als Klassenkampf und moralische Faktoren als entscheidend für diesen bezeichnet. Durch die Ablehnung des marxistischen Klassenbegriffes schuf sich Schmoller die Voraussetzung für die Leugnung der Klassenherrschaft, wobei er die Regierung als das die Klasseninteressen ausgleichende Instrument hinstellen konnte. Auch hier läuft alles wieder auf die „Sozialreform" hinaus, die Schmoller seit Jahrzehnten propagierte, der er aber jetzt dank des Revisionismus in der Arbeiterbewegung größere Chancen einräumte.[146]

Im Jahre 1900 hat Schmoller zwei Anträge für Korrespondierende Mitglieder gestellt, um den Staatswissenschaften etwas mehr Geltung in der Akademie zu verschaffen. Der einzige Korrespondent in diesem Fach war seit 1893 der Agrarhistoriker und Geldtheoretiker Georg Friedrich Knapp. Jetzt traten hinzu der österreichische Professor der Staatswissenschaften Karl Theodor von Inama-Sternegg, der eine vielbenutzte deutsche Wirtschaftsgeschichte geschrieben und eine wissenschaftliche Schule der Statistik geschaffen hatte, deren Fehlen in Deutschland Schmoller bedauerte. Inama-Sternegg war Präsident des internationalen statistischen Instituts.[147] Vizepräsident dieser Einrichtung war der ebenfalls 1900 gewählte Franzose Emile Levasseur, der seinen Ruf durch seine „Histoire des classes ouvrières en France" begründet und später die französische Bevölkerungsgeschichte an die erste Stelle Europas gehoben hätte.[148] Ein leidenschaftliches Gutachten Schmollers für die Wahl des „Kathedersozialisten" Lujo Brentano verfiel 1905 in der Klasse der Ablehnung. Von 21 Mitgliedern der Klasse waren nur 11 — 15 wären notwendig gewesen — bereit, Schmollers Antrag zu unterstützen.[149] Schmoller selbst beteiligte sich nach 1903 nicht mehr an der wissenschaftlichen Arbeit der

145 G. Schmoller, Über Organe für Einigung und Schiedssprüche in Arbeitsstreitigkeiten. In: Sb 1903, S. 74—78.

146 G. Schmoller, Klassenkämpfe und Klassenherrschaft. In: Sb 1903, S. 1109—1122. Vgl. über ihn auch K.-H. Noack, Zu einer Tradition der gegenwärtigen Sozialgeschichtsschreibung in der BRD (Gustav Schmoller). In: Probleme der Geschichtsmethodologie, Berlin 1972, S. 287—298.

147 Vgl. AAW II:III b Bd. 17, Bl. 147—147r, 172.

148 Vgl. AAW II:III b Bd. 17, Bl. 147—147r, 173.

149 Vgl. AAW II:III b Bd. 18, Bl. 96—98.

Klasse. Seine Linie, deren Ziel die Integration der Arbeiterklasse in die imperialistische Gesellschaft war, fand zu jener Zeit in der Akademie keinen Anklang.

Die größte Gruppe unter den Gesellschaftswissenschaftlern der Akademie bildeten die klassischen Philologen, Epigraphiker, Numismatiker und Archäologen, deren Arbeiten sowohl die alte Geschichte wie die antike Philosophie tangierten. Sie verfügten über die vier Ordentlichen Fachstellen für klassische Philologie und in diesem Zeitraum auch noch über die beiden Ordentlichen Fachstellen für Kunstwissenschaft. Außerdem besetzten sie noch freie Stellen. Im Jahre 1900 hatten Theodor Mommsen, Adolf Kirchhoff, Johannes Vahlen und Hermann Diels die Fachstellen für klassische Philologie inne. Das Wirken Theodor Mommsens und Adolf Kirchoffs, die 1903 und 1908 starben, gehört wesentlich der früheren Periode der Akademiegeschichte an. Mommsen erwarb sich sein letztes großes Verdienst um die Akademie durch seine Teilnahme an der Pariser Generalversammlung der Internationalen Assoziation der Akademien von 1901, auf deren Gründung er persönlich Einfluß genommen hatte. Kirchhoff beteiligte sich nach der Jahrhundertwende nicht mehr an den Arbeiten der Klasse und des Plenums. Die anderen beiden klassischen Philologen waren Sekretare ihrer Klasse, Vahlen seit 1893 und Diels als Nachfolger Mommsens seit 1895.

Von Mommsen hatte Diels, der seit 1881 Ordentliches Mitglied war, nicht nur das Amt übernommen, er teilte auch dessen wissenschaftsorganisatorische Interessen und war gerade auf diesem Gebiet sehr rege. Seine wissenschaftlichen Hauptarbeitsgebiete waren die antike griechische Philosophie und Medizin, denen meist auch seine Akademievorträge gewidmet waren. Sein großes internationales Ansehen erwarb sich Diels vor allem als Bearbeiter der 1909 abgeschlossenen Aristoteleskommentare der Berliner Akademie, als Erforscher der vorsokratischen Philosophie und als Begründer des Corpus Medicorum Graecorum.[150] Als Sekretar, als Leiter oder Mitglied aller altertumskundlichen Unternehmen der Akademie, als Mitglied der Deutschen Kommission und als Ständiger Vertreter der Akademie für die philosophisch-historische Klasse in der Internationalen Assoziation hatte Diels einen nachhaltigen Einfluß auf die Wissenschaftspolitik der Akademie, den er ungeachtet seines bei einem bürgerlichen Wissenschaftler selbstverständlichen Bekenntnisses zum imperialistischen Staat im wesentlichen zu nutzen trachtete für eine Bewahrung humanistischer Traditionen der deutschen Wissenschaft.

Der andere Sekretar dieser Klasse, der glänzende Latinist Johannes Vahlen, der als Textkritiker und Kommentator antiker Schriftsteller hervortrat und der der Akademie seit 1874 als Mitglied angehörte, wirkte zwar in verschiedenen Kommissionen mit, trat aber als Wissenschaftsorganisator und als Repräsentant der Akademie weniger hervor. Die Altertumswissenschaft im Sinne einer

---

150 Vgl. O. Kern, Hermann Diels und Carl Robert. Ein biographischer Versuch, Leipzig 1927; H. Diels, Kleine Schriften zur Geschichte der antiken Philosophie, Darmstadt 1969 (mit kurzer Biographie und vollständiger Bibliographie der Publikationen Diels').

totalen Erfassung der antiken Gesellschaft lehnte er ab.[151] Mindestens einmal in jedem Jahr hat Vahlen einen Vortrag gehalten, meist über lateinische Sprache und Literatur, aber auch über Aristoteles.

Seit 1891 war der die Altertumskunde in ihrer Gesamtheit umfassende Ulrich von Wilamowitz-Moellendorff Korrespondent der Akademie, 1899 wurde er Ordentliches Mitglied und 1903 nahm er die Fachstelle seines Schwiegervaters Theodor Mommsen ein. Wilamowitz entstammte einer preußischen Großgrundbesitzerfamilie. Das blieb auf seine gesellschaftlichen Anschauungen nicht ohne Einfluß. Sein Ansehen als Altertumswissenschaftler begründete er vor allem mit seinen Werken „Euripides' ‚Herakles', mit einer Einleitung in die griechische Tragödie" (1889) und „Aristoteles und Athen" (1893) sowie mit seinen seit den achtziger Jahren des 19. Jahrhunderts erschienenen zweisprachigen Ausgaben griechischer Tragödien, die teilweise mit großem Erfolg in Berlin und Wien auf die Bühne kamen.

Außerordentlich viel Kraft widmete Wilamowitz in der Akademie dem Corpus Inscriptionum Graecarum. Er bewährte sich als hervorragender Organisator der altertumswissenschaftlichen Forschung im Rahmen der akademischen Unternehmen nach Mommsen, während seine eigenen großen wissenschaftlichen Arbeiten, die ihm um die Wende vom 19. zum 20. Jh. den Ruf des bedeutendsten deutschen klassischen Philologen einbrachten, in den akademischen Publikationen nahezu ausschließlich als Spezialuntersuchungen zur griechischen Geschichte und Epigraphik, zur griechischen Sprache und zur griechischen Literatur einen Niederschlag fanden.[152]

Für das Fach der klassischen Philologie einschließlich der klassischen Epigraphik wurden außer dem schon erwähnten Historiker Oscar von Gebhardt von 1900 bis 1910 insgesamt 12 Korrespondenten gewählt. Auf den Bibliothekar des Britischen Museums, Professor der alten Geschichte und ausgezeichneten Paläographen Frederic Kenyon [153] sowie den Hallenser Professor Friedrich Blass [154] fiel die Wahl vor allem wegen ihrer Forschungen über griechische Papyri, die die Arbeiten der Akademie förderten. Eben diese Gründe sprachen auch für die Berufung des griechischen Sprachforschers Georgios Nikolaou

151 Wilamowitz-Moellendorff wies mehr indirekt auf diese Tatsache hin und sagte über den Anteil von Vahlen an den Gemeinschaftsarbeiten der Akademie: Er griff „ratend und helfend in ihre geschäftliche Behandlung mit ein" und war insoweit beteiligt. „Selbst gehörte er zu den Akademikern alter Art, die doch auch eine gute Art ist, wo jeder nach Neigung und Geschmack den eigenen Garten pflegt und die reifen Früchte einem Kreise darbietet, dessen Glieder Duft und Glanz zu würdigen wissen, auch wenn sie auf den Genuß verzichten, weil ein jeglicher in seinem Gärtlein eine andere Sorte zieht." Sb 1912, S. 617.

152 Vgl. über ihn J. Irmscher, Die deutsche Altertumskunde in Vergangenheit und Gegenwart. In: Mitteilungsblatt für die Mitarbeiter der DAW, Jg. 5, 1959, Heft 4, S. 198. Aufschlußreich für seine reaktionäre gesellschaftliche Einstellung sind seine Memoiren. Vgl. U. v. Wilamowiz-Moellendorff, Erinnerungen 1848–1914, Leipzig (1928).

153 Vgl. AAW II:III b Bd. 17, Bl. 147–147r, 152.

154 Vgl. AAW II:III b Bd. 17, Bl. 147–147r, 152.

Hatzidakis im Jahre 1900, der eng mit der deutschen Wissenschaft verbunden war und die internationale Graezistik nachhaltig beeinflußte.[155]

Mit Bernard Haussoullier, einem Mitarbeiter des Corpus Inscriptionum Graecarum, wurde 1907 — nach Paul Foucart (1884) und Théophile Homolle (1887) — der dritte epigraphische Spezialist der Pariser Académie des inscriptions zum Korrespondierenden Mitglied gewählt.[156] Ebenso wie Homolle arbeitete auch dessen Nachfolger an der Ecole d'Athènes, einem französischen Forschungszentrum für das alte Griechenland, Maurice Holleaux, mit der Berliner Akademie zusammen und wurde 1909 Korrespondierendes Mitglied.[157]

Zur Förderung des Corpus Inscriptionum Latinarum (CIL) wurden in diesen Jahren drei Korrespondierende Mitglieder aufgenommen. Der Leiter des epigraphischen Seminars in Wien, Eugen Bormann, trat 1902 in die Akademie ein[158], 1904 folgte der bedeutendste damalige französische Vertreter der römischen Epigraphik und Mitglied des Institut de France, René Cagnat. Im Wahlantrag für ihn wurde ausdrücklich darauf verwiesen, daß das CIL „auf internationale Unterstützung durchaus angewiesen ist"[159]. 1907 wurde der Mitarbeiter des Deutschen Archäologischen Instituts in Rom, Christian Hülsen, insbesondere für seine Bearbeitung der stadtrömischen Inschriften, zum Korrespondierenden Mitglied gewählt.[160]

Die Wahl Ludwig Friedländers, des Verfassers einer römischen Sittengeschichte, im Jahre 1900 wurde lediglich als notwendige akademische Ehrung bezeichnet.[161] Für den Göttinger Erforscher der lateinischen Literatur Friedrich Leo, der eine Berufung an die Berliner Universität abgelehnt hatte, sprachen neben seiner wissenschaftlichen Leistung auch seine Mitarbeit an den Monumenta Germaniae Historica und seine Tätigkeit als Sekretar der Göttinger Akademie.[162] Er wurde 1906 gewählt und die Beziehungen zwischen beiden Akademien dadurch zugleich gefestigt.

Im Jahre 1907 berief die Akademie zwei weitere klassische Philologen zu Korrespondenten, den Bearbeiter der römischen Sargreliefs und Erforscher der antiken Mythologie Carl Robert[163] und den über die antike Literatur und Historiographie arbeitenden Eduard Schwartz[164], der auch Mitarbeiter der Kirchenväter-Kommission der Akademie war. Als bedeutsam wurde bei beiden ihre wissenschaftsorganisatorische Arbeit herausgestellt: Robert war Mitre-

---

155 Vgl. AAW II:IIIb Bd. 17, Bl. 147—147r, 154—155; J. Irmscher, Griechische Gelehrte in der Berliner Akademie In: Ost und West in der Geschichte des Denkens und der kulturellen Beziehungen, Berlin 1966, S. 449—451.

156 Vgl. AAW II:III b Bd. 19, Bl. 48—48r, 51—52, 55.

157 Vgl. AAW II:III b Bd. 20, Bl. 44—44r, 48r.

158 Vgl. AAW II:III b Bd. 16, Bl. 119—120, 122.

159 Vgl. AAW II:III b Bd. 18, Bl. 58—59r, 61, 73.

160 Vgl. AAW II:III b Bd. 19, Bl. 48—50, 55.

161 Vgl. AAW II:III b Bd. 17, Bl. 147—147r, 153, 360—360r.

162 Vgl. AAW II:III b Bd. 18, Bl. 269—272, 274.

163 Vgl. AAW II:III b Bd. 19, Bl. 48—48r, 52—53, 55, 66.

164 Vgl. AAW II:III b Bd. 19, Bl. 48—48r, 53—55.

dakteur der Zeitschrift „Hermes" und Schwartz Herausgeber der „Göttinger Gelehrten Anzeigen".

Das Fach, das bei den Ordentlichen Mitgliedern „Kunstwissenschaft" und bei den Korrespondierenden „Kunstwissenschaft einschließlich der Münzkunde" hieß, wurde bis 1910 ausschließlich von Altertumswissenschaftlern besetzt. Die beiden Ordentlichen Fachstellen für Kunstwissenschaft hatten seit 1877 Alexander Conze und seit 1896 Reinhard Kekulé von Stradonitz inne, die beide die Entwicklung der klassischen Archäologie nachhaltig beeinflußten. Der Archäologe Conze war Leiter der Antikensammlung der Berliner Museen und zugleich von 1887 bis 1905 Generalsekretär des mit der Akademie verbundenen Deutschen Archäologischen Instituts, über dessen Tätigkeit er regelmäßig vor der Akademie berichtete.[165] An der Arbeit der Klasse und des Plenums beteiligte er sich zu dieser Zeit kaum noch.

Kekulé, Archäologie-Professor an der Universität und Nachfolger Conzes in den Museen, ist in der Akademie vor allem als Vortragender über die griechische Kunst des Altertums hervorgetreten. Seine Wahl erfolgte, weil die Besetzung dieser Fachstelle mit einem Vertreter der neueren Kunstwissenschaft gescheitert war. Nach dem Tode von Ernst Curtius (1896) war versucht worden, die Kunsthistoriker Wilhelm von Bode oder Hermann Grimm auf diese Stelle zu bringen. Der erste war durch seine Rembrandt-Forschungen, der zweite durch seine Arbeit über Michelangelo bekannt geworden. Beide Wahlen wurden mit der Begründung abgelehnt, daß die Fachstelle für den Nachfolger von Curtius an der Universität freigehalten werden müßte.[166] Dieser Nachfolger war Kekulé.

Die enge Verbindung der Akademie mit anderen wissenschaftlichen Institutionen Berlins zeigte sich auch in der Wahl des Direktors des Münzkabinetts der Berliner Museen, Heinrich Dressel, im Jahre 1902. Der Numismatiker und gute Kenner der römischen Kunst arbeitete mit der Akademie bereits seit 1877 am Corpus Inscriptionum Latinarum zusammen und sollte nun insbesondere die numismatischen Unternehmen der Akademie betreuen.[167] An der Arbeit der Klasse und des Plenums beteiligte sich Dressel nur durch wenige Vorträge aus dem Gebiet der griechischen und römischen Kunstgeschichte an Hand von Münzfunden.

Wie die Ordentlichen so waren auch alle sieben von 1900 bis 1910 gewählten Korrespondierenden Mitglieder der Kunstwissenschaft und der Münzkunde Altertumswissenschaftler. Für die Wahlen der Archäologen Léon Heuzey[168], des Erforschers antiker Terrakotten, und Alexander Stuart Murray[169] im Jahre 1900 sprachen wohl insbesondere ihre dienstlichen Stellungen als Konservator

[165] Vgl. G. Rodenwaldt, Archäologisches Institut des Deutschen Reiches 1829—1929, Berlin 1929.
[166] Vgl. AAW II:III a Bd. 15, Bl. 38—47, 54.
[167] Vgl. AAW II:III a Bd. 16, Bl. 22—23r, 26; Bd. 19, Bl. 115.
[168] Vgl. AAW II:III b Bd. 17, Bl. 147—147r, 165.
[169] Vgl. AAW II:III b Bd. 17, Bl. 147—147r, 166.

der Antiken des Louvre bzw. als Kustos der griechischen und römischen Altertümer des Britischen Museums, durch die sie in der Lage waren, Arbeiten der Berliner Akademie zu fördern. Aus diesem Grunde dürften auch 1908 die Berufungen der über die griechische Numismatik arbeitenden Percy Gardner[170] und Barclay Head[171], des französischen Archäologen Edmond Pottier[172] und von Robert von Schneider erfolgt sein, der Direktor des österreichischen Archäologischen Instituts und der Antikensammlung des Kunsthistorischen Hofmuseums in Wien war.[173] Die Unterstützung der Inschriftenwerke der Akademie wurde in dem Antrag von 1910 für den in Frankreich lebenden deutschen Kunstwissenschaftler Wilhelm Fröhner ausdrücklich als ein Wahlgrund genannt.[174]

Die von Conze, Kekulé und Dressel 1909 beantragte Wahl des Leiters der Ausgrabungen von Olympia und Mitarbeiters von H. Schliemann in Troja, Wilhelm Dörpfelds, wurde insbesondere auf Betreiben des vergleichenden Sprachwissenschaftlers W. Schulze abgelehnt, „da man im gegenwärtigen Augenblick bei der notorischen Stellung Dörpfelds in wissenschaftlichen Fragen nur eine ungünstige Wirkung erwarten könne". Conze hatte als Leiter des Archäologischen Instituts Dörpfeld, der Architekt und nach Auffassung vieler Akademiemitglieder kein zünftiger Wissenschaftler war, mit großem Erfolg zu Grabungen herangezogen, war aber bereits auf Widerspruch gestoßen, als er ihm leitende Funktionen übertrug. Einwände richteten sich aber auch gegen Dörpfelds Versuche, die Ergebnisse der Ausgrabungen in Troja mit der Dichtung Homers in Übereinstimmung zu bringen. Von 22 anwesenden Mitgliedern der philosophisch-historischen Klasse stimmten nur 13 für Dörpfelds Wahl.[175] Damit war sie abgelehnt.

In den Jahren 1900 und 1908 wurden jeweils zwei Korrespondierende Mitglieder der Altertumswissenschaft zu Auswärtigen ernannt. 1900 waren es der Bonner Latinist Franz Bücheler[176] — Korrespondierendes Mitglied seit 1882 — und der Schweizer Numismatiker Friedrich Imhoof-Blumer[177] — KM seit 1897 —, der an den griechischen Münzwerken der Akademie mitarbeitete und für den T. Mommsen den Antrag stellte. Acht Jahre später folgten ihnen der Generalephoros der Königlichen Museen und Altertümer in Athen, Panagiotis Kabbadias, der seit 1887 Korrespondierendes Mitglied [178] war, und der Nestor der französischen klassischen Philologie Henri Weil, Korrespondierendes Mitglied seit 1896.[179]

---

[170] Vgl. AAW II:III b Bd. 19, Bl. 238—239, 245r—246.
[171] Vgl. AAW II:III b Bd. 19, Bl. 240—240r, 245r—246.
[172] Vgl. AAW II:III b Bd. 19, B. 241—242r, 245r—246.
[173] Vgl. AAW II:III b Bd. 19, Bl. 243—244r, 245r—246.
[174] Vgl. AAW II:III b Bd. 20, Bl. 186—187r.
[175] Vgl. AAW II:III b Bd. 20, Bl. 69—79r.
[176] Vgl. AAW II:III b Bd. 17, Bl. 15, 24—24r.
[177] Vgl. AAW II:III b Bd. 17, Bl. 15, 17—18.
[178] Vgl. AAW II:III b Bd. 19, Bl. 225—226, 228, 230—230r; J. Irmscher, Griechische Gelehrte, a. a. O., S. 448f.
[179] Vgl. AAW II:IIIb Bd. 19, Bl. 225—226, 229—230r.

Nicht im gleichen Maße wie die griechisch-römische Altertumskunde, aber doch recht stark war in der Akademie die Orientalistik vertreten, die über drei Ordentliche Fachstellen verfügte. Diese besetzten seit 1857 der Indologe Albrecht Weber, seit 1875 der Assyriologe Eberhard Schrader, und seit 1887 der Semitist Eduard Sachau. Weber starb 1901, hat jedoch bis zu seinem Tode über seine Veda-Forschungen berichtet. Schrader ist nach der Jahrhundertwende in der Akademie als Vortragender nicht mehr in Erscheinung getreten.

Sachau war Leiter des Orientalischen Seminars der Berliner Universität, der — ungeachtet des Namens — landeskundlich-geschichtlichen Ausbildungsstätte für künftige diplomatische, außenwirtschaftliche und militärische Vertreter des Deutschen Reiches in den deutschen Kolonien und in anderen Ländern Asiens und Afrikas. Schließlich dehnte es sein Ausbildungsgebiet sogar auf Osteuropa aus. Das auf direkte Veranlassung Bismarcks gegründete Seminar[180] war Ausdruck der weltweiten expansiven Interessen des erstarkenden kapitalistischen deutschen Staates. Sachau hatte damit und mit dem auf seinen Antrag 1897 gegründeten akademischen Unternehmen der Ausgabe der Werke des Ibn Saad beachtlichen Einfluß vor allem auf die nahöstliche Außenpolitik des deutschen Imperialismus. In seinen wenigen Akademievorträgen behandelte er Probleme der älteren arabischen Geschichte.

Ordentliches Mitglied der Akademie war seit 1895 der Ägyptologe Adolf Erman, der 1901 die Fachstelle von Weber übernahm. Erman, der Initiator des Wörterbuches der ägyptischen Sprache, war wesentlich an der Ausgestaltung der Ägyptologie zur ägyptischen Altertumskunde beteiligt[181], was sich teilweise auch in seinen der Akademie vorgelegten Abhandlungen philologischen und historischen Inhalts widerspiegelte.

Nachfolger des Indologen Weber an der Universität und in der Akademie wurde 1902 Richard Pischel, dessen Arbeitsgebiet vor allem die Literatur des indischen Mittelalters und die Volkssprachen waren. Den Zeitgenossen galt er als einer der vielseitigsten Indologen nach Weber.[182] Die Themen für seine Akademieabhandlungen entnahm er seinem Hauptarbeitsgebiet. Er vertrat die Berliner Akademie in der Kommission für die von der Assoziation inaugurierte Mahabharata-Ausgabe. Pischel, der noch an der ersten Auswertung der in Ostturkestan gefundenen Quellentexte[183] mitwirkte, ist 1908 auf einer Reise in Indien gestorben.

Aufs engste mit der Erschließung der genannten Quellenfunde an der Akademie verbunden ist das Wirken von Friedrich Wilhelm Karl Müller und Heinrich Lüders. Müller, vielseitiger Sprachforscher und Direktor der Ost-

---

180 Vgl. E. Mittwoch, Das Seminar für Orientalische Sprachen an der Universität zu Berlin. In: Weltpolitische Bildungsarbeit an preußischen Hochschulen, Berlin 1926, S. 12—22.

181 Vgl. H. Grapow, Die Erforschung der altägyptischen Kultur im Rahmen der Akademie, Berlin 1954.

182 Vgl. AAW II:III a Bd. 16, Bl. 29-29r, 41, 188.

183 Vgl. H. Lüders, Über die literarischen Funde von Ostturkestan. Festrede. In: Sb 1914, S. 85—105.

asiatischen Abteilung des Museums für Völkerkunde in Berlin, wurde 1906 Ordentliches Akademiemitglied. Sein Hauptarbeitsgebiet war die chinesische Kultur, seine größte Leistung die „Entzifferung der in Ostturkestan gefundenen in syrischer Schrift geschriebenen und in mittelpersischer Sprache abgefaßten Literatur-Bruckstücke manichäischen Ursprungs", über die er der Akademie vor und nach seiner Wahl berichtete und mit denen er ein „völlig neues Kapitel in der asiatischen Altertumskunde" einleitete.[184]

Unter dem ausdrücklichen Hinweis auf seine Eignung für die Auswertung der Turfan-Funde wurde der Nachfolger Pischels an der Universität, Lüders, 1909 zum Ordentlichen Mitglied gewählt. Der vielseitige Lüders hatte vier Jahre am Indischen Institut in Oxford gearbeitet und war der wissenschaftliche Leiter der internationalen Mahabharata-Ausgabe.[185] Seine wissenschaftliche Mitarbeit in der Akademie gehört schon in die folgenden Abschnitte der Akademiegeschichte.

Über eine eigene Fachstelle für die vergleichende Sprachwissenschaft verfügte die Akademie nicht. Den Vertreter dieses Faches an der Universität, Wilhelm Schulze, wählte sie daher 1903 auf eine freie Stelle.[186] Schulze war vom Fach her klassischer Philologe und hatte sich mit der Geschichte der lateinischen Eigennamen beschäftigt. Sein großes Werk „Zur Geschichte lateinischer Eigennamen" (1904) erwies den bedeutenden Einfluß des Etruskischen auf die lateinische Namensgebung. Er gab Anstöße für neue Erkenntnisse über Auftreten und Rolle der Etrusker in Italien, die die deutsche Forschung auf diesem Gebiet nachhaltig beeinflußte. Gegen diese Auffassungen in der Etruskerfrage wandten sich italienische Forscher, die insbesondere unter dem Einfluß des italienischen Faschismus aus politischen Gründen die autochthone Entwicklung der Etrusker hervorhoben. In der Akademie referierte Schulze über Probleme der griechischen und lateinischen Philologie, der Indogermanistik und über gotische Handschriften. Nach dem Tode von A. Kirchhoff übernahm er 1908 eine Fachstelle für klassische Philologie.

Verschiedene Einzelgebiete der Orientalistik pflegten die zehn von 1900 bis 1910 für das Fach Orientalistik[187] und vergleichende Sprachwissenschaft berufenen Korrespondierenden Mitglieder.

Die nach Ansicht Ermans bedeutendsten Ägyptologen Englands und der USA, Francis Griffith[188] und James Henry Breasted[189], wurden 1900 und 1907 zu Korrespondenten gewählt. Letzterer arbeitete auch am ägyptischen Wörterbuch mit. Das Mitglied des Institut de France Emile Sénart, „der erste Sanskritist Frankreichs", wurde ebenfalls 1900 in die Akademie aufgenommen.[190]

---

[184] Vgl. AAW II:III a Bd. 17, Bl. 98—101r.
[185] Vgl. AAW II:III a Bd. 17, Bl 247, 251.
[186] Vgl. AAW II:III a Bd. 16, Bl. 126—126r, 133, 174.
[187] Zur Arabistik vgl. J. Fück, Die arabischen Studien in Europa bis in den Anfang des 20. Jh., Leipzig 1955.
[188] Vgl. AAW II:III b Bd. 17, Bl. 147—147r, 167—167r.
[189] Vgl. AAW II:III b Bd. 19, Bl. 73—74r, 77, 84.
[190] Vgl. AAW II:III b Bd. 17, Bl. 147—147r, 169.

Ebenso der dänische vergleichende Sprachwissenschaftler und Historiker Vilhelm Thomsen[191], der in die Reihe derjenigen gehört, die die von der sowjetischen Wissenschaft überzeugend widerlegte „Normannentheorie" vertraten.

Fünf weitere Anträge für Korrespondierende Mitglieder arbeitete Sachau aus. Sie betrafen anerkannte Vertreter ihres Faches; die Begründungen sind alle von einem für Sachau typischen Nationalismus durchdrungen. Der Petersburger Akademiker Viktor von Rosen (V. R. Rozen) – gewählt 1900 –, dessen bedeutender Anteil an der modernen Entwicklung der orientalischen Philologie unbestritten ist, war für Sachau vor allem derjenige, der „die Bestrebungen und die Methode der deutschen orientalischen Philologie nach Rußland verpflanzte"[192]. Der 1904 gewählte Ignazio Guidi, für dessen Studien über die mohammedanisch-arabische, insbesondere aber die christliche Literatur in syrischer, arabischer, koptischer, armenischer und äthiopischer Sprache die Eroberung Abessiniens durch Italien „von bestimmendem Einfluß" geworden wäre, hatte nach Sachau schon 1871 durch Spezialkenntnisse überrascht, denen man „außerhalb der deutschen Grenzen nur ausnahmsweise zu begegnen pflegt"[193]. Julius Eutin, ein 1907 in die Akademie aufgenommener „semitischer Epigraphiker par excellence", vertrat, so Sachau, „die Ehre der deutschen Wissenschaft gegenüber den Gelehrten des französischen Corpus Inscriptionum Semiticarum"[194], und Franz Praetorius war überhaupt einer „der ersten Vertreter der semitischen Sprachwissenschaft in unserer Zeit". Er wurde 1910 gewählt.[195] Als hervorragender Arabist wurde der Sekretär der Ungarischen Akademie der Wissenschaften, Ignaz Goldziher, 1910 im Wahlantrag herausgestellt. Ein Werk wie seine „Vorlesungen über den Islam" hätte „die Weltliteratur bisher nicht aufzuweisen"[196]. Auch bei Samuel Rolles Driver, dem 1910 gewählten englischen Hebräisten und Erforscher des Alten Testaments, dessen Leistungen er anerkannte, wurde Sachau nationalistisch: „Er hat eine Disziplin, die wir als eine rein deutsche in Anspruch nehmen dürfen, nach England verpflanzt" und sogar durch die Übersetzung seiner Werke auf Deutschland zurückgewirkt, was für die alttestamentliche Philologie „eine große Seltenheit" wäre.[197]

Alle diese Anträge mit ihren berechtigten Hervorhebungen der wissenschaftlichen Verdienste deutscher und ausländischer Wissenschaftler bestätigen die wachsende Rolle der Orientalistik auch im Rahmen der Akademie. Zugleich wird das ganz offensichtliche Bestreben deutlich, die deutsche bürgerliche Wissenschaft einseitig als maßstabsetzend herauszustellen.

Der Versuch, den Kieler Indologen und Verfasser einer damals schon in drei Auflagen erschienenen Buddha-Biographie, Hermann Oldenberg, 1901 zum

---

191 Vgl. AAW II:III b Bd. 17, Bl. 147–147r, 170–170r. Vgl. über ihn I. P. Šaskol'skij, Normanskaja teorija v sovremennoj buržuaznoj nauke, Moskau, Leningrad 1965, passim.

192 Vgl. AAW II:III b Bd. 17, Bl. 147–147r, 168, 375–376.

193 Vgl. AAW II:III b Bd. 18, Bl. 69–71.

194 Vgl. AAW II:III b Bd. 19, Bl. 73, 75–77, 84.

195 Vgl. AAW II:III b Bd. 20, Bl. 287–289.

196 Vgl. AAW II:III b Bd. 20, Bl. 285–286, 289.

197 Vgl. AAW II:III b Bd. 20, Bl. 283–284, 289.

Korrespondierenden Mitglied zu wählen, ist gescheitert. Als Gründe wurden genannt, daß der ältere Richard Pischel — er wurde 1902 Ordentliches Mitglied — in Halle nicht übergangen und eine mögliche Berufung an die Berliner Universität durch eine Korrespondentenwahl nicht präjudiziert werden dürfe.[198] Der Antrag für Oldenberg stammte von A. Weber, der unmittelbar danach starb und dessen Nachfolger R. Pischel wurde. Dagegen konnte Weber 1900 noch die Erhöhung des vergleichenden Sprachwissenschaftlers und Mitbegründers der vergleichenden Religionsgeschichte in Oxford, Max Müller, der seit 1865 Korrespondent war, zum Auswärtigen Mitglied durchsetzen.[199] Ebenfalls 1900 wurde der Straßburger Semitist Theodor Nöldeke — Korrespondierendes Mitglied sei 1878 — Auswärtiges Mitglied.[200]

In die Ordentlichen Fachstellen für deutsche und andere europäische Philologie, ausschließlich der klassischen, wurden bis zur Jahrhundertwende nur Germanisten oder Romanisten gewählt. Karl Weinhold, der eine germanistische Fachvertreter, starb 1901. Die zweite Stelle hatte seit 1895 der Literaturhistoriker Erich Schmidt inne, der dank seiner Forschungen über Probleme der klassischen Literaturperiode als Repräsentant der bürgerlichen Literarhistorik gelten kann und der von Franz Mehring in der ,,Lessinglegende" überzeugend, insbesondere wegen seiner das Bild der deutschen Literatur im 18. Jh. verfälschenden Lessingforschungen, kritisiert wurde.[201] Schmidts wenige Akademievorträge waren literarhistorischen Themen gewidmet.

Die Tätigkeit der Akademie auf germanistischem Gebiet war seit dem Übergang zum Imperialismus weitgehend durch die Arbeit der Deutschen Kommission geprägt, in der auch Erich Schmidt mitwirkte. Im ersten Jahrzehnt des 20. Jh. wurden drei weitere Germanisten als Ordentliche Mitglieder aufgenommen. Die Mitgliederzahl der Akademie war bekanntlich im Jahre 1900 gerade mit dem Ziel der erweiterten germanistischen Forschung erhöht worden.

1902 wurde Konrad Burdach gewählt. Er war nach van t'Hoff das erste Akademiemitglied, das hauptamtlich an der Akademie als Forscher tätig war, ohne nebenbei eine Professur an der Universität zu haben.[202] An die Akademie kam er mit einem festumrissenen Programm für die Erforschung der neuhochdeutschen Schriftsprache, die er bereits in Halle begonnen hatte und die er als Teil der Arbeiten der Deutschen Kommission in Berlin weiterführte. Daneben betrieb er Forschungen über die mittelalterliche Ritterdichtung, über die Renaissance und über Goethe und behandelte diese Themen auch verschiedentlich in Akademievorträgen.

Überhaupt nur einmal trat der 1903 gewählte Gustav Roethe[203] als Vortragender im ersten Jahrzehnt seiner Mitgliedschaft hervor. Er konzentrierte sich

198 Vgl. AAW II:IIIb Bd. 16, Bl. 75—78.
199 Vgl. AAW II:III b Bd. 17, Bl. 15, 23.
200 Vgl. AAW II:III b Bd. 17, Bl. 15—16r.
201 Vgl. F. Mehring, Lessinglegende, 1893. Vgl. dazu auch Geschichte der deutschen Arbeiterbewegung, Bd. 1, Berlin 1966, S. 449.
202 Vgl. AAW II:III a Bd. 16, Bl. 6—7, 26; Bd. 18, Bl. 40.
203 Vgl. AAW II:III a Bd. 16, Bl. 94r—96.

in seiner wissenschaftlichen Arbeit an der Akademie ganz auf die Edition der „Deutschen Texte des Mittelalters“ im Rahmen der Deutschen Kommission. Mit Roethe, der sich schon in seiner akademischen Antrittsrede auf „die dauernde Kulturmission des deutschen Volkes“[204] berief, war ein ausgesprochen reaktionärer Wissenschaftspolitiker in die Akademie gekommen, wie sich deutlich an seinem Wirken ab 1911 zeigen sollte. Als wissenschaftliches Verdienst wurde in seiner Laudatio außer Artikeln für die „Allgemeine Deutsche Biographie“ nur eine Arbeit genannt: „Musterhaft ist seine stil- und literargeschichtliche Abhandlung über das Fragment von Goethes Revolutionsdrama ‚Das Mädchen von Oberkirch‘.“

Obwohl sich Burdach dafür ausgesprochen hatte, noch einen weiteren lediglich für die Deutsche Kommission arbeitenden Germanisten zum Ordentlichen Mitglied zu wählen, entschied sich die Akademie 1907 aus Geldmangel für den Universitätsprofessor Andreas Heusler als Fachmann für nordische Philologie, der insbesondere die Arbeit an den Mundartenwörterbüchern fördern sollte. Heusler war zwar Schweizer, seine Islandforschungen lagen aber ganz in der Richtung des immer stärker hervortretenden deutschen Nationalismus. Roethes Geist sprach deutlich genug aus der Formulierung, Heusler hätte „in herzlicher Liebe für die altnationalen Grundlagen germanischen Geisteslebens durch Übersetzungen und populäre Darstellungen das Bewußtsein unserer Art zu stärken gesucht“.[205] Altisländisches Schrifttum und germanische Heldensage waren die ersten Themen von Heuslers Akademievorträgen.

Anläßlich des Akademiejubiläums im Jahre 1900 wurden zwei Germanisten zu Korrespondenten gewählt. Es waren das Mitglied der Wiener Akademie Richard Heinzel, der für seine philologischen und epischen Forschungen über das Mittelalter geehrt werden sollte[206], und der Leipziger Philologe Eduard Sievers, der sich durch seine Arbeiten über die Lautgeschichte der germanischen Sprachen und die allgemeine Phonetik sowie über die altgermanische Metrik ausgezeichnet hatte[207]. 1906 traten das Wiener Akademiemitglied Anton Schönbach[208] und der Bonner Germanist Wilhelm Wilmanns[209] in die Akademie ein. Ersterer hatte sich insbesondere durch seine Studien zur Geschichte des germanischen Christentums, letzterer durch seine Arbeiten zur alt- und mittelhochdeutschen Literatur ausgewiesen.

Der ehemalige Redakteur der „Allgemeinen Deutschen Biographie“, der Germanist und Sammler historischer Volkslieder Rochus Freiherr von Liliencron, wurde 1901 zum Auswärtigen[210] und 1908 zum Ehrenmitglied der Akademie

---

204 Sb 1903, S. 718f.

205 Vgl. AAW II:III a Bd. 17, Bl. 131–131r, 133–136r.

206 Vgl. AAW II:III b Bd. 17, Bl. 147–147r, 162, 377.

207 Vgl. AAW II:III b Bd. 17, Bl. 147–147r. Außerdem: D. Germann, Aus Eduard Sievers' Jenaer Zeit (1871–1883). In: Beiträge zur Geschichte der deutschen Sprache, Bd. 90, 1969, S. 303–314.

208 Vgl. AAW II:III b Bd. 18, Bl. 219–223r, 227–227r, 229–230.

209 Vgl. AAW II:III b Bd. 18, Bl. 219, 224–227r, 231–232.

210 Vgl. AAW II:III b Bd. 16, Bl. 58–59r, 61.

gewählt. Ebenfalls Auswärtiges Mitglied wurde 1900 der liberale Literaturhistoriker Rudolf Haym in Halle mit der Begründung, er wäre der letzte der Gelehrten, die seit der Paulskirche für die „Aufrichtung eines freien deutschen Gemeinwesens unter der Führung Preußens gekämpft haben", und er hätte in seinen Werken über Humboldt, die Romantik und Herder bedeutende Leistungen auf dem Gebiet der deutschen Geistesgeschichte erbracht.[211]

Bis 1910 vertrat der bedeutende Philologe Adolf Tobler die Romanistik in der Akademie. Sein Lebenswerk war das seit 1915 mit Unterstützung der Akademie herausgegebene „Altfranzösische Wörterbuch". Altfranzösiche Grammatik und Dichtung waren die Themen seiner Detailfragen behandelnden Akademievorträge.

Tobler holte 1900 den durch seine Wahl in mehrere Akademien geehrten vielseitigen Wiener Romanisten Adolf Mussafia als Korrespondierendes Mitglied in die Berliner Akademie[212] und ließ ebenfalls Gustav Groeber wählen, der die Leitung des „Grundrisses der romanischen Philologie" übernommen hatte.[213] 1905 wurde Wilhelm Meyer-Lübke, Verfasser einer dreibändigen Grammatik der romanischen Sprachen, gewählt[214], und 1909 der Florentiner Professor Pio Rajna, der über die italienische Literatur des Mittelalters gearbeitet hatte.[215]

Der einzige französische Romanist, der in der Akademie in dieser Zeit Beachtung fand, war Gaston Paris, der seit 1882 schon Korrespondierendes Mitglied war. Er wurde als glänzendster Vertreter der romanischen Philologie seines Landes im ausgehenden 19. Jh. im Jahre 1900 zum Auswärtigen Mitglied gewählt.[216]

Mit Alois Brandl wurde 1904 zum ersten Mal ein Fachvertreter der englischen Philologie in die Akademie aufgenommen. Ihm wurde das Verdienst zugeschrieben, „die unter uns ausgebildete literarhistorische Methode" auf die englische Literatur angewandt zu haben.[217] Die englische Literatur behandelte er auch in seinen Akademievorträgen. Brandls reaktionäre Einstellung fand darin ihre Widerspiegelung, daß er führend im Verein für das Deutschtum im Ausland, der imperialistischen Gesellschaft für die ideologische Beeinflussung der Auslandsdeutschen, tätig war.[218] Vor Brandl war 1901 der englische Grammatiker und Phonetiker Henry Sweet zum Korrespondierenden Mitglied gewählt worden.[219]

Im Jahre 1900 berief die Akademie neben Vatroslav Jagić, der seit 1880 Korrespondierendes Mitglied war und 1908 Auswärtiges Mitglied wurde[220],

---

[211] Vgl. AAW II:III b Bd. 17, Bl. 15, 20—20r.
[212] Vgl. AAW II:III b Bd. 17, Bl. 147—147r, 161—161r.
[213] Vgl. AAW II:III b Bd. 17, Bl. 147—147r, 161—161r.
[214] Vgl. AAW II:III b Bd. 18, Bl. 130—132, 138.
[215] Vgl. AAW II:III b Bd. 20, Bl. 56—60.
[216] Vgl. AAW II:III b Bd. 17, Bl. 15, 21.
[217] Vgl. AAW II:III a Bd. 16, Bl. 185—185r, 312; Bd. 18, Bl. 18.
[218] Vgl. dazu AAW II:VI a 1 Bd. 10, Bl. 233—234.
[219] Vgl. AAW II:III b Bd. 16, Bl. 71, 73—73r, 83.
[220] Vgl. AAW II:III b Bd. 19, Bl. 225—227, 320—230r.

mit August Leskien einen zweiten Slawisten zum Korrespondierenden Mitglied. Leskiens Handbuch der altbulgarischen Sprache wurde im Antrag als seine bedeutendste Leistung genannt.[221]

Ein Blick auf diese Übersicht der Korrespondenten für die ausländischen europäischen Philologien zeigt deutlich die weitgehende Unterschätzung, die die Akademiemitglieder für die Entwicklung der Romanistik, Anglistik und Slawistik an den Tag legten. Wenn sie überhaupt Berücksichtigung fanden, dann fast ausschließlich durch deutsche Fachvertreter. Besonders auffallend ist die völlige Negierung der russischen Slawistik.[222]

Dagegen wurde 1902 die Keltologie — wenn auch nicht ganz freiwillig — als eigene Disziplin durch ein Ordentliches Mitglied in die Akademie aufgenommen. Der Ministerialdirektor im preußischen Kultusministerium, F. Althoff, hatte Heinrich Zimmer als Ordentlichen Professor für Keltologie an die Universität berufen und ihm dabei die Akademiemitgliedschaft versprochen. Nach längeren Verhandlungen erhielt Zimmer sein Mitgliedsdiplom.[223] Zimmer beschäftigte sich in seinen Arbeiten, auch seinen Akademievorträgen, insbesondere mit den Inselkelten und ihren Beziehungen zur vorindogermanischen Bevölkerung, zu den Römern und zu den Germanen. Ungeachtet der wissenschaftlichen Bedeutung der Keltologie darf nicht übersehen werden, daß es sich bei den keltischen Sprachen Walisisch, Irisch, Bretonisch und Gälisch um Sprachen von Minderheiten in Großbritannien und Frankreich handelte, in Ländern also, die das Deutsche Reich als Gegner betrachtete. Diese Forschungen und die Bereitschaft der Akademie, die Keltologie unter die in ihr vertretenen Disziplinen aufzunehmen, standen in engem Zusammenhang mit den imperialistischen Aspirationen Deutschlands und der damit verbundenen Intensivierung der germanischen Sprach- und Frühgeschichtsforschung seit dem 20. Jh.

Ein für die Akademie ebenfalls ganz neues Arbeitsgebiet — der mexikanisch-mittelamerikanische Kulturkreis vor der europäischen Eroberung — wurde 1908 mit der Wahl von Eduard Seler zum Ordentlichen Akademiemitglied in deren Tätigkeitsbereich aufgenommen. Seler hatte Mathematik und Naturwissenschaften studiert und sich für amerikanische Sprach-, Volks- und Altertumskunde habilitiert. Er hatte durch Reisen die Erforschung der vorkolumbianischen Kultur Mittelamerikas wesentlich gefördert, so durch die Enträtselung von Bilderschriften und die Entschlüsselung des verwickelten Kalendersystems der Maya.[224] An den Arbeiten der Akademie hat er sich erst seit 1911 beteiligt, da er 1910/11 als Direktor des Internationalen Archäologischen Instituts in Mexiko wirkte.

---

221 Vgl. AAW II:IIIb Bd. 17, Bl. 147—147r, 163—163r.

222 Vgl. über sie: Istorija Akademii nauk SSSR, Bd. 2, Moskau, Leningrad 1964, S. 607ff.

223 Vgl. AAW II:IIIa Bd. 15, Bl. 195—195r, 202—202r, 206—207r, 222r.

224 Vgl. AAW II:IIIa Bd. 17, Bl. 205—207, 209—209r, 212r—213; E. Seler, Gesammelte Abhandlungen zur amerikanischen Sprach- und Altertumskunde, Bd. 1—5, 1902—1923. Über ihn vgl. U. Schlenther, Zur Geschichte der Völkerkunde an der Berliner Universität von 1810 bis 1945. In: Wissenschaftliche Zeitschrift der Humboldt-Universität zu Berlin, Beiheft zum Jubiläumsjahrgang (IX) 1959/60, S. 70f.

3. Zur Intensivierung der Forschungsarbeit der Akademie in den wissenschaftlichen Unternehmen

Seit dem 19. Jh. hatte sich an der Berliner Akademie eine neue Form der Forschungsarbeit herausgebildet. Sie bestand in der Zusammenführung der isolierten Arbeiten einzelner Wissenschaftler. Diese akademischen Unternehmen[1] bestimmten das wissenschaftliche Ansehen der Akademie in der Zeit des Imperialismus wesentlich mit. Die Organisation der Unternehmen war im Prinzip einheitlich.

Auf Antrag eines oder mehrerer Ordentlicher Mitglieder der Akademie wurde die Aufnahme eines bestimmten Forschungsthemas, das ein Einzelner nicht lösen konnte, unter die Arbeiten der Akademie beschlossen und eine Kommission mit einem Vorsitzenden für die Leitung dieser Arbeiten gewählt. Die Auswahl der Kommissionsmitglieder hing von dem Forschungsthema ab. In den meisten Kommissionen arbeiteten folglich entweder nur Gesellschafts- oder nur Naturwissenschaftler mit. Die Kommissionen hatten die – nicht oft genutzte – Möglichkeit, außerakademische Mitglieder zu berufen.

Diese Kommissionsmitglieder – vor allem die Kommissionsvorsitzenden – waren meist selbst unmittelbar an den Arbeiten der Unternehmen beteiligt. Entsprechend der dem einzelnen Unternehmen von der Akademie zugemessenen Wichtigkeit erfolgte auch die Finanzierung. So verfügten einige Kommissionen seit 1900 über hauptamtliche wissenschaftliche Mitarbeiter – die wissenschaftlichen Beamten der Akademie[2] –, einige waren allein auf die eigene Arbeit der Kommissionsmitglieder angewiesen, der größere Teil vergab thematisch und terminlich begrenzte, bezahlte Aufträge an Wissenschaftler außerhalb der Akademie, die dieser ihre entsprechenden Forschungsergebnisse zur Verfügung stellten.

Bei der Inaugurierung und in der Arbeit der Unternehmen verflochten sich in der Regel wissenschaftliche, wissenschaftspolitische und politische, subjektive und objektive Interessen aufs engste; sie sind in den Einzelfällen oft schwer auseinander zu halten. Das wissenschaftliche und gesellschaftliche Anliegen der Ordentlichen Mitglieder, die die Anlage, den Umfang und die Zielsetzung des jeweiligen Unternehmens mitbestimmten, hatte meist auch nachhaltigen Einfluß auf die Arbeit der Unternehmen.

Als ein Teil der bürgerlichen Intelligenz spiegelten die Wissenschaftler der Akademie in ihrem Wirken spezifische Interessen der herrschenden Klassen mehr oder weniger direkt wider. Der Grad einer solchen gesellschaftlichen Wirksamkeit eines Unternehmens wurde jedoch nicht nur durch Personen bestimmt, sondern im gleichen Maße durch das zu bearbeitende Thema und durch äußere

---

[1] Die „Sitzungsberichte" enthalten die jährlichen Berichte über den Fortgang jedes Unternehmens.

[2] Vgl. das Verzeichnis der wissenschaftlichen Beamten der Akademie bei E. Amburger (Hrsg), Die Mitglieder der Deutschen Akademie der Wissenschaften zu Berlin 1700–1950, Berlin 1950, S. 170–172.

geschichtliche Umstände, die für die Aufnahme bestimmter Arbeiten und für die Intensität, mit der sie betrieben wurden, maßgeblich waren.

Es wäre verfehlt, bei jeder spezifischen wissenschaftlichen Leistung dieser Unternehmen, deren Arbeit sich oft über Jahrzehnte erstreckte, unmittelbare gesellschaftspolitische Ursachen und Wirkungen erkennen zu wollen. Diese Tatsache änderte jedoch nichts daran, daß jedes einzelne Unternehmen und der Komplex aller Unternehmen insgesamt neben dem Beitrag, den sie zum Fortschritt der Wissenschaft leisteten, eben auch in ein wissenschaftspolitisches Anliegen eingeordnet waren. Das erstrebte wissenschaftliche Ziel der von den einzelnen Unternehmen durchgeführten Arbeiten bestand in den meisten Fällen in der Aufbereitung von Quellen für weitere Forschungen auf den bearbeiteten Gebieten. Dieses Ziel konnte dann erreicht werden, wenn zwischen der gestellten Aufgabe und den vorhandenen personellen und finanziellen Mitteln annehmbare Relationen bestanden.

Bei der Beurteilung der akademischen Unternehmen muß neben ihrem wissenschaftlichen Wert die Arbeitsteilung beachtet werden, die einzelnen Institutionen des imperialistischen Forschungsgefüges bestimmte Aufgaben zuwies. Die Akademie hatte teilweise andere Aufgaben als etwa die Universitäten, die neben ihrer Forschungsarbeit vor allem eine den herrschenden Klassen ergebene Intelligenzschicht heranzubilden hatten, oder die konzerneigene naturwissenschaftliche Forschung, die dem Profitstreben unmittelbar untergeordnet war, oder die staatlichen Forschungsinstitute, die im Gesamtinteresse der herrschenden Ordnung spezielle Forschungen betrieben.

Die Aufgabe der Akademie dagegen bestand darin, solche Forschungen zu betreiben, für die sie die besten Voraussetzungen bot, staatliche Organe im Bedarfsfall wissenschaftlich zu beraten und als Versammlung anerkannter in- und ausländischer bürgerlicher Gelehrter wissenschaftlich zu repräsentieren.

Um die Stellung der Akademie im imperialistischen Wissenschaftsgefüge richtig verstehen zu können, ist sowohl wichtig zu wissen, was sie getan hat, als auch, was sie nicht leistete. Naturwissenschaftlich-technische Grundlagenforschungen wurden an der Akademie nicht betrieben, da ihr die Voraussetzungen dafür fehlten. Die Arbeiten der Akademie auf naturwissenschaftlichem Gebiet beschränkten sich in der Regel auf sammelnde editorische Unternehmen.

Im Bereich der Gesellschaftswissenschaften blieben bei den Unternehmen — nicht im Plenum und in den Klassen — die Probleme weitgehend unberücksichtigt, die über das 18. Jh. hinaus in die Gegenwart reichten. Besonders viel Raum wurde der Erforschung des orientalischen, griechischen und römischen Altertums gegeben. Die Ursache dafür lag nicht nur in einer damals weitverbreiteten Forschungskonzeption der in der Akademie vertretenen bürgerlichen Gesellschaftswissenschaftler, sie war auch eine Folge der Entwicklung der Akademie insbesondere im 19. Jh.

Die einzige wesentliche Änderung — neben der seit der Jahrhundertwende zu beobachtenden Intensivierung der Forschungsarbeit der Akademie — bestand auf gesellschaftswissenschaftlichem Gebiet in der Einbeziehung der deutschen sprach- und literaturwissenschaftlichen Forschung, die sich freilich zeitlich auf die Feudalepoche beschränkte. Die auf diesem Gebiet begonnenen Arbeiten zeichneten sich durch ihren hohen wissenschaftlichen Wert aus. Zugleich hingen diese Forschungen ideologisch und wissenschaftspolitisch mit dem Imperialismus insofern eng zusammen, als sie die Wandlung des bürgerlichen Nationalbewußtseins zum imperialistischen Nationalismus und zum Chauvinismus nachhaltig unterstützten.[3]

Aus der bisherigen Darstellung und aus der folgenden Übersicht über die einzelnen Unternehmen ergibt sich die Zwiespältigkeit der Stellung der Akademie in der imperialistischen Forschungsorganisation. Der tatsächliche Anteil der Akademie an der Forschung entsprach nicht in jedem Falle der personellen Forschungskapazität, die die Mitglieder dieser repräsentativen Wissenschaftsinstitution der imperialistischen Gesellschaft darstellten.

a) Naturwissenschaftliche Unternehmen

Auf naturwissenschaftlichem Gebiet sind drei größere Unternehmen zu nennen, deren Bearbeitung die Akademie nach dem Übergang zum Imperialismus und bis 1910 eingeleitet hat: „Die Geschichte des Fixsternhimmels", „Das Pflanzenreich" und „Das Tierreich".

Das Unternehmen „Geschichte des Fixsternhimmels", das 1900 mit der Aufgabe, einen „Thesaurus positionum stellarum affixarum" herzustellen, begonnen wurde, war von dem Astronomen A. Auwers initiiert, der auch die Begründung gab und das Unternehmen bis 1915 leitete.

Im ausgehenden 19. Jh. war das Beobachtungsmaterial über die Fixsterne dermaßen angewachsen, daß eine systematische Ordnung erforderlich war. Daher begann man an der Berliner Akademie 1897 mit vorbereitenden Arbeiten für eine vollständige Aufarbeitung aller Ergebnisse der Meridianbeobachtungen seit James Bradley (AM 1746). Der ursprüngliche Arbeitsplan des „Fixsternhimmels" umfaßte folgende Aufgaben: „1. Die Sammlung und Ordnung aller im Zeitraum von 1750 bis 1900 durch Meridianbeobachtungen (oder äquivalente Methoden) erlangten und in reduzierter Gestalt vorliegenden Bestimmungen von Fixsternörtern; 2. Die Reduktion der Katalogörter auf das Äquinoktium 1875 und auf ein einheitliches System; 3. Die Herstellung eines auf dieses gesamte Material gegründeten Generalkatalogs der 1750 bis 1900 beobachteten Fixsterne für 1875 mit den zur Übertragung auf andere Äquinoktien erforderlichen Angaben und mit den Eigenbewegungen derjenigen Sterne, für welche sie sich als aus dem vorhandenen Material bestimmbar ergeben; 4. Die Herausgabe der für jeden einzelnen Stern gesammelten, auf 1875 reduzierten und chro-

[3] Beispiele für die chauvinistische Umfunktionierung des Germanentums und des Mittelalters auf künstlerisch-wissenschaftlichem Gebiet bringen R. Hamann, J. Hermand, Stilkunst um 1900 (= Deutsche Kunst und Kultur von der Gründerzeit bis zum Expressionismus, Bd. IV), Berlin 1967, passim, bes. S. 31, 123ff.

nologisch geordneten Bestimmungen und des Generalkatalogs." Bearbeiter war Friedrich Wilhelm Ristenpart, der das Unternehmen bei Auwers angeregt hatte und 1900 als wissenschaftlicher Beamter bei der Berliner Akademie für die Arbeit am Fixsternhimmel eingestellt wurde (bis 1908). Ristenpart veröffentlichte anhand der Ausziehung der Sternörter aus den bis 1907 ausgewerteten 422 Katalogen ein „Fehlerverzeichnis zu den Sternkatalogen des 18. und 19. Jh.", das wertvolle Berichtigungen zu dem vorliegenden Material enthielt. Weitere Ergebnisse wurden in diesem Jahrzehnt nicht erzielt. Wie fast immer bei derartigen Unternehmen erwiesen sich die Ziele sehr bald als viel zu weit gesteckt.[4]

Die sich ständig ausdehnenden Sammlungen und damit die Kenntnis von Pflanzen aller Länder und Erdteile und das Studium ihrer Verwandtschaftsverhältnisse machten die Gründung eines umfassenden Publikationsorgans erforderlich, das zentral geleitet werden mußte. Im Jahre 1900 begann die Berliner Akademie unter der Leitung des Botanikers Adolf Engler mit den entsprechenden Arbeiten am „Pflanzenreich". Der Leiter des Unternehmens legte „besonders auf die Darstellung der Verwandtschaftsverhältnisse, der ökologischen Ausbildung der Pflanzen und der geographischen Verbreitung Wert", er wollte „die einzelnen Pflanzen als etwas Gewordenes" behandelt wissen. Die Ergebnisse waren insgesamt weitreichend, sei es, daß Übereinstimmungen oder Unterschiede zwischen einzelnen Unterfamilien entgegen bisherigen Auffassungen ermittelt, daß ökologische Verhältnisse und Verbreitungserscheinungen der Sumpf- und Wasserpflanzen oder verwandtschaftliche Beziehungen der Floren in tropischen und subtropischen Ländern geklärt, daß wichtige Beiträge zur Kenntnis und Lebensweise einzelner Arten geliefert wurden.[5] Schon im ersten Jahrzehnt des Unternehmens entwickelten sich die Publikationen „immer mehr zu einer Sammlung vollständiger Monographien"[6]. Wissenschaftlicher Beamter in der Kommission für das „Pflanzenreich" war Hermann Harms.

Wie für das „Pflanzenreich", so galt damals wie heute für das „Tierreich" die Feststellung: Sine systemate chaos! Da eine umfassende Übersicht aller bekannten rezenten Tierformen dringend geboten war, regte die Deutsche Zoologische Gesellschaft 1892 deren systematische Bearbeitung an. Generalredakteur des Unternehmens wurde der Zoologe Franz Eilhard Schulze. Im Jahre 1896 begannen die Arbeiten, die 1900 von der Berliner Akademie übernommen wurden. Über die Zielstellung des Unternehmens schrieb Schulze: „Es soll nicht nur eine möglichst vollständige Zusammenstellung und Charakteristik aller bekannten Formen, sondern auch ein praktisch brauchbares Bestimmungswerk geschaffen werden, in welchem jeder einzelnen Tiergruppe eine kurze Darstellung der für die Systematik wichtigen Organe und deren durch Abbildungen zu erläuternde Terminologie vorauszuschicken sowie für

---

4 Vgl. Sb 1900, S. 657–669; H. Struve, Bericht über das akademische Unternehmen der Geschichte des Fixsternhimmels. In: Sb 1920, S. 86–92.

5 Vgl. A. Engler, Bericht über das „Pflanzenreich". In: Sb 1916, S. 97–104.

6 Sb 1908, S. 90.

jede Abteilung ein übersichtlicher Bestimmungsschlüssel auszuarbeiten ist."[7] Als festangestellter Beamter war am „Tierreich" von 1901 bis 1910 Fritz Czeschka Edler von Maehrenthal tätig.

b) Werkausgaben bedeutender Akademiemitglieder

Vier bedeutende Mitglieder der Akademie wurden um die Wende vom 19. zum 20. Jh. geehrt, indem die Akademie die Ausgabe ihrer Werke begann. Es waren dies: Gottfried Wilhelm Leibniz — Präsident der Akademie von 1700 bis 1716; Immanuel Kant — Korrespondierendes Mitglied von 1796 bis 1804; Wilhelm von Humboldt — Außerordentliches Mitglied seit 1808, Ordentliches Mitglied von 1810 bis 1812 und von 1819 bis 1835, Auswärtiges Mitglied von 1812 bis 1819 sowie Karl Weierstraß — Ordentliches Mitglied von 1856 bis 1897 und Träger der Helmholtz-Medaille der Akademie von 1892.

Die Arbeiten an der Leibniz-Ausgabe begannen 1901 mit den katalogisierenden Vorarbeiten, nachdem sie auf der ersten Generalversammlung der Internationalen Assoziation der Akademien der Wissenschaften von der Académie des Sciences morales et politiques in Paris angeregt worden war.[8] Die Auffassungen zwischen Berlin und Paris über die gemeinsame Leibniz-Ausgabe gingen zum Teil sehr weit auseinander. In Paris legte man das Schwergewicht auf möglichst schnelle Ergebnisse, in Berlin mehr auf eine erschöpfende Sammlung des Materials, eine historisch-kritische Gesamtausgabe.[9] Es bleibt das Verdienst der Mitarbeiter der Leibniz-Kommission, die nacheinander unter der Leitung des klassischen Philologen Hermann Diels und des Historikers Max Lenz stand, vor dem ersten Weltkrieg mit geringen Mitteln quellenkundliche Vorausset-

---

7 Vgl. F. E. Schulze, Bericht über das Tierreich. In: Sb 1915, S. 46—50.

8 Die Berliner Akademie feierte schon seit 1812 den Geburtstag von Leibniz (3. Juli) durch eine Festsitzung. Die aus diesem Anlaß über fast 150 Jahre gehaltenen Ansprachen sind zum großen Teil wichtige Dokumente der Leibniz-Rezeption durch die bürgerliche deutsche Wissenschaft. Sie verdienen gerade angesichts der bürgerlich-imperialistischen Leibniz-Renaissance der Gegenwart, die die progressiven Ansätze in Leibniz' idealistischer Philosophie verfälscht, indem seine rückschrittlichen und theologisierenden Auffassungen einseitig herausgestellt werden, eine eingehende Erforschung. Vgl. A. M. Deborin, Gottfried Wilhelm Leibniz als sozialer Denker. In: Sowjetwissenschaft. Gesellschaftswissenschaftliche Beiträge, Jg. 1962, Heft 7, S. 706—719, und L. Stern, Die politischen Ideen und die diplomatischen Aktionen von Gottfried Wilhelm Leibniz (= Sitzungsberichte der DAW, Kl. f. Phil., Gesch., Staats-, Rechts- und Wirtschaftswiss., Jg. 1968, H. 4), Berlin 1968.

9 Den Sinn einer Leibniz-Gesamtausgabe bezweifelte Harnack schon 1899. Vgl. A. Harnack, Geschichte der K. Preußischen Akademie der Wissenschaften zu Berlin, Berlin 1900, Bd. 1, S. 1021. Über die Leibniz-Ausgabe vgl. B. Erdmann, Bericht über die Kant- und die Leibniz-Ausgabe In: Sb 1921, S. 116—123; B. Hartmann, Die Leibniz-Ausgabe der Berliner Akademie. In: Blätter für deutsche Philosophie, Bd. 13, Jg. 1939/40, S. 408—421. Die bis in die unmittelbare Gegenwart reichende Problematik dieses Unternehmens behandelte 1968 eingehend die damalige Mitarbeiterin der Leibnizausgabe, Dr. A. Noelle, in einem umfangreichen Manuskript. Vgl. AAW

zungen für die Leibniz-Forschung geschaffen zu haben, die aber wissenschaftsgeschichtlich nicht zum Tragen kamen, da keine Publikationen vorgelegt wurden. Erst 1908 war die erste Phase der vorbereitenden Arbeiten abgeschlossen.[10]

Immanuel Kant hatte in der Berliner Akademie erst sehr spät mit der Wahl zum Korrespondierenden Mitglied (1796) eine gewisse Anerkennung gefunden. Die Begründung einer akademischen Kommission für die Edition seiner Werke im Jahre 1896, für die Wilhelm Dilthey 1893 einen Entwurf ausgearbeitet hatte, hängt aufs engste mit der Entstehung der bürgerlichen Philosophie des Neukantianismus zusammen. Obwohl es bereits zu diesem Zeitpunkt nicht an Kant-Ausgaben fehlte, inaugurierte die Akademie das neue Unternehmen in der Absicht, das bisher Veröffentlichte zusammenzufassen und neue Kant-Materialien zugänglich zu machen. Die Leitung der Kommission übernahm Wilhelm Dilthey, langjähriger Mitarbeiter wurde E. Adickes.[11]

Die Auseinandersetzungen innerhalb der Gruppe von Philosophen, die in irgendeiner Form während mehr als einem halben Jahrhundert an der Kant-Ausgabe der Akademie beteiligt waren, als Teil der deutschen Philosophiegeschichte bedürfen noch der eingehenden Erforschung durch Fachvertreter. Auf keinen Fall dürfen sie von der Entwicklung des Neukantianismus getrennt werden: „Immerhin ist zu betonen, daß die Akademieausgabe nicht . . . das Unternehmen einer *Schule* war – des Neukantianismus, sondern daß an ihr Forscher aller Richtungen, auch Gegner der Philosophie Kants mitgearbeitet haben."[12] Gerade durch die der bürgerlichen Wissenschaftsauffassung entsprechende „Objektivität", die ihren Ausdruck in diesem Falle in dem unterschiedliche Auffassungen vertretenden Mitarbeiterkreis der Kant-Ausgabe der Akademie fand, wurde die Kant-Renaissance, die durch die Rezeption der Revisionisten auch in Teile der Arbeiterbewegung Eingang fand, gefördert. Bei der imperialistischen Kant-Rezeption kam es in erster Linie auf eine ideologisch brauchbare Interpretation Kants an und weniger auf die verschiedenen Schulen, sei es die Tübinger oder die Marburger.

Das starke Interesse der Akademie an der Kant-Forschung dokumentierte sich auch darin, welche Bedeutung der Kant-Rezeption bei der Bewertung der philosophiegeschichtlichen Preisschriften der Akademie zugemessen wurde. Während E. Cassirer – später ein führender Vertreter der Marburger Schule – 1901 für seine Darstellung des Systems von Leibniz das Accessit erhielt, obwohl er „mit großer Konsequenz, aber auch großer Einseitigkeit durch alle Gebiete das Ziel"verfolgte, „in Leibniz bereits die wesentlichen Anschauungen der Kant'schen Erkenntniskritik nachzuweisen"[13], wurde 1903 eine Preisschrift über die Entwicklungsgeschichte des Hegelschen Systems abgelehnt, weil „der

---

10 Vgl. Sb 1908, S. 92–95.

11 Vgl. B. Erdmann, Bericht über die Kant- und die Leibniz-Ausgabe. In: Sb 1921, S. 114 bis 116; G. Lehmann, Zur Geschichte der Kant-Ausgabe 1896–1955. In: Deutsche Akademie der Wissenschaften zu Berlin 1946–1956, Berlin 1956, S. 422–434.

12 G. Lehmann, a. a. O., S. 424.

13 Sb 1901, S. 764.

Zusammenhang des Systems mit der philosophischen Bewegung von Kant ab" vom Verfasser „nicht genügend untersucht worden" war.[14]

Der Anlaß für die 1900 begonnene, aber schon 1898 angeregte Ausgabe der Werke Wilhelm von Humboldts war das 200. Jubiläum der Akademiegründung. Die Kommission leitete Erich Schmidt. W. v. Humboldt war einer der Reorganisatoren des Bildungswesens[15] und der Forschungsorganisation in Preußen — besonders auch der Akademie — zu Beginn des 19. Jh.. Sein neuhumanistisches Bildungsideal hatte auch die Tätigkeit der Akademie nachhaltig geprägt, die also guten Grund hatte, gerade diese Ausgabe zu übernehmen. Die Tatsache, daß Kaiser Wilhelm II. persönliches Interesse an der Edition zeigte, deutete aber auch an, daß hinter dem Plan wissenschaftspolitische Absichten standen, die von dem Bemühen nicht zu trennen waren, eine Kontinuität der Entwicklung von der preußischen Reformzeit bis zum Wilhelminischen Machtstaat aufzuzeigen und in die gerade um die Jahrhundertwende geführten Auseinandersetzungen um die Anpassung des preußischen Volksbildungssystems[16] an die Erfordernisse der imperialistischen Gesellschaft einzugreifen. Die Bände der „Gesammelten Schriften Wilhelm von Humboldts", die Albert Leitzmann und Bruno Gebhardt herausgaben, begannen ab 1903 zu erscheinen.[17]

Für die von der Akademie schon zu Lebzeiten des Mathematikers Karl Weierstraß geförderte Ausgabe seiner Werke wurde nach seinem Tod (1897) eine Kommission eingesetzt, die unter der Leitung von A. Auwers stand.[18]

c) Forschungen zur griechisch-römischen Altertumskunde und zur Orientalistik

Auf dem Gebiet der griechisch-römischen Altertumskunde wurden ältere Unternehmen mit teilweise neuer Zielsetzung fortgesetzt, wie die Corpora der griechischen und der lateinischen Inschriften (CIG, CIL), die Prosopographie der römischen Kaiserzeit und die griechischen Münzwerke. Andere wurden neu in Angriff genommen, wie das Corpus Medicorum Graecorum, das Corpus Vasorum Antiquorum, der Index rei militaris Imperii Romani und die grie-

---

14 Sb 1903, S. 721.

15 Vgl. dazu die Artikel in: Wilhelm von Humboldt. Erbe — Gegenwart — Zukunft. Beiträge, vorgelegt von der Humboldt-Universität zu Berlin anläßlich der Feier des 200. Geburtstages ihres Gründers, Halle (Saale) 1967; Historische Leistung und gegenwärtige Bedeutung Wilhelm von Humboldts. In: Wissenschaftliche Zeitschrift der Humboldt-Universität zu Berlin. Gesellschafts- und sprachwissenschaftliche Reihe, Jg. XVII (1968), Heft 3. Weiterhin H. Deiters, Wilhelm von Humboldt als Gründer der Universität Berlin. In: Forschen und Wirken, Bd. I, Berlin 1960.

16 Vgl. dazu Geschichte der Erziehung, Berlin ⁷1966, S. 405ff.

17 Vgl. G. Dunken, Zur Geschichte der Herausgabe der „Gesammelten Schriften Wilhelm von Humboldts", Berlin 1962.

18 Vgl. Sb 1899, S. 79f. Bd. I und II der „Mathematischen Werke" erschienen noch zu Lebzeiten von Weierstraß 1894 und 1895. Bd. III und IV wurden 1902 und 1903 ediert. Vgl. Sb 1903, S. 100; Sb. 1904, S. 235.

chischen Kirchenväter. Diese Unternehmen, insbesondere die Inschriften-Werke, haben durch ihre editorische, kulturgeschichtlich bedeutsame Leistung den weiten Ruhm der deutschen Antikeforschung mitbegründet und damit das internationale Ansehen der Akademie mitgeprägt.

Im Jahre 1902 übernahm der klassische Philologe Ulrich von Wilamowitz-Moellendorff von A. Kirchhoff die Leitung des seit 1815 bearbeiteten griechischen Inschriftenwerkes. In der Zeit, in der Wilamowitz die Arbeiten leitete, erfolgte einerseits eine Internationalisierung des Inschriften-Unternehmens durch die wachsende Heranziehung ausländischer Mitarbeiter[19], andererseits eine Verbreiterung der epigraphischen Arbeiten dadurch, daß andere Länder epigraphische Unternehmen ins Leben riefen. Unter der Herausgeberschaft von Wilamowitz wurde der Name des Unternehmens, Corpus Inscriptionum Graecarum, daher in den allgemeineren Inscriptiones Graecae umgeändert, um schon dadurch auszudrücken, daß die Akademie nicht in der Lage war, sämtliche griechischen Inschriften herauszugeben.[20] Als wissenschaftlicher Beamter wirkte an den Inscriptiones Graecae seit 1904 Friedrich Wilhelm Freiherr Hiller von Gärtringen.

Die Bearbeitung des Corpus Inscriptionum Latinarum wurde in der von Mommsen vorgezeichneten Form von dessen Mitarbeiter Otto Hirschfeld weitergeführt.[21] Die Arbeiten an der Prosopographia Imperii Romani Saeculorum I. II. III. waren am Ende des 19. Jh. mit Band 3 abgebrochen worden, da die Vorarbeiten für den vierten Band, der die Beamtenlisten in chronologischer Folge enthalten sollte, noch nicht weit genug gediehen waren. Während der weiteren Sammlung fiel auch für die ersten Bände immer neues Material an. Am Corpus und an der Prosopographie arbeitete Hermann Dessau, der seit 1900 wissenschaftlicher Beamter der Akademie war.[22]

Die Kommission für die Griechischen Münzwerke setzte unter Mommsen, Alexander Conze, Heinrich Dressel und Ulrich von Wilamowitz-Moellendorff ihre Editionen fort. Mommsens Plan einer Beschreibung aller griechischen Münzen erwies sich allerdings als unrealistisch und undurchführbar. Immerhin wurden jedoch die numismatischen Arbeiten der Akademie neben denen des Münzkabinetts der Berliner Museen für so bedeutsam gehalten, daß seit 1901 Hans von Fritze als wissenschaftlicher Beamter hauptamtlich bei der Kommission wirkte.

Im Jahre 1901 gründete der an der Entwicklung der antiken Naturwissenschaft sehr interessierte klassische Philologe Hermann Diels[23] ein Unternehmen mit dem Ziel, zuverlässige Texte der antiken Ärzte als Grundlage für die Geschichte der Naturwissenschaften und der Medizin, vor allem für ein historisch

---

19 Vgl. Sb 1911, S. 91.

20 Vgl. Sb 1903, S. 702—704; Sb 1904, S. 226—228; Das Institut für griechisch-römische Altertumskunde, Berlin 1957, S. 75—78.

21 Vgl. Das Institut für griechisch-römische Altertumskunde, S. 82.

22 Ebd., S. 85.

23 Vgl. H. Diels, Antike Technik. Sechs Vorträge, Leipzig, Berlin ^{1}1914, ^{2}1919.

haltbares Hippokrates-Bild, zu edieren. An den Arbeiten der Kommission wirkte im Rahmen der Internationalen Assoziation der Akademien auch die Akademie der Wissenschaften in Kopenhagen mit. Da die Texte der römischen Ärzte von der Leipziger Universität ediert wurden, konzentrierte sich das Berlin-Kopenhagener Unternehmen allmählich auf das Corpus Medicorum Graecorum. 1907 wurde der Plan von der Assoziation genehmigt. Leiter des Unternehmens war Hermann Diels. Die erste Arbeitsstufe war die Herstellung eines Katalogs der Handschriften der antiken Ärzte, den Diels von 1905 bis 1907 in den Abhandlungen der philosophisch-historischen Klasse der Akademie veröffentlichte. Die Ausgabe sah 32 Bände vor, die innerhalb von 16 Jahren erscheinen sollten.[24]

Eines der größten Unternehmen der Akademie im 20. Jh. war die sogenannte Kirchenväter-Ausgabe, die Edition der griechischen christlichen Schriftsteller für die Zeit von etwa 100 bis 325 n. d. Ztw. unter der Leitung von Adolf Harnack. Die Bedeutung der Arbeit der Kirchenväter-Kommission besteht darin, daß durch sie wesentliche Quellen und Untersuchungen zur Geschichte der ersten Jahrhunderte nach der Zeitenwende vorgelegt wurden. Zugleich wurde durch die Orientierung auf die frühchristliche Entwicklung die sozial-liberale Interpretation des Christentums durch den Kreis um Harnack gefördert.

Nach seiner Wahl zum Akademiemitglied im Jahre 1890 begann Harnack mit den Vorbesprechungen für die Edition, 1891 beschloß die Akademie auf Antrag Mommsens die Gründung einer entsprechenden Kommission, 1893 legte Harnack den ersten Teil seines Werkes „Die Überlieferung und der Bestand der altchristlichen Literatur" vor, das die Grundlage für die Arbeit der Kommission bildete, und 1897 erschien der erste Band der Ausgabe. Die Kommission publizierte ihre Arbeitsergebnisse in zwei Reihen: „Die griechischen christlichen Schriftsteller der ersten drei Jahrhunderte" und „Texte und Untersuchungen zur Geschichte der altchristlichen Literatur". Finanziert wurde die Ausgabe von der Wentzel-Heckmann-Stiftung und von einer speziellen Harnack-Stiftung. Als wissenschaftlicher Beamter der Kommission wirkte seit 1900 der Kirchenhistoriker und engste Mitarbeiter Harnacks Carl Schmidt.[25]

In Verbindung mit der Akademie stand das seit 1893 von den Akademien und Gesellschaften der Wissenschaften in Berlin, Göttingen, Leipzig, München und Wien vorbereitete Unternehmen „Thesaurus linguae Latinae", das seit 1907 nach dem Eintritt der Berliner Akademie in das Kartell von diesem übernommen wurde. Leiter der Arbeiten war das Berliner Akademiemitglied H. Diels.[26] Der Thesaurus stellte sich das Ziel, den gesamten lateinischen Wortschatz bis zum 7. Jh. zu erfassen. Dadurch sollten die lateinische Philologie und alle Disziplinen, die sich auf lateinische Texte stützen, gesicherte Grundlagen

---

[24] Vgl. Sb 1908, S. 95f; Das Institut für griechisch-römische Altertumskunde, S. 104—117; H. Diels, Über das Corpus Medicorum Graecorum. In: Sb 1922, S. XXIII—XXVII.

[25] Vgl. Das Institut für griechisch-römische Altertumskunde, S. 123—140; A. Harnack, Die Ausgabe der griechischen Kirchenväter der drei ersten Jahrhunderte. Bericht über die Tätigkeit der Kommission 1891—1915. In: Sb 1916, S. 104—112.

[26] Vgl. Sb 1894, S. 821; Sb 1895, S. 48.

erhalten. Das Unternehmen hatte fast ständig mit finanziellen Schwierigkeiten zu kämpfen. Die Arbeiten kamen sehr langsam voran. Mehrfach wurde auf die Notwendigkeit verwiesen, die Wortartikel des „Thesaurus" möglichst kurz zu fassen, um nicht „den Thesaurus latinus in die gemächliche Breite ausarten zu lassen, die bei fast allen neueren deutschen Unternehmungen ähnlicher Art als gefahrdrohender Übelstand empfunden wird"[27].

Kein Unternehmen der Akademie, aber mit ihr verbunden, war das Kaiserliche Deutsche Archäologische Institut, das dem Auswärtigen Amt des Reiches unterstellt war.[28] Die Tätigkeitsberichte des Instituts erschienen in den Sitzungsberichten. An der Spitze des Instituts stand eine Zentraldirektion in Berlin, die die Zweiganstalten in Rom und in Athen sowie die seit 1902 bestehende, aber erst seit 1904 voll arbeitende[29] Römisch-germanische Kommission in Frankfurt a. M. leitete. Von den Generalsekretären des Instituts war nur A. Conze Akademiemitglied. Auf ihn folgte 1905 O. Puchstein.[30] H. Dragendorff leitete seit 1902 die Römisch-germanische Kommission. Das Archäologische Institut hatte die Aufgabe, die archäologischen Studien in den Ländern des klassischen Altertums zu fördern und Nachwuchs für Museen und Universitäten heranzubilden.

Auch auf dem Gebiet der Orientalistik konnte die Akademie auf eine längere Forschungstradition zurückblicken, als sie um die Jahrhundertwende mit der Institutionalisierung einiger Arbeitsvorhaben begann. Sowohl die Auswirkungen einer weltweiten Intensivierung orientalischer Forschungen als auch ein enger Zusammenhang mit der Nahostpolitik des deutschen Imperialismus sind dabei unverkennbar. Der Gegensatz zwischen dem Deutschen Reich und England, der die imperialistischen Auseinandersetzungen weitgehend bestimmte, führte auch zum Zusammenstoß im Nahen Osten, wofür die in den achtziger Jahren des 19. Jh. einsetzende Expansionspolitik des deutschen Kapitalismus kennzeichnend ist, die im Bagdad-Bahn-Vertrag von 1902 ihren Höhepunkt fand und als „friedliche Durchdringung" getarnt wurde.[31] Die Zusammenhänge zwischen Wissenschaft und Politik waren gerade im Vorderen Orient so gravierend, daß selbst die imperialistische Geschichtsschreibung sie anerkennen muß.[32]

---

[27] Sb 1905, S. 128f. Vgl. auch ebd. 1914, S. 778.

[28] Vgl. G. Rodenwaldt, Archäologisches Institut des Deutschen Reiches 1829—1929, Berlin 1929.

[29] Vgl. Sb 1904, S. 946.

[30] Vgl. Sb 1906, S. 645.

[31] Vgl. L. Rathmann, Zur Legende vom „antikolonialen" Charakter der Bagdadbahnpolitik in der Wilhelminischen Ära des deutschen Monopolkapitalismus. In: Zeitschrift für Geschichtswissenschaft, Sonderheft 1961, S. 246ff. Weiterhin L. Rathmann, Stoßrichtung Nahost 1914—1918, Berlin 1963.

[32] So schreibt z. B. G. Schreiber, Deutsche Wissenschaftspolitik von Bismarck bis zum Atomwissenschaftler Otto Hahn, Köln, Opladen 1954, S. 31: „Manche Anregungen gab auch die türkenfreundliche *Orientpolitik* des Kaisers, die damals im viel erörterten Programm Berlin-Bagdad bezeichnend heraustrat."

Zu den Aktivitäten der deutschen Wissenschaft im Orient gehörten die Freilegung der Tempelruinen des syrischen Baalbeck durch Puchstein und andere (1900—1904), die Arbeiten der Deutschen Orientgesellschaft durch Ludwig Borchardt in Tell el Amarna (1907), die Grabungen von Robert Koldewey im Zweistromland, besonders in Babylon (1899) und in Assur, Fara und Warka (1903), sowie die Ausgrabungen der hethitischen Kultur in Boghasköi durch Hugo Winckler, Otto Puchstein und andere (1907—1912).[33]

Am Ende des 19. Jh. setzten die Forschungen zur Geschichte des Altertums und des Mittelalters in Turkestan ein, die eine Menge Handschriften ans Licht brachten und vor allem die Sprachforschung befruchteten. Der Anteil der deutschen Wissenschaftler an den Untersuchungen in Ostturkestan war beachtlich, daher gelangten viele Materialien, besonders aus den sogenannten Turfan-Funden, nach Deutschland, wo ihre wissenschaftliche Bearbeitung schon vor dem ersten Weltkrieg einsetzte.[34] Der internationale Charakter der Turfanforschung fand auch in den Akademiepublikatiohen seinen Niederschlag, wie z. B. die Kontakte von Wissenschaftlern in Deutschland und Rußland belegen.[35]

Von den hier namentlich genannten Orientforschern gehörte zwar keiner der Akademie als Mitglied an — Robert Koldewey erhielt 1910 eine Leibniz-Medaille der Berliner Akademie —, doch war die Orientalistik in der Akademie durch führende Fachwissenschaftler vertreten, die am 9. November 1910 beim preußischen Minister der geistlichen, Medizinal- und Unterrichtsangelegenheiten, also dem Kultusminister, erste Schritte für eine bessere Organisation der Orientalischen Forschung einleiteten.[36] Zu diesem Zeitpunkt gab es bei der Akademie bereits zwei orientalische Unternehmen, das ägyptische Wörterbuch und die Ibn-Saad-Ausgabe.

Die Herausgabe des Wörterbuchs der ägyptischen Sprache regte 1897 der Ägyptologe Adolf Erman an. Das Wörterbuch war ein Unternehmen der Akademien in Berlin, Leipzig, Göttingen und München, wurde aber vor allem von der Berliner Akademie getragen. Das erste Vierteljahrhundert des Unternehmens diente ausschließlich der Materialsammlung. Seit 1907 wirkte Hermann Grapow als wissenschaftliche Hilfskraft von Erman.[37]

Die Ausgabe des unvollendeten Werkes des 845 gestorbenen arabischen Historikers Abu Abdallah Mohammed Ibn Saad wurde 1897 von Eduard Sachau

---

[33] Vgl. E. Meyer, Geschichte und Kultur der Mittelmeerwelt und des vorderen Orients bis zum Untergang des Altertums. In: Aus fünfzig Jahren deutscher Wissenschaft. Festgabe für Fr. Schmidt-Ott, Berlin 1930, S. 159—173.

[34] Vgl. H. Lüders, Über die literarischen Funde von Ostturkestan. In: Sb 1914, S. 85—105.

[35] Vgl. z. B. F. W. K. Müller, Ein iranisches Sprachdenkmal aus der nördlichen Mongolei. In: Sb 1909, S. 726—730; A. v. le Coq, Ein christliches und ein manichäisches Manuskriptfragment in türkischer Sprache aus Turfan (Chinesisch-Turkestan). In: Sb 1909, S. 1202—1218.

[36] Vgl. H. Grapow, Die Begründung der Orientalischen Kommission von 1912, Berlin 1950.

[37] Vgl. E. Erman, H. Grapow, Das Wörterbuch der ägyptischen Sprache. Zur Geschichte eines großen wissenschaftlichen Unternehmens der Akademie, Berlin 1953; H. Grapow, Die Erforschung altägyptischer Kultur im Rahmen der Akademie, Berlin 1954.

veranlaßt, der Ibn Saads Werk als „eine vielseitige Fundgrube für die Kenntnis der Urzeit des Islams in zwei der wichtigsten Jahrhunderte der Geschichte der orientalischen Menschheit" bezeichnete. Die geplante Ausgabe war auch Ausdruck der in der Zeit des Imperialismus enger werdenden deutsch-türkischen Kontakte, in denen das Streben des deutschen Finanzkapitals um Einfluß im Nahen Osten seinen Ausdruck fand.[38] Die Ausgabe „Ibn Saad, Biographien Mohammeds, seiner Gefährten und der späteren Träger des Islams" wurde von E. Sachau herausgegeben, der für die einzelnen seit 1904 erscheinenden Bände zahlreiche Orientalisten als Mitarbeiter heranzog.[39]

d) Arbeiten zur mittelalterlichen und neuen Geschichte

Im Bereich der neueren Geschichte beschränkten sich die Arbeiten der Akademie in der ersten Etappe ihrer imperialistischen Entwicklung auf die Weiterführung der begonnenen Forschungen zur Geschichte Preußens im 18. Jh., die von G. Schmoller und R. Koser betreut wurden. Der hohe Quellenwert dieser Editionen ist unbestritten. Der auf eine historische Rechtfertigung der Rolle Preußens in der deutschen Geschichte zielende Zweck dieser Arbeiten darf jedoch keineswegs verkannt werden. Dabei ist eine sich seit den neunziger Jahren des 19. Jh. andeutende Verlagerung des Schwergewichts von der Außenpolitik, der die „Politische Korrespondenz Friedrichs des Großen" vorwiegend gewidmet war, auf innerpolitische Probleme, die die „Acta Borussica" behandelten, zu beobachten. Sie resultierte auch aus der Zielsetzung, die innere Funktion des Staates in der Klassenauseinandersetzung zwischen Bourgeoisie und Proletariat stärker historisch zu begründen. Dieser Aufgabe trugen Schmollers „Acta Borussica" besonders gut Rechnung, sie konnten eigentlich erst jetzt die ihnen schon bei der Begründung 1887 zugewiesene Funktion voll erfüllen.[40]

In das Grenzgebiet der Geschichte und der Sprachwissenschaft gehört das von der Akademie schon lange für notwendig gehaltene, aber erst seit 1896 wirklich in Angriff genommene „Wörterbuch der älteren deutschen Rechtssprache", das auf 10 bis 12 Jahre berechnet war, von dem aber bis 1910 keine einzige Lieferung erschien. Leiter des Unternehmens war Heinrich Brunner, wissenschaftlicher Mitarbeiter seit 1905 E. von Künssberg.[41]

---

38 Karl Liebknecht schrieb 1914: „Kleinasien und Syrien, Brennpunkte der internationalen Kapitalskonkurrenz, gehören zu den bedeutsamsten Siedlungsgebieten für das stürmisch vordringende deutsche Finanzkapital." Zit. nach H. Wohlgemuth, Burgkrieg — nicht Burgfriede, Berlin 1963, S. 241f.

39 Vgl. E. Sachau, Bericht über das Unternehmen der Herausgabe des Ibn Saad. In: Sb 1918, S. 11—18.

40 Vgl. zu den preußischen Arbeiten der Akademie, O. Hintze, Politische Korrespondenz Friedrichs des Großen. In: Sb 1915, S. 50—58; E. Marcks, Aufgaben und Tätigkeit der Preußischen Kommission. In: Sb 1925, S. XXXI—XXXVII.

41 Vgl. H. Brunner, Bericht über die Herstellung eines wissenschaftlichen Wörterbuchs der deutschen Rechtssprache. In: Sb 1897, S. 84—87; E. Heymann, Bericht über das Wörterbuch der deutschen Rechtssprache. In: Sb 1926, S. XXIII—XXXII.

In organisatorischer Verbindung mit der Akademie standen die Monumenta Germaniae Historica (MGH).[42] Die MGH, die wichtigste Sammlung der mittelalterlichen Quellen zur deutschen Geschichte, waren seit 1886 dem Reichsamt des Innern zugeordnet und wurden von einer Zentraldirektion geleitet, in die die Akademien der Wissenschaften in Berlin, Wien und München je zwei Mitglieder entsandten. Vorsitzende der Zentraldirektion waren meist Mitglieder der Berliner Akademie: bis 1902 E. Dümmler und ab 1906 R. Koser.[43] Die Berichte über die Tätigkeit der MGH wurden jährlich in den Sitzungsberichten der Akademie veröffentlicht. Sie enthalten neben genauen Angaben über die vorbereiteten Editionen auch grundsätzliche Hinweise, so über die Schwierigkeiten, geeignete ständige Mitarbeiter zu finden[44] oder über die Abgrenzung des Arbeitsgebietes der MGH von der Editionstätigkeit der deutschen historischen Kommissionen und der größeren Geschichtsgesellschaften.[45]

e) Untersuchungen zur deutschen Sprach- und Literaturgeschichte

Als unmittelbare Auswirkung des Akademiejubiläums von 1900 konnte die Akademie entsprechend der wachsenden Bedeutung der Germanistik im 20. Jh. auch auf diesem Wissenschaftsgebiet umfassender tätig werden. Im 19. Jh. hatten ihr bedeutende Persönlichkeiten der deutschen Philologie angehört[46], deren Wirkungsmöglichkeiten als Forscher innerhalb der Akademie jedoch beengt waren. Die Begründung der Deutschen Kommission der Akademie im Sommer 1903 bedeutete unter diesen Umständen einen wirklichen Gewinn. Es kam jetzt entscheidend darauf an, welche Arbeiten die Akademie auf diesem Gebiet einleitete. Die Leitung übernahmen die drei Germanisten der Akademie E. Schmidt, K. Burdach und G. Roethe, zu denen ab 1907 noch A. Heusler kam.

Die Aufgaben der Deutschen Kommission wurden 1904 in einer Eingabe der Akademie an die Regierung kurz und kennzeichnend so umrissen: „Die Entwicklung des sprachlichen-literarischen Lebens in Deutschland seit dem Abwelken der mittelalterlichen Kultur sichtbar zu machen und zu begreifen". Die ursprünglichen Pläne waren, wie Anträge der Akademie an die Regierung und an Kaiser Wilhelm II. aus dem Jahre 1900 zeigen, anfangs recht weit gesteckt und zielten auf die Gründung eines „Instituts für deutsche Sprache" mit „*bleibender* Organisation, mit planmäßig und *dauernd* angestellten Hilfskräften"[47].

[42] Vgl. H. Breßlau, Geschichte der Monumenta Germaniae Historica, 1921; H. Battré, Die institutionelle Entwicklung und die Archivalien der Monumenta Germaniae Historica. In: Forschungen und Fortschritte, Jg. 38, 1964, S. 303—308.

[43] Vgl. Sb 1907, S. 496—503.

[44] Vgl. Sb 1904, S. 848.

[45] Vgl. z. B. Sb 1906, S. 520.

[46] Franz Bopp, Karl Lachmann, Jakob Grimm, Wilhelm Grimm, Friedrich Diez, Karl Müllenhoff, Wilhelm Scherer.

[47] Vgl. auch zum Folgenden: Generalbericht über Gründung, bisherige Tätigkeit und weitere Pläne der Deutschen Kommission. Aus den Akten zusammengestellt. In: Sb 1905, S. 694 bis 707. Ein solches Institut wurde erst 1952 in der DDR an der Akademie geschaffen.

Die Deutsche Kommission war ebenso wie die anderen Unternehmen der Akademie darauf angewiesen, zeitlich und thematisch begrenzte Aufgaben aus ihrem Tätigkeitsbereich an einzelne Wissenschaftler zu verteilen. Dank der Mitarbeit zahlreicher Germanisten, Historiker, Bibliothekare, Archivare und anderer Wissenschaftler konnte die Kommission im Bereich „Inventarisierung der literarischen Handschriften deutscher Sprache bis ins 16. Jh." beachtliche Erfolge erzielen.[48] Diese Arbeiten leiteten K. Burdach und G. Roethe. Ähnliches gilt für die „Deutschen Texte des Mittelalters" unter der Leitung von G. Roethe, mit denen durch die Edition der wichtigeren mittelhochdeutschen Quellen des 12. bis 15. Jh. Grundlagen für mittelhochdeutsche Studien gelegt werden sollten.[49]

Das dritte Unternehmen, dessen Bearbeitung die Deutsche Kommission unmittelbar nach ihrer Gründung in Angriff nahm, war die historisch-kritische Gesamtausgabe der Werke Christoph Martin Wielands, der 1789 zum Auswärtigen Mitglied der Berliner Akademie gewählt, aber 1812 bei der Neueinteilung der Klassen nicht berücksichtigt worden war. Die Begründung für die Wieland-Ausgabe lautete: „Als glücklicher Vorkämpfer des Weimarischen Klassizismus, als Schmeidiger des gebildeten Ausdrucks in Vers und Prosa ist er in hervorragendem Sinne einer der Grundleger der gegenwärtigen Literatursprache, und in seiner persönlichen künstlerischen Entwicklung spielt sich ein gutes Stück der allgemeinen Geistes- und Sprachgeschichte Deutschlands ab."[50] Wieland gehört in eine Reihe mit Lessing, Kant, Goethe, Schiller und Herder[51], sein Werk ist objektiv der künstlerische Ausdruck bewußt bürgerlicher, den französischen Enzyklopädisten verpflichteter Bildungs- und Aufklärungsbestrebungen. Nicht diese Gedanken, sondern in erster Linie sprachgeschichtliche Überlegungen wirkten maßgebend darauf ein, daß sich die Deutsche Kommission auf die Wieland-Ausgabe orientierte. Infolge der langen Vorbereitungsfristen für die Ausgabe konnte das Unternehmen zunächst nicht relevant werden. Die Arbeit leitete E. Schmidt.[52]

Von den weiteren geplanten Arbeiten der Deutschen Kommission wurden nur die Mundarten-Lexika in Angriff genommen, während der Thesaurus Linguae Germanicae und die Geschichte der neuhochdeutschen Schriftsprache in der ursprünglich geplanten Form zurückgestellt wurden. Es wurden drei Mundarten-Lexika bearbeitet: das Rheinische, das Hessen-Nassauische und das Preußische Wörterbuch. Seit 1908 war Friedrich Behrend als wissenschaftlicher Beamter in der Deutschen Kommission tätig.

---

48 Vgl. K. Burdach, G. Roethe, A. Heusler, Deutsche Kommission. In: Sb. 1918, S. 58.

49 Vgl. G. Roethe, Die „Deutschen Texte des Mittelalters". Bericht. In: Sb 1924, S. XXIV bis XXIX.

50 Generalbericht, a.a.O., S. 705.

51 Nach einer Feststellung von F. Engels. Vgl. K. Marx, F. Engels, Werke, Bd. 18, Berlin 1962, S. 593.

52 Mitarbeiter war der damals wohl beste Wieland-Kenner, der Grazer Professor B. Seuffert. Er veröffentlichte 1904, 1905, 1908 und 1909 in den „Abhandlungen" der Akademie „Prolegomena zu einer Wieland-Ausgabe".

In engster Verbindung mit der Deutschen Kommission standen die von Konrad Burdach durchgeführten „Forschungen zur Geschichte der neuhochdeutschen Schriftsprache". Burdachs ursprünglich recht breit angelegte Forschungsarbeit, die schon seit dem ausgehenden 19. Jh. von der Akademie finanziell unterstützt wurde und die Entwicklung der neuhochdeutschen Schriftsprache vom 14. bis zum 19. Jh. zum Gegenstand hatte, reduzierte sich jedoch recht schnell auf deren Anfänge im 14. Jh. Es zeigte sich, daß ein solches Unternehmen „von einem einzelnen nicht bewältigt werden kann"[53]. Bis 1910 wurde nichts zu diesem Thema publiziert.

Im Jahre 1908 übernahm die Berliner Akademie die Erarbeitung des Wörterbuchs der Brüder Grimm. Schon 1901 war die Akademie vom Kultusministerium aufgefordert worden, sich gutachtlich über die möglichst schnelle Fertigstellung des Wörterbuchs zu äußern, dessen erster Band 1854 erschienen war. Es wurde damals eine Kommission eingesetzt, der E. Schmidt, H. Diels, A. Tobler und H. Brunner angehörten. In dem erstatteten Gutachten wurde vorgeschlagen, eine Zentralstelle einzurichten, deren Leiter wissenschaftliche Mitarbeiter erhalten müßte. Weiterhin sollte eine genaue Übersicht über die bereits verzettelte Literatur und über die noch zu leistenden Arbeiten geschaffen werden. Die Akademiemitglieder hielten für erforderlich, die Bearbeiter des Wörterbuchs auf feste Termine zu verpflichten und sie zu beauftragen, die Literatur so zu exzerpieren, daß das gewonnene Material auch von anderen verwendet werden könnte. Von selbständigen Vorschlägen für ein neues Wörterbuch sah die Akademie ausdrücklich ab. Die direkte Frage, ob die Akademie das Wörterbuch übernehmen würde, wurde 1902 verneint, aber gleichzeitig die Bereitschaft ausgedrückt, beratend mitzuwirken.[54]

Die Übernahme des Wörterbuchs durch die Akademie — im Verein mit Göttingen — fand dann doch entsprechend einer Anregung durch die Philologentagung in Hamburg im Jahre 1905 statt. Sie erfolgte — wie die Akademie erklärte — „in dem Bewußtsein, daß es eine Ehrenpflicht der Akademie sei, das Deutsche Wörterbuch der Brüder Grimm zu würdigem Ende zu bringen, ehe sie den neuen Plan des großen akademischen deutschen Thesaurus in Angriff nehme"[55]. Die Reorganisation der Arbeit am „Grimm" begann 1908 mit der Einrichtung einer Zentralsammelstelle in Göttingen durch Edward Schröder. Damit wurde ein Gedanke von 1901 aufgegriffen. Mit der Arbeit am Grimmschen Wörterbuch bekannte sich die Akademie zu einer kulturpolitischen Aufgabe, deren Bedeutung weit über die Sprachwissenschaft hinausging; das Werk erfaßt

[53] Vgl. K. Burdach, Forschungen zur Geschichte der neuhochdeutschen Schriftsprache. Bericht. In: Sb 1904, S. 243f; ders., Forschungen zur neuhochdeutschen Sprach- und Bildungsgeschichte, Bericht. In: Sb 1920, S. 71—85, Zitat S. 85.

[54] Vgl. AAW II:VI a 1 Bd. 9, Bl. 216—236r; Bd. 10, Bl. 48—58.

[55] Sb 1909, S. 146. Über J. Grimm vgl. L. Stern, Der geistige und politische Standort von Jacob Grimm in der deutschen Geschichte (= Sitzungsberichte der DAW. Kl. f. Phil., Gesch., Staats-, Rechts- u. Wirtschaftswiss., Jg. 1963, H. 4), Berlin 1963; L. Magon, Jacob Grimm. Leistung und Vermächtnis (= Sitzungsberichte der DAW. Kl. f. Sprachen, Lit. u. Kunst, Jg. 1963, H.5), Berlin 1963.

den Wortschatz der deutschen Schriftsprache vom 16. Jh. bis in die Gegenwart in seiner historischen Entwicklung. Das „Deutsche Wörterbuch", an dem ganze Generationen von Germanisten und Wissenschaftlern anderer Fachgebiete mitgearbeitet haben, gehört zu den bedeutendsten Leistungen der Germanistik, wobei vor allem der entscheidende Anteil der Akademie im 20. Jh. hervorgehoben werden muß. Die Arbeit am „Grimm" konnte die Akademie erst 1960 zu Ende führen, als die Arbeiter-und-Bauern-Macht in der DDR die für einen schnellen Abschluß erforderlichen personellen und finanziellen Voraussetzungen geschaffen hatte. Der geplante Thesaurus Linguae Germanicae ist nie Wirklichkeit geworden. Er erwies sich als unrealisierbar.[56]

Die Arbeiten der Deutschen Kommission sind zeitlich über das 18. Jh. nicht hinausgekommen, ihr Schwerpunkt lag auf der Zeit des Feudalismus. Die quellenkundlichen Voraussetzungen für die Kulturgeschichte des Feudalzeitalters sind dadurch beachtlich verbessert worden, und insofern müssen die Verdienste der Kommission hoch bewertet werden. Neben dem, was getan wurde, gilt es aber auch zu sehen, was unbeachtet blieb, und das war die sprachlich-literarische Entwicklung seit der deutschen Klassik. Die Lösung der 1904 gestellten Aufgabe, die Entwicklung der deutschen Sprache *und* der Literatur *seit* dem Ausgang des Mittelalters zu bearbeiten, ist zwar in Angriff genommen worden, aber in der imperialistischen Entwicklungsetappe der Akademie schon in den Anfängen stecken geblieben.

56 Vgl. B. Beckmann, Das Deutsche Wörterbuch in Gegenwart und Zukunft. In: Das Institut für deutsche Sprache und Literatur, Berlin 1954, S. 125f, 131f, 136.

KAPITEL III

Zur Entwicklung der Berliner Akademie in der Zeit des Heranreifens der politischen Krise des deutschen Imperialismus und während des ersten imperialistischen Weltkrieges bis zur Oktoberrevolution. Verstärkte Einflußnahme des Monopolkapitals auf die Forschung und Stellung der Akademie in der Wissenschaftsentwicklung (1911 bis 1917)

1. Stellungnahmen der Akademie zur imperialistischen Politik

Die Polarisierung der Klassenkräfte in Deutschland machte am Vorabend des imperialistischen Weltkrieges rasche Fortschritte.[1] In der Konjunkturperiode dieser Jahre erreichte die Industrieproduktion einen Höhepunkt, wobei diejenigen Produktionszweige den größten Anteil an der Produktionssteigerung hatten, die mit der Schwerindustrie, vor allem mit der Rüstungsproduktion, am engsten verbunden waren. Den größten Nutzen aus dem wirtschaftlichen Aufschwung zogen die Monopole der Schwerindustrie.

Während sich die Profite der Kapitalisten erhöhten, verschlechterte sich die Lage der Werktätigen, insbesondere der Arbeiterklasse. Vor allem wurden die Folgen der 1913 einsetzenden Überproduktionskrise auf die Arbeiter abgewälzt. Das Ergebnis war die Verschärfung des ökonomischen und politischen Kampfes der Arbeiterklasse für die Verbesserung der Lebenshaltung, für größere politische Rechte, gegen den Militarismus und für die Erhaltung des Friedens, der durch die Kriegspolitik der deutschen Monopole zunehmend gefährdet wurde.

Die innenpolitische Situation im imperialistischen deutschen Staat wurde nach wie vor durch die Konfrontation der beiden Hauptklassen der kapitalistischen Gesellschaft, der Arbeiterklasse und des Bürgertums, bestimmt. Innerhalb beider Klassenlager gab es jedoch gleichzeitig Auseinandersetzungen darüber, wie die Klasseninteressen am effektivsten realisiert werden konnten. Die Auseinandersetzungen um den Weg zum Sturz der imperialistischen Gesellschaft und zur sozialistischen Revolution als Ziel des Kampfes der Arbeiterbewegung spitzten sich zwischen den Revisionisten, den Zentristen und den Linken in der deutschen sozialdemokratischen Partei weiter zu. Obwohl die Linken unter der Führung von Karl Liebknecht, Rosa Luxemburg, Clara Zetkin und Franz Mehring weiter an Boden gewannen, vermochten sie den politischen Kurs der von den Zentristen und Revisionisten beherrschten Partei nicht zu bestimmen.

---

1 Vgl. zur allgemeinen ökonomisch-gesellschaftlichen Entwicklung in Deutschland: Klassenkampf, Tradition, Sozialismus, a. a. O., S. 337f.; F. Klein, Deutschland 1897/98–1917 (Deutschland in der Periode des Imperialismus bis zur Großen Sozialistischen Oktoberrevolution), Berlin [3]1969; J. Luczynski, Die Geschichte der Lage der Arbeiter unter dem Kapitalismus, Bd. 4: Darstellung der Lage der Arbeiter in Deutschland von 1900 bis 1917/18, Berlin 1967.

Im Jahre 1912 hatte die Sozialdemokratie fast eine Million Mitglieder. Bei den Reichstagswahlen errang sie 4,2 Millionen Stimmen von 12,2 Millionen und 110 Sitze im Reichstag. Sie war damit die weitaus stärkste Partei. Dieser wachsende Einfluß der Partei ging jedoch Hand in Hand mit einer Stärkung des Revisionismus und des Zentrismus, deren Führer von einer grundsätzlichen Gegnerschaft gegen das imperialistische System nichts wissen wollten. Die Illusion, die Lage der Arbeiterklasse könnte allein durch Reformen geändert werden, verbreitete sich ungeachtet des unermüdlichen Kampfes der Linken immer weiter. Der Opportunismus hatte sich vor dem ersten Weltkrieg in der Führung der deutschen Sozialdemokratie vollends durchgesetzt und entscheidenden Einfluß auf Teile der Mitgliedschaft der SPD gewonnen.

Die Antikriegskundgebungen der Arbeiterklasse in den Jahren 1910 bis 1913 und der Beschluß des Baseler Sozialistenkongresses vom November 1912 bestätigten die Bereitschaft der Arbeiter zum Kampf gegen den Imperialismus. Wiederum waren es aber nur die deutschen Linken, die als konsequente Kämpfer gegen den deutschen Imperialismus auftraten, allen voran Karl Liebknecht. Er „erkannte unter allen Linken am klarsten, daß nur der Sieg der deutschen Arbeiterklasse über den deutschen Imperialismus und Militarismus der ganzen Nation eine glückliche und friedliche Zukunft sichern könne"[2]. In dieser Zeit gab es aber „in Deutschland keine revolutionäre marxistische Partei mehr, die die kampfbereite Arbeiterklasse zur Verteidigung ihrer Klasseninteressen, der nationalen Interessen Deutschlands und zur Erfüllung ihrer historischen Mission im Sinne von Karl Liebknechts antiimperialistischer Konzeption führen konnte"[3].

Das Ziel der deutschen Bourgeoisie war die Vorherrschaft des imperialistischen Deutschlands in der Welt. Sie konnte sich bei dessen Verwirklichung auch auf ihren wichtigsten Bündnispartner, das Junkertum, stützen. Die herrschenden Klassen wußten, daß sie ihr Hauptziel nur durch den Krieg erreichen konnten, auf den sie zielbewußt zusteuerten. Diese Tatsache schloß jedoch unterschiedliche Teilziele einzelner Gruppen des Monopolkapitals nicht aus, um die zeitweilig intensive Auseinandersetzungen geführt wurden, die nicht zuletzt auch dazu dienten, die wahren Absichten der Bourgeoisie vor dem Volk zu verbergen. Die Politik des deutschen Imperialismus, insbesondere auch nach innen, war wesentlich gekennzeichnet durch das Bestreben, Militarismus und Rüstung zu verstärken und das Volk nicht das Geheimnis erkennen zu lassen, wie Kriege „gemacht" werden. Der ideologische Kampf der Bourgeoisie gegen die Arbeiterklasse und alle Werktätigen, dem gegenüber die Auseinandersetzungen innerhalb der bürgerlichen Klasse wenig ins Gewicht fielen, war ein entscheidendes Element der innenpolitischen Auseinandersetzungen in der Zeit der Kriegsvorbereitungen und des ersten Weltkrieges. Nicht zufällig setzte daher unmittelbar vor dem ersten Weltkrieg eine verstärkte chauvinisti-

[2] Geschichte der deutschen Arbeiterbewegung, Bd. 2, S. 201. Vgl. auch H. Wohlgemuth, Karl Liebknecht. Eine Biographie, Berlin 1973.

[3] Geschichte der deutschen Arbeiterbewegung, Bd. 2, S. 202.

sche und militaristische Propaganda ein. Buchtitel wie „Großdeutschland, die Arbeit des 20. Jahrhunderts" von O. R. Tannenberg und „Deutschland und der nächste Krieg" von F. von Bernhardi aus den Jahren 1911 und 1912 zeigten die Richtung an, die insbesondere der 1912 gegründete „Deutsche Wehrverein" verfolgte. In diesem Jahr erschien auch das „Deutsche Wehrbuch", eine Apologie der „Wehrhaftigkeit" und der imperialistischen Expansion, das sich von völkischen Positionen gegen liberale Kreise der Bourgeoisie und gegen die Sozialdemokratie wandte.

Am Vorabend des ersten Weltkrieges hatten sich die Konkurrenzwidersprüche zwischen den imperialistischen Ländern und die aus der Nichtübereinstimmung zwischen dem Stand der Produktivkräfte und den Produktionsverhältnissen resultierenden Widersprüche innerhalb der imperialistischen Staaten außerordentlich verschärft. Der Klassenkampf zwischen Proletariat und Bourgeoisie, der Kampf um den Sturz der Ausbeuterordnung durch die sozialistische Revolution traten in eine neue Phase: „Mit dem Ersten Weltkrieg begann die allgemeine Krise des kapitalistischen Weltsystems. Der Krieg war ihr erster sichtbarer Ausdruck."[4]

Die Entfesselung des Weltkrieges durch den deutschen Imperialismus am 1. August 1914 war als Ergebnis der unüberwindlichen Widersprüche zwischen den imperialistischen Staaten der Versuch, seine erstrebte „Weltgeltung" mit Waffengewalt durchzusetzen. Dabei war es der deutschen imperialistischen Staatsführung infolge der jahrelangen chauvinistischen Beeinflussung breiter Volksmassen gelungen, den wahren Charakter des imperialistischen Aggressionskrieges zu vertuschen und ihn durch geschickte Regie als einen Verteidigungskrieg hinzustellen. Der Welle des Chauvinismus haben sich in Deutschland nur die Linken in der Arbeiterbewegung von Anfang an unter schwierigsten Bedingungen widersetzt.

In dem eindeutigen Kriegsziel des deutschen Imperialismus, der Vormachtstellung des imperialistischen Deutschlands, waren sich Großbourgeoisie und Junkertum einig. Unterschiede gab es allerdings im taktischen Vorgehen. Sie hingen aufs engste mit dem Hauptgegensatz im imperialistischen Lager, dem Gegensatz zwischen Deutschland und England, zusammen. Es ging um die Frage, ob der deutsche Imperialismus „durch die völlige militärische Vernichtung Englands die Weltherrschaft erstreben oder sich zunächst neben England und den anderen Mächten als vierte Weltmacht etablieren" sollte. Daraus folgten die verschiedenen Methoden der Expansion und die Frage nach ihrer Hauptstoßrichtung: nach Westen oder nach Osten.[5]

Eine große Gruppe der herrschenden Klassen, vor allem schwerindustrielle Kreise, der sich auch einige Banken, Teile der chemischen Industrie und die

---

[4] Ebd., S. 214.

[5] W. Gutsche, Erst Europa — und dann die Welt. In: Zeitschrift für Geschichtswissenschaft, XII. Jg. 1964, Heft. 5, S. 751. Über die Kriegsziele beider Gruppen vgl. ebd., S. 751ff., und Deutschland im ersten Weltkrieg, Bd. 2, Berlin 1968, S. 163ff.

Junker anschlossen und die propagandistisch vom Alldeutschen Verband vertreten wurde, erstrebte die Vernichtung des englischen Weltreichs, die territoriale Expansion durch die Gründung eines „großdeutschen" Staates und dessen Ergänzung durch einen mitteleuropäischen Wirtschaftsbund. Gebiete Frankreichs, ganz Belgien, Polen, die Ukraine und die baltischen Provinzen Rußlands sollten zum großen Teil direkt annektiert und der deutsche Kolonialbesitz auf Kosten Englands, Frankreichs und Belgiens vergrößert werden. Das neue „Großdeutschland" sowie Österreich, die Niederlande, die Schweiz, die skandinavischen Länder, Finnland, Italien, Rumänien, Bulgarien und die deutschen Kolonien sollten unter der Vorherrschaft des deutschen Imperialismus zu einem Wirtschaftsbund als Grundlage der Weltherrschaft zusammengeschlossen werden.

Für eine andere Methode der imperialistischen deutschen Expansion setzten sich vor allem Vertreter der Elektroindustrie, der Deutschen Bank und der großen Schiffahrtsunternehmungen ein, denen sich ab Ende 1914 auch mitteldeutsche und oberschlesische Montanindustrielle anschlossen. Für diese Gruppe galt ein mitteleuropäischer Wirtschaftsverband als Mittel zur Erreichung des Hauptkriegsziels, da sie nicht glaubte, daß der deutsche Imperialismus in der Lage wäre, England militärisch zu bezwingen. Sie erstrebte daher vorerst einen Sieg über die kontinentalen Verbündeten Englands als Grundlage für einen vorübergehenden Kompromiß mit dem Inselreich. Diese Gruppe lehnte weitergehende Annexionen im Westen ab, forderte aber Gebietserweiterungen im Osten. Eine Ursache für die Zurückhaltung dieser Gruppe des Monopolkapitals in der Annexionsfrage war ihr stärkeres Interesse am Kapitalexport, den sie für entscheidender hielt als die territoriale Expansion. Insgesamt trat diese Gruppe nicht so geschlossen auf wie die zuerst genannte. In der Person „des bedeutendsten deutschen, ja international hervorragendsten Propagandisten des staatsmonopolistischen Kapitalismus Walter Rathenau"[6] von der AEG verfügte diese flexiblere Monopolgruppe über einen ihrer wichtigsten Ideologen. Schon 1913 hatte Rathenau für den deutschen Imperialismus gefordert: „Es bleibt eine letzte Möglichkeit: die Erstrebung eines mitteleuropäischen Zollvereins, dem sich wohl oder übel, über lang oder kurz, die westlichen Staaten anschließen würden."[7]

Beide Varianten der imperialistischen deutschen Expansion setzten den militärischen Sieg Deutschlands voraus und waren daher angesichts der Kräftekonstellation zum Scheitern verurteilt. Beide Varianten waren Bestandteil des Kriegszielprogramms der von den Monopolen abhängigen imperialistischen Regierung des Reichskanzlers T. von Bethmann Hollweg vom 9. September 1914, dessen Kernstück der mitteleuropäische Wirtschaftsverband war und blieb. Es berücksichtigte die Interessen beider Gruppen des Monopolkapitals,

---

6 J. Kuczynski, Die Barbarei — extremster Ausdruck der Monopolherrschaft in Deutschland. In: Zeitschrift für Geschichtswissenschaft, IX. Jg. 1961, Heft 7, S. 1500.

7 W. Rathenau, Gesammelte Schriften in 5 Bänden, Berlin 1918, Bd. 1, S. 276.

setzte sich aber sichtbarer „zugunsten des für eine indirekte Hegemonie plädierenden Flügels der herrschenden Klasse" ein.[8]

Zur Verschärfung der internationalen Situation am Vorabend des ersten Weltkrieges äußerte sich die Akademie offiziell zum ersten Mal 1912, als sich die Mitglieder zur Feier des 200. Geburtstages Friedrichs II. im königlichen Schloß versammelten. Wilhelm II. begrüßte „die Akademie der Wissenschaften als geistige Elitetruppe, die Friedrich der Große angeworben und auf ihren Ehrenposten gestellt hat"[9]. Für den Sekretar Wilhelm Waldeyer verdichtete sich das „Weltgeschehen" zu „einem großen Ringen, durch welches vielleicht ein neues Zeitalter der Weltgeschichte zum Anbruch kommen soll"[10]. Und die Festrede des Historikers und Akademiemitglieds Reinhold Koser „in ernster Zeit" suchte den Eindruck zu erwecken, als bedrohe nicht das imperialistische Deutschland die Welt, sondern als wäre das Reich rings von Feinden umstellt. Er forderte daher die Deutschen auf, sie müßten „auf unsere Nachbarn achten und bereit sein, uns von heute auf morgen gegen die verderblichen Anschläge eines Feindes zu verteidigen"[11].

Auch im folgenden Jahr 1913 war die Zeit für den deutschen Imperialismus „ernst", wie Max Planck als Sekretar konstatierte. Obwohl er ebenso wie vordem Waldeyer dazu aufrief, das Volk solle sich um sein Oberhaupt scharen, klangen doch bei ihm auch durchaus kritische Töne gegenüber den Aspirationen des Kaiserreiches an. Planck war das erste Akademiemitglied, das sich öffentlich in der Akademie zum bestehenden System in Deutschland äußerte, ohne die herrschenden Klassen schlechthin zu verteidigen und deren Gegner einfach zu verurteilen. Das geschah allerdings in einer indirekten Form, da Planck als Staatsbeamter vor einer Institution sprach, die ein Teil der herrschenden Ordnung war. Gerade deshalb ist aber seine Stellungnahme umso bedeutsamer. Er meinte, daß in ernster Zeit „manche der edleren Kräfte der Nation, die in gewöhnlichen Zeitläuften zum Teil ungenützt und wenig beachtet in der Tiefe schlummern, sich zu regen beginnen und auch zur äußeren Entfaltung kommen werden, während manches andere, was jetzt an der Oberfläche in buntem Glanze schillert, unbedauert in ruhmloses Nichts zurücksinken mag." In seinen weiteren Ausführungen wandte er sich sowohl gegen die reinen Machtpolitiker, die die Wissenschaft mißachteten, als auch gegen die Vertreter der wissenschaftlichen „Weltanschauung, die niemals auf reine Wissenschaft allein gegründet werden kann, wenn auch gegenwärtig eine starke Partei das Gegenteil glauben machen möchte und damit die Wissenschaft ebensowohl schädigt wie die Weltanschauung. Aber nicht minder einseitig verfährt die entgegengesetzte

---

[8] W. Gutsche, Erst Europa – und dann die Welt, a.a.O., S. 762. Vgl. auch: Deutschland im ersten Weltkrieg, Bd. 2, S. 1–61, wo W. Gutsche „Die Entwicklung der Geschichtsschreibung zur Kriegszielpolitik des deutschen Imperialismus im ersten Weltkrieg" behandelt.

[9] Sb 1912, S. 39.

[10] Sb 1912, S. 37f.

[11] Sb 1912, S. 53.

Partei, die da meint, in Weltanschauungsfragen der Mitwirkung der Wissenschaft überhaupt entraten zu können. Eine Weltanschauung, die sich abseits der Wissenschaft stellt — sei es derjenigen, welche die Natur, sei es derjenigen, welche den geistigen Menschen zum Gegenstand hat—, richtet sich selbst von vornherein."[12]

Die Stellung, die Planck während des Krieges einnahm, deutete sich hier bereits an. Widersprüche der imperialistischen Ordnung, in der er lebte, und den sich verschärfenden ideologischen Kampf sah er durchaus, er konnte aber letztlich keinen Ausweg weisen aus dem Dilemma des humanistischen Wissenschaftlers, da er den Gegensatz zwischen Wissenschaft und Imperialismus von seiner bürgerlichen Grundposition her nicht zu analysieren vermochte.

Im letzten Jahr vor dem Krieg hielt A. Harnack vor der Berliner Akademie einen Vortrag über abendländisches und morgenländisches Christentum. Die nur sehr scheinbare Abseitigkeit eines solchen Themas belegt ein Blick in den Text. Da fehlten nicht der Hinweis auf die Balkankriege und die Verteidigung der Einverleibung Bosniens und der Herzegowina in die österreichisch-ungarische Monarchie. Da wurde ein ,,tiefer, unüberbrückbarer Gegensatz" zwischen griechisch-slawischer und lateinischer Welt aufgerissen. Die Orthodoxie, also die herrschende Religion beispielsweise in Rußland und Serbien, die Gegner der Mittelmächte waren, wurde als ,,stehengebliebene" Kultur des 3. Jh. charakterisiert, die keine kraftvollen originalen Denker hervorgebracht hätte und dem Abendland trotz teilweiser Rezeption der abendländischen Zivilisation ablehnend gegenüberstünde. Dieser Vortrag erregte viel Aufsehen, wurde auch kritisiert, mußte vor allem aber das Verhältnis zu Rußland verschlechtern in einer Zeit, als die Beziehungen am Vorabend des Krieges ohnehin gespannt waren.[13]

Die Mehrheit der deutschen bürgerlichen Intelligenz unterstützte von Anfang an den Krieg des deutschen Imperialismus. Bereits Anfang Oktober 1914 erschien der ,,Aufruf an die Kulturwelt", der von 93 Wissenschaftlern und Künstlern unterzeichnet war. Besonderen Anteil daran hatten die Akademiemitglieder U. von Wilamowitz-Moellendorff, der ihn verfaßte, und D. Schäfer, der vor allem für seine Verbreitung sorgte. In diesem ,,Aufruf der 93" wurden die Kriegshandlungen der deutschen Imperialisten und Verbrechen gegen die Zivilbevölkerung in besetzten Gebieten rückhaltlos verteidigt und der deutsche Militarismus als angeblicher Beschützer der Kultur herausgestellt. In wie starkem Maße es der herrschenden Klasse gelungen war, in dieser ersten Kriegsphase vorübergehend auch humanistisch eingestellte Wissenschaftler zur Bejahung der Kriegspolitik zu veranlassen, zeigt die Liste der Unterschriften. Von den 93 Unterzeichnern waren 33 damals oder später Mitglieder der Berliner Akademie. Ordentliche Mitglieder waren der Chemiker E. Fischer, die Physiker W. Nernst und M. Planck, der Meteorologe G. Hellmann, die Mediziner M.

12 Sb 1913, S. 73, 75.

13 Vgl. A. Harnack, Der Geist der morgenländischen Kirche im Unterschied von der abendländischen. In: Sb 1913, S. 157—183. Vgl. auch R. Stupperich, Karl Holls Oststudien und ihr Einfluß auf sein politisches Denken. In: Historische Zeitschrift, Bd. 215 (1972), S. 345.

Rubner und W. Waldeyer, die Historiker M. Lenz und E. Meyer, der Nationalökonom G. von Schmoller, der Theologe A. von Harnack, der Germanist A. Heusler, der Anglist A. Brandl, der Romanist H. Morf, der Sinologe J. J. de Groot und der Altertumsforscher U. von Wilamowitz-Moellendorff. Auswärtiges Mitglied der Akademie war der Chemiker A. von Baeyer, Korrespondierende Mitglieder waren die Physiker P. Lenard, W. Ostwald, W. C. Röntgen und W. Wien, der Mathematiker F. Klein, die Philosophen W. Windelband und W. Wundt sowie der Archäologe C. Robert. Zu diesen 24 Unterzeichnern kamen neun weitere, die später Ordentliche, Korrespondierende oder Ehrenmitglieder der Akademie wurden, darunter die Chemiker F. Haber und R. Willstätter, deren Wahl zu Ordentlichen Mitgliedern bereits eingeleitet war. Schäfer behauptet, daß der „Aufruf der 93" von etwa 4000 deutschen Hochschullehrern unterstützt wurde.[14]

Die deutschen Hochschullehrer beteiligten sich unter Mißbrauch der Wissenschaft auch weiterhin an der Propagierung der imperialistischen deutschen Kriegsziele. Ein Zeugnis dafür sind ihre zahlreichen Publikationen zur Schürung des nationalistischen Hasses unter der Bevölkerung. Welche Bedeutung viele Akademiemitglieder dieser publizistischen Tätigkeit zumaßen, zeigt die regelmäßige Vorlage dieser Schriften vor der Akademie. Seit 1915 veröffentlichten die „Sitzungsberichte" der Akademie Titelverzeichnisse dieser Publikationen der Akademiemitglieder, von denen folgende genannt seien: die Historiker O. Hintze, F. Meinecke und D. Schäfer, die Nationalökonomen G. von Schmoller und M. Sering, die Orientalisten E. Meyer und E. Sachau, die Germanisten K. Burdach und G. Roethe, die klassischen Philologen H. Diels und U. von Wilamowitz-Moellendorff, die Theologen A. von Harnack und K. Holl, der Jurist E. Seckel, der Geograph A. Penck und die Mediziner M. Rubner und W. Waldeyer.[15]

Recht aktiv war die Akademie im Bund deutscher Gelehrter und Künstler (Kulturbund), einer Organisation zur Propagierung der imperialistischen deutschen Kriegspolitik, der die Akademie Unterkunft gewährte. Vorsitzender des Kulturbundes war der Akademie-Sekretar Wilhelm Waldeyer. Der Kulturbund war bestrebt, während des Krieges Ausländer für Vorträge zu gewinnen,

[14] Vgl. den Text des Aufrufes mit den Unterschriften der Initiatoren: AAW II: VI a 1b Bd. 1, Bl. 41–42r. Ohne Unterschriften gedruckt in: Schulthess' Europäischer Geschichtskalender. Neue Folge, Jg. 30 (1914), 1. Hälfte, München 1917, S. 402f. Vgl. weiterhin D. Schäfer, Mein Leben, Berlin, Leipzig 1926, S. 167. Zum Anteil der Historiker an der „Ausarbeitung einer historisch-politischen Konzeption für den deutschen Imperialismus" vgl. F. Klein, Die deutschen Historiker im ersten Weltkrieg. In: Studien über die deutsche Geschichtswissenschaft, Bd. II, Berlin 1965, S. 227–248. Weiterhin K. Schwabe, Wissenschaft und Kriegsmoral. Die deutschen Hochschullehrer und die politischen Grundfragen des Ersten Weltkrieges, Göttingen, Zürich, Frankfurt/M. 1969.

[15] Vgl. Sb 1915, S. 960–962; Sb 1916, S. 1343f; Sb 1917, S. 815–817; Sb 1918, S. 1268f. Einen Eindruck von dem Einsatz deutscher Wissenschaftler für die Kriegspropaganda vermitteln die Literaturangaben zu den einzelnen Artikeln des umfangreichen Sammelwerks: Deutsche Naturwissenschaft, Erfindung und Technik im Weltkriege, München, Leipzig 1919.

um auf diese Weise den Anschein zu erwecken, der deutsche Imperialismus verteidige die Interessen anderer Völker. So organisierte W. Waldeyer im Januar 1916 im Sitzungssaal der Akademie eine Werbeveranstaltung türkisch-tatarischer Emigranten aus Rußland, die er selbst eröffnete. Noch Ende 1917 waren beispielsweise Vorträge auswärtiger Gelehrter wie des schwedischen Begründers der Geopolitik, Rudolf Kjellén, vorgesehen, die aber nicht mehr zustande kamen.[16]

Auf der Grundlage des von der Regierung verfolgten Kriegszielprogramms versuchten die imperialistischen Gruppierungen, ihre speziellen Kriegsziele durchzusetzen. Im Frühjahr 1915 hatten alldeutsch-schwerindustrielle Kreise eine Kriegszieldenkschrift der Wirtschaftsverbände organisiert, die neben einem großen Kolonialreich ausgedehnte Annexionen im Osten und im Westen forderte.[17] Ergänzend dazu, vor allem um die unmittelbaren ökonomischen Interessen der herrschenden Klasse zu tarnen und um einen angeblich einheitlichen nationalen Willen vorzutäuschen, wurde die sogenannte Professoreneingabe vom 8. Juli 1915 vorbereitet, in der von den gelehrten Verfassern die Befürchtung ausgedrückt wurde, „es könnte aus falschen Versöhnungsillusionen oder gar aus nervöser Ungeduld ein vorzeitiger und deshalb halber und nimmermehr dauerhafter Frieden geschlossen werden". Diese Denkschrift, in der die expansionistischen Ziele der Wirtschaftsverbände wiederholt wurden, gipfelte in der Forderung: „Keine Kulturpolitik ohne Machtpolitik."[18]

Die Denkschrift trug Unterschriften von 1347 Vertretern der bürgerlichen Intelligenz, unter denen 352 Professoren die stärkste Berufsgruppe stellten, und war von einem Ausschuß unter Vorsitz des Berliner Theologieprofessors Reinhold Seeberg ausgearbeitet worden. Zu den Unterzeichnern der „Professoreneingabe" gehörten insgesamt 46 Wissenschaftler, die damals oder später Mitglieder der Akademie waren; 26 davon waren bereits im Sommer 1915 Mitglieder der Akademie. Von den zu diesem Zeitpunkt insgesamt 61 Ordentlichen Mitgliedern unterzeichneten 17: die Chemiker E. Beckmann und R. Willstätter, der Geograph A. Penck, der Geologe W. Branca, der Astronom H. Struve, die Historiker O. Hintze, E. Meyer, D. Schäfer und C. Schuchhardt, der Rechtshistoriker E. Seckel, der Kunsthistoriker A. Goldschmidt, der Kirchenhistoriker K. Holl, der Germanist G. Roethe, der Anglist A. Brandl, der Indologe H. Lüders, der vergleichende Sprachwissenschaftler W. Schulze und der Altertums-

---

16 Vgl. AAW II:VI a 1 Bd. 17, Bl. 104; II:Vg Bd. 4, unpag., Eintragungen vom 22. 10. 1914, 13. 1. 1916, 15. 2. 1917, 18. 10. 1917.

17 Vgl. den Text in: S. Grumbach, Das annexionistische Deutschland, Lausanne 1917, S. 123 bis 132.

18 Vgl. den Text der Denkschrift ebenda, S. 132—140 (ohne die Unterschriften). Ein gedrucktes Exemplar mit den entsprechenden Anschreiben und den Namen aller Unterzeichner konnte ermittelt werden im AAW, Nachlaß Eduard Meyer, Nr. 132. Ebenda auch die gedruckte „Begründung" der Kriegsziele von R. Seeberg. Vgl. weiterhin die ausführlichen Zitate und die Wertung bei O. Rühle, Idee und Gestalt der deutschen Universität, Berlin 1966, S. 136f. Weiterhin vgl. noch: Deutschland im ersten Weltkrieg, Bd. 2, S. 169f.; F. Klein, Die deutschen Historiker, a.a.O., S. 239.

forscher U. von Wilamowitz-Moellendorff. Dazu kamen neun Korrespondierende Mitglieder der Akademie: der Mediziner F. Marchand, die Astronomen H. Bruns und H. von Seeliger, der Botaniker W. Pfeffer, der Zoologe W. Spengel, der Kirchenhistoriker A. Hauck, der Rechtshistoriker K. von Amira, der Germanist E. Sievers und der Philosoph W. Wundt. Weitere neun Unterzeichner wurden später als Ordentliche und elf als Korrespondierende Mitglieder in die Akademie gewählt.

Das Professorenkomitee, das die Denkschrift ausgearbeitet hatte, bestand nach deren Überreichung an die Regierung weiter, und zwar unter der Leitung des Historikers und Akademiemitglieds Dietrich Schäfer. Im Juli 1916 konstituierte es sich als „Unabhängiger Ausschuß für einen deutschen Frieden", betrieb aber auch schon vorher Propaganda für einen annexionistischen Frieden.[19]

Propagandistischer Vertreter der flexibleren Richtung des deutschen Monopolkapitals war die im Februar 1915 gegründete „Freie Vaterländische Vereinigung"[20]. Hauptwortführer bei der Ausarbeitung der Denkschrift der Vereinigung vom 9. Juli 1915 waren der Historiker Hans Delbrück und der Bankdirektor Bernhard Dernburg von der Darmstädter Bank. Hinter einem gemäßigten Ton und einer Polemik gegen die Alldeutschen und ihre Hintermänner verbarg sich die Forderung nach imperialistischer Expansion, die nur nicht so offen proklamiert wurde wie bei den Alldeutschen und die einen vorübergehenden Kompromiß mit England ins Auge faßte. Insgesamt war die Denkschrift nur von 141 Personen unterzeichnet.[21] Auch diese Denkschrift fand die Unterstützung einiger Akademiemitglieder. Die sieben Ordentlichen Mitglieder, die unterzeichneten, waren die Physiker A. Einstein, M. Planck und M. Rubner, der Mathematiker A. Schwarz, der Historiker M. Lehmann (er wurde entsprechend dem Statut als Ehrenmitglied geführt, da er Berlin verlassen hatte), der Theologe A. von Harnack und der Nationalökonom G. von Schmoller. Weiterhin unterschrieben fünf Korrespondierende Mitglieder: der Mathematiker D. Hilbert, der Historiker M. Ritter, die Theologen F. Loofs und J. Wellhausen sowie der Philosoph E. Troeltsch, der später auch Ordentliches Mitglied wurde. Ebenfalls in die Akademie gewählt wurden nach dem Kriege die Mathematiker Carathéodory als Ordentliches und der Physiologe J. von Kries als Korrespondierendes Mitglied. Beide hatten den Aufruf unterzeichnet.

Ungeachtet der grundsätzlichen annexionistischen Zielstellung der beiden Denkschriften, die im Frühsommer 1915 von Akademiemitgliedern mitunter-

---

19 Vgl. K.-H. Schädlich, Der „Unabhängige Ausschuß für einen deutschen Frieden" als Zentrum der Annexionspropaganda des deutschen Imperialismus im ersten Weltkrieg. In: Politik im Krieg 1914—1918. Studien zur Politik der deutschen herrschenden Klassen im ersten Weltkrieg, Berlin 1964, S. 50ff.

20 Vgl. über diese Gruppierung: Deutschland im ersten Weltkrieg, Bd. 2, S. 179ff.

21 Vgl. den Text dieser Denkschrift bei S. Grumbach, a.a.O., S. 409—411 (ohne Unterschriften). Der Text mit den Unterschriften wurde veröffentlicht in: Preußische Jahrbücher, Bd. 162, Heft 1, Oktober 1915, S. 169—172. Vgl. auch den gedruckten Text mit den Unterschriften, den D. Schäfer mit verleumdenden Bemerkungen über die Unterzeichner verbreitete. AAW, Nachlaß D. Schäfer, 4, Bd. 1.

zeichnet wurden, läßt sich ein einsetzender allmählicher Differenzierungsprozeß nicht verkennen, obwohl die Meinungsverschiedenheiten vorwiegend taktischer Natur waren. Einige der Unterzeichner der Delbrück-Denkschrift, die noch den „Aufruf an die Kulturwelt" unterschrieben hatten, waren nun nicht mehr bereit, mit den Alldeutschen zu gehen. Das galt vor allem für M. Planck. Außerdem muß beachtet werden, daß zu den Unterzeichnern der Delbrück-Denkschrift auch wirkliche Gegner der Annexionspolitik des deutschen Imperialismus gehörten, die sich seit Herbst 1914 um den Bund „Neues Vaterland" geschart hatten. Mitglied des Bundes und nach dessen Verbot im Frühjahr 1916 der Nachfolgeorganisation „Vereinigung Gleichgesinnter" war auch A. Einstein, weil er darin unter den obwaltenden Umständen die einzige Möglichkeit sah, seiner Gegnerschaft gegen das herrschende System Ausdruck zu geben. Der Bund „Neues Vaterland" war eine bürgerliche pazifistische Organisation, deren Mitglieder zum Teil den Zusammenhang zwischen Imperialismus und Expansionspolitik erkannten und von dieser Position her insbesondere Auswirkungen der imperialistischen Politik bekämpften.[22]

A. Einstein war das einzige Akademiemitglied, das bis zu einer bewußten Ablehnung des imperialistischen Krieges gelangte. Wenn er auch dieser Einstellung in der Akademie öffentlich nicht Ausdruck zu geben vermochte, waren seine Auffassungen auch dort bekannt. Der Ideologe des deutschen Imperialismus, der 1915 zum Akademiemitglied gewählte Historiker F. Meinecke, fühlte sich beispielsweise von Einstein „merklich geschieden"[23]. Wie aufmerksam die herrschende Klasse die Einstellung Einsteins verfolgte, bezeugt die Anfrage der Kommandantur in Berlin im März 1916 bei der Akademie, „ob Hr. Einstein eine bezahlte Mitgliedsstelle an der Akademie inne hat. Auch bittet sie um Überlassung etwaiger Personalakten." Die Kommandantur gab als Grund für ihre Anfrage an: „Dr. Einstein ist wiederholt auf Reisen gegangen, ohne sich hier in Berlin persönlich polizeilich abgemeldet und am Reiseziel persönlich polizeilich angemeldet zu haben". Das zeigt, daß Einstein im Zusammenhang mit dem Verbot des Bundes „Neues Vaterland" im Februar 1916 und seinem Besuch bei Romain Rolland im September 1915[24] unter Polizeikontrolle stand. Die Akademieleitung beschloß, die Auskunft „zu erteilen und die Personalakten in Abschrift beizufügen"[25]. Ein solcher Schritt muß als außergewöhnliche Maß-

22 Vgl. z. B. die Denkschrift des BNV vom Juni 1915 in: S. Grumbach, a. a. O., S. 375–409, sowie vor allem: E. Gülzow, Der Bund „Neues Vaterland". Probleme der bürgerlich-pazifistischen Demokratie im ersten Weltkrieg (1914–1918). Phil. Diss. Humboldt-Universität Berlin 1969. Weiterhin ergänzend: K. Holl, Die „Vereinigung Gleichgesinnter". Ein Berliner Kreis pazifistischer Intelektueller im Ersten Weltkrieg. In: Archiv für Kulturgeschichte, Bd. 54, Heft 2, 1972, S. 364–384.

23 F. Meinecke, Straßburg, Freiburg, Berlin 1901–1919. Erinnerungen, Stuttgart 1950, S. 185f.

24 Vgl. P. Grappin, Le Bund „Neues Vaterland" (1914–1916). Ses rapports avec Romain Rolland, Lyon, Paris 1952, S. 66. In sein Tagebuch schrieb Rolland am 16. 9. 1915, Einstein erwartete keine Erneuerung Deutschlands durch den Bund. „Il espère une victoire des Alliés qui ruinerait le pouvoir de la Prusse et de la dynastie." Ebenda.

25 AAW II:III a Bd. 19, Bl. 278–279; II:V g Bd. 4, unpag., Eintragung vom 16. 3. 1916.

nahme und als direkte Hilfe des Sekretariats der Akademie für die herrschende Kriegspartei in ihrem Kampf gegen den international bekannten fortschrittlichen Wissenschaftler angesehen werden.

In der Berliner Akademie der Wissenschaften hatten die Professoren das Übergewicht, die sich für die territoriale Expansion des deutschen Monopolkapitals einsetzten, zumindest waren sie die aktiveren. Ein großer Teil der Akademiemitglieder schwieg sich in der Akademie über die Kriegsziele des deutschen Imperialismus aus, hielt wie eh und je seine Fachvorträge und überließ damit den Ideologen der Expansion des deutschen Imperialismus an der Akademie das Feld. Der Öffentlichkeit präsentierte sich die Akademie als eine Institution, die fest im imperialistischen System stand.

Schon in der letzten Sitzung der philosophisch-historischen Klasse vor der Sommerpause, die am 30. Juli 1914 noch vor Kriegsausbruch stattfand, gab G. Roethe „einen Ausblick auf die Haltung der Akademie während der Kriegsjahre 1806 und 1813" und am 29. Oktober 1914 verherrlichte er das Sterben auf dem Schlachtfeld in einer Analyse des Liedes „Kein selgrer Tod ist in der Welt, als wer vorm Feind erschlagen"[26]. Im Herbst 1914 äußerten sich die Akademiemitglieder D. Schäfer und A. Brandl in „Fach"vorträgen im Geiste des deutschen Imperialismus.[27]

Aber erst der Friedrichstag 1915 bot dem Sekretar G. Roethe die Möglichkeit, namens der Akademie ein Bekenntnis zum Krieg im Sinne der alldeutschen aggressiven Kreise abzugeben. Er verteidigte den völkerrechtswidrigen Überfall auf das neutrale Belgien, schwärmte vom „Gefühl des besonderen deutschen Geistes, einer zu großer Zukunft berufenen deutschen Kultur", dem „Gefühl einer großen großdeutschen Kulturaufgabe", behauptete: „In diesem großen deutschen Volke, das jetzt wie ein Mann gegen den gierigen Ingrimm seiner Feinde steht, ‚nec pluribus impar', ist der Staatsgedanke ... innerer Besitz geworden."[28] Der Kampf des deutschen Imperialismus um die Weltherrschaft wurde von ihm zu einer Tat im Interesse der Wissenschaft umgefälscht: „... naturwissenschaftliche Pläne der Akademie hängen nicht zuletzt davon ab, wie sich Deutschlands See- und Kolonialmacht weiter gestalten wird; auf diesem Gebiete zumal wird der große Krieg ganz unmittelbar auch für die Freiheit der deutschen Wissenschaft gekämpft."[29]

Diese angebliche „Freiheit der deutschen Wissenschaft" war ein Grundtenor der Äußerungen der Akademie während des Krieges, den Deutschland angeblich „wider ein buntes Gemisch zivilisierter, halbzivilisierter und kulturloser Nationen führen muß"[30], wie es maßlos und arrogant K. Burdach formulierte. Die Kriegsgegner waren die „armseligen Toren", die die internationale wissenschaftliche Zusammenarbeit gestört hätten. „Wir Deutschen werden diese bittere

---

26 Vgl. AAW II:Vf Bd. 22, Bl. 221, 223.
27 Vgl. Sb 1914, S. 937, 1089.
28 Sb 1915, S. 40f.
29 Sb 1915, S. 44f.
30 Sb 1915, S. 91.

Enttäuschung nicht vergessen", drohte Roethe mit einer Umkehrung der Tatsachen. Er war sich durchaus der Isolierung bewußt, in die der deutsche Imperialismus die deutsche Wissenschaft gestürzt hatte und bedauerte scheinheilig, „wie freundlos einsam wir dastehen in einer geifernden Welt"[31].

Einen neuen Ton in diese chauvinistische Propaganda brachte die Rede M. Serings im Mai 1915, der die innenpolitischen Aspekte des Krieges unter volkswirtschaftlichem Gesichtspunkt betrachtete. Sering stand politisch der flexibleren Gruppe des deutschen Monopolkapitals nahe, weshalb ihm von dem Alldeutschen D. Schäfer die Sachkenntnis abgesprochen wurde, dem deutschen Imperialismus so zu dienen, wie es die aggressiven Kreise um die Schwerindustrie forderten.[32] Sering verherrlichte den „Kriegssozialismus" in der Kriegswirtschaft, der in Wirklichkeit eine Beschleunigung der staatsmonopolistischen Entwicklung mit Unterstützung der rechten sozialdemokratischen Führer darstellte. Er forderte zwar nicht ausdrücklich Annexionen, proklamierte aber im Sinne der Strategie des deutschen Imperialismus, mit der er sich wie andere Akademiemitglieder identifizierte, den Siegfrieden als Kriegsziel: „. . . der Krieg, der um höhere Güter geführt wird, schafft unmittelbar seinen volkswirtschaftlichen Gegenwert nur, wenn es gelingt, vom besiegten Feinde eine Kriegsentschädigung zu erhalten"[33]. Das war die unverhüllte Forderung nach der wirtschaftlichen Ausbeutung der unterworfenen Völker und nach der Hegemonie des deutschen Imperialismus.

Unter dem Einfluß ihrer Propaganda gelang es der herrschenden Klasse 1915 vorübergehend, Max Planck zu gewissen Zugeständnissen an die imperialistische deutsche Kriegszielpolitik zu veranlassen. Auch er forderte den Sieg; er wollte, wenn nicht Liebe, so doch Respekt erzwingen für das imperialistische Deutschland. In seiner Rede fehlten aber die starken Worte, er ließ sich nicht vom chauvinistischen Taumel hinreißen, auch wenn er offiziell im Namen der Akademie sprach.

Planck legte den Akzent seiner Ansprache zum Leibniztag 1915 nachdrücklich auf die internationale Zusammenarbeit der Wissenschaft und stellte direkt die Frage, ob es eine solche wieder geben werde: „Wer an der Bejahung dieser Frage auch nur zweifeln wollte, würde sich an dem Geiste der Wissenschaft versündigen."[34]

Diese Rede Plancks am 1. Juli 1915 gewinnt ihr besonderes Gewicht durch die gleichzeitigen innerakademischen Auseinandersetzungen um die Stellung der Akademie zu ihren Mitgliedern aus den imperialistischen Staaten, gegen die Deutschland Krieg führte. Der Chauvinismus auf beiden kriegsführenden

---

[31] Sb 1915, S. 77f.

[32] Vgl. D. Schäfer, Mein Leben, a. a. O., S. 198; über Sering auch: Deutschland im ersten Weltkrieg, Bd. 2, S. 183.

[33] M. Sering, Die deutsche Volkswirtschaft während des Krieges 1914/15. In: Sb 1915, S. 456. Über die „staatsmonopolistische Kriegswirtschaft" vgl. Der Imperialismus der BRD, Berlin 1971, S. 19ff.

[34] Sb 1915, S. 481–484, Zitat S. 484.

Seiten[35], der sich aus der imperialistischen Ideologie ergab, war unmittelbar durch den „Aufruf" deutscher Wissenschaftler veranlaßt und machte vor den Akademien nicht halt. Seit dem Frühjahr 1915 legten französische Korrespondierende Mitglieder der Berliner Akademie ihre Mitgliedschaft nieder.[36] Gleichzeitig wurden Artikel des englischen Chemikers William Ramsay, der Korrespondent der Berliner Akademie war, bekannt, in denen er sich gegen „die ganze deutsche Nation" wandte, „die man veranlaßt hat zu einer Politik der Unehrenhaftigkeit, eine Nation, welche diese Politik eben als Nation auch billigt". Zwar erkannte Ramsay an, „daß es auch in diesem Lande Leute gibt, die ebenso ehrenhaft sind wie wir selbst, die Franzosen, die Amerikaner und die Vertreter anderer Völker. Aber nicht darauf ist der Hauptwert zu legen."[37] Die sich darin ausdrückende Auseinandersetzung zwischen den imperialistischen Ideologen beider Lager ließ die Berliner Akademie nicht unbeachtet, nachdem die Bayerische Akademie am 19. März 1915 vorgeschlagen hatte, W. Ramsay, der auch Korrespondent in München war, auszuschließen.[38] Die Bayerische Akademie hatte sich bereits am 14. November 1914 durch eine Rede ihres Präsidenten K. Th. von Heigel, der Korrespondierendes Mitglied in Berlin war, öffentlich zum imperialistischen Krieg bekannt.[39]

Wie aufmerksam die Haltung der Berliner Akademie zu ihren Mitgliedern im Ausland durch die Öffentlichkeit verfolgt wurde, zeigte eine Mitteilung im Zirkular des Bundes „Neues Vaterland" vom 29. Januar 1915. Es hieß darin: „Die Berliner Akademie der Wissenschaften hat nach Mitteilungen der Tagespresse den auswärtigen Gelehrten gegenüber die ruhige und besonnene Haltung eingenommen, die allein einer wissenschaftlichen Körperschaft angemessen ist. Man erfährt, daß unter ihren Mitgliedern in der neu herausgegebenen Mitgliederliste wieder wie früher eine ganze Reihe französischer, englischer und russischer Gelehrter verzeichnet sind."[40]

Angesichts dieser Situation, die bestätigt, daß sich die Alldeutschen in der Akademie nicht hatten durchsetzen können, warf der Brief der Bayerischen Akademie schwierige Probleme auf. Die Berliner Akademie suchte die Entscheidung über den bayerischen Antrag zunächst hinauszuzögern, um die Beratung des Kartells der deutschsprachigen Akademien zu Pfingsten 1915 in Leipzig abzuwarten. Der eigentliche Grund lag aber darin, daß einige Berliner Mitglieder der Meinung waren, es würde wahrscheinlich nicht genügen, einzelne Korrespondierende Mitglieder zu streichen. „Die Ansichten gingen bei uns bisher ziemlich auseinander", heißt es im — später durchgestrichenen — Konzept

35 Vgl. z. B. das Kapitel „Die Kriegsschriften der Historiker" bei B. Gödde-Baumanns, Deutsche Geschichte in französischer Sicht. Die französische Historiographie von 1871 bis 1918 über die Geschichte Deutschlands und die deutsch-französischen Beziehungen in der Neuzeit, Wiesbaden 1971.

36 Vgl. AAW II:III b Bd. 23, Bl. 24, 39, 44—45, 85, 91—91r.

37 Vgl. AAW II:III b Bd. 23, Bl. 32, 34.

38 Vgl. AAW II:III b Bd. 23, Bl. 25—25r.

39 Vgl. K. T. v. Heigel, Krieg und Wissenschaft, München 1914.

40 P. Grappin, a. a. O., S. 78. Vgl. auch: AAW II:VI a 1b Bd. 1, Bl. 23—25.

des Antwortbriefes nach München.[41] Als Emil Fischer ausdrücklich verlangte, „die Akademie in Leipzig jedenfalls nicht zu binden", sagte der Vorsitzende Sekretar G. Roethe ihm und dem Plenum eine „*unverbindliche* Besprechung" auf der Kartelltagung zu.[42]

Noch vor dieser Tagung versuchte jedoch die philosophisch-historische Klasse unter der Führung Roethes der Akademie eine Entscheidung aufzuzwingen. Roethe forderte am 29. April 1915 die möglichst baldige Streichung W. Ramsays — der Korrespondierendes Mitglied der physikalisch-mathematischen Klasse war! —, während der offene Abbruch der Beziehungen zu den Akademien der imperialistischen Gegner nicht so eilig wäre, da die Kontakte ohnehin eingefroren wären. Damit war aber Eduard Meyer nicht einverstanden, der verlangte, alle französischen Korrespondierenden Mitglieder der Berliner Akademie, die zugleich Mitglieder des Institut de France waren, noch 1915 zu streichen. Wohl um die Gefahr einer Spaltung der Berliner Akademie abzuwenden, regte A. Erman an, ob man nicht ganz auf ausländische Mitglieder verzichten sollte. In diese Richtung zielte auch H. Diels. Er „mahnt zur Zurückhaltung gegenüber Erscheinungen der Kriegspsychose, wie sie bei Ramsay und den Parisern vorliegen, und befürchtet sonst vor allem Gegensätze im Schoße unserer Akademie"[43]. Die Mitglieder standen also keineswegs geschlossen hinter den Scharfmachern.

Für den Ausschluß Ramsays und eine „ruhige öffentliche Erklärung gegen das beleidigende Vorgehen der französischen Akademien, das weitere Zusammenarbeit unmöglich mache" setzte sich ausgerechnet Wilamowitz ein, der mit seinem Aufruf „An die Kulturwelt" einer der Hauptschuldigen für die chauvinistische Propaganda der imperialistischen Gegner war. Er hoffte, daß durch eine solche Erklärung „die persönlichen Zusammenhänge unserer Akademie mit den Parisern sich von selbst lösen". Für den Antrag waren sofort auch A. Harnack, B. Erdmann und D. Schäfer, während sich E. Meyer, H. Diels und A. Erman nach der Diskussion „zum Teil" anschlossen. Den Vorschlag von F. Meinecke, nach dem Beispiel der Chemischen Gesellschaft zu verfahren, die mit W. Ramsay „erst nach dem Kriege abrechnen" wollte, wies G. Roethe zurück, der abschließend feststellte, daß „in der Hauptsache innerhalb der Klasse eine erfreuliche Übereinstimmung herrschte"[44]. In Wirklichkeit schälten sich jedoch trotz der durch die Kürze des Protokolls bedingten Unschärfe recht deutlich drei Gruppen heraus, von denen zwei für den Ausschluß Ramsays waren. Ein Teil der Mitglieder — E. Meyer und G. Roethe — waren für entschiedene offene Gegenmaßnahmen gegen Ramsay und die französischen Wissenschaftler, ein anderer — H. Diels, F. Meinecke und bedingt auch A. Erman — waren für Vertagung der ganzen Angelegenheit, während die Mehrheit zwar Ramsay aus-

---

41 Vgl. AAW II:III b Bd. Bl. 26—27, 30—31.
42 Vgl. AAW II:III b Bd. 23, Bl. 36 (Hervorhebung im Original).
43 Vgl. AAW II:III b Bd. 23, Bl. 30, 36, 39—39r; II:Vf Bd. 23.
44 Vgl. AAW II:III b Bd. 23, Bl. 39—39r.

schließen, im Hinblick auf die französischen Mitglieder dagegen nur indirekt vorgehen wollte.

Dieser Differenzierungsprozeß unter den bürgerlichen Gelehrten der Akademie setzte sich in der Folgezeit fort. Zur Kartellsitzung nach Leipzig fuhren angesichts der Wichtigkeit des zu beratenden Tagesordnungspunktes auf Antrag von M. Planck alle vier Sekretare der Berliner Akademie.[45] Der Scharfmacher Roethe, der in Leipzig für die weitestgehenden Maßnahmen eintrat und sogar eine Denkschrift in diesem Sinne hatte drucken lassen, konnte sich jedoch nicht durchsetzen.[46]

Obwohl die Leipziger Beratung gegen den Willen insbesondere von G. Roethe die Frage der Beziehungen zu den ausländischen Mitgliedern vertagt und damit zunächst entschieden hatte, bestand E. Meyer nach wie vor auf seinem Antrag, Ramsay und die französischen Mitglieder der Berliner Akademie, die zugleich Mitglieder des Institut de France waren, auszuschließen. Das löste am 8. Juli 1915 eine lebhafte Diskussion im Plenum der Berliner Akademie und den Beschluß aus, entsprechende schriftliche Anträge vorzubereiten. Da nur E. Fischers „Standpunkt, der die Ausschließung generell verwarf", ausdrücklich erwähnt wird, könnte man schließen, daß die Mehrheit der Ordentlichen Mitglieder in dieser oder jener Form für einen sofortigen oder späteren Ausschluß eintrat.[47] Wie die Fronten in Wirklichkeit verliefen, zeigte erst die Abstimmung über insgesamt acht Anträge in der Plenarsitzung am 22. Juli 1915, die, soweit die Protokolle eine Beurteilung zulassen, unter der Leitung von Planck in der physikalisch-mathematischen Klasse am 15. Juli 1915 vorbereitet wurde.[48]

Die acht Anträge[49] lagen den Mitgliedern gedruckt vor, über sie sollte in der Reihenfolge, in der sie eingereicht worden waren, abgestimmt werden, wobei die chauvinistischen Kräfte drei Ziele erreichen wollten: den Ausschluß Ramsays, den Ausschluß der französischen Korrespondierenden Mitglieder und eine Erklärung gegen die französischen Akademien. Dieses Ziel war von vornherein gefährdet durch den dritten Antrag, den M. Planck und A. Erman eingereicht hatten und in dem alle diese Maßnahmen abgelehnt wurden. Bevor es daher überhaupt zur Abstimmung kam, beantragte E. Meyer eine Änderung der Abstimmungsreihenfolge und setzte sich mit 29:25 Stimmen durch. Entsprechend diesem Geschäftsordnungstrick sollte nach den Anträgen 1 und 2, die das Verfahren betrafen, sofort über die Anträge 7 und 8 abgestimmt werden, wobei für die Annahme in jedem Falle die absolute Mehrheit von 33 Stimmen erforderlich war.

Der erste Antrag, in dem D. Schäfer, O. Hirschfeld und E. Seckel verlangten, ohne Diskussion über „die Beziehungen unserer Akademie zu auswärtigen Aka-

---

45 Vgl. AAW II:V c Bd. 25 (29. 4. 1915).

46 Vgl. AAW II:VI a 13 Bd. 3.

47 Vgl. AAW II:III b Bd. 23, Bl. 58.

48 Vgl. AAW II:V c Bd. 25.

49 Vgl. AAW II:III b Bd. 23, Bl. 59—61r. Der Antrag von Planck wurde bereits benutzt von H. Frühauf, Max Planck als beständiger Sekretar. In: Mitteilungsblatt für die Mitarbeiter der DAW, 4. Jg. 1958, Heft 4/5, S. 80—85.

demien oder zu einzelnen Ausländern" abzustimmen, wurde im Plenum nur von Seckel aufrecht erhalten und „durch Handmehr abgelehnt". „Mit Handmehr angenommen" wurde der Antrag 2 von B. Erdmann, F. Meinecke, A. Goldschmidt, W. Schulze und U. von Wilamowitz-Moellendorff, daß nur jeweils ein Antragsteller jeden Antrag begründen sollte, über den dann ohne sachliche Debatte abzustimmen wäre.

Der siebente Antrag erhielt 27:27 Stimmen und war damit abgelehnt. Diesen Antrag hatte E. Fischer zusammen mit 17 anderen Mitgliedern der physikalisch-mathematischen Klasse vorgelegt. Mitunterzeichner waren: H. Rubens, S. Schwendener, A. Engler, R. Willstätter, A. Brauer, O. Hertwig, E. Warburg, E. Beckmann, F. E. Schulze, F. Schottky, G. Frobenius, H. A. Schwarz, G. Hellmann, M. Rubner, A. Penck, H. Müller-Breslau und W. Waldeyer. Dieser abgelehnte Antrag forderte die Vertagung aller Anträge auf Ausschluß Korrespondierender Mitglieder bis zum Ende des Krieges.

Den achten Antrag hatte E. Meyer allein gestellt. Ramsay sollte ausgeschlossen und in den Sitzungsberichten der Akademie als Zusatz zu seinem Namen publiziert werden: „aus der Liste der Mitglieder gestrichen worden". Dieser Antrag wurde mit 31:23 Stimmen zurückgewiesen.

Mit der großen Mehrheit von 35:19 Stimmen wurde danach der dritte Antrag angenommen. Er stammte von M. Planck und A. Erman und schlug vor, „alle etwaigen Schritte gegen Akademien feindlicher Länder bis nach Beendigung des Krieges zu vertagen", ging also weiter als der Antrag von Fischer und 17 anderen Mitgliedern der physikalisch-mathematischen Klasse, die nur den Ausschluß Korrespondierender Mitglieder vertagen wollten. Der Antrag 3 war der einzige, der ausführlich schriftlich begründet wurde. Die Begründung stammte von Planck und berechtigt zu der Feststellung, daß er sich in seiner Haltung nicht von der chauvinistischen Hetze bestimmen ließ.[50]

Die Antragsteller unterschieden zunächst deutlich zwischen Maßregeln gegen Akademien, die viel nachhaltiger wären, und gegen einzelne Korrespondierende Mitglieder. Die Gegner hätten bisher in keinem Fall etwas gegen Akademien, sondern nur gegen einzelne deutsche Gelehrte unternommen. Es wäre daher, insbesondere im Hinblick auf die Nachkriegsentwicklung, allseitig zu prüfen, ob der faktische Bruch der interakademischen Beziehungen infolge des Krieges „durch eine formelle Erklärung unserer Akademie ausdrücklich als ein endgültiger bezeichnet werden soll". Die Akademie würde den Kampf damit auf ein bisher unberührtes Gebiet tragen, obwohl — wie der Kartelltag am 21. Mai 1915 gezeigt hätte — „die Stimmung bei den übrigen Akademien, soweit sich die beurteilen läßt, mit Entschiedenheit sich gegen jeden Schritt in der angegebenen Richtung wendet".

Um selbst nationalistischen Angehörigen der Akademie die Möglichkeit zu geben, für den Antrag zu stimmen, bezogen sich die Antragsteller in der Begrün-

50 Planck hatte sich um eine einheitliche Einstellung der Akademiemitglieder in der Kriegszielfrage bemüht, aber nur in seiner Klasse Erfolg gehabt. Vgl. AAW II:VI a 1 bBd. 1, Bl. 76. Ebd. Bl. 78—79r, auch Plancks handschriftlicher Entwurf der Begründung.

dung auf „das schöne und bei uns allgemein anerkannte Wort“ aus dem Aufruf „An die Kulturwelt“, daß die deutschen Truppen „nicht nur für materielle Güter, sondern zugleich auch für unsere Kultur und unsere Wissenschaft kämpfen“. Diese Verteidigung durch die Waffen wäre „eine Weise, mit der die Akademie sich wohl zufrieden geben kann“.

An ihrer wirklichen Einstellung ließen Planck und Erman keinen Zweifel, da sie feststellten, sie würden es „für einen schweren Fehler halten, wenn die Berliner Akademie das ihr von anderer Seite wohl gern überlassene Odium auf sich nehmen wollte, den ersten Schritt auf einem Wege zu tun, der möglicherweise nicht nur für ihre eigene Entwicklung, sondern auch für die Institution der Akademien überhaupt von verhängnisvoller Bedeutung werden könnte“. Für sie würde es daher „zur dringenden Pflicht, gegen eine bei der gegenwärtigen Stimmung sehr wohl begreifliche, aber dennoch ihres Erachtens im Grunde kurzsichtige Maßregel den schärfsten Einspruch zu erheben“.

Daß sich 35 Ordentliche Akademiemitglieder für und nur 19 gegen diesen Antrag aussprachen, bedeutete zwar keineswegs, daß die Akademie plötzlich zu einer Institution geworden wäre, in der die Anhänger der Völkerverständigung die Entwicklung bestimmten. Immerhin zeigte sich jedoch die Wirkung eines Appells an das Gewissen der Wissenschaftler. Man kann daher mit Recht sagen, daß Planck neben seinen wissenschaftlichen Leistungen auch für das politische Ansehen der Akademie eine große Tat vollbrachte.

Die chauvinistischen Kreise der Akademie gaben sich freilich noch nicht geschlagen. Um wenigstens einen Teil der Wünsche dieser Mitglieder durchzudrücken, stellten A. Engler und A. Penck nach dem Abstimmungserfolg für Planck einen Zusatzantrag. Vor das Verzeichnis der Korrespondierenden Mitglieder sollte in Zukunft gedruckt werden: „In Folge des Krieges ist der Verkehr mit den Korrespondierenden Mitgliedern, Akademien und gelehrten Gesellschaften der feindlichen Staaten unterbrochen.“ Dieser Antrag wurde jedoch „nach einer lebhaften Diskussion von den Antragstellern zurückgezogen“.

Auch Planck mußte einen Zusatzantrag zurückziehen, nachdem W. Schulze, G. Roethe, B. Erdmann und D. Schäfer Bedenken geltend gemacht hatten. Um seinen Abstimmungserfolg noch stärker abzusichern, hatte Planck vorgeschlagen, den kartellierten Akademien über das Ergebnis offiziell zu berichten.

Über die Anträge 4, 5 und 6 ist nach der Annahme des Antrages 3 von Planck und Erman nicht mehr abgestimmt worden. Den Antrag 4 hatte O. Hintze allein eingebracht. Danach sollte die Akademie erklären, „daß die französischen Akademien durch ihr Verhalten die für eine gelehrte Gemeinschaft unentbehrliche Voraussetzung internationaler Höflichkeit und Gerechtigkeit aufgehoben und damit eine Fortsetzung des bisherigen Verkehrs, ganz abgesehen von den äußerlichen Hindernissen der Kriegszeit, unmöglich gemacht haben“. Die Akademie in Berlin erwartete von den französischen Akademikern, „die selbstverständliche Folgerung zu ziehen“ und die Mitgliedschaft in der Berliner Akademie niederzulegen. U. von Wilamowitz, B. Erdmann, E. Meyer, E. Seckel und W. Schulze wollten im Antrag 5 gegenüber den französischen Akademien festgestellt wissen, „daß wir unsere Beziehungen als von ihrer Seite abgebrochen betrachten". Dazu stellten E. Meyer und W. Schulze den Zusatzantrag 6: „Die Berliner Akademie wird daher in dem Verzeichnis ihrer Korrespondenten die Namen derjenigen französischen Gelehrten, die zugleich Mitglieder einer der Pariser Akademien sind, nicht mehr aufführen." Damit sollte deren Mitgliedschaft bis zur Entscheidung in der Zukunft ruhen.

Diese Verhandlungen des Plenums der Akademie am 22. Juli 1915 waren, soweit das dokumentarisch erfaßt ist, die wohl eingehendste politische Auseinandersetzung innerhalb der Akademie während des Krieges. Sie endeten mit dem eindeutigen Sieg der gemäßigten Kräfte, insbesondere der Naturwissenschaftler, über die chauvinistischen Scharfmacher, die vor allem in der philosophisch-historischen Klasse saßen. Der Wunsch des Vorsitzenden Sekretars H. Diels zum Abschluß der Verhandlungen, „daß die Eintracht der Akademie und namentlich das Verhältnis der beiden Klassen durch diese Beschlussfassung nicht getrübt werden möge", war daher vollauf verständlich.

Das einzige Akademiemitglied, daß sich offiziell gegen den Beschluß der Akademie verwahrte, war E. Meyer, der am 16. Oktober 1916, nachdem W. Ramsay am 23. Juli 1916 gestorben war, in das Protokoll aufnehmen ließ: „Erklärung. Ich fühle mich verpflichtet auszusprechen, daß ich es auf das tiefste bedauere und peinlich empfinde, daß eine schwere Beleidigung des deutschen Volkes und der deutschen Wissenschaft durch einen Korrespondenten der Akademie nunmehr dauernd ungesühnt bleibt, und daß die Akademie jetzt in der Zwangslage ist, den Tod Sir William Ramsays als Korrespondierenden Mitglieds in ihren Veröffentlichungen aufzuführen, weil sie sich nicht hat entschließen können, rechtzeitig die durch sein Verhalten gebotenen Maßnahmen zu ergreifen."[51] Mit diesem Nachspiel fanden die Auseinandersetzungen vom Sommer 1915 ihren Abschluß.

Zu einer Kraftprobe wie im Juli 1915, als sich die gemäßigten Kräfte unter der Führung Plancks durchgesetzt hatten, ist es später in der Akademie nicht mehr gekommen. Ihre politische Wirksamkeit ist jedoch nach wie vor ein Spiegelbild der mehr oder weniger erkennbaren Mißerfolge des deutschen Imperialismus gewesen, der zunehmend weniger in der Lage war, auch nur den Anschein zu erwecken, als ob er seine weitreichenden Kriegsziele verwirklichen könnte. Zugleich mit dieser sichtbarer werdenden Schwäche des deutschen Imperialismus verstärkte sich auch die Opposition im Lande gegen den imperialistischen Krieg. Sie wuchs allmählich in einen Antikriegskampf der Volksmassen hinüber.[52] Auch das spiegelte sich indirekt in der Akademie wider.

Die Festansprache zum Friedrichstag 1916 hielt der Sekretar H. Diels, der sich das Ziel stellte, durch Zahlenangaben über Nobelpreise und Mitgliedschaften deutscher und ausländischer Wissenschaftler in den Akademien der Kriegsgegner die Weltgeltung der deutschen Wissenschaft als Pendant zum Welt-

---

51 AAW II:III b Bd. 23, Bl. 117.

52 Vgl. F. Klein, Deutschland, a. a. O., S. 314ff., 339ff.

machtanspruch des deutschen Imperialismus nachzuweisen. Das bot ihm die Grundlage, den Krieg von deutscher Seite als Kampf für die Kultur hinzustellen, da die Gegner angeblich die „völlige Ausrottung des germanischen Geistes" erstrebten und „den Anschein erwecken wollen, als ob sie allein die wahre Kultur und die schöpferische Wissenschaft gepachtet hätten". Soweit war die Rede von Diels ein wesentlicher Beitrag zur Schürung des Nationalismus unter den deutschen Wissenschaftlern. Als Kriegsziel proklamierte er, „die bedeutende Stellung Deutschlands im Herzen Europas gegen den Ansturm unserer Feinde siegreich zu wahren und zu sichern"[53]. Diels tendierte offensichtlich zu den Kreisen der herrschenden Klassen, die sich vorerst mit einer Vorherrschaft des deutschen Imperialismus in Mitteleuropa zufrieden geben wollten.

Der angebliche Kampf zwischen „deutscher Kultur" und „westlicher Zivilisation" spielte in der propagandistischen Rechtfertigung des Krieges durch bürgerliche deutsche Ideologen schon vor dem Krieg, besonders aber im Krieg, eine entscheidende Rolle. In einem Brief an den Kaiser, der von dem „Kampf zwischen zwei Weltanschauungen" gesprochen hatte, schrieb beispielsweise H. St. Chamberlain 1917: „Es ist der Krieg der modernen mechanischen ‚Zivilisation' gegen die uralte, heilige, ewig in Neugeburt befindliche ‚Kultur' auserlesener Menschenrassen."[54] Die verschiedenen offiziellen Äußerungen führender Vertreter der Akademie zeigen, wie stark diese Gedanken auch in diese Institution eingedrungen waren.

Eine neue Tendenz in der Akademie zeigte sich in dem ebenfalls am Friedrichstag 1916 gehaltenen Festvortrag von F. Meinecke, der politisch zu einem Kompromiß mit den Westmächten neigte. Er bekannte sich in Auseinandersetzung mit älteren Auffassungen, wobei er sich besonders gegen den Liberalismus des 19. Jh. wandte, zur Vorherrschaft des „germanischen Geistes", aber auch zur zwiespältigen, fruchtbaren germanisch-romanischen Kulturgemeinschaft.[55] Hier wurden erste Ansätze der von Meinecke später ausgebauten und konsequent propagierten „Europa"- oder „Abendland"-Ideologie sichtbar.[56] Bei einem Teil der Akademiemitglieder fand Meinecke mit seinen Thesen damals wenig Anklang, was durchaus verständlich erscheint. „Hinterher merkte ich", schrieb er in seinen Memoiren, „daß meine starke Betonung der auch im erbittertsten Kriege hochzuhaltenden Kulturgemeinschaft mit unseren Feinden manchem zu weit gegangen sei: Da war es der Chemiker Emil Fischer, der an mich herantrat und mir besonders warm gerade dafür dankte."[57] Auffallend ist, daß sich auch der mit D. Schäfer befreundete B. Erdmann 1916 in seinem Vortrag am Leibniztag auf die flexiblere Linie des deutschen Imperialismus

---

53 Sb 1916, S. 91–97, Zitate S. 92, 96.

54 Vgl. zu dieser Problematik R. Hamann, J. Hermand, Stilkunst um 1900 (= Deutsche Kunst und Kultur von der Gründerzeit bis zum Expressionismus, Bd. IV), Berlin 1967, S. 109ff („Kultur statt Zivilisation"), Zitat ebd., S. 112.

55 Sb 1916, S. 112–127.

56 Vgl. Unbewältigte Vergangenheit. Handbuch zur Auseinandersetzung mit der westdeutschen bürgerlichen Geschichtsschreibung, Berlin 1970, S. 50ff.

57 Vgl. F. Meinecke, Straßburg, a. a. O., S. 188.

orientierte, wenn er betonte, daß „kein einzelnes Volk der auserwählte Kulturträger ist. Der Weg der Kultur ist der Weg der Völker zur Organisation der Menschheit, in deren Entwicklungsverlauf jedem Volk im Zusammenhang der Zeiten seine Funktion zuerteilt ist. *Rechte* nationale Gesinnung kann niemals *nur nationale* Gesinnung sein."[58]

Mit ausgesprochen politischer Zielstellung wurde im Sommer 1916 versucht, die Akademie in die wissenschaftliche Tätigkeit deutscher Forscher in der mit dem imperialistischen Deutschland verbündeten Türkei einzubeziehen. Es ging um die Bewilligung von Mitteln für die Errichtung eines klimatologischen Zentralbüros beim geographischen Institut in Istanbul, für die sich vor allem A. Penck, aber auch G. Hellmann und E. Fischer wegen der angeblich hohen politischen Bedeutung einsetzten. W. Nernst wandte sich jedoch „gerade aus politischen Gründen" dagegen und fand die Zustimmung der mathematisch-physikalischen Klasse.[59]

Die sich 1916/17 abzeichnende Wende des Krieges[60] führte noch einmal zum Auftrieb der extremen Kräfte in der Akademie. Ein Symptom war schon der Beschluß der Akademieleitung vom November 1916, dem Kaiser-Wilhelm-Institut für kriegstechnische Wissenschaft, „an dem die Akademie besonders stark beteiligt ist"[61], Räume für seine Arbeit zur Verfügung zu stellen. Das setzte sich im Januar 1917 fort, als M. Planck in der Ansprache zum Friedrichstag das „Gesetz über den Vaterländischen Hilfsdienst" vom 2. Dezember 1916 „zur totalen Mobilisierung der inneren Kräfte für den die Potenzen des deutschen Imperialismus übersteigenden Krieg und zur Bekämpfung der revolutionären Bewegung"[62] eine höchste „Leistung" nannte und die innenpolitischen Gegner des Imperialismus als eine „Gruppe von Kurzsichtigen" bezeichnete, „die es auch in dieser schicksalsschweren Zeit nicht lassen können, mit dem Appell an die niedersten Instinkte der von ihnen umschmeichelten Volkskreise auf Kosten der Allgemeinheit nach einem Sondererfolg auszuspähen."[63]

Diese Ausführungen zeugen nicht nur von einer unkritischen Haltung gegenüber dem imperialistischen Deutschland, sie zeigen Planck zu diesem Zeitpunkt als einen Verteidiger imperialistischer Politik. Bei einem Vergleich mit der mutigen Verteidigung der Internationalität der Wissenschaft im Jahre 1915 werden alle die Schwierigkeiten sichtbar, vor die ein humanistisch gesinnter bürgerlicher Gelehrter im Imperialismus gestellt ist. Plancks Rede vor der Akademie im Januar 1917 ist von tiefer Resignation durchdrungen. Deutschland hätte den Krieg nicht gewollt, Friedensverhandlun-

58 Sb 1916, S. 748 (Hervorhebung im Original).

59 Vgl. AAW II:V c Bd. 25 (22. 6., 13. 7., 27. 7., 26., 10. 1916).

60 Vgl. F. Klein, Deutschland, a. a. O., S. 360ff.

61 AAW II:V g Bd. 4, unpag., Eintragungen vom 2. u. 16. 11. 1916. Vgl. dazu auch die Beratung über den Satzungsentwurf des Instituts in der physikalisch-mathematischen Klasse am 26. 10. 1916. AAW II:V c Bd. 25.

62 Sachwörterbuch der Geschichte Deutschlands und der deutschen Arbeiterbewegung, Bd. 1, Berlin 1969, S. 696.

63 Sb 1917, S. 36.

gen wären nicht zustande gekommen. „So steht Erwartung gegen Erwartung, Hoffnung gegen Hoffnung, Glaube gegen Glaube" an den Sieg auf jeder Seite des imperialistischen Lagers. Der wahre Glaube würde sich zeigen. Ihm, Planck, bliebe übrig, „des festen heimatlichen Bodens zu gedenken, auf dem die Wissenschaft erwachsen ist und aus dem sie fortwährend neue Lebenskraft zieht. Denn es wäre verkehrt und einseitig, an der Wissenschaft nur die internationale Bedeutung anzuerkennen und schätzen zu wollen."[64]

Nachdem sich die Akademie und Wilhelm II. in einem Telegrammwechsel im Januar 1917 gegenseitig ihren „unerschütterlichen Siegeswillen" bestätigt hatten[65], benutzte G. Roethe den Leibniztag 1917 zur direkten Hetze gegen England und Frankreich; „gegen den Materialismus des Westens, gegen französische Skepsis und englischen Empirismus" hätte Leibniz „den Deutschen jenen frommen optimistischen Idealismus" gegeben.[66] Am selben Tage beschwor D. Schäfer den chauvinistischen „Geist von 1914", indem er sich ausdrücklich auf die Erklärung „An die Kulturwelt", „angeregt von einem Mitgliede dieser Körperschaft", berief und gegen das „Wutgeschrei der Tobenden" den Militarismus und den angeblich „sozialen" deutschen imperialistischen Staat verteidigte. Der Haß Schäfers richtete sich vor allem gegen die „unerhörten Auslassungen des amerikanischen Professor-Präsidenten, die richtig zu kennzeichnen hier nicht möglich ist, weil es nur in Worten geschehen könnte, die in diesen Räumen nicht gehört werden dürfen."[67] Hier wurde deutlich, welche Gefahr der deutsche Imperialismus in dem von ihm selbst durch den unbeschränkten U-Bootkrieg provozierten Kriegseintritt der USA[68] für seine Weltherrschaftspläne sah.

Auch Waldeyer, der im Januar 1918 den Rückblick auf die politische Entwicklung im Jahre 1917 gab, fehlte ein „akademisch geziemender Ausdruck" für die Wilsonschen Punkte. Waldeyer, der 1905 das erstrebte deutsch-amerikanische Bündnis und 1901 die Kolonialpolitik verteidigt hatte, fühlte sich jetzt berufen, sich gegen den englischen, französischen und italienischen Kolonialismus sowie gegen die USA zu wenden, die „unter einem völlig nichtigen Vorwande" Kuba und die Philippinen erorbert und die zentralamerikanischen Staaten unterdrückt hätten. Über Elsaß-Lothringen lehnte er jede Verhandlung ab.[69] Wenn andere imperialistische Mächte dasselbe taten wie das wilhelminische Deutschland, war das für imperialistische Ideologen vom Schlage Waldeyers noch lange nicht dasselbe.

Die Hauptsorge Waldeyers, der noch immer den Siegfrieden forderte, galt freilich zu diesem Zeitpunkt schon mehr der Beschwichtigung der offen ausgebrochenen innerpolitischen Gegensätze in Deutschland. Im Namen der Aka-

---

[64] Sb 1917, S. 37.
[65] Vgl. Sb 1917, S. 65.
[66] Sb 1917, S. 449.
[67] Sb 1917, S. 451f, 468.
[68] Vgl. F. Klein, Deutschland, a. a. O., S. 368—371.
[69] Sb 1918, S. 8f.

demie äußerte er den „Wunsch nach vollster Einigkeit im ganzen deutschen Volke und nach möglichster Zurückdrängung aller parteipolitischen Sonderbestrebungen", denn: „Nicht in Hast und Eile sollen die innerpolitischen Fragen gelöst werden."[70]

Das Jahr 1917 hatte den endgültigen Zusammenbruch der Burgfriedenspolitik des deutschen Imperialismus gebracht. Der Antikriegskampf unter der Führung der Linken in der Sozialdemokratie hatte an Wirksamkeit ständig gewonnen. Daher und unter dem Eindruck der bürgerlich-demokratischen sowie der heranreifenden sozialistischen Revolution in Rußland, verstärkt durch die zunehmend sichtbarer werdende Niederlage des deutschen Imperialismus, forderten Teile der Bourgeoisie im Bündnis mit der rechten Sozialdemokratie formale Zugeständnisse wie die parlamentarische Regierungsform, machten sie taktisch bedingte, aber nicht ernst gemeinte Friedensangebote, um das imperialistische System zu retten.[71] Darauf antworteten nationalistische Reaktionäre wie Waldeyer ebenso mit Beschwichtigungsversuchen wie ihre liberalisierenden Gesinnungsfreunde. Waldeyer wollte durch die Mahnung zur Einheit „beruhigen", W. Nernst und F. Meinecke forderten „politische Rechte" für das Volk, etwa „das gleiche Wahlrecht in Preußen". Meinecke und Nernst wollten die Akademie im Sommer 1917 über die Sekretare veranlassen, den Kaiser um die „Beschleunigung der inneren Reformen" zu „bitten". Der Versuch fand freilich „teils nur Widerspruch wie bei Roethe, teils achselzuckende Inkompetenzbedenken wie bei Planck und Diels"[72]. Waldeyer — als vierten Sekretar — erwähnte Meinecke nicht, er hätte sich jedenfalls dem „Widerspruch" Roethes angeschlossen.

Die Situation hatte sich innerhalb von drei Jahren gründlich geändert. In der mit dem bestehenden imperialistischen System aufs engste verflochtenen Akademie, die sich offiziell vornehmster Zurückhaltung zu befleißigen vorgab, förderte die Mehrheit zunächst den chauvinistischen Rausch. 1915 gelang es dem einer humanistischen Wissenschaft verpflichteten M. Planck, seine Linie durchzusetzen. Im Jahre 1917 repräsentierte sich die Akademie, die durch ihre Sekretare vertreten war, der Öffentlichkeit als eine Institution, die zwischen dem Kampf gegen die gemäßigten Verteidiger des imperialistischen Systems und der Resignation derjenigen schwankte, die sich von Anfang an gegen den Chauvinismus gewandt hatten, aber nun keinen Ausweg sahen.

Die Volksmassen waren sich ihrer Kraft bewußt geworden. Aus dem Kampf der Linken vor dem ersten Weltkrieg und dem „Nein" Karl Liebknechts von

70 Sb 1918, S. 9f. Nach der Friedensresolution vom 19. Juli 1917, die ein Erfolg der taktisch flexibleren Gruppe des deutschen Monopolkapitals war, veranlaßten die auf der extremen Linie des Monopolkapitals verharrenden Hochschullehrer eine weitere Denkschrift, die von 906 Professoren unterzeichnet war, also die meisten Unterschriften seit dem chauvinistischen Aufruf „An die Kulturwelt" vom Oktober 1914 erhielt. Vgl. F. Klein, Die deutschen Historiker, a. a. O., S. 244. Nichts zeigt deutlicher die Verankerung des Annexionsgedankens in der bürgerlichen Hochschullehrerschaft.

71 Vgl. F. Klein, Deutschland, a. a. O., S. 379ff.

72 F. Meinecke, Straßburg, a. a. O., S. 186.

1914 zu den Kriegskrediten des deutschen Imperialismus war unter der Führung linker Sozialdemokraten die Bewegung gegen Imperialismus und Krieg entstanden, die die Herrschenden nicht mehr ignorieren konnten. 1915 bildete sich die Gruppe „Internationale" unter der Führung von Karl Liebknecht und Rosa Luxemburg. In Zimmerwald (1915) und in Kiental (1916) forderte Lenin unter aktiver Mitwirkung revolutionärer Sozialdemokraten die Umwandlung des imperialistischen Krieges in den Bürgerkrieg gegen den Imperialismus, für die auch Karl Liebknecht eingetreten war. Der Kampf gegen den Krieg verwandelte sich immer mehr, besonders nach der Februarrevolution in Rußland, in einen Kampf gegen das imperialistische System.[73]

Zu den ersten bürgerlichen Wissenschaftlern, die erkannten, welche Gefahr die russische Revolution vom Februar 1917 und die auf diese folgenden antiimperialistischen Ereignisse in Rußland für die Herrschenden in Deutschland – wie auch in anderen imperialistischen Ländern – darstellten, gehörte der Soziologe Max Weber. Im Zusammenhang mit dem revolutionären Aufschwung des Kampfes der Arbeiterklasse und aller demokratischen Schichten gegen den Imperialismus waren die Revolutionen in Rußland für das Monopolkapital um so gefährlicher, je deutlicher es wurde, daß der deutsche Imperialismus seine weitreichenden Eroberungspläne militärisch nicht durchzusetzen vermochte. Nicht zufällig begann daher Weber im Frühjahr 1917 seine Artikel über innere Reformen in Deutschland zu veröffentlichen[74], mit denen er den Versuch machte, die herrschenden Klassen von der Notwendigkeit zu überzeugen, den revolutionären Kräften formale Zugeständnisse im Interesse der Erhaltung des imperialistischen Systems zu machen, denn — so schrieb F. Meinecke 1917 —: „Der nicht Wollende wird, wie wir das eben in Rußland erlebt haben, mit elementarer Gewalt aus dem Wege gerissen."[75]

Ähnliche Forderungen erhob Harnack am 30. Oktober 1917. Er verlangte eine Wahlreform, um der rechten Sozialdemokratie zu helfen, die drohende Revolution abzuwenden: die rechtssozialdemokratischen „Führer, denen man tiefen Patriotismus nicht absprechen kann, und die selbst in der Tiefe ihr preußisch-monarchistisches Herz entdeckt haben, können die Massen nicht bei sich halten, wenn nicht geschieht, was geschehen muß"[76]. Es geschah zwar nicht

---

[73] Vgl. Geschichte der deutschen Arbeiterbewegung, Bd. 2, S. 207ff.

[74] Vgl. M. Weber, Gesammelte politische Schriften, München 1921.

[75] F. Meinecke, Politische Schriften und Reden (= Werke, Bd. II), (West-)Berlin 1957, S. 175.

[76] Zitiert nach A. v. Zahn-Harnack, Adolf von Harnack, Berlin 1936, S. 457. Auf diese Einstellung Harnacks wird die von F. Schmidt-Ott veranlaßte Beratung am 10. Oktober 1917 nicht ohne Einfluß geblieben sein, die Vertreter verschiedener politischer Richtungen – von der rechten Sozialdemokratie bis zur Vaterlandspartei – „in der Königlichen Bibliothek unter dem Vorsitz des Generaldirektors", also Harnacks, zusammenführte und über die D. Schäfer berichtet. Schäfer zitiert in diesem Zusammenhang einen Vertreter der rechten Sozialdemokratie, „daß den Gewerkschaftsführern, die Massen aus der Hand gleiten' würden". Vgl. D. Schäfer, Mein Leben, Berlin, Leipzig 1926, S. 226f. Ebd., S. 223, spricht Schäfer von den „politischen Irrgängen" Harnacks im Hinblick auf die Kriegszieldiskussionen.

das von den imperialistischen Ideologen Gewünschte, sondern das, was wirklich geschehen mußte — die Revolution. Aber die von den bürgerlichen Ideologen anvisierten rechtssozialdemokratischen Führer erwiesen sich schließlich dennoch als Retter vor der „elementaren Gewalt" des Volkes. Einige bürgerliche deutsche Wissenschaftler, auch in der Akademie, hatten richtig erkannt, daß die Opportunisten in der deutschen Sozialdemokratie bereit waren, revolutionäre Veränderungen der bürgerlichen Gesellschaft zu verhindern.

Der Kampf der Arbeiterklasse und aller Unterdrückten erschütterte die kapitalistische Gesellschaftsordnung. Der Sieg der Arbeiter und Bauern in Rußland in der Großen Sozialistischen Oktoberrevolution im Jahre 1917 war die erste, die entscheidende Niederlage des Imperialismus und damit die Zäsur der Menschheitsgeschichte, die das Zeitalter der Ausbeutung von dem des Sozialismus trennt. Die allgemeine Krise des Kapitalismus, die mit dem ersten Weltkrieg eingesetzt hatte, bildete sich jetzt voll heraus und trat in ihre erste Entwicklungsetappe ein. Alle dem Kapitalismus innewohnenden Widersprüche entfalteten sich und spitzten sich zu. Es wurden nicht mehr, wie bei den für den Kapitalismus typischen periodischen Wirtschaftskrisen, nur einzelne Seiten der Gesellschaft und diese nur vorübergehend betroffen. „Die allgemeine Krise ergriff vielmehr alle Seiten des kapitalistischen Gesellschaftssystems: seine Wirtschaft und seine Politik, seine Ideologie und seine Kultur."[77]

Von nun an standen sich in der Welt zwei Gesellschaftssysteme unversöhnbar gegenüber.

2. Aspekte der imperialistischen Forschungsorganisation und der wissenschaftspolitischen Funktion der Akademie

Die Akademie blieb auch in dieser Etappe ihrer Entwicklung eine Versammlung bedeutender bürgerlicher Gelehrter, sie leistete wissenschaftliche Forschungsarbeit in ihren Unternehmen, sie war nach wie vor beratendes Fachgremium für das preußische Ministerium der geistlichen, Unterrichts- und Medizinalangelegenheiten, sie vertrat ihre wissenschaftlichen und wissenschaftspolitischen Interessen im Kartell der deutsch-sprachigen Akademien und mit diesen zusammen die deutsche und österreichische Wissenschaft in der Internationalen Assoziation der Akademien. Die wenigen strukturellen Veränderungen in der Akademie selbst fielen demgegenüber kaum ins Gewicht. In den Jahren 1911 und 1913 wurden die Zahlen der Ordentlichen Mitglieder in der physikalisch-mathematischen und in der philosophisch-historischen Klasse jeweils um drei erhöht, so daß jeder Klasse jetzt 35 Ordentliche Mitglieder angehörten. Im Jahre 1911 begannen auch die Arbeiten der Orientalischen

[77] Geschichte der deutschen Arbeiterbewegung, Bd. 3, S. 17.

Kommission, des wichtigsten in dieser Zeit gegründeten Unternehmens der Akademie.[1]

Die äußeren Arbeitsbedingungen der Akademie veränderten sich durch den Neubau des Komplexes der Staats- und der Universitätsbibliothek. Im Jahre 1903 hatte die Akademie ihr Gebäude Unter den Linden, in dem sie seit dem 18. Jh. gearbeitet hatte, aufgeben müssen und war vorübergehend in die Potsdamer Straße gezogen. Mit einem Kostenaufwand von 25 Millionen Mark wurde der genannte Gebäudekomplex Unter den Linden gebaut. Die Einweihung des Baues, in dem auch die Akademie wieder untergebracht wurde, vollzog sich am 22. März 1914 in Anwesenheit Wilhelms II., der bei dieser Gelegenheit als vermeintlicher „dritter Gründer" der Akademie nach Leibniz und Friedrich II. gefeiert wurde.[2] Diese Hervorhebung des Kaisers, die der historischen Wahrheit völlig widersprach, war ein Zugeständnis an die untrennbare Einheit von imperialistischer Staatsgewalt und den damaligen Repräsentanten deutscher Wissenschaft sowie ein Ausdruck für die im wilhelminischen Staat übliche Verherrlichung der Macht. Die Formulierung gebrauchte der Sekretar H. Diels in seinem Festvortrag, derselbe Diels, der sich nur wenig später recht kritisch über die zu kleine und zu wenig repräsentative neue Heimstatt der Akademie äußerte.[3]

Wohl nicht ohne Zusammenhang mit der Feier anläßlich der Eröffnung der neuen Heimstätte für die Akademie waren die im Februar 1914 vollzogenen Wahlen des Ministers für geistliche, Unterrichts- und Medizinalangelegenheiten, A. von Trott zu Solz, des Ministerialdirektors in dessen Ministerium, F. Schmidt-Ott, und des Chefs des Geheimen Zivilkabinetts Kaiser Wilhelms II., R. Valentini, zu Ehrenmitgliedern der Akademie. Auf einen entsprechenden Schritt der Akademie im Jubiläumsjahr 1900 wurde in den Wahlvorschlägen ausdrücklich verwiesen und zudem betont, daß es mit der Auszeichnung einflußreicher Wissenschaftspolitiker eine Tradition aufrechtzuerhalten gelte, die sich namentlich bei der finanziellen Sicherung akademischer Forschungen bewährt hätte.[4]

Neben den Akademien gehörten zur imperialistischen deutschen Forschungsorganisation auch um die Wende zum zweiten Jahrzehnt des 20. Jh. vor allem die Universitäten und Hochschulen, die konzerneigenen Forschungseinrichtungen und die staatlichen Forschungsinstitute. Die nach ähnlichen Prinzipien organisierten Akademien in Berlin, Göttingen, Leipzig und München arbeiteten auf ausgewählten Forschungsgebieten zusammen. Im Jahre 1909 war als weitere Akademie die Heidelberger gegründet worden. Alle Akademien waren personell eng mit den Universitäten verbunden, deren Institute eine

[1] Zur Geschichte der Akademie in dieser Zeit vgl. W. Hartkopf, G. Dunken, Von der brandenburgischen Sozietät der Wissenschaften zur Deutschen Akademie der Wissenschaften zu Berlin, Berlin 1967; über die personelle Situation: E. Amburger (Hrsg), Die Mitglieder der Deutschen Akademie der Wissenschaften zu Berlin 1700–1950, Berlin 1950.

[2] Sb 1914, S. 371–379.

[3] Sb 1914, S. 731–739. Die physikalisch-mathematische Klasse beschäftigte sich am 26. 3., 30. 4. und 29. 10. 1914 mit der außerordentlich schlechten Akustik ihres Klassenzimmers. AAW II: V c Bd. 24.

[4] Vgl. AAW II: III b Bd. 22, Bl. 105–112.

beachtliche Forschungskapazität des imperialistischen Staates bildeten. Die an Gewicht gewinnende Konzernforschung wurde unabhängig von den Akademien betrieben. Die Beziehungen zwischen den Akademien und den staatlichen Forschungsinstituten waren in der Regel auf die Mitgliedschaft von Institutsdirektoren in den Akademien beschränkt. Im Hinblick auf die Berliner Akademie galt das in erster Linie für die preußischen staatlichen Forschungsinstitute für Geodäsie, Meteorologie und Astrophysik in Potsdam und für die Physikalisch-technische Reichsanstalt in Berlin. Ein neues, schnell an entscheidender Bedeutung gewinnendes Element der imperialistischen Forschungsorganisation war die 1911 geschaffene „Kaiser-Wilhelm-Gesellschaft zur Förderung der Wissenschaft e. V." (KWG). Die Gründung der KWG beeinflußte die Stellung der Berliner Akademie in der Forschungsorganisation des imperialistischen Staates.

Die Beziehungen zwischen der Akademie und der Universität in Berlin waren nach wie vor dadurch gekennzeichnet, daß die einflußreichsten Universitätsprofessoren zugleich Akademiemitglieder waren. Die meisten Ordentlichen Mitglieder der Akademie arbeiteten als Hochschullehrer und Forscher auch in der philosophischen Fakultät der Universität zusammen, in der damals noch Gesellschafts- und Naturwissenschaften vereinigt waren. Die Zahl der Ordentlichen Mitglieder, die zur Medizinischen, Juristischen und Theologischen Fakultät gehörten, fiel dagegen weniger ins Gewicht. Daher ist mit Recht gesagt worden, daß die sogenannte Göttinger Gruppe der Philosophischen Fakultät — „Das ging vor allem auf Wilamowitz, den großen Philologen, auf Gustav Roethe, den oratorisch berühmten Germanisten, auf den Sprachvergleicher Wilhelm Schulze und den Indologen Heinrich Lüders." — auch an der Akademie dominierte.[5] Neben sie wären als die einflußreichsten gesellschaftswissenschaftlichen Akademiemitglieder vielleicht noch Hermann Diels und Adolf Harnack zu stellen, die aber nicht in dem Maße wie etwa Wilamowitz und Roethe reaktionäre gesellschaftliche Ansichten propagierten. Vor allem G. Roethe, aber auch die alldeutschen Historiker E. Meyer und D. Schäfer, trugen den politischen Kampf um die Kriegsziele des deutschen Imperialismus nicht nur in die Universität, sondern auch in die Akademie.

So wenig wie auf politisch-ideologischem Gebiet waren die Akademie und die Universität hinsichtlich ihrer wissenschaftlichen Arbeit voneinander isoliert. Ein großer Teil der Akademiemitglieder, insbesondere in den naturwissenschaftlichen Disziplinen, führte seine Forschungen auch in diesem Zeitabschnitt an Forschungsinstituten der Universität durch, die daher und weil sie den wissenschaftlichen Nachwuchs ausbildete, wesentliche Voraussetzungen für die wissenschaftliche Tätigkeit der Akademie schuf. Es wäre jedoch falsch, trotz aller persönlichen Verbindungen von einer korporativen Zusammenarbeit beider Institutionen zu sprechen. Deren Notwendigkeit wurde jedoch zumindest in Einzelfällen durchaus gesehen. Davon zeugt der Versuch von 1912, Akademie und Universität gemeinsam zur Förderung wissenschaftsgeschichtlicher Forschungen zu veranlassen.

[5] F. Meinecke, Straßburg, Freiburg, Berlin 1901—1919. Erinnerungen, Stuttgart 1950, S. 178.

Den Anlaß bot eine Eingabe der Deutschen Gesellschaft für Geschichte der Medizin und der Naturwissenschaften an die Medizinische Fakultät der Universität, in der die Pflege dieser Disziplin durch Lehraufträge angeregt wurde. Die Medizinische Fakultät betonte in diesem Zusammenhang die Notwendigkeit der Zusammenarbeit von Philologen und Medizinern, also von Gesellschafts- und Naturwissenschaftlern, und sprach sich für eine Kontaktaufnahme zur Akademie aus, die durch das Ministerium vermittelt wurde. Dieses schlug der Akademie vor, eine Professur für Geschichte der Medizin mit einer Stellung in der Akademie zu verbinden.

Eine von der Akademie eingesetzte Kommission unter der Leitung von H. Diels, der J. Orth, M. Rubner, W. Waldeyer, G. Hellmann und K. Burdach angehörten, unterstrich die Wichtigkeit dieser Disziplin für die Wisssenschaftsentwicklung, für die Universität und für die Akademie. Da jedoch kein akademiewürdiger Fachvertreter vorhanden wäre, könnte die Akademie auch niemanden wählen. Notwendig wäre vielmehr eine Fachausbildung von Medizinhistorikern an der Universität, um das Niveau der noch weitgehend dilettantisch betriebenen Forschungen auf diesem Gebiet zu heben. In diesem Sinne wurde auch unter Hinweis auf die enge Beziehung, „in der dieses Fach mit der allgemeinen Geschichte der Naturwissenschaften steht", von der Akademie an das Ministerium berichtet.[6]

Um die Verbindung zu Wissenschaftlern und zu Förderern der Wissenschaft herzustellen und damit den Einfluß der Akademie zu unterstützen, wurde weiterhin die Vergabe der jährlich verliehenen Leibniz-Medaillen benutzt. Von 1911 bis 1917 zeichnete die Akademie fünf Persönlichkeiten mit der goldenen und achtzehn mit der silbernen Leibniz-Medaille aus.[7] Unter den Ausgezeichneten waren die Stifter großer Kapitalien für die Forschung wie Elise Koenigs[8] und der Bankier Leopold Koppel[9]. Die erneuten Versuche, die Exponenten der Schwerindustrie Gustav Krupp und Andrew Carnegie mit der goldenen Leibniz-Medaille auszuzeichnen, blieben erfolglos.[10]

Anerkannt wurden wie auch schon früher Leistungen, die unmittelbar akademischen Arbeiten zugute kamen. So unterstützte der Kaufmann und Astro-

---

6 Vgl. AAW II:VI a 1 Bd. 15, Bl. 159—165r. Die Eingabe steht jedenfalls im Zusammenhang mit dem Tod des a. o. Prof. für Geschichte der Medizin an der Berliner Universität Julius Pagel (1851—1912). Das von Karl Sudhoff gegründete Institut für Geschichte der Medizin an der Universität Leipzig bestand bereits seit 1905.

7 Die Inhaber der Leibniz-Medaille verzeichnet E. Amburger (Hrsg), Die Mitglieder, a. a. O., S. 179—181. Die dort genannte Elise Koenigs erhielt nicht die silberne, sondern die goldene Medaille. Vgl. AAW II:VIIIi Bd. 1, Bl. 166.

8 Sie wurde erstmals 1911 vorgeschlagen und 1912 gewählt. Vgl. AAW II:VIIIi Bd. 1, Bl. 124, 163, 165, 166, 170—170r, 183, 184r.

9 Er stand schon 1911 auf der Vorschlagsliste und erhielt 1917 die goldene Medaille. Vgl. AAW II:VIIIi Bd. 1, Bl. 123; Bd. 2, Bl. 85, 87—87r.

10 Vorschläge wurden 1911 für Carnegie u. a. von J. H. van't Hoff und 1911 und 1916 für Krupp u. a. von E. Fischer und W. Nernst gemacht. Vgl. AAW II:IIIi Bd. 1, Bl. 123 bis 131; Bd. 2, Bl. 67.

nom Hans Osten — silberne Leibniz-Medaille 1911 — das Unternehmen Geschichte des Fixsternhimmels[11], Georg Wolff — silberne Medaille 1913 — arbeitete als Archäologe mit der Römisch-germanischen Abteilung des Archäologischen Instituts zusammen[12], Julius Hirschberg — silberne Medaille 1915 — förderte das Unternehmen Corpus Medicorum Graecorum.[13] Vor allem die Physiker und Chemiker der Akademie bemühten sich sehr um die Auszeichnung von Technikern, die wichtige Voraussetzungen für ihre eigenen Forschungen schufen. Ausgezeichnet wurde 1913 nur der Glaspräzisionsmechaniker Carl Richter mit einer silbernen Leibniz-Medaille.[14] Weitere Versuche in dieser Richtung von Warburg, Nernst und Rubens blieben ohne Erfolg.[15]

Offen politische Probleme traten kurz vor dem imperialistischen Weltkrieg und dann im Krieg selbst auch bei der Verleihung der Leibniz-Medaillen deutlicher hervor. So wurde 1913 der Archivar Hans Witte, der über das Deutschtum in Lothringen und über die slawische Besiedlung Mecklenburgs publiziert hatte, entsprechend dem Antrag des alldeutschen Historikers D. Schäfer mit einer silbernen Leibniz-Medaille bedacht.[16] Die geplante Auszeichnung des tschechischen Germanisten G. Polívka kam 1915 aus politischen Gründen nicht zustande.[17] Im selben Jahr erwog man, „ob diesmal nicht technische Erfindungen, die dem Kriege zugute kommen, durch die silberne Medaille ausgezeichnet werden könnten“[18]. Im Jahre 1916 wurde zunächst beschlossen, „wegen der Kriegslage“ keine Medaillen zu vergeben.[19] Dann erhielt aber doch der Leiter des preußischen Militärsanitätswesens, O. von Schjerning, eine goldene Leibniz-Medaille.[20]

Ein wichtiger Teil des wissenschaftspolitischen Wirkens der Akademie war weiterhin ihre Gutachtertätigkeit für das Ministerium. Ein Problem, mit dem sich die Akademie seit längerem beschäftigte, war die Anthropoidenforschung in den Kolonien des imperialistischen Deutschlands in Afrika, für die sie sich weiterhin einsetzte.[21] Aufmerksamkeit wandte die Akademie nach wie vor der Radiumforschung zu, insbesondere auf Anregung von W. Nernst, der 1911 in einer Eingabe an die Akademie vor allem auf „die chemische Seite“ der Angelegenheit hinwies.[22] Gutachtlich positiv äußerte sich die Akademie 1913 zur Beteiligung Deutschlands am Internationalen Zeitamt in Paris.[23]

---

11 Vgl. AAW II:VIIIi Bd. 1, Bl. 133.
12 Vgl. AAW II:VIIIi Bd. 1, Bl. 213—217r, 222—223.
13 Vgl. AAW II:VIIIi Bd. 1, Bl. 43—43r, 53.
14 Vgl. AAW II:VIIIi Bd. 1, Bl. 134, 162, 169—169r, 201, 210, 222—223.
15 Vgl. AAW II:VIIIi Bd. 1, Bl. 134, 201; Bd. 2, Bl. 10—11, 13, 32, 46—46r, 52.
16 Vgl. AAW II:VIIIi Bd. 1, Bl. 212—212r, 222—223.
17 Vgl. AAW II:VIIIi Bd. 2, Bl. 33, 35, 45, 53.
18 Vgl. AAW II:VIIIi Bd. 2, Bl. 34.
19 Vgl. AAW II:VIIIi Bd. 2, Bl. 68, 70.
20 Vgl. AAW II:VIIIi Bd. 2, Bl. 71—72, 74.
21 Vgl. AAW II:VIa 1 Bd. 14, Bl. 73—94r; Bd. 15, Bl. 180—199.
22 Vgl. AAW II:VIa 1 Bd. 14, Bl. 101—110, 180—183.
23 Vgl. AAW II:VIa 1 Bd. 16, Bl 43—50, 76—83.

Aufschlußreich für die reaktionäre Einstellung der Mehrheit der Mitglieder der philosophisch-historischen Klasse ist ein Gutachten von D. Schäfer zu einem Antrag der „Zentralstelle zur Erforschung des Deutschtums im Ausland" auf eine Subvention von 15000 Mark durch den Reichskanzler. Schäfer ging zunächst richtig davon aus, daß hinter den Bestrebungen des „Vereins für das Deutschtum im Auslande", der die „Zentralstelle" eingerichtet hatte, „politische Absichten" und „Machtpolitik" standen und stellte dann in typisch alldeutscher Manier fest: „Die Geschichte unseres Volkstums außerhalb unseres Reiches deckt sich tatsächlich so ziemlich mit der Geschichte der europäischen Menschheit überhaupt seit ihrem Übergang aus der antiken zur mittelalterlichen Kultur." Er verwies auf die intensive Erforschung des Deutschtums durch die imperialistischen deutschen Wissenschaftler, hielt aber eine besondere Organisation zur Weiterführung dieser Arbeiten nicht für erforderlich. Statt dessen schlug er vor, das „Handbuch des Deutschtums im Auslande" neu zu bearbeiten.

Sehr scharf wandte sich Schäfer gegen die Erwägung des Reichskanzleramtes, K. Lamprechts Institut für Kultur- und Universalgeschichte in Leipzig mit den Aufgaben der Erforschung des Deutschtums zu beauftragen. „Die Akademie kann davon nur entschieden abraten", da das Institut „weder durch seine Anlage, noch durch seine Leitung irgendwelche Gewähr für wissenschaftliche Leistungen bietet". Denn: „Was bis jetzt über seine Tätigkeit bekannt geworden ist, erweckt bei ruhig und unpersönlich urteilenden Fachleuten weithin die Befürchtung, daß es auf die wissenschaftliche Erziehung der Jugend verwirrend und irreführend einwirken möchte."

„Durchaus einverstanden" war G. Roethe, der einen zusammenfassenden Zusatz wünschte, da der „Exkurs über Lamprecht" vom eigentlichen Ziel abgelenkt habe. A. Heusler war ebenfalls einverstanden, J. Vahlen — ein weiteres Kommissionsmitglied — äußerte sich nicht. H. Brunner schlug vor, auf Lamprechts Aufgabe als wissenschaftlicher Erzieher der Jugend hinzuweisen, was mit einem anderen Zweck unvereinbar wäre. In diesem Sinne formulierte H. Diels die Antwort an das Ministerium, nachdem noch auf Beschluß der Klasse die Worte Schäfers „verwirrend und irreführend" durch „eher verwirrend als fördernd" ein wenig abgeschwächt worden waren.[24]

Auch in dieser kaum gemilderten Fassung des Gutachtens von Schäfer blieb der ganze Haß des Alldeutschen Schäfer gegen den Leipziger Historiker sichtbar. Die Klasse solidarisierte sich mit Schäfer weitgehend. Da wissenschaftliche Argumente nicht zur Verfügung standen, wurde in dem Bestreben, die Geschichte Europas als eine Geschichte der Deutschen auszugeben, mit Verdrehungen und persönlichen Beschuldigungen gegen einen Wissenschaftler gearbeitet, dessen „Vergehen" einzig darin bestand, die Vorherrschaft des deutschen Imperialismus mit flexibleren Mitteln zu verteidigen. Dabei war Lamprecht ebenso wie Schäfer Mitglied des „Alldeutschen Verbandes". Lamprecht gehörte vor dem ersten Weltkrieg zu den wenigen Ideologen des deutschen Imperialis-

[24] Vgl. AAW II:VIa 1 Bd. 14, Bl. 10–19.

mus, die sich für eine konsequente koordinierte imperialistische Kulturaußenpolitik einsetzten, um auch auf diese Weise die „Weltgeltung Deutschlands" zum Ausdruck zu bringen. Den Auslandsdeutschen und insbesondere auch ihrem Schulwesen kam hierbei große Bedeutung zu.[25]

Mitten im ersten Weltkrieg mußte die Akademie noch einmal zur Einstellung eines Direktors des Astrophysikalischen Observatoriums in Potsdam Stellung nehmen. Das Akademiemitglied Karl Schwarzschild, dessen Berufung nach Potsdam 1908 gegen den Widerstand vor allem des Astronomen der Akademie, A. Auwers, durchgesetzt worden war, war 1916 ein Opfer des imperialistischen Krieges geworden. Die Akademie setzte zur Vorbereitung der Berufung eines neuen Direktors eine Kommission ein, der A. Einstein, R. Helmert, G. Hellmann, M. Planck, H. Struve und E. Warburg angehörten.

Struve war der richtigen Meinung, daß Schwarzschild nicht zu ersetzen war. Er nannte als Kandidaten das Korrespondierende Mitglied F. Küstner und den Mitarbeiter des Potsdamer Observatoriums G. Müller, die beide schon 1907 auf der Vorschlagsliste gestanden hatten. Von seinen weiteren Kandidaten zog Struve den nach seiner Ansicht zu guten Hoffnungen berechtigenden Hans Ludendorff selbst wieder zurück. Ebenso wenig kämen der Göttinger Astronom J. Hartmann und der Heidelberger Astronom Max Wolf in Frage. Warburgs Anregung, einen Physiker zu wählen, wenn es keinen geeigneten Astronomen gäbe, wurde von Helmert und Hellmann zurückgewiesen, da der von Warburg genannte Emil Wiechert in Göttingen Geophysiker war. Hellmanns Vorschlag, Küstner und Müller aequo loco vorzuschlagen, wurde von Einstein abgelehnt, der in einem solchen Vorschlag de facto eine Meinungsenthaltung der Akademie erblickte.

Schließlich wurde Küstner an erster, Müller an zweiter Stelle vorgeschlagen. Über Küstner hatte Einstein sehr günstige Urteile von de Sitter — der damals gerade im Meinungsaustausch über einen in sich gekrümmten bzw. einen gekrümmten, sich ausdehnenden Weltraum mit Einstein stand — und von J. C. Kapteyn beigebracht. Als Direktor wurde vom Minister schließlich Gustav Müller berufen.[26]

Während die Verbindungen der Akademie zu den preußischen wissenschaftlichen Forschungsinstituten über das zuständige Ministerium hergestellt wurden, liefen die Kontakte zu den Akademien in Deutschland und in Wien über das Kartell, dem die Berliner Akademie 1906 beigetreten war. Zum Kartell gehörten die Akademien und Gesellschaften der Wissenschaften in Berlin, Göttingen, Leipzig, München und Wien. 1911 wurde das Kartell durch den Beitritt der Heidelberger Akademie erweitert.

---

[25] Über Lamprechts Pläne einer auswärtigen Kulturpolitik vgl. S. Grundmann, Der deutsche Imperialismus, Einstein und die Relativitätstheorie. In: Relativitätstheorie und Weltanschauung, Berlin 1967, S. 157. Weiterhin: O. Dankelmann, Das Auslandsschulwesen in der auswärtigen Kulturpolitik des deutschen Imperialismus. In: Vergleichende Pädagogik, Jg. 4 (1968), S. 389ff.

[26] Vgl. AAW II:VI a 1 Bd. 17, Bl. 117—123, 138.

Der Aufnahme Heidelbergs hatten München, Göttingen, Wien und Leipzig sofort zugestimmt, während Berlin „bei aller Sympathie" zunächst „gewisse prinzipielle Bedenken" geltend machte. Daß diese mit der Internationalen Assoziation der Akademien zusammenhingen, kann vermutet werden, da zu den Beratungen über die Aufnahme Heidelbergs ausdrücklich Diels entsandt wurde, damit er als „der mit den Verhältnissen der Assoziation genauer vertraute Vorsitzende den Standpunkt der philosophisch-historischen Klasse der Berliner Akademie dort vertrete". Der Beitritt Heidelbergs zum Kartell erfolgte schließlich mit dem Vorbehalt, daß keine Kartellakademie gegenwärtig die Aufnahme Heidelbergs in die Assoziation beantragen dürfte.[27]

Eine Erweiterung des Kartells erfolgte danach nicht mehr, obwohl die in Straßburg/E. bestehende wissenschaftliche Gesellschaft 1914 mit Zustimmung der Berliner Akademie den Namen „Kaiserliche Gesellschaft der Wissenschaften" erhielt und damit formal den anderen deutschen Akademien gleichgestellt war.[28]

Die Kartelltage fanden unregelmäßig dann statt, wenn wichtige wissenschaftliche oder wissenschaftspolitische Fragen zu beraten waren. 1911 versammelte man sich in Göttingen, 1914 in Wien und 1915 in Leipzig, bei welcher Gelegenheit das schon erwähnte Problem der Beziehungen zwischen den Akademien beider imperialistischer Mächtegruppierungen beraten wurde.

Die wissenschaftlichen Fragen, die mit der Weiterführung der Kartellunternehmen zusammenhingen, wurden brieflich oder in Teilzusammenkünften beraten.[29] Zu den laufenden Unternehmen „Thesaurus Linguae Latinae", „Chemie der Minerale", „Mittelalterlicher Bibliothekskatalog", „Elektrische Normale", „Mathematische Enzyklopädie" und „Septuaginta-Ausgabe" übernahm das Kartell 1911 die Weiterführung von „Poggendorffs Handwörterbuch der exakten Naturwissenschaften". Für die Ausgabe war namens des Kartells die Sächsische Gesellschaft der Wissenschaften verantwortlich, die die Redaktion 1914 nach längeren Verhandlungen A. E. Haas übertrug.[30] Ständiger Gegenstand der Kartellverhandlungen war die Vergabe des „Buitenzorg-Stipendiums"[31] an deutsche Botaniker zu Studienaufenthalten in dem Botanischen Garten Buitenzorg auf Java, den die niederländische Regierung in ihrer Kolonie eingerichtet hatte und dessen langjähriger Direktor M. Treub Korrespondierendes Mitglied der Berliner Akademie war.

Aus dem Gesagten ergibt sich, daß das Kartell bis zum ersten Weltkrieg vorwiegend die Funktion hatte, auf dem Gebiet der wissenschaftlichen Forschung koordinierend zu wirken und auf diesem Wege Einfluß auf die Forschungsorganisation zu nehmen. Eine im eigentlichen Sinne wissenschaftspolitische Aufgabenstellung wuchs dem Kartell erst seit dem Weltkriege infolge der Isolierung der deutschen Wissenschaft durch die von beiden imperialistischen

---

[27] Vgl. AAW II:VIa 13 Bd. 2, Bl. 158—260, 262r, 264—265, 276, 281, 283.
[28] Vgl. AAW II:VIa 1 Bd. 16, Bl. 196—199.
[29] Über das Kartell vgl. AAW II:VI a 13 Bd. 1—3.
[30] Vgl. AAW II:VIa 13 Bd. 2, Bl. 283, 285; Bd. 3, Bl. 20, 22—23, 115—119.
[31] Vgl. AAW II:VIa 13 Bd. 1, Bl. 253—254; Bd. 3, Bl. 65—67, 69—114.

Mächtegruppierungen betriebene Politik zu. Gerade die Berliner Akademie, die der Internationalen Assoziation ganz im Sinne der Weltpolitik des deutschen Imperialismus zunächst mehr Aufmerksamkeit zugewandt hatte, orientierte sich ab 1914 zunehmend auf das Kartell.

Die vorletzte Zusammenkunft der Internationalen Assoziation hatte 1910 in Rom stattgefunden.[32] Die Versammlung für 1913 wurde nach Petersburg einberufen, da Berlin wegen fehlender Räumlichkeiten — das neue Gebäude Unter den Linden wurde bekanntlich erst 1914 fertig — ablehnen mußte.[33] Die für 1916 in Berlin vorgesehene Beratung fand nicht mehr statt.

Nach dem Ausbruch des ersten Weltkrieges unternahm die Berliner Akademie, die zu dieser Zeit die Geschäfte der Assoziation führte, einen Versuch, deren Tätigkeit aufrechtzuerhalten, indem sie der Akademie des neutralen Holland den Vorsitz anbot. Diesem Plan stimmten die Royal Society und die Petersburger Akademie zu, nicht aber die Académie des Sciences in Paris. Amsterdam lehnte daraufhin ab.[34] Der Nationalist Roethe erwartete ohnehin schon bei Kriegsausbruch nichts mehr von der Assoziation, „als nach *diesem* Kriege sie doch nicht sobald wieder wird zusammentreten können, wie wenn nichts geschehen wäre“[35].

Die Petersburger Beratung hatte wissenschaftsgeschichtlich keine Auswirkungen mehr. Sie gab wie auch die früheren Tagungen einen Überblick über die bis dahin erzielten Ergebnisse der internationalen Zusammenarbeit. Von den zahlreichen in Angriff genommenen Arbeiten war keine einzige abgeschlossen. Als die wichtigsten seien genannt: Gradmessung in Afrika, geodätische und erdmagnetische Messungen, Einrichtung von seismischen und meteorologischen Stationen, Hirnforschungsinstitute, „Enzyklopädie des Islams“ — sie wurde später von einzelnen Orientalisten zu Ende gebracht — und weitere Textausgaben wie die Werke von Leibniz, das „Corpus medicorum antiquorum“, das „Corpus der griechischen Urkunden des Mittelalters“ und die Ausgabe des „Mahabharata“, die nach dem Zerfall der Assoziation von einzelnen Akademien weitergeführt wurden.

Auf der Beratung der Internationalen Assoziation der Akademien 1913 in Petersburg war die Berliner Akademie für die internationale Organisation der Vulkanforschung eingetreten. Obwohl auch dieses Unternehmen ohne Ergebnis blieb, soll es hier als Teil der Geschichte der Berliner Akademie erwähnt werden.

Im Jahre 1911 informierte der Vulkanologe Immanuel Friedländer in Neapel, der die ab 1914 erscheinende „Zeitschrift für Vulkanologie“ begründete, die Berliner Akademie über seine Absicht, auf Anregung des Internationalen Geologenkongresses in Stockholm von 1910 ein Internationales Vulkan-Institut

---

32 Vgl. AAW II:VIa 17 Bd. 5, Bl. 112—121r, 126—146.

33 Vgl. AAW II:VIa 17 Bd. 5, Bl. 121r.

34 Vgl. darüber die Information von H. Diels in der philosophisch-historischen Klasse am 25. 3. 1915. AAW II:Vf Bd. 23.

35 Brief Roethes vom 1. 9. 1914. AAW II:VI a 1b Bd. 1, Bl. 2r.

zu gründen. Er forderte die Berliner Akademie auf, sich finanziell zu beteiligen und zugleich die Gründung des Instituts auch in der Assoziation anzuregen.[36]

In einer daraufhin eingesetzten akademischen Kommission sprachen sich W. Branca und T. Liebisch dafür aus, einen entsprechenden Antrag durch die Berliner Akademie zu stellen, und nicht nur die Diskussion der Frage anzuregen, da nur so die führende Stellung der Akademie auf diesem Gebiet gesichert werden könnte. Beide wandten sich gegen die von Friedländer vorgeschlagene Organisation, die allen, die mehr als 10000 Lire zur Verfügung stellten, unabhängig von ihren Fachkenntnissen ein wissenschaftliches Mitspracherecht gewährte. Grundsätzlich gegen die nach seiner Ansicht noch nicht notwendige internationale Vulkan-Forschung und folglich auch gegen einen Antrag an die Assoziation war das dritte Kommissionsmitglied, A. Penck, der aber in der Klasse überstimmt wurde. Die Berliner Akademie stellte 1912 den Antrag, die Assoziation genehmigte ihn 1913 und setzte eine internationale Kommission zur Vorbereitung ein. Ihre Mitglieder waren: W. Branca und L. Königsberger; der französische Mineraloge und Petrograph, Mitglied der Académie des Sciences Alfred Lacroix — der 1914 infolge des imperialistischen Krieges nicht mehr zum Berliner Korrespondierenden Akademiemitglied gewählt wurde —; der italienische Vulkanologe G. Mercalli, der Münchener Geologe A. Rothpletz, der russische Geologe und Paläontologe F. N. Černyšev und der russische Mineraloge und Kristallograph V. I. Vernadskij, die beide Mitglieder der Petersburger Akademie der Wissenschaften waren.

W. Branca setze sich sehr aktiv für die Vulkan-Forschung ein. Im Juli 1913 berief die physikalisch-mathematische Klasse eine Kommission in folgender Zusammensetzung: W. Branca, R. Helmert, T. Liebisch, W. Nernst, E. Beckmann und H. Rubens. Sie sollte die „Schaffung eines auf nationaler Grundlage ruhenden Instituts für Vulkanforschung und verwandte Probleme" als Basis für die internationale Zusammenarbeit vorbereiten. Gegen die schon recht bald auftauchenden Schwierigkeiten verteidigte Branca sein Anliegen. Er ging davon aus, daß nicht gleich zu Anfang alle Zinsen von ca. 3 Mio Mark zur Verfügung stehen müßten, daß nicht nur die Mineralogie, sondern auch die Geologie und die Petrographie an den Forschungen interessiert wären, daß ein Ausländer als Leiter des Instituts berufen werden könnte, wenn es tatsächlich keine geeignete deutsche Persönlichkeit gäbe. Unter Hinweis auf die einstimmige Annahme des Projekts durch die Assoziation betonte er die Notwendigkeit eines Instituts. Wenn die Akademie dem nicht zustimmte, würde sie ihrem eigenen Antrag widersprechen.

Der Widerstand kam vor allem von A. Penck, der ja schon den Antrag abgelehnt hatte. „Aber Herr Penck hat bis jetzt, seit er hier ist, in Akademie und Fakultät, noch jeden Antrag, jedes Gutachten bekämpft oder bemängelt, die von mir kamen." Nach Branca war Penck „für die vielfachen Fragen der Chemie und Petrographie als Geograph absolut nicht zuständig". Persönliche

---

[36] Vgl. AAW II:VIa 1 Bd. 15, Bl. 12—23, 52—56.

und sachliche Differenzen zwischen den beiden Akademiemitgliedern verflochten sich hier offensichtlich zu einem unentwirrbaren Knäuel. Die Klasse und die Akademie unterstützten jedoch Branca und beantragten 1914 die Gründung des Instituts als einer selbständigen Forschungseinrichtung als Ergänzung zum Geophysikalischen Institut in Göttingen. Ebenfalls Zustimmung erhielt Branca für seinen Antrag an das Reichskolonialamt und das Reichsmarineamt zur Unterstützung der vulkanologischen Erforschung der Kolonie Deutsch-Ostafrika.[37]

Schon im Frühjahr 1914 konnte Branca 33 deutsche und 26 ausländische positive Gutachten für seine Pläne vorlegen. 1913, 1914 und 1915 hat er dreimal, zum Teil sehr ausführlich, über die Ziele und die Organisation der vulkanologischen Forschung vor der Akademie berichtet. Ergebnisse auf diesem Gebiet wurden unter Mitwirkung der Berliner Akademie damals nicht mehr erzielt. Schon Brancas Festvortrag von 1915 über die internationale Vulkanforschung[38] war letztlich ein Widerspruch in sich. Imperialistischer Krieg und internationale Forschung waren unvereinbar.

Zwar wurde die Assoziation nur 14 Jahre alt existierte also viel zu kurze Zeit, um effektive Forschungsergebnisse vorweisen zu können. Als erster Versuch der Akademien, neben den internationalen wissenschaftlichen Kongressen und den persönlichen Kontakten der Wissenschaftler ständige organisatorische Formen für gemeinsame Forschungsarbeiten auf übernationaler Grundlage zu finden, war die Assoziation immerhin von Bedeutung. Das gilt besonders auch für die Geschichte der Berliner Akademie, die eine der tragenden Institutionen der Assoziation war.

Das große Problem war allerdings, ob eine internationale Forschungsorganisation, deren Grundlage die Akademien waren, überhaupt auf längere Sicht möglich war. Als die internationale wissenschaftliche Zusammenarbeit nach ihrem Zusammenbruch während des Weltkrieges wieder in Gang kam und intensiviert wurde, erwies sich erneut, daß die Zusammenarbeit auf der Basis der Akademien nur eine von mehreren Möglichkeiten internationaler wissenschaftlicher Kooperation war. Die Internationale Assoziation war eigentlich eine Vereinigung der europäischen Akademien, obwohl ihr die Akademie der USA in Washington und zuletzt auch eine japanische Akademie der Wissenschaften angehörten. Die Assoziation arbeitete in zwei Sektionen, der natur- und der gesellschaftswissenschaftlichen. Da nicht alle Akademien Europas beide Bereiche der Wissenschaft zugleich pflegten, ergaben sich schon daraus erste Schwierigkeiten.

Nach dem gleichen Prinzip wie die Assoziation — gleichzeitig Pflege natur- und gesellschaftswissenschaftlicher Disziplinen in zwei Abteilungen — waren eigentlich nur die vier deutschen — Berlin, Göttingen, Leipzig, München — und die Wiener Akademie aufgebaut, wenn auch die Bezeichnungen der Klassen

37 Vgl. AAW II:VIa 1 Bd. 16, Bl. 157—160, 186—191r, 220, 222—321.

38 W. Branca, Die vier Entwicklungsstadien des Vulkanismus und die Frage seiner internationalen Erforschung. In: Sb 1915, S. 59—76.

andere waren.[39] Die Petersburger Akademie der Wissenschaften[40] zählte drei Abteilungen, und zwar für Naturwissenschaften, für Gesellschaftswissenschaften und für russische Sprache und Literatur. Darüber hinaus war sie im Unterschied zu anderen Akademien nicht vorwiegend eine Versammlung von Gelehrten, sondern auch eine Institution, in deren Instituten, Laboratorien und Museen direkt Forschungen betrieben werden konnten. Während ein Mitglied einer deutschen Akademie zuerst meist Hochschullehrer und außerdem Akademiemitglied war, war ein Mitglied der russischen Akademie zuerst Akademiker und damit Forscher, erst in zweiter Linie Lehrer. Obwohl diese Besonderheit nur äußerlich erscheint, war sie doch sehr wesentlich, weil dadurch die Forschungsbasis an der Petersburger Akademie breiter war und damit auch bessere Voraussetzungen für die wissenschaftliche Kooperation bot.

Andere Akademien, wie die Royal Society in London, beschäftigten sich überhaupt nur mit den Naturwissenschaften, so daß England anfangs nur in diesem Bereich der Assoziation mitarbeiten konnte. Es war nicht zuletzt der äußere Zwang für die englische Wissenschaft, in der Assoziation auch auf die gesellschaftswissenschaftliche Forschung Einfluß nehmen zu können, der 1902 zur Gründung der British Academy for the Promotion of Historical, Philosophical and Philological Studies führte.

Das Statut der British Academy wurde 1903 vom preußischen Kultusministerium der Berliner Akademie zur Stellungnahme übersandt. H. Diels, der die Antwort entwarf, betonte die Bemühungen Großbritanniens um die gesellschaftswissenschaftliche Forschung und hob die Anregungen der Berliner Akademie über Gebühr hervor, wenn er schrieb: „Einen Anstoß in dieser Richtung gab das Jubiläum unserer Akademie, wo den anwesenden Engländern eine Organisation der gesamten Wissenschaft entgegentrat, der sie im eigenen Lande nichts entgegenzustellen hatten." Da der unter dem Einfluß der Assoziation unternommene Versuch, der Royal Society eine zweite Klasse anzugliedern, am Widerstand dieser Gesellschaft gescheitert wäre, hätte der Direktor der Bibliothek des Britischen Museums, Edward Maunde Thompson — dieser Paläograph und Verfasser von „An introduction of Greek and Latin paleography" war seit 1895 Korrespondierendes Mitglied der Berliner Akademie — die Gründung der British Academy in die Hand genommen. Deren Mitglieder mußten Eintrittsgeld und jährliche Beiträge zahlen. Ihre Organisation entsprach der Stellung der Royal Society insgesamt mehr als der der staatlichen Akademien des Kontinents. Die Tagung der Internationalen Assoziation in London 1904 wurde nach der Ansicht der Berliner Akademie bewußt benutzt, um auf eine Förderung der British Academy und damit auch der gesellschaftswissenschaftlichen Forschung in England hinzuarbeiten.[41]

---

[39] Zum Allgemeinen vgl. A. v. Harnack, Die Akademie der Wissenschaften. In: Handbuch der Bibliothekswissenschaft, Bd. 1, Leipzig 1931.

[40] Vgl. Istorija Akademii nauk SSSR, Bd. 1,2, Moskau, Leningrad 1958, 1964; G. A. Knjazev, A. V. Kol'cov, Kratkij očerk istorii Akademii nauk SSSR, Moskau, Leningrad ³1964.

[41] Vgl. AAW II: VI a 17 Bd. 2, Bl. 340—351.

Auch in Frankreich bestand eine Organisation der Akademien, die mit der anderer europäischer Akademien nur bedingt vergleichbar war. Das Institut de France war der Dachverband der fünf französischen Fachakademien, von denen die Académie des Sciences für die Naturwissenschaften und die Académie des Sciences morales et politiques[42] für die Gesellschaftswissenschaften Mitglieder der Assoziation waren.

Diese unterschiedliche Organisation der Arbeit in einzelnen Ländern — hier konnten nur die wichtigsten kurz erwähnt werden — wurde seit dem Entstehen der Assoziation noch durch nationale Prestigefragen überlagert, wie beispielsweise die Berichte der Berliner Akademie deutlich machen. Diese Divergenzen reichten bis in einzelne Unternehmen der Akademien. Erwähnt sei die Diskussion von 1905 darüber, ob die gemeinsame Ausgabe des indischen Nationalepos Mahabharata deutsch oder englisch erscheinen sollte.[43]

Um ähnliche Probleme ging es bei der von der Assoziation inaugurierten „Realenzyklopädie des Islam", die gleichzeitig in deutscher, englischer und französischer Sprache herausgegeben werden sollte. E. Meyer, A. Erman, W. Schulze, A. Harnack und H. Diels setzten sich für eine finanzielle Förderung des Unternehmens ein. E. Meyer brachte eine sehr positive Stellungnahme des Orientalisten C. H. Becker — des späteren preußischen Kultusministers der Weimarer Republik — bei, für den die Enzyklopädie ein „Bedürfnis für die Orient- und Kolonialpolitik" war, an der sich Deutschland beteiligen „muß", und zwar aus wissenschaftlichen Gründen und „wegen der praktischen Wichtigkeit für unsere Verwaltung in den Kolonien", wegen seiner „Interessen in der islamischen Welt".[44]

Hauptgegner einer solchen Beteiligung war E. Sachau, dem sich auch D. Schäfer anschloß. Es waren also gerade einige der aktiven Vertreter der nationalistischen Weltpolitik des deutschen Imperialismus in der Akademie, die sich über ein gemeinsames Vorgehen zunächst schwer einigen konnten. Daß es dabei nicht um sachliche, sondern um taktische Differenzen ging, zeigte deutlich die schließlich ausgehandelte Stellungnahme der Akademie. Als bedeutsam wurde das Unternehmen in wissenschaftlicher und politischer Hinsicht anerkannt. Positiv hervorgehoben wurde die starke Beteiligung deutscher Orientalisten an dem Unternehmen. Die Kritik richtete sich gegen die Leitung, die in englischen Händen lag, und gegen die Kostspieligkeit einer gleichzeitigen dreisprachigen Ausgabe. Etwa vier Fünftel der mohammedanischen Welt würden von England, Frankreich, Holland und Rußland beherrscht — von denen die beiden letzten Länder am Unternehmen nicht beteiligt waren —, während Deutschland in seinen Kolonien kaum Mohammedaner hätte. Das Deutsche Reich sollte sein Geld lieber für die Erforschung seiner eigenen Kolo-

---

[42] Über die Stellung dieser Akademie vgl. C. Gide, Die sozialökonomische Literatur in Frankreich seit dem Beginn dieses Jahrhunderts. In: Die Wirtschaftswissenschaft nach dem Kriege, Bd. 2, München, Leipzig 1925, S. 37ff.

[43] Vgl. AAW II: VIa 17 Bd. 3, Bl. 292—299.

[44] Vgl. AAW II: VIa 17 Bd. 5, Bl. 63—70.

nien ausgeben.[45] Selten tritt die nationalistische Komponente der internationalen wissenschaftlichen Zusammenarbeit im Imperialismus dermaßen deutlich zutage.

Diese Tendenz war jedoch keineswegs eine Ausnahme, wie sich schon 1906 in einem Gutachten der Berliner Akademie über die Beteiligung Deutschlands am Internationalen Ethnographischen Büro in Brüssel zeigte, die unterstützt wurde. G. Schmoller betonte in diesem Zusammenhang das Bestreben Belgiens, das sich angesichts, der „starken internationalen Angriffe auf die Kongostaatsverwaltung" jetzt „eine angesehenere internationale Stellung verschaffen will". Weiter schrieb er und charakterisierte damit einen wesentlichen Grundzug imperialistischer auswärtiger Wissenschaftspolitik: „Es läßt sich ja auch nicht verkennen, daß die Lage Belgiens, die Vielsprachigkeit fast aller seiner Forscher, die Eifersucht, welche die Großmächte untereinander, aber nicht gegen einen Mittelstaat wie Belgien haben, den Belgiern eine Art bevorzugte Stellung für die Initiative zu manchen wissenschaftlichen Dingen geben."[46]

Einfluß in der internationalen Wissenschaft erlangte Belgien auch durch die Solvay-Institute. Dem neun Mitglieder zählenden wissenschaftlichen Komitee des 1912 gegründeten Solvay-Instituts für Physik gehörten die Berliner Akademiemitglieder W. Nernst und E. Warburg an.[47] Der erste Solvay-Kongreß 1911 in Brüssel, an dem Nernst maßgeblich beteiligt war, gilt als ein Markstein in der Entwicklung der Quantenthorie. Mit einem anderen Solvay-Institut, dem für Soziologie, stand die Berliner Akademie schon seit 1909 in indirekter Verbindung.

Im Jahre 1907 war in Berlin ein Buch von Walter Pollack erschienen unter dem Titel „Philosophische Grundlagen der wissenschaftlichen Forschung". In einer Denkschrift von 1908 behandelte Pollack die Gründung eines internationalen Verbandes zur Unterstützung der gelehrten Arbeit, wobei er von der Internationalisierung der wissenschaftlichen Forschung ausging.[48] Der Plan war der Akademie in Berlin zwar zu allgemein gehalten, fand aber deren Unterstützung, nachdem das Brüsseler Solvay-Institut für Soziologie finanzielle Mittel zur Verfügung gestellt hatte. Pollack gelang es, ein Berliner Sekretariat für eine solche internationale Vereinigung zu schaffen, dem u. a. auch die Akademiemitglieder J. Orth, W. Ostwald, E. Sachau und E. Seckel angehörten. Einen Antrag auf Beitritt der Berliner Akademie als Institution lehnte diese auf Vorschlag von G. Schmoller, dem sich auch W. Waldeyer und H. Diels anschlossen, jedoch ab.[49]

Der Widerspruch zwischen dem objektiven Prozeß der Internationalisierung wissenschaftlicher Forschung im Kapitalismus und den — meist nationalistisch

---

45 Vgl. AAW II:VI a 17 Bd. 5, Bl. 71–71r, 75–80.

46 Vgl. AAW II:VI a 1 Bd. 12, Bl. 63–69.

47 Vgl. AAW II:VI a 1 Bd. 16, Bl. 1–4.

48 Vgl. Archiv für Rechts- und Wirtschaftsphilosophie, 1. Jg., April 1908, Heft 3, Beiheft, S. 1–16.

49 Vgl. AAW II:VI a 1 Bd. 13, Bl. 148–171r; Bd. 14, Bl. 41–58, 153–167.

übersteigerten — Forschungsbedürfnissen einzelner Länder war ein Grundzug imperialistischer Wissenschaftspolitik schon in dieser Zeit. Die Berliner Akademie war in diesen Prozeß integriert. Dieser Widerspruch war auf der Grundlage der kapitalistischen Gesellschaftsordnung nicht lösbar. Seine beiden Seiten waren ständig präsent, hatten aber zu verschiedenen Zeiten bei den einzelnen Ländern unterschiedliches Gewicht, das direkt von der Stärke eines imperialistischen Staates oder einer bestimmten imperialistischen Staatengruppierung abhing. Da die bürgerlichen Wissenschaftler das Wesen dieses Prozesses, in dem sich wissenschaftsimmanente Entwicklungen ebenso wie der Konkurrenzkampf zwischen den imperialistischen Staaten und Monopolen direkt widerspiegelten, nicht erkennen konnten, schwankten sie unentwegt, stellten nationale und internationale Forschung diametral gegenüber, überbetonten einmal die Bedeutung der einen, dann wieder die der anderen und sahen sie nicht in ihrer Wechselwirkung. Sehr charakteristisch waren in dieser Hinsicht die Ausführungen des Präsidenten der Bayerischen Akademie, K. Th. v. Heigel, nach dem Ausbruch des Weltkrieges. Da die Assoziation für die Ziele der deutschen imperialistischen Wissenschaftspolitik ohnehin ihren Wert verloren hatte und da angesichts der chauvinistischen Sturmflut eine Erklärung für die offensichtliche Diskrepanz zwischen Wünschen und Realitäten der internationalen Zusammenarbeit durchaus angebracht erschien, wurde eine „antideutsche Liga" in der Assoziation erfunden und den ausländischen Akademien der gute Wille zur Zusammenarbeit einfach abgesprochen.[50]

Für die deutsche imperialistische Forschungsorganisation kann festgestellt werden, daß sich die Orientierung auf die deutsche Forschung in dem Maße verstärkte, wie die Konfrontation der imperialistischen Staaten immer mehr auf eine kriegerische Auseinandersetzung zusteuerte. Daher setzten die entscheidenden Veränderungen etwa um 1910 ein. Sie vollzogen sich weitgehend ohne die Berliner Akademie, führten aber zu einer sichtbaren Veränderung ihrer Stellung im imperialistischen deutschen Wissenschaftsgefüge durch die Gründung der Kaiser-Wilhelm-Gesellschaft im Jahre 1911.

Die Geschichte der Entstehung und ersten Entwicklung der Kaiser-Wilhelm-Gesellschaft zur Förderung der wissenschaftlichen Forschung[51] ist hinsichtlich ihrer Auswirkungen ein Teil der Akademiegeschichte. Sie muß daher hier soweit behandelt werden, wie sie die Entwicklung der Akademie berührte und soweit sie Ausdruck einer spezifischen Entwicklungstendenz der deutschen imperialistischen Forschungsorganisation war.

Für den Imperialismus, der dem Wissenschaftssystem seinen Stempel aufdrückte, ist die Verflechtung der Macht der Monopole und des Staates zu einem einheitlichen System charakteristisch. Beide, Monopole und Staat, setzten

---

50 Vgl. K. T. v. Heigel, Krieg und Wissenschaft, München 1914, S. 9f.

51 Die beste und materialreichste Darstellung bietet die im Druck befindliche Arbeit von G. Wendel, Zur gesellschaftlichen Stellung und Funktion der Kaiser-Wilhelm-Gesellschaft zur Förderungen der Wissenschaften e. V., dargestellt anhand ihrer Gründungsgeschichte und Entwicklung bis zum 1. Weltkrieg (1911—1914), Phil. Diss. Leipzig 1964.

erhebliche finanzielle Mittel für die Forschung ein, um sich eine produktionstechnisch führende Position im Konkurrenzkampf mit anderen imperialistischen Staaten zu sichern, um die wissenschaftliche Forschung als Kapitalinvestition für die Erzielung von Maximalprofiten zu nutzen und um ihre Stellung auf dem Weltmarkt mit den Mitteln der territorialen und der ökonomischen Expansion zu festigen und zu erweitern. Um diese Ziele zu erreichen, war einerseits eine Konzentration der Forschung und andererseits deren Militarisierung erforderlich. Monopolistische Konzentration und Militarisierung sind entscheidende Merkmale der Forschung im Imperialismus, deren Apparat immer weniger auf die innere Entwicklung der Forschung und immer stärker auf die Anwendung der Wissenschaft für die Lenkung und Entwicklung der Wirtschaft orientiert wurde.[52]

Die von deutschen Wissenschaftlern in den Jahren des Vorkriegs- und des Kriegsimperialismus vorgelegten Forschungsergebnisse wurden zu einem beachtlichen Teil in Universitätsinstituten — die nach wie vor eine bedeutende Forschungskapazität des imperialistischen Staates darstellten —, in anderen staatlichen Institutionen oder in betriebseigenen Laboratorien erzielt. In dem Maße jedoch, wie wissenschaftliche Forschungsergebnisse unmittelbar in der Produktion wirksam wurden, wie sich die Wissenschaft zu einer Produktivkraft entwickelte, blieb die Forschungsorganisation selbst nicht unberührt. Solange das Kapital nur oder vorwiegend die Ergebnisse der wissenschaftlichen Forschung nutzte und auf eigene systematische Forschungen weitgehend verzichtete, war — wie von der marxistisch-leninistischen Wissenschaftsforschung nachgewiesen wurde[53] — das Patent, das die Nutzung dieser Ergebnisse an bestimmte Bedingungen knüpfte, durchaus ausreichend. Die fortschreitende Vergesellschaftung der Produktion, die über das System der freien Konkurrenz hinaus zum Monopol führte, zog zugleich auch die Intensivierung der Industrieforschung nach sich, die ebenfalls monopolisiert wurde. Lenin stellte daher ausdrücklich fest: „Die Konkurrenz wandelt sich zum Monopol. Die Folge ist ein gigantischer Fortschritt in der Vergesellschaftung der Produktion. Im besonderen wird auch der Prozeß der technischen Erfindungen und Vervollkommnungen vergesellschaftet."[54] Es waren also in steigendem Maße vor allem die Monopole, die noch in der Lage waren, erfolgreich Forschung zu betreiben. Zugleich entstand für diese Monopole auch die Notwendigkeit, sich die Forschung insgesamt unterzuordnen. Entscheidend war, daß sich im Imperialismus die Konzernforschung als wesentliches Element der Herrschaft der Monopole über die Wissenschaft herausbildete und die Verfügung der Monopole über die an anderer Stelle erzielten Forschungsergebnisse dank ökonomischer und politisch-administrativer Einflußnahme gesichert wurde.[55]

[52] Vgl. J. D. Bernal, Die Wissenschaft in der Geschichte, Berlin 1967, S. 818ff.

[53] Vgl. Wissenschaft im Klassenkampf, Berlin 1968, S. 22ff, auch zum Folgenden.

[54] W. I. Lenin, Werke, Bd. 22, Berlin 1960, S. 209.

[55] Eine gedrängte Übersicht über die Geschichte der imperialistischen Forschungsorganisation in einigen kapitalistischen Hauptländern bietet: V. Nikolajew, Forschung und Entwicklung im Imperialismus, Berlin 1972, S. 35ff.

Für die Entwicklung des Imperialismus in Deutschland ist hinsichtlich der Forschungsorganisation charakteristisch, daß er schon vor dem ersten Weltkrieg zu monopolistischen Eingriffen in die Forschungsorganisation überging, d. h. ein System der direkten Unterordnung der Forschung unter die Monopole zu schaffen begann. Lenins Charakterisierung des deutschen Imperialismus als „das ‚letzte Wort' moderner großkapitalistischer Technik und planmäßiger Organisation"[56] gilt folglich auch für die imperialistische deutsche Wissenschaftsorganisation vor dem ersten Weltkrieg. Das Instrument, das sich das deutsche Monopolkapital 1911 schuf, war die „Kaiser-Wilhelm-Gesellschaft zur Förderung der Wissenschaften e. V." (KWG).

Die KWG war nicht die erste und auch nicht die einzige, wohl aber die in jener Zeit wirksamste Organisation des deutschen Imperialismus, die sich die Unterordnung der wissenschaftlichen Forschung unter die Interessen des Monopolkapitals zum Ziel stellte. Sie ersetzte Teilformen der Forschungsfinanzierung durch ein Gesamtsystem. Schon vor der Gründung der KWG und auch später haben einzelne Monopole, einzelne Kapitalbesitzer und auch Gruppen Kapital in der Forschung angelegt.

Eine relativ unausgereifte Form kapitalistischer Forschungsfinanzierung war die Vergabe einzelner Stiftungen, an der u. a. auch die Berliner Akademie partizipierte. Erwähnt sei die Solvay-Stiftung. 1913 überwiesen die Deutschen Solvay-Werke AG Bernburg der Akademie 250000 Mark. Von den Zinsen dieser Stiftung sollte eine „Ernest-Solvay-Fachstelle" in der physikalisch-mathematischen Klasse mit einem Jahresgehalt von 10000 Mark geschaffen werden, auf die ein Vertreter der technischen Wissenschaften oder ein Mitglied, dessen Arbeiten für die Technik bedeutsam waren, berufen werden sollte. 1914 wurde das Statut der Stiftung bestätigt.[57]

Eine solche Form der Stiftung durch die Industrie blieb für die Berliner Akademie in dieser Zeit eine Ausnahme. Die Stiftungen der Akademie waren meist mit den Namen von Wissenschaftlern verbunden. Zu den bereits bestehenden kamen 1912 die Eduard-Hitzig-Stiftung für Arbeiten auf dem Gebiete der Funktionenlehre des Gehirns[58] und 1913 die Harnack-Stiftung zur Förderung der kirchen- und religionsgeschichtlichen Studien über die römische Kaiserzeit.[59] 1917 vermachte J. J. M. de Groot der Akademie eine Stiftung zur Förderung der Sinologie.[60] Die Stiftung des Bankiers Albert Samson, der 1912 der Akademie testamentarisch eine Million Mark zusprach, deren Zinsen für natur- und gesellschaftswissenschaftliche Studien verwendet werden sollten[61], verdeutlichte dagegen wie die Solvay-Stiftung die Tendenz auf eine wachsende Einflußnahme

56 W. I. Lenin, Werke, Bd. 32, Berlin 1961, S. 346.
57 Vgl. Sb 1914, S. 652, 696f.
58 Vgl. Sb 1912, S. 154.
59 Vgl. Sb 1913, S. 965–967.
60 Vgl. Sb 1917, S. 26–29.
61 Die Stiftung wurde 1912 bestätigt, Vermittler zwischen Samson und der Akademie war W. Waldeyer. Vgl. Sb 1914, S. 81f.

von Vertretern des Bank- und Industriekapitals auf die wissenschaftliche Forschung.

Beispiele dafür gab es auch außerhalb der Berliner Akademie und der KWG. So basierte die Tätigkeit der 1910 gegründeten Heidelberger Akademie der Wissenschaften auf der Stiftung des Landmaschinen-Industriellen H. Lanz.[62] Bereits seit 1898 arbeitete die Göttinger Vereinigung zur Förderung der angewandten Physik und Mathematik, die unter der Leitung des Mathematikers Felix Klein bei der Göttinger Universität bestand, auf der Grundlage von Stiftungen solcher Industrieller wie H. T. von Böttinger, C. von Linde und A. Krupp. 1908 gehörten der Vereinigung 26 Vertreter der Industrie und 20 Angehörige der Göttinger Universität als Mitglieder an. Ihr Anliegen formulierte F. Klein in diesem Jahre mit aller wünschenswerten Deutlichkeit: „Deutsche Wissenschaft und deutsches Gewerbe müssen sich auf alle Weise zusammenschließen, damit das letztere dem Auslande gegenüber konkurrenzfähig bleiben kann."[63]

Auch auf gesellschaftswissenschaftlichem Gebiet gab es ähnliche Bestrebungen. Beispielhaft dafür war die auf Initiative des Historikers Karl Lamprecht geschaffene „König-Friedrich-August-Stiftung für wissenschaftliche Forschung zu Leipzig", für die allein in Leipzig von privater Seite 500000 Mark zur Verfügung gestellt wurden. Bis zum November 1914 entstanden an den Leipziger Universitätsinstituten als angegliederte Abteilungen Forschungsinstitute für vergleichende Religionsgeschichte, für Rechtsgeschichte, für Psychologie, für klassische Philologie und Archäologie, für Indogermanistik, für neuere Philologie, für Orientalistik, für Geographie, Geschichte und Kunstgeschichte, für Kultur- und Universalgeschichte, für Völkerkunde, für Volkswirtschaftslehre und für Musikwissenschaft.[64]

Einen detaillierten Plan für die monopolistische Finanzierung und damit die Beherrschung der wissenschaftlichen Forschung, der schon in die Vorgeschichte der KWG gehört, legte 1909 einer der aktivsten Vertreter der monopolistischen Entwicklung in Deutschland, Walter Rathenau, vor. „Der Weltbetrieb der Wissenschaften ... mit seinen peinlich beobachteten Gebietsabgrenzungen, seinem hochentwickelten Nachrichtenwesen, seinem großindustriell angelegten Laboratoriumsbetrieb, seiner Wechselbeziehung zur Technik, seinen Verbänden und Kongressen" war für Rathenau 1911 „neben dem Kapitalismus die großartigste der anonymen und internationalen Organisationen"[65]. Wenn er auch den „Weltbetrieb der Wissenschaften" seiner Zeit und den Kapitalismus nebeneinander stellte und sie nicht, wie es richtig gewesen wäre, als Einheit betrachtete,

---

[62] Vgl. Schnellbach, Heinrich Lanz, 1927.

[63] Vgl. F. Klein, Die Göttinger Vereinigung zur Förderung der angewandten Physik und Mathematik. In: Internationale Wochenschrift, Bd. II, 1908, S. 519–532.

[64] Vgl. darüber L. Langerbeck, Die Universitätsreformpläne Karl Lamprechts. In: Karl-Marx-Universität Leipzig. 1409–1959. Beiträge zur Universitätsgeschichte, Bd. 2, Leipzig. S. 39–48. Weiterhin: Forschungsinstitute, ihre Geschichte, Organisation und Ziele, Bd. I, Hamburg 1930, S. 374–386.

[65] W. Rathenau, Gesammelte Schriften in 5 Bänden, Berlin 1918, Bd. 1, S. 69.

so ist der Zusammenhang doch richtig angedeutet. Das Monopolkapital brauchte die wissenschaftliche Forschung. Da nach Rathenau Deutschland den „Befähigungsnachweis als führende Wirtschaftsmacht Europas" erbringen mußte, war für ihn „nicht nur alles Kriegsspiel unserer Zeit, sondern auch alles Wirtschaftsspiel Rüstung. Jede neue Industrie und jede neue Handelsverbindung ist ein Gegengewicht von Bataillonen. Alle Politik ist Wirtschaftspolitik, Kriegsbereitschaft."[66]

Aus diesen Beweggründen heraus formulierte Rathenau am 14. März 1910 ein „Promemoria betreffend die Begründung einer königlich preußischen Gesellschaft"[67], über das er bei der Publikation sagte: „Ein Jahr vor der Überreichung des Promemoria waren die leitenden Gedanken den maßgeblichen Persönlichkeiten mündlich vorgetragen worden. Die Gesellschaft trat in weniger universeller Form und leider mit wesentlicher Beschränkung des Umfangs und des Arbeitsgebietes ins Leben. Sie führt den Namen ‚Kaiser-Wilhelm-Gesellschaft zur Förderung der Wissenschaften'."

Für Rathenau wie für andere, die sich für die Unterordnung der Forschung unter das Monopolkapital einsetzten, waren die USA das große Vorbild für ihre Bestrebungen. „Tatsächlich", schrieb Rathenau im „Promemoria", „stellen amerikanische Schenkungen, Stiftungen und Vermächtnisse weit über den Rahmen der Kapitalansammlungen des Landes hinaus alles in den Schatten, was die übrige Welt an Gemeinnützigkeit dieser Art kennt."

Es war vor allem ein Name, der die Ideologen einer staatsmonopolistischen Forschung in Deutschland begeisterte: Andrew Carnegie, der Stahlmonopolist der USA, dessen Buch „Das Evangelium des Reichtums" schon 1905 in Leipzig in deutscher Übersetzung erschienen war und dem man mehrfach die Leibniz-Medaille der Berliner Akademie verleihen wollte. Carnegie hatte seit 1895 einen Teil seines Profits — 157 Millionen Dollar bis 1914 — in eine Stiftung für wissenschaftliche Zwecke eingebracht, weshalb ihn die bürgerlichen Ideologen — auch in Deutschland — zu einem „Friedensapostel" hochstilisierten. Als Karl Liebknecht 1910 in den USA war, deckte er in einer Rede die tatsächlichen Zusammenhänge auf: „In jeder Stadt, die ich besuchte, fand ich eine Bibliothek mit dem an hervorragender Stelle angebrachten Namen des Stifters Andrew Carnegie ... In Pittsburg sah ich die Carnegie-Stiftung. — Welch ein Hohn ist dies in der gleichen Stadt, in der Tausende von Arbeitern auf das Niveau von Tieren heruntergezogen werden."[68]

Nichts davon fand der Leser in einem sehr positiven Artikel über Carnegie und seine Stiftung, den A. Harnack schon 1907 schrieb.[69] Kein Wort über die tatsächliche Situation erwähnte ein Bericht über die Carnegie-Feier in Pitts-

---

66 Ebd., S. 115.

67 Abgedruckt ebd., Bd. 4, S. 171—182.

68 Zitiert bei P. S. Foner, Karl Liebknecht und die Vereinigten Staaten von Amerika. Eine dokumentarische Studie. In: Jahrbuch für Wirtschaftsgeschichte, 1968, Teil III, S. 55.

69 Vgl. A. Harnack, Andrew Carnegie. In: Internationale Wochenschrift, Bd. I, 1907, Sp. 73—78.

burg von 1907.[70] Schon seit 1903, als sich die Carnegie-Institution um Auskünfte an die Berliner Akademie für ihr „Handbook of Learned Societies" wandte, verfolgte man in Berlin aufmerksam die Pläne von Carnegie; sie wären ein „Gegenstand von erheblichem Interesse für die Akademie", hieß es in einem Bericht der Akademie an das Ministerium.[71] Umgekehrt suchte man in den USA Informationen über die Organisation der wissenschaftlichen Forschung in Deutschland zu bekommen. So bedankte sich der USA-Astronom George E. Hale 1913 für H. Diels' Abhandlung über die Organisation der Wissenschaft und für A. Harnacks Geschichte der Berliner Akademie. Hale hatte über die Geschichte der Wissenschaft in den USA gearbeitet und plante damals ein Buch unter dem Titel „National Academies and the Progress of Research"[72].

Der Wettlauf der führenden imperialistischen Staaten von den USA bis Rußland[73] um die effektivste Organisation der wissenschaftlichen Forschung, der im Zusammenhang mit der Geschichte der Berliner Akademie nur kurz angedeutet werden konnte, bildete den Hintergrund für den Plan Rathenaus und die sich daraus ergebenden Folgerungen.

Rathenau konzipierte eine königlich preußische Gesellschaft nach dem organisatorischen Vorbild der Royal Society und des Institut de France. Sie sollte ein „Mittelglied zwischen einer staatlichen Institution und einem Verein bilden", sie sollte „fördern und unterstützen, nicht forschen, entwerfen und ausführen", sie sollte, „auf dem Boden der Selbstverwaltung aufgebaut, bei der Erfüllung weittragender Aufgaben in Wissenschaft und Kunst dem Staate sich zur Seite stellen und dem Monarchen eine Handhabe zur Förderung des kulturellen Lebens der Nation bieten". Rathenau wollte keine „Reichsinstitution", sondern eine preußische schaffen. Neben den „Donatoren, die durch erhebliche Zuwendungen für den Wirtschaftsbedarf der Gesellschaft aufkommen", sah Rathenaus Plan Ordentliche und Außerordentliche Mitglieder vor, die jährlich 100 bzw. 50 Mark Mitgliedsbeiträge zu zahlen hatten und die in Orts- und Provinzialverbänden organisiert sein sollten. Die Donatoren hatten jährlich 3000 oder einmalig 30000 Mark zu entrichten. Diese Zuwendungen, die Beiträge der Mitglieder, Zuschüsse des Staates sowie Stiftungen, Vermächtnisse und Zinsen sollten die finanzielle Basis der Gesellschaft bilden.

Für die Leitung der Gesellschaft waren ein Senat, ein Senatsausschuß und ein Präsidium vorgesehen. Seinen stark betonten „Grundsatz der Selbstverwaltung" führte Rathenau de facto ad absurdum, wenn er im Interesse des Monopolkapitals, das durch die „Donatoren" vertreten war, forderte: Um die „Einheitlichkeit und Kontinuität der Führung zu wahren, sodann um das Ansehen der Gesellschaft zu erhöhen, muß die Bestätigung sämtlicher Mitglieder der

---

[70] Vgl. ebd., S. 163—166, 227—230.

[71] Vgl. AAW II:VIa 1 Bd. 10, Bl. 252—255r, 291, 292, 295.

[72] Vgl. AAW II:VIa 16 Bd. 3, Bl. 68—70.

[73] Im Jahre 1911 regte die Akademie der Wissenschaften in Petersburg beispielsweise an, Forschungsinstitute zu schaffen. Vgl. M. S. Bastrakova, Oktjabr' i Akademija nauk. In: Vestnik Akademii nauk SSSR, 1974, Heft 2, S. 104.

Zentralbehörde, die Berufung eines größeren Teiles derselben und die Ernennung des Präsidiums Vorrecht des Königs bleiben". Senatoren sollten danach werden: 1. gewählte und vom König bestätigte Mitglieder der Orts- und Provinzialausschüsse, 2. von wissenschaftlichen und künstlerischen Korporationen, Universitäten und Akademien vorgeschlagene und vom König bestätigte Vertreter, 3. vom König bestätigte Donatoren und 4. vom König ernannte Mitglieder. Diese Parodie einer Selbstverwaltungsorganisation hatte die Hälfte der Mitglieder des Senatsausschusses zu wählen, während die andere Hälfte vom König ernannt wurde. Der Präsident und die fünf Präsidialmitglieder sollten ebenfalls vom König berufen werden.

Eine solche Organisation hatte wenig Aussicht, realisiert zu werden. Sie ging zwar von dem Prinzip einer Forschungsfinanzierung durch die Kapitalisten aus, sicherte aber deren Einfluß auf die Forschungsorganisation nicht genügend ab, da sie alle wesentlichen personellen Entscheidungen praktisch in die Hand des Staates gab und da die Beteiligung finanziell kaum ins Gewicht fallender Ordentlicher und Außerordentlicher Mitglieder den eigentlichen Zweck einer monopolistischen Finanzierung und Bestimmung der Forschung zu sehr in den Hintergrund drängte. Dennoch fanden wesentliche Grundgedanken des Plans von Rathenau Eingang in die Gründung der Kaiser-Wilhelm-Gesellschaft.

Dieser Gründung gingen langwierige Verhandlungen zwischen den interessierten Seiten voraus: den Monopolen, dem Staat und den Wissenschaftlern.[74] Einigkeit bestand anfangs nur in dem ganz allgemeinen Grundsatz, daß vor allem die naturwissenschaftliche Forschung immenser finanzieller Mittel bedarf, damit sie mit Aussicht auf Erfolg betrieben werden kann. Aus Staatsmitteln allein wäre dieser Geldbedarf nicht zu decken. Die Monopole waren bereit, Kapital in die Forschung zu investieren, wenn diese Forschung praxisverbunden war, wenn sie der Industrie anwendungsfähige Resultate lieferte, wenn sie also der Steigerung der Profite diente. Gerade hier tat sich aber der Gegensatz zu den Wissenschaftlern auf, die zwar das Geld für die Forschung, aber auch die „voraussetzungslose, reine Wissenschaft" erstrebten und die „Zweckforschung" weitgehend ablehnten. Mit Hilfe des Staates wurde schließlich der monopolistische Einfluß auf die Leitung und Organisation der Kaiser-Wilhelm-Gesellschaft und die Unterordnung der Wissenschaft unter das Monopolkapital gesichert. So entstand in der KWG „eine monarchistisch protegierte, mit dekorativem Beiwerk verbrämte, nach großkapitalistischen Spielregeln organisierte, zum staatsmonopolistischen Kapitalismus tendierende und seine Methoden schon frühzeitig praktizierende Wissenschaftsorganisation des deutschen Finanzkapitals"[75].

Die monopolistische Großbourgeoisie hat von Anfang an Wert darauf gelegt, den „rein wissenschaftlichen" Charakter der geplanten Forschungsförderung nach außen zu betonen. Weder die bürgerlichen Zeitgenossen der Gesellschafts-

---

[74] Vgl. G. Wendel, a.a.O., S. 62—103.
[75] Ebd., S. 120f, 281.

gründung[76] noch die spätere bürgerliche Forschung[77] haben zur Kenntnis genommen oder nehmen wollen, daß es um die Unterordnung der Wissenschaft unter das Monopolkapital ging. Eine Ausnahme machten auf Grund ihrer marxistischen Einsicht in die gesellschaftlichen Zusammenhänge lediglich die Linken in der deutschen Sozialdemokratie, deren Führer Karl Liebknecht den Klassencharakter der Kaiser-Wilhelm-Gesellschaft enthüllte.[78]

Die Absichten des Monopolkapitals konnten vor allem deswegen vor der Öffentlichkeit verborgen bleiben, weil die Gründung der Kaiser-Wilhelm-Gesellschaft in strengster Vertraulichkeit vorbereitet und gerade nur so viel bekannt gegeben wurde, wie unvermeidlich erschien. Bedeutsam war, daß man bewußt den Eindruck erweckte, als ginge die Bildung einer Förderergesellschaft für die Wissenschaft von Wissenschaftlern aus. Die offizielle Geschichte der Kaiser-Wilhelm-Gesellschaft beginnt daher stets nicht mit den Bemühungen der Vertreter des Monopolkapitals um die Nutzbarmachung der Forschung für die kapitalistische Produktion, sondern mit der Denkschrift von A. Harnack an Wilhelm II. vom 21. November 1909.[79] Harnack wurde dann 1911 auch der erste Präsident der KWG.

Harnack ging in der Denkschrift von einem bewußt überbetonten Rückstand der deutschen naturwissenschaftlichen Forschung und Forschungsorganisation gegenüber Frankreich, England und den USA aus und forderte in anachronistischer Anknüpfung an Ausführungen von Wilhelm von Humboldt die Gründung von Forschungsinstituten, die zwischen der Akademie und der Universität stehen sollten. Diese Interpretation der Humboldtschen Forderung nach einer aus Akademie, Universität und zwischen beiden eingeordneten „Hilfsinstituten" bestehenden höheren wissenschaftlichen Gesamtanstalt des Staates, die von den Gegebenheiten des beginnenden 19. Jh., als W. v. Humboldt seine Gedanken über die Forschungsorganisation darlegte, völlig abstrahiert, ist sehr kritisch zu bewerten und wurde selbst von den an der Gründung der KWG unmittelbar Beteiligten abgelehnt.[80]

Die verstärkte Förderung der Naturwissenschaft, für deren Verkündung der 100. Gründungstag der Berliner Universität im Herbst 1910 den Anlaß abgeben sollte, hielten Harnack und die hinter ihm stehenden Kreise für unbedingt erforderlich, um die Stellung des imperialistischen Deutschen Reiches zu festi-

[76] Vgl. ebd., S. 125ff.

[77] Vgl. beispielsweise K. Pfuhl, Die öffentliche Forschungsorganisation außerhalb des Hochschulbereichs unter besonderer Berücksichtigung verfassungs- und haushaltsrechtlicher Probleme. Jur. Diss. Göttingen 1958, S. 13ff.; G. Schreiber, Deutsche Wissenschaftspolitik von Bismarck bis zum Atomwissenschaftler Otto Hahn, Köln, Opladen 1954, S. 32f.

[78] Vgl. G. Wendel, a. a. O., S. 160—171.

[79] Vgl. den Druck der Denkschrift in: 25 Jahre Kaiser-Wilhelm-Gesellschaft zur Förderung der Wissenschaften, Bd. 1, Berlin 1936, S. 30—44.

[80] F. Schmidt-Ott, einer der treibenden Vertreter der preußischen Ministerialbürokratie bei der Gründung der KWG, schrieb über Harnack: „Indem er den Gedanken großer selbständiger Forschungsinstitute in etwas kühner Auslegung auf Wilhelm von Humboldt selbst aufbaute, ward er auch dem bevorstehenden Universitätsjubiläum gerecht." F. Schmidt-Ott, Erlebtes und Erstrebtes, Wiesbaden 1952, S. 118.

gen: „Die Wehrkraft und die Wissenschaft", schrieb Harnack, „sind die beiden starken Pfeiler der Größe Deutschlands."[81] Die Mittel für die geplante Forschungsgemeinschaft sollten vom Staat und von den Monopolen aufgebracht werden.

„Eine Kooperation des Staates und privater kapitalkräftiger und für die Wissenschaft interessierter Bürger ist ins Auge zu fassen", forderte Harnack[82]. Die Beherrschung der Wissenschaft durch die Monopole wollte Harnack institutionell durch „eine feste und straffe Form" sichern, indem jeder, der jährlich mindestens 1000 Mark „oder einmal eine gewisse näher festzustellende Summe spendet", Mitglied der zu gründenden Förderungsgesellschaft werden kann („weiterer Kreis"), die von einem Senat geleitet wird („engerer Kreis"). Es war beabsichtigt, diesem Senat „die Verwendung der jährlich zur Verfügung stehenden Gelder unter Oberaufsicht des Unterrichtsministers" zu übertragen. Er sollte bestehen: „1. aus den Stiftern großer Kapitalien, deren Minimalhöhe statutenmäßig festzusetzen ist, 2. aus Gönnern der Wissenschaft, die sich zu einem jährlichen Beitrag in einer zu bestimmenden, sehr beträchtlichen Höhe verpflichten und so lange sie diesen Beitrag gewähren, 3. aus den Deputierten des weiteren Kreises, 4. aus einer festen Anzahl von Gelehrten und Freunden der Wissenschaft, die von Ew. Majestät ernannt werden und endlich 5. aus Mitgliedern, die der Unterrichtsminister deputiert."

Auf diese juristisch fixierte Unterordnung der Forschung unter das Monopolkapital lief die Denkschrift Harnacks hinaus. Der Plan stammte gar nicht von ihm, sondern „ein hervorragendes Mitglied der Großindustrie" hatte ihn „in einer Unterredung in den Grundzügen entwickelt und nahegelegt". Dieses „Mitglied" war höchstwahrscheinlich Walter Rathenau.[83] Sein Plan und Überlegungen der Ministerialdirektoren im preußischen Kultusministerium, Friedrich Althoff und Friedrich Schmitt-Ott, wurden im Interesse der Monopole aufgegriffen und von Harnack formuliert.

Der Wissenschaftspolitiker Harnack, der das Vertrauen des Kaisers und damit der Staatsführung genoß, bot als Theologe den Vorteil, daß mögliche interdisziplinäre Auseinandersetzungen zwischen den Naturwissenschaftlern über die Wertigkeit ihrer Spezialgebiete von vornherein eingeschränkt werden konnten. Durch den langjährigen Geschäftsführer des Verwaltungsausschusses der KWG, Friedrich Glum, wird das intensive Zusammenwirken von Monopolkapital, Ministerialbürokratie und in das imperialistische System integrierter Wissenschaft bei der Gründung der KWG bestätigt, wenn er auch die entscheidende Rolle des Monopolkapitals unterschlägt. Nach Glum galt Harnack „allgemein als der eigentliche Initiator des Unternehmens. Er legte auch großen Wert darauf, als solcher zu gelten." Aus persönlicher Kenntnis und aus der Beschäftigung mit den Akten kam Glum jedoch zu dem Ergebnis, „daß Harnack eigentlich nichts anderes getan hat, als das Aide-mémoire des Kultusministeriums und

[81] Denkschrift, a. a. O. (Im Original hervorgehoben).
[82] Denkschrift, a. a. O., auch zum Folgenden.
[83] Vgl. G. Schreiber, a. a. O., S. 34f, 41, sowie die obigen Ausführungen.

die Denkschrift Rathenaus zu vereinigen, allerdings in einer besonders glücklichen und eleganten Form."[84]

Die 1911 ins Leben getretene Kaiser-Wilhelm-Gesellschaft war nicht völlig nach den Harnackschen Plänen organisiert. Obwohl bei ihm der jährliche Beitrag schon auf 1000 Mark gegenüber 50 bzw. 100 Mark bei Rathenau heraufgesetzt worden war, entsprach auch eine solche auf einen größeren Mitgliederkreis orientierte Gesellschaft nicht den Absichten der einflußreichen Monopole. Sie wollten allein bestimmen und setzten durch, daß nur die finanzstärksten Großkapitalisten Mitglieder wurden. Diese etwa 200 Mitglieder brachten 15 Mio Mark in die Gesellschaft ein und garantierten jährlich etwa 100000 Mark Mitgliedsbeiträge. Bis 1918 gründete oder übernahm die KWG 15 Institute, davon acht allein im ersten Weltkrieg. Von den 15 Instituten gehörten sieben zum physikalisch-technischen Bereich, sechs zum biologisch-medizinischen Bereich und zwei in das Gebiet der Gesellschaftswissenschaften.[85]

Die Berliner Akademie als Institution wurde im Unterschied zu einzelnen ihrer Mitglieder in die Vorbereitungen der KWG-Gründung nur teilweise eingeschaltet. Das zeigte anschaulich den Stellenwert, den die monopolistischen „Wissenschaftsförderer" der Akademie im imperialistischen Wissenschaftsgefüge zubilligten. Harnack hatte in einer Rede zum Friedrichstag der Akademie im Januar 1910 einige Grundgedanken seiner Denkschrift andeutungsweise anklingen lassen, ohne allerdings die damals schon im Gang befindlichen Planungen zu erwähnen. Seine Ausführungen über die Notwendigkeit einer intensiveren Wissenschaftsförderung waren eingebettet in einen historischen Rückblick auf die Forschungsorganisation der Akademie.[86]

Bei der Gründung der KWG muß klar unterschieden werden zwischen dem zentralen Problem der Finanzierung und der Beherrschung der Forschung durch die Monopole einerseits und den für die Kapitalgeber relativ untergeordneten Fragen, die mit der inneren wissenschaftlichen Arbeitsorganisation der einzelnen Institute, mit deren Standort und anderen Problemen zusammenhingen, andererseits. In diesem, nicht so sehr in jenem Bereich bedurfte man des Rats der Fachwissenschaftler, und hier wurde die Akademie sogar schon eingeschaltet, bevor Harnack seine Denkschrift im November 1909 vorlegte.

Im Frühjahr 1909 erhielt die Berliner Akademie „streng vertraulich" eine Denkschrift des preußischen Ministeriums der geistlichen, Unterrichts- und Medizinalangelegenheiten, die von F. Schmidt-Ott auf der Grundlage von Überlegungen von F. Althoff ausgearbeitet worden war und die die mögliche Gründung wissenschaftlicher Forschungsinstitute in Dahlem bei Berlin behandelte.

[84] F. Glum, Zwischen Wissenschaft und Politik. Erlebtes und Erdachtes in vier Reichen, Bonn 1964, S. 201, 202.

[85] Vgl. G. Wendel, a. a. O., S. 171ff; 25 Jahre Kaiser-Wilhelm-Gesellschaft, a. a. O.

[86] Vgl. Sb 1910, S. 53–63. Seine wichtigste Schlußfolgerung lautete: „Die Wissenschaft ist würdig, in derselben Weise als Sache der ganzen Nation betrachtet und behandelt zu werden wie die Wehrkraft, und es müssen alle Kräfte, auch die materiellen, angespannt werden, um sie zu fördern." Dazu würden aber staatliche Mittel allein nicht genügen. Ebd., S. 62.

Von den beiden Klassen wurden daraufhin bis zum November 1909 Vorschläge ausgearbeitet.[87]

In der physikalisch-mathematischen Klasse verlangten vor allem E. Fischer, F. E. Schulze, H. Munk und A. Penck, „daß man ein Protektorat der Akademie über die etwa zur Errichtung kommenden Institute, soweit diese in den Bereich der Akademie fallen würden, beantragen solle. Von einer Bezeichnung solcher Institute als ‚Reichsinstitute' möge abgesehen werden". Während weiterer Verhandlungen setzten sich J. H. van't Hoff und W. Waldeyer „für Institute nach Art der Nobel-Institute in Stockholm und für Hirnforschung" ein. Schließlich regte die Klasse an, folgende Institute für die Akademie vorzusehen: ein physikalisch-chemisches Institut nach dem Vorbild des Instituts von S. Arrhenius in Stockholm, für das van't Hoff eintrat; ein Institut für Radioaktivität und Elektronik forderten E. Warburg und W. Nernst, der ferner noch Institute für Serumforschung, für Mineralchemie und für physikalische Chemie gegründet sehen wollte; H. Munk und W. Waldeyer sprachen sich dafür aus, ein Institut für Hirnforschung zu schaffen, und F. E. Schulze regte ein Institut für Photographie zu wissenschaftlichen Zwecken an, da die Photographie für die natur- und gesellschaftswissenschaftliche Forschung unentbehrlich wäre. Die Klasse glaubte, daß für die von ihr vorgeschlagenen Institute etwa sechs Hektar Fläche erforderlich wären.

Auch in der philosophisch-historischen Klasse wurden die Pläne für Institutsgründungen „lebhaft ventiliert". A. Harnack wurde beauftragt, die „Wünsche der Klasse, die zunächst auf 1. Errichtung eines Schatzhauses der Abklatsche (ägyptische, griechische, lateinische), 2. auf Reproduzierung der früher von der Akademie eingereichten Pläne betr. ‚Deutsches Institut' und ‚Historisches Institut' gehen, zusammenzufassen". Für das Magazingebäude und die beiden Institute wurde ein Areal von 7000 m^2 beantragt.

Die inhaltlichen Vorschläge beider Klassen wurden am 13. November 1909 zu einem Bericht an den Minister zusammengefaßt, wobei besonders darauf verwiesen wurde, daß die Bedürfnisse der Wissenschaft für die nächsten 10 bis 20 Jahre bei den Überlegungen der Akademie berücksichtigt worden wären. Die Vorschläge der Akademie wurden jedoch entweder nicht oder nur im Bereich der Naturwissenschaften — teilweise ohne Mitwirkung der Akademie — realisiert.

Im Januar 1911 machten einige Akademiemitglieder, der Physiologe H. Munk, der Zoologe F. E. Schulze und der Geologe W. v. Branca noch einmal einen Vorstoß und suchten von der Akademieleitung zu erfahren, „1. ob und wie dic Akademie bei den Vorverhandlungen über die wissenschaftlichen Institute vertreten gewesen sei; 2. ob und wie in dem Statut der Kaiser-Wilhelm-Stiftung die Beziehungen der Institute zur Akademie geregelt sind". Eine Antwort auf diese als wichtig anerkannten Fragen zu geben, sah sich „das Sekretariat außer Stande". Nachdem das Problem anschließend in der physikalisch-mathematischen Klasse beraten worden war, kamen Klasse und Sekretariat

[87] Vgl. dazu AAW II:VI a 1 Bd. 13, Bl. 230—262r.

zu dem Ergebnis, „die Angelegenheit einstweilen auf sich beruhen zu lassen“[88]. Selbst vor den Mitgliedern der Akademie sollte also so lange wie möglich verschwiegen werden, was unter dem direkten Einfluß der Monopole auf wissenschaftsorganisatorischem Gebiet getan wurde.

Die Entstehungsgeschichte der Kaiser-Wilhelm-Gesellschaft verdeutlicht, warum es zu einer engeren organisatorischen Verflechtung mit den bestehenden staatlichen Forschungsinstitutionen nicht kommen konnte. Das Monopolkapital wollte durch die KWG die wissenschaftliche, vor allem die für die Industrie unentbehrliche naturwissenschaftliche Forschung in den Griff bekommen und zugleich durch die Einbeziehung des Staates die Wissenschaftspolitik nachhaltig beeinflussen. Die Geschichte und die Stellung der Berliner Akademie zeigten jedoch, daß sie für diese Zwecke weitgehend ungeeignet war. Ihr Arbeitsgebiet waren weit stärker die Gesellschafts- als die Naturwissenschaften. Hinsichtlich ihrer Organisation war die Berliner Akademie eine gelehrte Gesellschaft Preußens — und nicht des Deutschen Reiches —, in der die wissenschaftliche Forschungsarbeit trotz der bestehenden wissenschaftlichen Unternehmungen insgesamt erst an zweiter Stelle hinter dem Austausch von Forschungsergebnissen in den Sitzungen der Klassen und der Gesamtakademie stand.

Das Arbeitsgebiet, die Mitgliedschaft und die Organisation der Berliner Akademie hätten also zunächst gründlich geändert werden müssen, wenn sie eine entscheidende Rolle in der Wissenschaftsentwicklung des imperialistischen Staates hätte spielen wollen. Beide Organisationen, die Kaiser-Wilhelm-Gesellschaft und die Berliner Akademie, hatten ihre bestimmten Funktionen im imperialistischen Wissenschaftssystem, das beiden Existenzberechtigung gewährte, aber die kooperative Zusammenarbeit beider nur in ganz allgemeiner Form ermöglichte. Deshalb konnte auch die „Besprechung über das Verhältnis zwischen der Akademie der Wissenschaften und der Kaiser-Wilhelm-Gesellschaft bzw. deren Instituten am 25. November 1911 im Kultusministerium“ praktisch kein Ergebnis haben.[89] In Anwesenheit der Vertreter des Ministeriums, F. Schmidt-Ott und H. A. Krüss, berieten die Akademiemitglieder A. Harnack und E. Fischer namens der KWG und die Akademiemitglieder A. Auwers, W. Waldeyer, H. Diels, E. Meyer, U. v. Wilamowitz-Moellendorff und W. Nernst als Vertreter der Akademie. Den Anlaß bildete die Einrichtung der drei Mitgliederstellen in der physikalisch-mathematischen Klasse der Akademie für Direktoren der Kaiser-Wilhelm-Institute, die ohne Anhörung der Akademie getroffen wurde und worin diese eine Bevormundung erblickte. Schmidt-Ott ging hinsichtlich des Verhältnisses beider Institutionen davon aus, „daß es der Natur der Sache nach nicht angängig sei, bei wesentlich privaten Instituten der Akademie von vornherein entscheidenden Einfluß zu geben“; die Akademie solle sich „wohlwollend“ zu den neuen Kaiser-Wilhelm-Instituten verhalten. Vermittelnd schlug Fischer vor, die entsprechende Klasse der Akademie als Gutachter bei Berufungen von Institutsdirektoren der KWG zu hören. Dieses sehr

[88] AAW II:V g Bd. 4, unpag., Eintragungen vom 19. 1. 1911, 9. 2. 1911.
[89] Vgl. die Wiedergabe des Protokolls bei G. Wendel, a. a. O., S. 385—389.

bescheidene Angebot wurde von Diels begrüßt, von Schmidt-Ott und Harnack aber abgelehnt. Damit war dieser Versuch zu einem modus vivendi gescheitert. Wie zu dieser Frage mit Recht festgestellt wurde, lag die Schuld am Nichtzustandekommen einer Zusammenarbeit der Akademie und der Gesellschaft „nicht so sehr bei der Akademie und ihrem Konservatismus, als vor allem bei der Kaiser-Wilhelm-Gesellschaft bzw. ihren Donatoren, die für ihre Unternehmen zwar die Wissenschaftler, ihren Rat und ihr Können brauchen, nicht aber ihren maßgeblichen Einfluß. Die Gelehrten ihrerseits wehren sich gegen die Bestrebungen der Wirtschaft, die Wissenschaft zur Magd der Produktion zu machen. Indem sie sich dabei aber nicht gegen den Kapitalismus wenden, sondern auf ein altes Wissenschaftsideal berufen, erschweren sie es zwar dem Unternehmertum, sich die Akademie unterzuordnen, zugleich aber hemmen sie — zweifellos mehr unbewußt — den Fortschritt der Produktivkräfte, sie begreifen nicht, sieht man von wenigen Ausnahmen ab, die echten Forderungen der Praxis und die Bedeutung einer engen Wechselbeziehung zwischen Wissenschaft und Produktion für den Fortschritt beider Bereiche"[90]. Tatsächlich liefen die Beziehungen zwischen der Kaiser-Wilhelm-Gesellschaft und der Berliner Akademie in der Folge darauf hinaus, daß die Berliner Akademie das Gremium war, dem führende Wissenschaftler der Kaiser-Wilhelm-Gesellschaft — vor allem Institutsdirektoren — als Mitglieder angehörten und vor dem sie ihre wissenschaftlichen Forschungsergebnisse vortragen konnten.

Die mit der Gründung der KWG gefundene Form der Forschungsorganisation entsprach den damals gegebenen Möglichkeiten in Deutschland. Aber selbst der KWG-Präsident Harnack, der auf die Bildung der KWG großen Einfluß genommen hatte, ohne doch deren Initiator gewesen zu sein, war sich bewußt, daß damit vor der Akademie stehende Aufgaben ungelöst blieben. Er setzte sich 1912 in einem Brief an den Akademie-Sekretar Diels ausführlich mit dem Verhältnis zwischen der KWG und der Akademie auseinander und schrieb über die Akademie: „Auf der einen Seite steht die Akademie mit ihren großen geistigen Kräften. Aber gemessen an den Aufgaben der Gegenwart sind ihre Mittel kläglich gering und ihre Organisation ist m. E. in mehr als einer Hinsicht zu schwerfällig und veraltet. Das erstere braucht nicht nachgewiesen zu werden, das letztere ergibt sich aus der ganz anderen Stellung, welche die Wissenschaft im öffentlichen Leben und als angewandte Wissenschaft gewonnen hat. Die Organisation der Akademie stammt aus der Zeit, da Wissenschaft lediglich Sache der Gelehrten war und in gewisser Weise ein Arcanum. Die Akademie — will sie in lebendiger Fühlung mit der neuen Stellung der Wissenschaft bleiben und die Führerrolle behaupten — muß sich erweitern. Andernfalls droht ihr, daß sie auf die Rolle sich selbst beschränkt, die der Senat in der späteren Kaiserzeit hatte. Sie muß auch die angewandte Wissenschaft kommandieren, und sie muß daher auch ein festes Verhältnis zu den Bürgern gewinnen, die sich aus diesem

[90] Ebd., S. 114f. Zum Verhältnis zwischen Wissenschaft, Wissenschaftlern und imperialistischer Gesellschaftsordnung vgl. auch L. Stern, Zur Geschichte und wissenschaftlichen Leistung der Deutschen Akademie der Naturforscher „Leopoldina", Berlin 1952, bes. S. 86ff.

oder jenem Grunde zur Wissenschaft gezogen fühlen bzw. die sie für ihre technischen Unternehmungen benutzen und in ihren Fabrik-Laboratorien und sonst bedeutend fördern. Die Akademie muß ins Leben hinein, weil die Wissenschaft heutzutage mitten im Leben steht — ganz anders als vor noch 20 Jahren."[91]

Diese Ausführungen erinnern nicht zufällig recht stark an die Worte, mit denen einst T. Mommsen das neue Mitglied Harnack in der Akademie begrüßt hatte, denn das aufgeworfene Problem hatte zwar seither an Gewicht gewonnen, war seinem Wesen nach aber unverändert geblieben: „Auch die Wissenschaft", sagte Mommsen schon 1890, „hat ihr soziales Problem; wie der Großstaat und die Großindustrie, so ist die Großwissenschaft, die nicht von einem geleistet, aber von einem geleitet wird, ein notwendiges Element unserer Kulturentwicklung, und deren rechte Träger sind die Akademien oder sollten es sein . . . Die Großwissenschaft braucht Betriebskapital wie die Großindustrie, und wenn dies versagt, so ist die Akademie eben ornamental und müssen wir es uns gefallen lassen, von dem Publikum als Dekoration angesehen und als überflüssig betrachtet zu werden."[92]

Die weitsichtigen und zugleich kritischen Überlegungen der beiden hervorragenden bürgerlichen Wissenschaftler und Wissenschaftsorganisatoren in den Jahrzehnten um die Wende vom 19. zum 20. Jh., als sich das Forschungsgefüge des deutschen Imperialismus herausbildete, markieren doch auch gleichzeitig die Grenzen, in die die Akademie in dieser Zeit eingezwängt war. Die Mitglieder und Mitarbeiter der Akademie haben trotz „schwerfälliger und veralteter Organisation", trotz „kläglich geringer Mittel" große Leistungen erbracht und das Ansehen der Akademie geprägt und gefördert. Diese war und wurde deshalb auch keineswegs eine „überflüssige ornamentale Dekoration", wenn ihr auch der Schritt „ins Leben hinein" unter den damals obwaltenden Bedingungen nicht gelingen konnte; die von Harnack im weiteren Text seines Briefes dem Repräsentanten der Akademie tröstend verheißene Hoffnung, „daß die beiden Gesellschaften in Frieden nebeneinander stehen und zusammenarbeiten", war doch keine akzeptable Alternative für die Akademie. Ihre wirkliche Existenzberechtigung mußte sie in der Tat erst finden durch die Verschmelzung von Gelehrtengesellschaft und Forschungsinstitution. Harnack sah das Problem, den Weg konnte er nicht weisen.

3. Mitgliederpolitik der Akademie. Zum wissenschaftlichen Wirken ihrer Ordentlichen Mitglieder im Plenum und in den Klassen

Die Grundlage der Mitgliederpolitik und deren Bedeutung für die Entwicklung der Akademie blieben in diesem Abschnitt ihrer Geschichte im wesentlichen

[91] Der Brief ist ausführlich zitiert in: Tätigkeitsbericht der Forschungsgemeinschaft der naturwissenschaftlichen, technischen und medizinischen Institute der Deutschen Akademie der Wissenschaften zu Berlin 1957/58, Berlin 1959, S. 26ff.

[92] Sb 1890, S. 792f.

unverändert. Einige Neuerungen wurden eingeführt, sie waren aber äußerer Natur. Im Jahre 1911 wurde die Zahl der Ordentlichen Mitglieder in der physikalisch-mathematischen Klasse von 32 auf 35 erhöht, und 1913 erfolgte eine gleiche Erhöhung für die philosophisch-historische Klasse. Die jeweils drei neuen Stellen waren in der einen Klasse den Leitern der Kaiser-Wilhelm-Institute vorbehalten und sollten in der anderen vorwiegend mit Vertretern der historischen und staatswissenschaftlichen Fächer besetzt werden.[1] Damit konnte die Akademie nun insgesamt 70 Ordentliche Mitglieder aufnehmen. Die Zahl der Korrespondierenden Mitglieder betrug unverändert 100 für jede Klasse, doch wurde 1914 die Aufteilung dieser Stellen in der philosophisch-historischen Klasse neu vorgenommen durch die Einführung von 10 „freien" Stellen, wofür die anderen Fächer jeweils ein bis zwei Stellen abgeben mußten.

Die mehrfachen Änderungen in der Verteilung der Fachstellen sowohl für die Ordentlichen als auch für die Korrespondierenden Mitglieder seit 1900 deuteten an, daß diese Aufteilung der Wissenschaftsentwicklung zunehmend weniger gerecht wurde. An Stelle einer durchgehenden Reform erfolgten jedoch nur hin und wieder einzelne Veränderungen, die das Problem nicht lösten. Dieses Verhalten entsprach offensichtlich den Ansichten der Mehrheit der Akademiemitglieder, die sich auch in anderen Fällen durch Reformfreudigkeit nicht gerade auszeichneten.

Allerdings ist in dieser Zeit das Problem der Mitgliederpolitik auch grundsätzlich aufgeworfen worden, jedenfalls fand es zum ersten Mal Niederschlag in den Dokumenten der Akademie. Nachdem seine Vorschläge für Korrespondentenwahlen zweimal abgelehnt worden waren, schrieb Schmoller 1911 eine Stellungnahme zur Wahlpolitik und bat ausdrücklich darum, diese zu den Akten zu nehmen.[2] Obwohl der Anlaß für diese Äußerungen lediglich die persönliche Verärgerung von Schmoller war, kommt ihnen durchaus Bedeutung zu, wenn sie auch ohne Folgen blieben.

Daß Schmoller die ungenügende Beachtung der Staats- und Rechtswissenschaften beklagte, mag man vor allem seiner persönlichen Unzufriedenheit zuschreiben, obwohl er eigentlich vom Standpunkt der herrschenden Klassen aus Recht hatte. Die Grundprinzipien der Wahlpolitik berührte er jedoch mit dem Hinweis auf den ungerechtfertigt hohen Anteil der Philologie und auf die Tatsache, daß die herrschende Majorität die freien Stellen unter sich aufteilte. Das Übergewicht der Philologie wäre, so meinte Schmoller, berechtigt gewesen, als diese das wissenschaftliche Hauptinstrument für die meisten Gesellschaftswissenschaften war und große Philologen wie Böckh und Mommsen zugleich als Historiker und Staatswissenschaftler wirkten. Der spezialisierte Gelehrtenbetrieb hätte jedoch zu einer gewissen Verengung des Horizonts geführt, insbesondere bei den Philologen, weniger dagegen bei den Historikern und Philo-

---

1 Vgl. über die Mitglieder der Akademie E. Amburger (Hrsg), Die Mitglieder der Deutschen Akademie der Wissenschaften zu Berlin 1700—1950, Berlin 1950.

2 Vgl. AAW II:III a Bd. 18, Bl. 118—124.

sophen, deren Aufgaben mehr im Mittelpunkt aller „Geisteswissenschaften" ständen. Eine Erhöhung der Stellenzahl für Historiker und Philosophen hielt Schmoller für dringend geboten, doch bezweifelte er, ob solche Vorschläge aus der Akademie selbst kommen würden. Auch die seinerzeitigen Neubegründungen von Fachstellen für deutsche Sprache und für Technik wären nicht von der Akademie ausgegangen. Schmoller, der wohl selbst nicht an Änderungen glaubte, bezeichnete das von ihm aufgeworfene Problem als eine der „Lebensfragen der Akademie".

Festzuhalten bleibt, daß Schmoller in seinem eigenen Fachinteresse schrieb, daß er selbst nur wenige und keine grundsätzlichen Änderungen anstrebte und daß er in seiner Argumentation ganz der formalen Gegenüberstellung einzelner gesellschaftswissenschaftlicher Disziplinen verhaftet blieb. Zugleich war er zu dieser Zeit einer derjenigen, die offen auf einige Elemente der Diskrepanz zwischen der Entwicklung der Wissenschaft im Imperialismus und der Organisation der Akademie hinwiesen, allerdings mit einer auch für einen bürgerlichen Wissenschaftler unzureichenden Argumentation, die hauptsächlich aus persönlicher Verärgerung resultierte. Nur so ist sein — wenig später widerrufener[3] — Hinweis zu verstehen, er wolle nicht mehr in der Akademie mitarbeiten, außer an den Acta Borussica, da er seine Mitarbeit aus Altersgründen dort einschränken müßte, „wo ich am ehesten entbehrlich bin und wo ich am wenigsten gut behandelt werde." Schmoller hatte jedoch einen wunden Punkt der Akademie getroffen, wie die Äußerungen der Sekretare Auwers und Diels zeigten. Auwers hätte den Brief von Schmoller „mit aufrichtigem und lebhaftem Mitgefühl" gelesen, während sich Diels als Philologe persönlich von einem Anteil an der Ablehnung der Wahlvorschläge Schmollers freisprach. Nicht zuletzt die 1913 erfolgte Erhöhung der Fachstellen für die Vertreter der Geschichte und der Staatswissenschaften gab Schmoller Recht.

Im Jahre 1913 kam es zu einer umfassenderen Diskussion in der philosophisch-historischen Klasse über die Wahl Ordentlicher Mitglieder, die allerdings wegen der Kürze des Protokolls darüber nur bedingt Schlüsse zuläßt. Klar wird jedenfalls, daß sich Schmoller erneut über die mangelnde Berücksichtigung der Staatswissenschaften beklagte. Die wenig später erfolgte Wahl von Otto Hintze und Max Sering war sicher auch eine Antwort auf diese Diskussion. Harnack trat schon damals für Ernst Troeltsch als Ordentliches Mitglied ein, der erst 1912 zum Korrespondierenden Mitglied gewählt worden war. Nach Berlin wurde Troeltsch 1915 berufen, Harnacks Vorschlag in der Akademie sollte wahrscheinlich den Berufungsvorgang an der Universität positiv beeinflussen. Für die Archäologie meldete Wilamowitz Forderungen an; für die neuere Kunstgeschichte und die Ägyptologie verlangte E. Meyer weitere Stellen; Sachau verwies darauf, daß die alttestamentliche Exegese und die Assyriologie nicht vertreten waren; W. Schulze „gedachte der Vertretung der slawischen Philologie"; Roethe wollte den Blick auch über die Berliner Universität hinaus gerichtet

[3] Vgl. AAW II:III a Bd. 18, Bl. 163—164.

wissen.[4] Solche Aussprachen, die aktenmäßig sehr schwer zu fassen sind, zeigen einerseits das Bemühen, der Akademie ihre wissenschaftliche Stellung zu erhalten, sind andererseits aber auch Ausdruck dafür, daß die hinsichtlich ihrer Organisation schwerfällige Akademie nicht in der Lage zu durchgreifenden Änderungen war.

Eine Unterbrechung der regelmäßigen Wahlen Korrespondierender Mitglieder verursachte die Entfesselung des ersten imperialistischen Krieges. 1915 richtete die Bayerische Akademie der Wissenschaften die Anfrage an die Berliner Akademie, ob während des Krieges deutsche und österreichische Gelehrte in die Akademie gewählt würden. Nichtdeutsche, selbst Ausländer aus neutralen Ländern zu wählen, lehnte die Akademie in München „selbstverständlich" ab.[5] Die Berliner Akademie hatte, wie Diels schrieb, gegen die Wahl deutscher Wissenschaftler keine Bedenken und die Wahl von Wissenschaftlern aus Österreich oder dem neutralen Ausland zu diesem Zeitpunkt noch nicht erwogen. Gegen die Berufung von Deutsch-Österreichern hatte die Berliner Akademie jedoch grundsätzlich nichts einzuwenden, während bei anderen österreichischen Gelehrten von Fall zu Fall entschieden werden müßte. Diels' Hinweis, daß die Auszeichnung eines Tschechen im Februar 1915 innerhalb der Akademie auf politische Bedenken gestoßen wäre, ist im Konzept des Antwortbriefes nach München gestrichen.[6]

Insgesamt wurden in der hier behandelten Zeit absolut und relativ weniger Mitglieder gewählt als in der vorhergehenden Periode.[7] Am 1. Januar 1911 zählte die physikalisch-mathematische Klasse 25 Ordentliche Mitglieder, von denen bis 1917 sechs starben. Neun Mitglieder wurden von 1911 bis 1915 — in diesem Jahr erfolgte die letzte Wahl vor 1917 — hinzugewählt, so daß 28 der inzwischen auf 35 Fachstellen vermehrten Plätze Ende 1917 besetzt waren.

Zur philosophisch-historischen Klasse gehörten am 1. Januar 1911 insgesamt 27 Mitglieder, 13 wurden bis 1916 hinzugewählt, und neun schieden durch Tod aus. 31 der zur Verfügung stehenden 35 Stellen waren also Ende des Jahres 1917 vergeben.

Damit waren von den 70 Ordentlichen Fachstellen im Jahre 1917 nur 11 — also rund 14% — unbesetzt; das waren weniger als 1910 (18%).

Ungünstiger sah die Situation bei den Korrespondierenden Mitgliedern aus. In der physikalisch-mathematischen Klasse sank die Zahl der Korrespondierenden Mitglieder von 76 im Jahre 1911 auf 60 im Jahre 1917, wobei die Entwicklung in den einzelnen Fächern recht unterschiedlich war (in Klammern werden die zulässigen Zahlen der Korrespondierenden Mitglieder angegeben).

---

4 Vgl. AAW II:III a Bd. 19, Bl. 34.

5 Vgl. AAW II:VI a 1 Bd. 17, Bl. 44—44r.

6 Vgl. AAW II:VI a 1 Bd. 17, Bl. 45. Am 7. und 15. 1. 1915 beriet die philosophisch-historische Klasse über die Verleihung einer silbernen Leibniz-Medaille der Akademie an den tschechischen Philologen J. Polívka, der mit J. Bolte von 1913 bis 1932 die „Anmerkungen zu den Kinder- und Hausmärchen der Brüder Grimm" herausgab. Vgl. AAW II:VI f Bd. 23.

7 Die folgenden Angaben stützen sich auf die jährlichen Übersichten über die Mitglieder im AAW II:III c 2 Bd. 1 (OM); II:III c 3 Bd. 1 (KM der phys.-math. Kl.); II:III c 4 Bd. 1 (KM der phil.-hist. Kl.).

Korrespondierende Mitglieder der physikalisch-mathematischen Klasse nach Fachstellen von 1911 bis 1917 (jeweils am 1. Januar).

	1911	12	13	14	15	16	17	18
Physik (10)	10	10	9	9	10	10	10	10
Chemie (10)	8	7	7	7	7	7	6	6
Mineralogie, Geologie u. Paläontologie (10)	8	7	6	6	5	3	3	3
Botanik (10)	9	8	7	10	10	9	8	7
Zoologie (10)	10	10	10	9	7	7	7	7
Anatomie und Physiologie (10)	8	9	9	10	10	10	9	8
Mathematik (10)	9	9	8	9	9	9	7	6
Astronomie (10)	8	8	6	6	4	4	4	4
Geographie u. Geophysik (10)	5	5	5	5	5	5	4	5
Technik (10)	1	1	1	3	3	2	4	4
	76	74	68	74	70	66	62	60

In der philosophisch-historischen Klasse sank der Anteil der besetzten Stellen der Korrespondierenden Mitglieder von 1911 bis 1917 relativ weniger stark. Der niedrigste Stand war hier Ende 1916 mit 63 Mitgliedern erreicht, wie die folgende Übersicht zeigt (in Klammern werden die zulässigen Zahlen der Korrespondierenden Mitglieder vor bzw. nach dem 1. Januar 1914 angegeben).

Korrespondierende Mitglieder der philosophisch-historischen Klasse nach Fachstellen von 1911 bis 1917 (jeweils am 1. Jan.)

	1911	12	13	14	15	16	17	18
Philosophie u. deren Geschichte (8 bzw. 7)	4	3	4	4	6	6	5	4
Klass. Philologie einschl. d. klass. Epigraphik (24 bzw. 22)	19	22	21	21	21	18	18	17
Geschichte einschl. d. hist. Hilfswiss. u. d. Geographie (19 bzw. 17)	16	16	15	15	17	15	15	15
Deutsche u. a. europ. Philologie ausschl. d. klass. (11 bzw. 10)	9	7	7	8	9	8	7	8
Kunstwissenschaft einschl. d. Münzkunde (9 bzw. 8)	6	6	5	5	4	2	2	2
Orientalische Philologie einschl. d. vergl. Sprachforschung (19 bzw. 17)	11	13	13	12	11	10	9	9
Rechts- u. Staatswissenschaften (10 bzw. 9)	7	7	7	7	7	7	6	9
Freie Stellen (10)	—	—	—	1	1	1	1	2
	72	74	72	73	76	67	63	66

Zusammenfassend läßt sich sagen, daß die Zahl der Korrespondierenden Mitglieder auch in dieser Zeit wie schon früher schwankte, insgesamt aber weiter absank, so daß zeitweilig 37 bis 40% der Stellen unbesetzt blieben. Selbst bei Berücksichtigung der besonderen Verhältnisse während des Krieges zeigt sich darin eine ungenügende Aufmerksamkeit der Ordentlichen Akademiemitglieder für die kontinuierliche Zuwahl.

Von 1911 bis 1917 wurden 41 Korrespondierende Mitglieder in die Akademie gewählt, von denen 18 Naturwissenschaftler und 23 Gesellschaftswissenschaftler waren. Den 18 Naturwissenschaftlern können noch zwei unmittelbar vor Ausbruch des ersten Weltkrieges lediglich in der physikalisch-mathematischen Klasse — und nicht mehr vom Plenum — gewählte Wissenschaftler, der russische Geophysiker Boris Golicyn und der französische Mineraloge Alfred Lacroix, hinzugefügt werden.

Von 1911 bis 1917 gewählte Korrespondierende Mitglieder der physikalisch-mathematischen Klasse nach Fachstellen

Physik	1
Chemie	—
Mineralogie, Geologie und Paläontologie	1 (1)
Botanik	3
Zoologie	—
Anatomie u. Physiologie	5
Mathematik	2
Astronomie	—
Geographie u. Geophysik	2 (1)
Technik	4
Insgesamt	18 (2)

Die sechs ausländischen Korrespondierenden Mitglieder, die in diesem Zeitabschnitt in die Klasse gewählt wurden, stammten aus Belgien, Italien, den Niederlanden, Österreich, Schweden — einzige KM-Wahl in dieser Klasse während des Krieges bis 1917 — und den USA. Von den 12 deutschen Korrespondierenden Mitgliedern wirkten nur fünf an den preußischen Universitäten Göttingen (3), Halle (1) und Marburg (1); sechs hatten Lehrstühle in Leipzig (1), München (2), Straßburg (1) und Tübingen (2), ein Mitglied war Techniker in Jena. Die Hälfte dieser 12 Mitglieder aus Deutschland wirkten in Städten, in denen es Akademien der Wissenschaften gab: Leipzig (1), München (2) und Göttingen (3). Das Einzugsgebiet für Korrespondierende Mitglieder war damit bedeutend enger geworden als im ersten Jahrzehnt der imperialistischen Entwicklung Deutschlands.

Während der Anteil der neu gewählten ausländischen Korrespondierenden Mitglieder in der physikalisch-mathematischen Klasse nur ein Drittel betrug, lag er in der philosophisch-historischen Klasse bei etwa 56%, denn von den 23 Gewählten waren 13 Ausländer, von denen einer — ein Schwede — während des Krieges 1917 gewählt wurde.

Die 13 ausländischen Korrespondierenden Mitglieder dieser Klasse stammten aus sieben Ländern, ein Wissenschaftler wirkte in der Vatikanischen Bibliothek und war seiner Nationalität nach Deutscher.

Von 1911 bis 1917 gewählte Korrespondierende Mitglieder der philosophisch-historischen Klasse nach Fachstellen

Philosophie und deren Geschichte	4
Klass. Philologie einschl. d. klass. Epigraphik	5
Geschichte einschl. d. hist. Hilfswiss. u. d. Geographie	3
Deutsche u. a. europ. Philologie ausschl. d. klass.	6
Kunstwissenschaft einschl. d. Münzkunde	–
Orientalische Philologie einschl. d. vergl. Sprachforschung	2
Rechts- und Staatswissenschaften	1
Freie Stellen (ab 1914)	2
Insgesamt	23

Von 1911 bis 1917 gewählte Korrespondierende Mitglieder der philosophisch-historischen Klasse nach Ländern

Belgien	2
Dänemark	1
Großbritannien	3
Niederlande	1
Österreich	3
Rußland	1
Schweden	1
Vatikan	1
Insgesamt	13

Die zehn in dieser Zeit gewählten Korrespondierenden Mitglieder dieser Klasse aus Deutschland waren jeweils zur Hälfte in preußischen Universitätsstädten – Bonn (1) und Göttingen (4) – und an vier anderen deutschen Universitäten tätig, und zwar in Heidelberg (1), München (2), Straßburg (1) und Tübingen (1). Sieben der zehn Gewählten wirkten in Städten mit Akademien der Wissenschaften: Heidelberg (1), Göttingen (4) und München (2).

Das zeitweilige Absinken der Zahl der Korrespondierenden Mitglieder in den beiden Klassen auf 60 bzw. 63% der zulässigen Anzahl, die Verkleinerung des Einzugsbereiches in Deutschland von zeitweilig elf bis auf sechs der 21 Universitätsstädte und die Tatsache, daß vom Kriegsbeginn bis 1917 überhaupt nur zwei schwedische Wissenschaftler als Ausländer gewählt wurden, zeigt deutlich die bedenkliche Situation, in die die Politik des deutschen Imperialismus die Akademie gebracht hatte.

a) Mitglieder der physikalisch-mathematischen Klasse

Von den drei Ordentlichen Mitgliedern für das Fach Mathematik ist Amandus Schwarz – Mitglied seit 1892 – in der Klasse und im Plenum als Vortragender nicht mehr aufgetreten. Schwarz gehörte neben Planck, Rubens und Einstein zu den vier naturwissenschaftlichen Ordentlichen Mitgliedern der Akademie, die sich durch ihre Unterschrift unter die Delbrück-Denkschrift gegen die chauvinistischen Alldeutschen wandten. Dieser Einstellung gab er auch in der Akademie Ausdruck, als er in der physikalisch-mathematischen Klasse am 20. Mai 1915 über die mögliche Auszeichnung eines Italieners für eine eingereichte Preisschrift referierte und auf den erwarteten Kriegseintritt Italiens auf der Seite der Alliierten hinwies. Planck notierte im Protokoll zu Schwarz' Einstellung: „Grundsätzlich sehe er allerdings in der bloßen Zugehörigkeit eines Gelehrten zu einem feindlichen Staate kein Hindernis gegen die Zuerkennung des Preises." Die Mathematiker-Kollegen Frobenius und Schottky hielten eine solche Auszeichnung jedoch für ausgeschlossen, für Planck kam dagegen die „Prämiierung einer Arbeit, die nicht die beste des eingereichten sei, noch weniger in Betracht." Schließlich beschloß die Klasse am 10. Juli 1915 die Vertagung der Preisverleihung.[8]

Georg Frobenius hielt die meisten seiner Vorträge[9] aus dem Bereich der Algebra — vor allem Invarianten- und Zahlentheorie —, nur einmal wandte er sich auch geometrischen Problemen zu. Sein Schüler I. Schur veröffentlichte auch in dieser Periode einige Arbeiten in den Publikationen der Akademie. Fragen der Analysis behandelte F. Schottky, der seit 1903 Ordentliches Mitglied war, in Beiträgen über die Funktionentheorie, Modulfunktionen und automorphe Funktionen. Auch bei ihm war die Hinwendung zur Geometrie die Ausnahme.

Im Jahre 1913 entschloß sich die Berliner Akademie endlich, zwei der bedeutendsten deutschen Mathematiker dieser Zeit, Felix Klein und David Hilbert aus Göttingen, als Korrespondierende Mitglieder aufzunehmen. Die Anträge unterzeichneten die drei Mathematiker der Akademie, denen sich Max Planck anschloß. Klein wurde vorgeschlagen als „einer der wenigen Mathematiker, die jetzt noch imstande sind, das Ganze der Mathematik zu übersehen", vor allem aber wegen seiner Arbeiten über die automorphen Funktionen, für die er nach Poincaré das meiste getan hätte. Seine wissenschaftsorganisatorischen Verdienste um die „Mathematische Enzyklopädie", um die Veröffentlichung des Nachlasses von Gauss und um die Hebung des mathematischen Unterrichts wurden hervorgehoben, sein Anteil an der Gründung und Entwicklung der Göttinger Forschungsorganisation dagegen gar nicht erwähnt.[10]

Die Laudatio für Hilbert war in sich zwiespältig. Als „einer der scharfsinnigsten und vielseitigsten unter den lebenden Mathematikern" stünde er Poincaré „nur wenig nach", zugleich wäre seine Vielseitigkeit zeitweise mit größter Einseitigkeit gepaart. Früher hätte er die Invariantentheorie sehr beachtet, von ihr erfolgte dann der „Abfall" und sein „Übergang zur Zahlentheorie und Algebra". Durch seine „Grundlagen der Geometrie" (1899), die richtungsweisend für die theoretische Physik waren, hätte Hilbert die Gelehrtenwelt

---

[8] Vgl. AAW II:V c Bd. 25 (Protokolle vom 20. 5. und 10. 6. 1915).

[9] Die Bibliographie aller publizierten Vorträge der Akademiemitglieder bietet: Gesamtregister der Abhandlungen, Sitzungsberichte, Jahrbücher, Vorträge und Schriften der Preußischen Akademie der Wissenschaften 1900—1945, Berlin 1966. Die Titel werden daher in der Regel hier nicht wiederholt.

[10] Vgl. AAW II:III b Bd. 22, Bl. 70—71r, 74—74r.

„überrascht". Ähnliches hätte er für die Arithmetik und die Logik tun wollen, doch fand er, wie die Laudatoren ausführten, in der mathematischen Physik schließlich ein neues Arbeitsgebiet, fiel aber auch wieder in die Zahlentheorie zurück. „Augenblicklich, wo ihn die Begründung der kinetischen Gastheorie beschäftigt, wo er die Stellung von Poincaré und Minkowski in der mathematischen Physik anstrebt, sieht er sicher mit Geringschätzung auf die Invariantentheorie und alle Teile der Mathematik, die der Physik nicht unmittelbar dienen."[11]

Die Ausführungen zeigen deutlich das Bestreben des Verfassers der Laudatio, Georg Frobenius, Hilbert als Mathematiker hinzustellen, der aus persönlichen Gründen mehrfach sein Arbeitsgebiet und seine Ansichten über den Wert der einzelnen Teile der Mathematik änderte. Der abschließende Hinweis, Hilbert wäre schon vorgeschlagen worden, wenn nicht die zur Verfügung stehenden Stellen lange Zeit alle besetzt gewesen wären, ist schlechthin falsch, denn seit 1905 war eine mathematische Stelle für ein Korrespondierendes Mitglied frei. Tatsache dagegen ist, daß die „Berliner" die „Göttinger" nicht wollten und erst Bemühungen um eine Berufung Hilberts nach Berlin[12] seine Wahl zum Korrespondierenden Mitglied beeinflußten, was aber in der Laudatio natürlich nicht gesagt wurde.

Die Physiker der Akademie waren wie schon im früheren Abschnitt der Akademiegeschichte Max Planck, Emil Warburg und Heinrich Rubens, die seit 1894, 1895 und 1907 Ordentliche Mitglieder waren.

Planck wurde 1912 als Nachfolger von Arthur Auwers Sekretar der physikalisch-mathematischen Klasse.[13] Er kann als Hauptvertreter der demokratisch-humanistischen Kräfte in der Akademie angesehen werden, obwohl in seinen Reden während des Krieges gelegentlich nationalistische Töne anklangen. Aber auch dann noch unterschied sich sein Auftreten wesentlich von dem seiner Mitsekretare, besonders Roethes und Waldeyers, die in dieser Zeit als Hauptexponenten der imperialistischen Wissenschaftspolitik in der Akademie bezeichnet werden können. Plancks erste drei Ansprachen als Sekretar — 1913, 1915, 1917 — verleugneten zwar durchaus nicht die Zeit, in der sie gehalten wurden, hoben sich jedoch durch ihr Bekenntnis zur internationalen Wissenschaft und durch ihr Streben nach wissenschaftlicher Erkenntnis, das dem Agnostizismus keinen Raum ließ, deutlich von den sehr weit verbreiteten chauvinistischen Tiraden anderer deutscher bürgerlicher Professoren ab.

Die meisten seiner in dieser Zeit in der Akademie gehaltenen sieben Vorträge, in denen er auch Probleme der Thermodynamik und der statistischen Physik behandelte, sind dem Ausbau seiner Quantentheorie gewidmet und stark von dem Bemühen gekennzeichnet, seine neuen Erkenntnisse in das von ihm selbst

---

[11] Vgl. AAW II:III b Bd. 22, Bl. 72, 74r, 77r.

[12] Vgl. dazu K.-R. Biermann, David Hilbert und die Berliner Akademie. In: Mathematische Nachrichten, Bd. 27, 1964, S. 377—384; weiterhin ders., Die Mathematik und ihre Dozenten an der Berliner Universität 1810—1920, Berlin 1973.

[13] Vgl. AAW II:III a Bd. 18, Bl. 223—223r. Planck erhielt 19, Nernst eine Stimme.

überwundene alte Weltbild der Physik zu integrieren, nicht den Bruch, sondern die Kontinuität zu sehen. Sein stetiges Bemühen um weitere vertiefte Erkenntnis zeigt deutlich die komplizierte Situation eines bürgerlichen Gelehrten in einer Zeit revolutionärer Umbrüche in der Wissenschaft, mit den begrifflichen und inhaltlichen Schwierigkeiten einer neuen Theorie fertig zu werden.

Emil Warburg behandelte nur einmal allgemeine Fragen der Quantentheorie, in seinen weiteren sechs Vorträgen dieser Zeit ausschließlich den Energieumsatz bei photochemischen Vorgängen. Sein neben anderen Forschern geleisteter Beitrag zur Bestätigung des von Einstein 1912 aufgestellten photochemischen Grundgesetzes bestimmte also weitgehend sein Wirken in der Akademie, das seiner Tätigkeit als Präsident der Physikalisch-technischen Reichsanstalt untergeordnet war.

Thematisch vielseitiger war die Mitarbeit von Heinrich Rubens in der Klasse und im Plenum, in denen er in Vorträgen verschiedene physikalische Probleme aus der Thermodynamik, der Spektroskopie, der Elektrodynamik (elektromagnetische Wellen), der Festkörperphysik (Kristalloptik) und der Quantentheorie behandelte. Sein Festvortrag von 1917 über das ultrarote Spektrum ist eines der wenigen Beispiele für die Behandlung allgemeinerer Fragen der Physik vor der Akademie. In ihm ging er u. a. auch auf das für die Tätigkeit der Akademie schwierige Problem ein, daß „unsere moderne, vorwiegend auf humanistischer Grundlage ruhende Bildung" zwar die verständliche Darlegung gesellschaftswissenschaftlicher Fragen ermögliche, „uns aber im allgemeinen nicht das Rüstzeug" liefere, „den Fachmann in fernab liegende Gebiete der exakten Naturwissenschaften zu begleiten"[14]. In der Akademie war man sich also durchaus des Widerspruchs bewußt, der zwischen dem Bildungssystem des imperialistischen Staates und den Notwendigkeiten der naturwissenschaftlichen Forschung bestand und der gerade in der ausbrechenden Krise des Systems besonders offensichtlich wurde.

Um die Jahreswende 1911/12 zeichnete sich für die Akademie dank des Einsatzes von E. Warburg die Möglichkeit ab, Wilhelm Conrad Röntgen, der seit 1896 Korrespondierendes Mitglied war, als Ordentliches Mitglied zu gewinnen. Dazu war freilich erforderlich, daß er die Möglichkeit erhielt, „unabhängig von Amtspflichten lediglich der wissenschaftlichen Forschung sich zu widmen", wie es in dem von Warburg entworfenen und von Planck, Nernst und Rubens mit unterzeichneten Wahlantrag vom 26. November 1911 hieß. Die Verhandlungen waren schon so weit gediehen, daß die Akademie wegen des Gehalts und der notwendigen Laboratoriumsräume für Röntgen mit dem Ministerium verhandeln wollte. Sie zerschlugen sich jedoch, da Röntgen sich schließlich für den Verbleib in München entschied.[15]

Auf Vorschlag von Max Planck wurde im Jahre 1913 Albert Einstein als Ordentliches Mitglied in die Akademie aufgenommen. Die von Nernst, Rubens

---

[14] H. Rubens, Das ultrarote Spektrum und seine Bedeutung für die Bestätigung der elektromagnetischen Lichttheorie. In: Sb 1917, S. 47.

[15] Vgl. AAW II:III a Bd. 18, Bl. 198–202.

und Warburg mitunterzeichnete Laudatio enthielt eine ausgewogene Würdigung des damals 34jährigen Einstein und rühmte seine Vielseitigkeit. Sein Eintritt in die Akademie wäre ein Gewinn auch für das internationale Ansehen der Institution. In seiner Lichtquantenhypothese war Einstein nach Planck „über das Ziel hinausgeschossen", er betonte jedoch gleichzeitig, daß ohne Risiko keine wirkliche Neuerung möglich wäre. „Gegenwärtig arbeitet er intensiv an einer neuen Gravitationstheorie; mit welchem Erfolg, kann auch erst die Zukunft lehren."[16]

Einsteins Wahl war auch eine Finanzfrage, denn im Unterschied zu den meisten Mitgliedern war er nicht Professor an einer wissenschaftlichen Institution Berlins. Er wurde hauptamtlicher Mitarbeiter der Akademie mit einem Jahresgehalt von 12000 Mark. Längere Verhandlungen in der Akademie waren erforderlich über die Frage, ob die Akademie für die Bezahlung Einsteins eine private Stiftung des Bankiers L. Koppel in Anspruch nehmen sollte, die Nernst vermittelt hatte. Nernst gebührt neben Planck das größte Verdienst bei der Gewinnung Einsteins für Berlin. Bedenken der Ordentlichen Mitglieder W. Schulze, A. Erman und E. Meyer wegen der Beteiligung eines Privatmannes an der Berufung Einsteins muten heute kleinlich an, für die damalige Stellung der Akademie sind sie immerhin charakteristisch. Nernst und Planck, die im Gegensatz zu den genannten Philologen zu allererst an die wissenschaftliche Stellung der Akademie dachten, ließen sich jedoch durch solche formaljuristischen Einwände nicht schrecken und betonten ausdrücklich die Unabhängigkeit ihres Wahlvorschlags von dem für das Gehalt notwendigen Geld. Nach dessen Bewilligung konnte Planck mitteilen, daß Einstein seine Zustimmung zur Wahl bereits gegeben hatte.[17] Nach seiner Übersiedlung nach Berlin wurde Einstein auch Mitglied des Kuratoriums der Physikalisch-technischen Reichsanstalt und Direktor des Kaiser-Wilhelm-Instituts für Physik.

Plancks Einsatz für die Wahl von Einstein in die Akademie bedeutete damals noch nicht sein volles Einverständnis mit allen Forschungsergebnissen Einsteins. Bereits Plancks Antwort als Sekretar auf die Antrittsrede Einsteins zeigte das deutlich. Einsteins in seiner Antrittsrede formuliertes Ziel bestand in „einer allgemeinen, die Dynamik einschließenden Theorie der Gravitation" für die gleichförmige und die ungleichförmige Bewegung.[18] Hier meldete Planck in seiner Antwort seinen „Einspruch" an, indem er die Begrenztheit der Erkenntnis stärker betonte: „Denn die Naturgesetze, nach denen wir suchen, stellen doch stets gewisse Beschränkungen dar, nämlich eine gewisse spezielle Auswahl aus dem unendlich mannigfaltigen Bereich der überhaupt denkbaren

---

16 Vgl. AAW II:III a Bd. 19, Bl. 35–37r; B. Hoffmann, H. Dukas, Albert Einstein, Creator and Rebel, New York 1972. Der Wahlantrag ist auszugsweise zitiert bei H. Frühauf, Max Planck als beständiger Sekretar. In: Mitteilungsblatt für die Mitarbeiter der DAW, 4. Jg., 1958, H. 4/5, S. 80–85; wie andere Laudationes für Physiker gedruckt in: Physiker über Physiker, a. a. O.

17 Vgl. AAW II:III a Bd. 19, Bl. 38–41.

18 Sb 1914, S. 741f.

logisch widerspruchsfreien Beziehungen."[19] Zugleich hob er jedoch ausdrücklich hervor, „daß es sich bei diesen Meinungsverschiedenheiten nicht um Gegensätze der Erkenntnis, sondern um Gegensätze der Erwartung handelt, mit der wir der Beantwortung einer an die Natur gestellten Frage entgegensehen."[20]

Durch die Berufung Einsteins hatte die Akademie unmittelbaren Anteil an der Ausarbeitung der wichtigsten physikalischen Erkenntnis des 20. Jh., der allgemeinen Relativitätstheorie, über die Einstein in sieben Vorträgen vor der Akademie von 1914 bis 1917 berichtete. Seine allgemeinen relativistischen Gleichungen für das Gravitationsfeld legte Einstein im November 1915 vor. 1915 leitete Einstein auch seine berühmte Formel für die Perihelbewegung der Planeten aus seiner Relativitätstheorie her, wodurch eine offene Frage der Himmelsmechanik geklärt wurde.[21]

Ein Jahr vor Einstein, aber erst drei Jahre nach seiner Berufung als Direktor des astrophysikalischen Observatoriums in Potsdam wurde 1912 der Astrophysiker Karl Schwarzschild als Ordentliches Mitglied in die Akademie gewählt. Die Stimmenthaltung von Auwers[22] bei dieser Wahl ist nach den Auseinandersetzungen, die es 1908 in der Akademie um die Berufung Schwarzschilds gegeben hatte, zwar persönlich verständlich, aber wissenschaftlich nicht entschuldbar. Schwarzschild war einer der bedeutendsten deutschen Physiker und Astronomen des 20. Jh. Er wurde mit 43 Jahren ein Opfer des imperialistischen Krieges.

Schwarzschild war ein Schüler des Astronomen H. v. Seeliger. Seine allgemeine Theorie optischer Instrumente, aus der vollständiger als zuvor die Theorie der Spiegelteleskope und der Linsensysteme abgeleitet werden konnte, wurde in der Laudatio als eine der hervorragendsten Leistungen seit Gauss charakterisiert. Die Arrhenius'sche Theorie der Kometenschweife hatte Schwarzschild durch die strenge mathematische Analyse begründet und wesentlich vervollständigt. Sein Arbeitsgebiet umfaßte Untersuchungen über die Sonnenphysik, die astronomische Photometrie, die Fixsterne, die Sternspektren und die Stellarstatistik, zugleich behandelte er Probleme der Elektrodynamik, der Elektronentheorie und der theoretischen Optik.[23] Diese Vielseitigkeit, die auch darin ihren Ausdruck fand, daß Schwarzschild die Einsteinsche Relativitätstheorie sofort rezipierte, konnte allerdings in seiner Mitarbeit in der Akademie in den wenigen Jahren seiner Mitgliedschaft nur bedingt Ausdruck finden. Er hat jedoch in nur vier Jahren zehn Vorträge publiziert; ein weiterer konnte postum 1920 veröffentlicht werden. Seine Vorträge waren der praktischen Astronomie,

---

19 Sb 1914, S. 743.
20 Sb 1914, S. 744.
21 Die Berliner Akademie gedachte daher 1965 des 50. Jahrestages der allgemeinen Relativitätstheorie. Vgl. Deutsche Akademie der Wissenschaften zu Berlin. Einsteinsymposium. Entstehung, Entwicklung und Perspektive der Einsteinschen Gravitationstheorie vom 2.—5. November 1965 in Berlin, Berlin 1966.
22 Vgl. AAW II: III a Bd. 18, Bl. 214.
23 Vgl. AAW II: III a Bd. 18, Bl. 213—216r, 242.

der Himmelsmechanik, der Astrophysik, der Sonne, der Quantentheorie und der Allgemeinen Relativitätstheorie gewidmet.

Die Gedächtnisrede auf Karl Schwarzschild hielt 1916 kein Geringerer als Albert Einstein; übrigens die einzige, die er überhaupt in der Akademie gehalten hat. Einstein, der einen gedrängten Überblick über die Leistungen Schwarzschilds gab, beklagte das „frühe Hinscheiden dieses hochbegabten und vielseitigen Forschers" als „einen herben Verlust" für die astronomische und physikalische Wissenschaft.[24]

Von den beiden Astronomen der Akademie beteiligte sich Arthur Auwers nicht mehr an deren Arbeit in der Klasse und im Plenum, Hermann Struve hielt nur gelegentlich Vorträge über praktische Astronomie, Planeten und Satellitentheorie.

Als einziges Korrespondierendes Mitglied für das Fach Physik wurde in diesem Zeitraum im Jahre 1914 der 1909 zusammen mit G. Marconi für seine Arbeiten über die drahtlose Telegraphie mit dem Physik-Nobelpreis geehrte Ferdinand Braun gewählt. Diese Leistung und die Erfindung der Braun'schen Röhre wurden als seine Hauptverdienste in der Laudatio genannt.[25]

Von den Chemikern der Akademie starb Jacobus Henricus van't Hoff 1911. Emil Fischer setzte in der Akademie seine regelmäßigen Berichte über seine Forschungen zur organischen Chemie fort, wobei auffällt, daß er im Unterschied zu den meisten anderen Ordentlichen Mitgliedern überwiegend Vorträge hielt, die er gemeinsam mit seinen Mitarbeitern erarbeitet hatte. Außer von Fischer wurden Probleme der organischen Chemie in der Akademie in dieser Zeit kaum behandelt.

Walther Nernst referierte in der Akademie ausschließlich über Probleme der Thermodynamik. Diesem Thema ist auch seine Festrede von 1911 „Über neuere Probleme der Wärmetheorie" gewidmet, in der er einen Überblick über den damaligen Forschungsstand gab. Zugleich schnitt er allgemeine Probleme der Forschung und auch der Wissenschaftspolitik an, wenn er beispielsweise gegen die Auffassung von der Bedeutung des genialen Einzelforschers als Entdecker die Notwendigkeit einer systematischen naturwissenschaftlichen Forschung[26] „für die Wehrkraft, die Technik und die Heilkunde" betonte. Er begrüßte die Gründung der Kaiser-Wilhelm-Gesellschaft, denn obwohl die Naturwissenschaft international wäre, müßte jeder Staat „danach streben, im *eigenen* Lande möglichst viel Erfolge zu erzielen"[27]. Nernst gehörte neben Fi-

---

[24] Vgl. Sb 1916, S. 768–770.

[25] Vgl. AAW II:III b Bd. 22, Bl. 228–232r.

[26] „Der Physiker und Chemiker speziell muß sich also sagen, daß seine Arbeit nur Dinge zutage befördern kann, die bei der jetzigen intensiven Bebauung dieser Gebiete früher oder später sicherlich von anderer Seite gefunden werden würden." W. Nernst, Über neuere Probleme der Wärmetheorie. Festrede. In: Sb 1911, S. 67.

[27] Sb 1911, S. 89. Vgl. auch W. Haberditzl, Walther Nernst und die Traditionen der physikalischen Chemie an der Berliner Universität. In: Forschen und Wirken, Bd. I, Berlin 1960, S. 401–416.

scher zu den Initiatoren des erfolglosen Versuchs, eine Chemische Reichsanstalt zu schaffen.[28]

Im Jahre 1912 wurde der Direktor des Kaiser-Wilhelm-Instituts für Chemie, Ernst Beckmann, als Ordentliches Mitglied in die Akademie gewählt. In der Laudatio[29] von Fischer wurde seine Vielseitigkeit — organische Chemie, Molekularuntersuchungen in der physikalischen Chemie, Nahrungsmittelchemie — hervorgehoben, weswegen er schon als Leiter der geplanten Chemischen Reichsanstalt vorgesehen war. Für die Akademie ergäbe sich durch die Wahl eine engere Verbindung zur KWG. Die Weite von Beckmanns Arbeitsgebiet spiegelte sich in seiner Vortragstätigkeit vor der Akademie nur bedingt wider. Er behandelte Probleme der chemischen Elemente und ihrer Verbindungen, der physikalischen Chemie und — während des Krieges — der angewandten Botanik mit dem Ziel, den Nährwert von Holz, Stroh und Seetang zu bestimmen.

Ebenfalls in der Kaiser-Wilhelm-Gesellschaft, als Direktor des Instituts für physikalische Chemie, arbeitete Fritz Haber, der 1914 zum Ordentlichen Mitglied gewählt wurde. Der noch vor Ausbruch des Krieges gestellte Wahlantrag[30] von Fischer hob Habers Verdienste um die physikalische und technische Chemie hervor und in diesem Zusammenhang insbesondere die von der Badischen Anilin- und Soda-Fabrik (BASF) großtechnisch ausgewertete Ammoniaksynthese. Diese wäre „aller Wahrscheinlichkeit nach ... dazu berufen, die außerordentlich wichtige Frage der Aktivierung des Luftstickstoffes auf die einfachste Weise zu lösen". Haber, der bis 1917 in der Akademie wissenschaftlich nicht in Erscheinung trat, hat die Kriegspolitik des deutschen Imperialismus durch sein wissenschaftliches Wirken weitaus nachhaltiger gefördert als andere Naturwissenschaftler.[31] Seine bedeutendste wissenschaftliche Leistung war die Hochdrucksynthese von Ammoniak aus Stickstoff und Wasserstoff, für die er 1919 den Nobelpreis erhielt. Die Anwendung dieses Ergebnisses im Haber-Bosch-Verfahren hat wesentliche Voraussetzungen für die Unabhängigkeit der deutschen Rüstungsproduktion von der Salpetereinfuhr geschaffen. Mit seinem Eintreten für den Gaskrieg hat Haber sich offen zu den menschenfeindlichen Zielen des deutschen Imperialismus bekannt.

Im ganzen Bereich der Geowissenschaften an der Akademie gab es von 1911 bis 1917 überhaupt keine Veränderungen durch die Zuwahl Ordentlicher Mitglieder. Der Geograph Albrecht Penck beteiligte sich auch in dieser Zeit kaum an der wissenschaftlichen Arbeit der Akademie, wenn man von zwei 1913 und 1914 gehaltenen Vorträgen absieht, die jedoch nichts über sein Bekenntnis zur imperialistischen deutschen Expansions- und Kolonialpolitik aussagten.

---

28 Vgl. K. Heinig, Das chemische Institut der Berliner Universität unter der Leitung von August Wilhelm Hofmann und Emil Fischer. In: Forschen und Wirken, Bd. 1, Berlin 1960, S. 354.

29 Vgl. AAW II: III a Bd. 18, Bl. 259—261r; Bd. 19, Bl. 21.

30 Vgl. AAW II: III a Bd. 19, Bl. 126, 128r, 133—134.

31 Vgl. dazu G. Wendel, Zur Würdigung unseres nationalen wissenschaftlichen Erbes. Dargestellt am Leben und Wirken des Physikochemikers Fritz Haber (1868—1934). TH für Chemie Leuna-Merseburg 1962 (Reihe A, Lehrmaterialien, Folge 7).

Bei Kriegsausbruch war Penck vorübergehend in England interniert. In die Bemühungen um seine Freilassung schaltete sich auch die Akademie ein.[32]

Die Geologie vertrat in der Akademie nach wie vor Wilhelm Branca, der auch in dieser Zeit paläontologische Probleme behandelte, sich aber im Zusammenhang mit der angestrebten Internationalisierung der Vulkanforschung stärker als zuvor auf die Untersuchung endogener Kräfte konzentrierte. So behandelte er noch 1915 in einem Festvortrag die Entwicklungsstadien des Vulkanismus und die internationale Forschung auf diesem Gebiet, in dem lediglich in einem Nachwort nationalistische Töne anklangen.[33]

Der Mineraloge Theodor Liebisch referierte vorwiegend über mineralkundliche Probleme, behandelte aber auch Erzlagerstätten und Metallphysik.

Im Jahre 1917 wurde der Marburger Geologe und Paläontologe Emanuel Kayser in Anerkennung für seine geologische, paläontologische und stratigraphische Erforschung Mitteldeutschlands Korrespondierendes Mitglied.[34]

Zwei Korrespondierende Mitglieder wurden am 16. Juli 1914 in der physikalisch-mathematischen Klasse gewählt. Die Anträge wurden am 17. Oktober 1914 im Plenum „bis auf weiteres zurückgezogen"[35] und nie wieder vorgelegt. Vorgeschlagen waren der französische Vulkanologe Alfred Lacroix[36], der auch Mitglied des Institut de France war, und der hervorragende russische Seismograph Boris Golicyn[37], der Mitglied der Petersburger Akademie der Wissenschaften war und in der Bebenforschung „wohl die erste Stelle" in damaliger Zeit einnahm, wie es in der Laudatio heißt.

Da die abschließende Wahl von Golicyn nicht mehr zustande kam, blieb der 1912 gewählte Begründer der Geophysik als selbständiger Disziplin, Emil Wiechert, das einzige Korrespondierende Mitglied auf diesem Gebiet, das in dieser Zeit in die Akademie eintrat. Dessen Arbeit über die Massenverteilung im Innern der Erde und ihren Zusammenhang mit deren Figur waren „von epochemachender Bedeutung". Weitere Verdienste erwarb sich Wiechert um die Erdbebenforschung – Ausbreitung von Erdbebenwellen – und auch durch seine Beschäftigung mit der Relativitätstheorie. Den Antrag hatte Helmert gestellt, er war von Nernst und Planck mitunterzeichnet.[38]

Robert Helmert vertrat in dieser Zeit als einziger die Geodäsie in der Akademie, vor der er über Forschungsergebnisse des von ihm geleiteten Geodätischen Instituts in Potsdam berichten konnte. Nachdem 1907 der Direktor des Meteorologischen Instituts in Potsdam, das Ordentliche Mitglied W. von Bezold, verstorben war, wurde 1911 sein Nachfolger Gustav Hellmann zum Ordent-

[32] Vgl. AAW II:III a Bd. 19, Bl. 118–119r, 121–124r, 139.
[33] W. Branca, Die vier Entwicklungsstadien des Vulkanismus und die Frage seiner internationalen Erforschung. Festvortrag. In: Sb 1913, S. 810–856.
[34] Vgl. AAW II:III b Bd. 24, Bl. 45–49, 61.
[35] Vgl. AAW II:III b Bd. 22, Bl. 217r.
[36] Vgl. AAW II:III b Bd. 22, Bl. 217–219r.
[37] Vgl. AAW II:III b Bd. 22, Bl. 217, 220–222r. Weiterhin: Istorija Akademii nauk SSSR, Bd. 2, Moskau, Leningrad 1964, S. 488ff.
[38] Vgl. AAW II:III b Bd. 21, Bl. 113–116r.

lichen Mitglied gewählt. Er vertrat vor allem die klimatologische Richtung der Meteorologie — seine Untersuchungen betrafen in erster Linie den Niederschlag — und galt als guter Organisator der wissenschaftlichen Arbeit.[39] Klimatologische Probleme behandelten die meisten seiner Akademievorträge bis 1917. Nachdem 1912 auch Schwarzschild in die Akademie gewählt worden war, waren zu diesem Zeitpunkt wieder alle drei preußischen Forschungseinrichtungen in Potsdam — die geodätische, die meteorologische und die astrophysikalische — durch ihre Direktoren in der Akademie vertreten. Außerdem gehörte ihr H. Struve, der Direktor der Berliner Sternwarte, die ihren Sitz seit 1913 in Babelsberg hatte, seit 1904 an.

Das einzige Korrespondierende Mitglied, das in dieser Zeit als Meteorologe in die Akademie gewählt wurde, war der Schwede Hugo Hildebrand Hildebrandsson. Die Wahl des fast 80jährigen erfolgte 1917 entsprechend der Laudatio vor allem für seine Leistungen, durch die er 50 Jahre zuvor die Meteorologie auf wissenschaftliche Grundlagen gestellt hätte[40]; unausgesprochen stand dahinter wohl auch die Absicht, das durch den imperialistischen Krieg arg in Mitleidenschaft gezogene Ansehen der deutschen Wissenschaft durch die Wahl eines neutralen Schweden, der — wie ausdrücklich vermerkt wurde — auch Mitglied der Académie des Sciences in Paris war, etwas zu heben.

Während man bei den Geowissenschaften im Hinblick auf die Zuwahlpolitik der Akademie fast schon von einer Stagnation sprechen kann, gab es in den Biowissenschaften ebenso wie in der Physik und Chemie eine echte Weiterentwicklung. Diese Tatsache entsprach völlig der verstärkten Aufmerksamkeit, denen diese drei Bereiche auch in der offiziellen Wissenschaftspolitik des imperialistischen Deutschlands nach der Gründung der Kaiser-Wilhelm-Gesellschaft begegneten.

Von den Botanikern arbeitete Simon Schwendener schon seit 1902 wissenschaftlich im Plenum und in der Klasse nicht mehr mit. Adolf Engler beschränkte sich noch stärker als früher auf seine Tätigkeit in den botanischen Unternehmen der Akademie und hielt in sieben Jahren nur drei Vorträge über morphologische und pflanzengeographische Probleme. Als neues Ordentliches Mitglied für Botanik wurde 1911 Gottlieb Haberlandt gewählt, der schon seit 1899 Korrespondent war. Haberlandt war Schüler von Schwendener und hatte wesentlich zur Durchsetzung der anatomisch-physiologischen Betrachtungsweise in der Biologie beigetragen, insbesondere durch sein Lehrbuch der physiologischen Pflanzenanatomie, das von 1884 bis 1911 in vier Auflagen erschienen war. Seine Arbeiten über Sinnesorgane im Pflanzenreich wurden zwar von den Laudatoren z. T. noch für anfechtbar, aber als anregend und in den Hauptgrundlagen wohl für richtig gehalten.[41] In seinen Akademievorträgen behandelte er morphologische und physiologische Fragen der Botanik.

---

[39] Vgl. AAW II:III a Bd. 18, Bl. 154—157.
[40] Vgl. AAW II:III b Bd. 24, Bl. 28—32r.
[41] Vgl. AAW II:III a Bd. 18, Bl. 72—75r.

Zwar war der 1914 zum Ordentlichen Mitglied gewählte Richard Willstätter Chemiker und die Laudatio hob seine Untersuchungen über die strukturelle Sonderstellung des Benzols und seine Verdienste um die Chemie der Teerfarbstoffe hervor. Höher bewertet wurden jedoch seine Chlorophyllstudien, die die Natur des Blattfarbstoffes im wesentlichen aufgeklärt hätten. Alle Untersuchungen Willstätters „zählen unzweifelhaft mit zu dem besten, was die organische Chemie in der Neuzeit hervorgebracht hat"[42]. Willstätter, der 1915 den Chemie-Nobelpreis für seine Arbeiten über das Chlorophyll und andere Pflanzenfarbstoffe erhielt, verließ Berlin 1916. Seine fünf Vorträge in der Akademie von 1914 und 1915 behandelten seine Pflanzenfarbstoff-Forschungen.

Der Direktor des Kaiser-Wilhelm-Instituts für Biologie, Carl Correns, der 1915 als Ordentliches Mitglied gewählt wurde, hatte u. a. bei Schwendener und Haberlandt studiert und sich seinen Namen als Vererbungsforscher erworben. Als einer der drei Wiederentdecker der Mendelschen Vererbungsgesetze, als der er in der Laudatio[43] besonders herausgestellt wurde, widmete er sich im besonderen der Vererbung und Bestimmung des Geschlechts an höheren Pflanzen, und auch seine beiden Akademievorträge von 1916 und 1917 behandelten Probleme der Geschlechtsbestimmung und der experimentellen Verschiebung des Gechlechtsverhältnisses. Diese Arbeiten resultierten also aus seiner unmittelbaren Arbeit in dem von ihm geleiteten Institut.

Im Jahre 1913 wurden drei Korrespondierende Mitglieder für das Fach Botanik in die Akademie gewählt. Der Amsterdamer Botaniker Hugo de Vries hatte 1900 ebenso wie Carl Correns und Erich von Tschermak die Bedeutung der Mendelschen Erbgesetze von 1865 erkannt und von 1901 bis 1903 seine zweibändige „Mutationstheorie" publiziert, die im Wahlantrag als „eine hervorragende Leistung" anerkannt wurde, wenn sie auch, wie betont wurde, nur eine Variante der Darwinschen Theorie darstellte.[44] Der Direktor des Münchener Botanischen Gartens, Karl von Goebel, wurde in Anerkennung seiner physiologischen, morphologischen und pflanzengeographischen Arbeiten gewählt.[45] Der dritte Botaniker dieser Gruppe, Hermann von Vöchting, hatte sein Arbeitsgebiet in der experimentellen Morphologie und Anatomie gefunden, einem Gebiet, das — wie die Antragsteller schrieben — „mit dem etwas viel versprechenden Ausdruck ‚Entwicklungsmechanik' bezeichnet wird"[46]. Bei aller Reserve der Akademie gegen neue Entwicklungstendenzen, die sich in dieser Formulierung ausdrückt, zeigte sich doch eine gewisse Bereitschaft zu deren Rezeption.

Der Zoologe Franz Eilhard Schulze war in dieser Zeit weiterhin Leiter der zoologischen akademischen Unternehmen. Seine der Akademie vorgelegten

---

[42] Vgl. AAW II:III a Bd. 19, Bl. 126, 128–132.

[43] Vgl. AAW II:III a Bd. 19, Bl. 211, 213–215r. Vgl. auch H. Stubbe, Kurze Geschichte der Genetik bis zur Wiederentdeckung der Vererbungsregeln Gregor Mendels, Jena [2]1965, bes. S. 218ff.

[44] Vgl. AAW II:III b Bd. 22, Bl. 6–8r, 13–13r.

[45] Vgl. AAW II:III b Bd. 22, Bl. 6, 9–10r, 13–13r.

[46] Vgl. AAW II:III b Bd. 22, Bl. 6, 11–13r.

Forschungen betrafen das Verdauungs- und das Atmungssystem der Tiere. Mit August Brauer wurde 1914 ein weiteres Ordentliches Mitglied für Zoologie gewählt. Brauer starb schon nach kaum dreijähriger Mitgliedschaft und hat in der Akademie kaum mitgearbeitet. Brauer war Systematiker und Tiergeograph, zugleich auch als Nachfolger des 1908 verstorbenen Akademiemitglieds Karl Möbius Direktor des Zoologischen Museums der Berliner Universität. Er bearbeitete die Systematik der Tiefseefische der deutschen Tiefsee-Expeditionen im Indischen Ozean von 1898/99.[47]

In dem Fach Anatomie und Physiologie erfolgten von 1911 bis 1917 keine Zuwahlen Ordentlicher Mitglieder, obwohl der Anatom Hermann Munk 1912 starb. Bei Wilhelm Waldeyer, der in dieser Zeit seltener als vorher öffentlich auftrat, ist eine noch stärkere Schwergewichtsverlagerung auf sein wissenschaftspolitisches Wirken erkennbar. Allein dreimal hielt er 1912, 1914 und 1916 Ansprachen vor der Akademie, nur zweimal berichtete er über wissenschaftliche Probleme der Anatomie (Gewebelehre, Bewegungssystem), während die Hirnforschung gar nicht mehr behandelt wurde. Oskar Hertwig, der nach 1914 keine Vorträge mehr hielt, widmete seine Beiträge wie früher vorwiegend der physiologischen Chemie und der Biophysik. Probleme der physiologischen Chemie, der Mikrobiologie und der allgemeinen Physiologie behandelte Max Rubner. Auf die Fortentwicklung der Pathologie (Tuberkuloseforschung) konzentrierte sich weitgehend Johannes Orth.

Im Jahre 1911 wurde der italienische Medizin-Nobelpreis-Träger von 1906 Camillo Golgi — er hatte den Preis zusammen mit dem Spanier Santiago Ramon y Cajal für Forschungen über die Struktur des Nervensystems erhalten — zum Korrespondierenden Mitglied gewählt. Die Wahl erfolgte aus demselben Grunde und wegen seiner Entdeckung der Mikroparasiten, die die Malariakrankheit hervorrufen.[48] Als Anerkennung insbesondere für seine Zellforschung erhielt der USA-Zoologe Edmund Beecher Wilson 1913 das Korrespondenten-Diplom.[49] Der Nachfolger des Anatomen W. His in Leipzig, Carl Rabl, der über die Morphologie und die Entwicklungsgeschichte der Tiere, über Histologie und vergleichende Anatomie gearbeitet hatte, wurde 1916 zum Korrespondierenden Mitglied gewählt.[50]

Zugleich mit ihm wurde der Anatom Wilhelm Roux in die Akademie gewählt. Roux war der Begründer der Entwicklungsmechanik. 1881 hatte er sein Werk „Der Kampf der Teile im Organismus" vorgelegt, 1905 „Die Entwicklungsmechanik, ein neuer Zweig der biologischen Wissenschaft". Die Arbeiten von Roux zur Entwicklungsmechanik, die er seit 1894 durch eine eigene Zeitschrift gefördert und die namentlich in den USA Aufnahme gefunden hätten, waren der Hauptgrund für seine Wahl.[51] Roux faßte diese auch durchaus als persön-

---

[47] Vgl. AAW II:III a Bd. 19, Bl. 140, 142—145r.
[48] Vgl. AAW II:III b Bd. 21, Bl. 105—108.
[49] Vgl. AAW II:III b Bd. 22, Bl. 30—33.
[50] Vgl. AAW II:III b Bd. 23, Bl. 130—134.
[51] Vgl. AAW II:III b Bd. 23, Bl. 130—132r, 135—136.

liche Anerkennung auf und hoffte, daß diese „auch das Ansehen der Entwicklungsmechanik noch weiter zu fördern vermag". Während des Krieges war er ostentativ zum Ehrenmitglied der American Society of Naturalists gewählt worden.[52]

In Anerkennung seiner entwicklungsgeschichtlichen und vergleichend-anatomischen Arbeiten wurde 1917 August von Froriep aufgenommen, der in seiner Arbeit über Schillers Schädel neue Untersuchungsmethoden entwickelt hatte.[53]

Ein Stiefkind der Akademie blieb auch in dieser Zeit die Technik. Adolf Martens, der Begründer der Materialprüfung, starb 1914. Heinrich Müller-Breslau und Hermann Zimmermann traten in der Akademie mit publizistischen Forschungsergebnissen in dieser Zeit nicht hervor. Ein Vortrag von Müller-Breslau in der physikalisch-mathematischen Klasse am 28. Oktober 1915 zum Thema „Elastizitätstheorie des starren Luftschiffes" erregte sofort die Aufmerksamkeit der Staatsbehörden. Vom Reichsmarineamt wurde darauf verwiesen, daß solche Vorträge, „wenn sie in die Öffentlichkeit gelangten, in der jetzigen Kriegszeit bedenkliche Folgen haben könnten" und sie daher nicht veröffentlicht werden dürften. Müller-Breslau hatte jedoch seinen Vortrag als vertrauliche, nicht zur Publikation bestimmte Information nur für die Mitglieder seiner Klasse ohne ein ausgearbeitetes Manuskript gehalten. Ein Pressebericht, auf den sich das Reichsmarineamt bezog, enthielt nur allgemeine Mitteilungen über den Vortrag.[54]

An diesem Beispiel zeigt sich deutlich, wie aufmerksam von interessierter Seite eventuelle praktische Anwendungsmöglichkeiten, die sich aus den in der Akademie vorgetragenen Grundlagenuntersuchungen ergaben, beachtet wurden. Müller-Breslau und Zimmermann haben vier Techniker als Korrespondierende Mitglieder vorgeschlagen, so daß von den zehn zur Verfügung stehenden Stellen fünf besetzt wurden.

1913 wurde der Erfinder des Gasglühlichts (1885) und der Osmium-Glühlampe (1900) Karl Freiherr Auer von Welsbach zum Korrespondierenden Mitglied gewählt[55], und zwar gleichzeitig mit Solvay, dem Entdecker des Ammoniak-Soda-Verfahrens. Die Wahl Solvays erfolgte nicht zuletzt unter dem Gesichtspunkt, daß er „für jede Forderung der reinen Wissenschaft" tatkräftiges Interesse „dokumentiert", also einer der damals noch wenigen Kapitalisten war, die einen Teil ihres Profits in Form von Stiftungen in der Forschung investierten.[56] Die Wahl machte sich für die Akademie durchaus bezahlt, denn sie erhielt 1913 von der Deutschen Solvay-Werke AG 250000 Mark als Stiftungskapital für eine „Ernest-Solvay-Fachstelle" der Akademie. 1916 wurden zwei weitere Unternehmer in die Liste der Korrespondierenden Mitglieder eingeschrieben: Carl Linde und Otto Schott. In der Laudatio für Linde wurde die

---

[52] Vgl. AAW II:III b Bd. 24, Bl. 5—6.
[53] Vgl. AAW II:III b Bd. 24, Bl. 50—54, 61.
[54] Vgl. AAW II:V c Bd. 25 (28. 10. und 11. 11. 1915, 6. 1. 1916).
[55] Vgl. AAW II:III b Bd. 22, Bl. 50—53.
[56] Vgl. AAW II:III b Bd. 22, Bl. 50—51r, 54—55.

„Erzeugung tiefer Temperaturen zu gewerblichen Zwecken"[57] als Wahlgrund hervorgehoben, und Schott nahm nach Ansicht der Laudatoren „unter den für wissenschaftliche Zwecke arbeitenden Glasfabriken die erste Stelle" ein.[58]

Zusammenfassend läßt sich feststellen, daß der Zuwahlpolitik der physikalisch-mathematischen Klasse in dieser Zeit nicht die gleiche Aufmerksamkeit zugewandt wurde wie in dem vorhergehenden Jahrzehnt. Die bedeutendste Wahl war zweifellos die von Einstein, aber auch mit Schwarzschild, Beckmann, Willstätter und Correns gewann die Akademie erstrangige Fachleute. Deren Wahl war jedoch weitgehend eine Folge der Tatsache, daß diese Wissenschaftler teilweise ohne Zutun der Akademie an andere Forschungseinrichtungen nach Berlin geholt worden waren. Die durch die Gründung der Kaiser-Wilhelm-Gesellschaft grundlegend veränderten Verhältnisse zeigten sich auch darin, daß die Universität nicht mehr wie früher das Hauptreservoir für die Wahl Ordentlicher Mitglieder der Akademie auf dem naturwissenschaftlichen Gebiet war.

Für die alle zwei Jahre verliehene höchste naturwissenschaftliche Auszeichnung der Berliner Akademie, die Helmholtz-Medaille, wurde 1913 von dem Inhaber der Helmholtz-Medaille des Jahres 1904, Santiago Ramon y Cajal, der schwedische Anatom Gustav Retzius, Korrespondierendes Mitglied der Akademie seit 1893, vorgeschlagen. Gewählt wurde jedoch der Botaniker Simon Schwendener, Ordentliches Mitglied seit 1879.

Im Jahre 1914 fiel die Wahl auf den Physiker Max Planck. Die Kandidatur wurde in der physikalisch-mathematischen Klasse besonders nachhaltig von E. Fischer, H. Rubens, E. Warburg und A. Einstein unterstützt und einstimmig gebilligt. Bei der Abstimmung in der Gesamtakademie wurden zwei Gegenstimmen ermittelt. Man wird nicht fehlgehen, darin erste Anzeichen der Auseinandersetzungen innerhalb der Akademie zu sehen, die dann 1915 offen um die Kriegsziele des deutschen Imperialismus geführt wurden. Planck betonte daher auch in seinem Dankschreiben an die Akademie vom 2. Februar 1915 besonders seine Wahl durch die Kollegen, „welche über meine wissenschaftlichen Arbeiten das sachverständigste Urteil besitzen". Der Brief enthielt ein überzeugendes Bekenntnis zur Zukunft der Wissenschaft. Die Helmholtz-Medaille für das Jahr 1916 erhielt auf Vorschlag von Schwendener der Anatom Richard von Hertwig, der seit 1898 Korrespondierendes Mitglied der Berliner Akademie war.[59]

b) Mitglieder der philosophisch-historischen Klasse

Von den beiden Ordentlichen Mitgliedern für das Fach Philosophie ist Wilhelm Dilthey 1911 gestorben. Carl Stumpf hat der Akademie in dieser Zeit über-

---

57 Vgl. AAW II:III b Bd. 23, Bl. 100—104, 107—107r.
58 Vgl. AAW II:III b Bd. 23, Bl. 105, 107—107r.
59 Vgl. über die Wahl der Inhaber der Helmholtz-Medaille von 1912—1916 AAW II:XIII p Bd. 2, Bl. 92—127.

haupt nur eine Abhandlung aus seinem engeren Fachgebiet, der Psychologie, vorgelegt. Beide versuchten 1910, zwei weitere Philosophen auf „freie“ Stellen zu Ordentlichen Mitgliedern wählen zu lassen. Vorgeschlagen wurde als erster Alois Riehl[60], der innerhalb des Neukantianismus die wenig wirksame Strömung des Kritizismus vertrat. Der Kritizismus war bemüht, Kant durch eine realistische Auslegung gerecht zu werden und lehnte die ins Subjektiv-Idealistische gehenden Kant-Umdeutungen des übrigen Neukantianismus ab.

Der zweite Vorschlag betraf den ebenfalls als Kant-Forscher ausgewiesenen Benno Erdmann, der schon Korrespondierendes Mitglied der Akademie war. Der natur- und gesellschaftswissenschaftlich gut vorgebildete Erdmann — er war u. a. Schüler der Ordentlichen Akademiemitglieder H. v. Helmholtz und E. Zeller — arbeitete über die Geschichte der Philosophie sowie auf den Gebieten der Psychologie, der Logik und insbesondere der Erkenntnistheorie. Er kann als Vertreter der psychologistischen Auffassung des Erkenntnisprozesses, des Psychologismus, angesehen werden. Neukantianismus, Lebensphilosophie und Phänomenologie verflochten sich in seiner Lehre eklektisch. Im Rahmen der Versuche des Neukantianismus, dem Eindringen des philosophischen Materialismus entgegenzuwirken, bemühte sich Erdmann etwa seit 1907 um eine „vorsichtige Verteidigung des Parallelismus“, wie es in der Laudatio hieß.[61] Bedeutsam für den Vorschlag Erdmanns war auch, daß die Akademie unbedingt einen Fachmann für ihre beiden philosophischen Unternehmen, die Leibniz- und die Kant-Ausgabe, brauchte.

Der Antrag der Philosophen rief den Widerstand einiger Klassenmitglieder hervor, die die „freien“ Stellen für andere Disziplinen forderten, so Wilamowitz und Brunner für die römische Rechtsgeschichte, Erman für die ostasiatischen Sprachen, Koser für die neuere Geschichte, Roethe für die neuere Kunstgeschichte und die germanische Archäologie, W. Schulze für die Sinologie. Nach längeren Diskussionen wurde Riehl als Kandidat zurückgezogen und die Wahl von Erdmann mit 13:7 Stimmen abgelehnt.[62] Erst nachdem 1911 ein weiterer Antrag für Erdmann gestellt worden war, wurde dieser kurz vor Diltheys Tod Ordentliches Akademiemitglied.

Erdmann gab seinen Einstand in der Akademie mit einer Gedächtnisrede auf Dilthey, dessen Gegenüberstellung von Natur- und Geisteswissenschaften er billigte und die er schon in seinem ersten Akademievortrag ausführlich unter dem Gesichtspunkt „Erkennen (der äußeren Natur) und Verstehen (fremden Geisteslebens)“ behandelte. Das Hauptarbeitsgebiet Erdmanns in der Klasse, im Plenum und im Rahmen der Unternehmen war die Beschäftigung mit Dilthey, Kant und Leibniz, wofür er auch in erster Linie gewählt worden war.

In enger Verbindung miteinander standen Lebensphilosophie und Historismus, so daß die Wahl von Ernst Troeltsch zum Korrespondierenden Mitglied schon 1912 nicht erstaunlich war. Den Antrag stellte Harnack, der in der Laudatio

60 Vgl. AAW II:III a Bd. 18, Bl. 5–6r.
61 Vgl. AAW II:III a Bd. 18, Bl. 2–4, 99, 101–103, 145.
62 Vgl. AAW II:III a Bd. 18, Bl. 7–8.

drei Forschungsgebiete von Troeltsch herausarbeitete: die Analyse der geistigen Strömungen vom 15. bis zum 20. Jh., die Entwicklungsgeschichte der Kirche vom soziologischen Standpunkt und die Religionspsychologie. Harnack stellte Troeltschs Arbeiten ausdrücklich neben die „verwandten geschichtsphilosophischen Abhandlungen Diltheys" und zählte ihn „zu den umfassendsten Forschern der Geistesgeschichte der Gegenwart".[63]

Den Psychologen Georg Elias Müller hatte Stumpf schon 1902 zum Korrespondierenden Mitglied vorgeschlagen.[64] Dessen Antrag fand jedoch im Plenum keine Mehrheit, während die damals gleichzeitig vorgeschlagenen Erdmann und Windelband als Korrespondierende Mitglieder gewählt wurden. Müller war Vertreter der Assoziationspsychologie, die insbesondere wegen ihrer materialistischen Grundlage und der Annahme gesetzmäßiger Zusammenhänge zwischen Psychischem und Physischem von anderen bürgerlichen Philosophen, vor allem Dilthey, abgelehnt wurde. Müller wurde erst 1914 gewählt und zwar zusammen mit Franz Brentano, dem „Vorkämpfer der Akt- und Funktionspsychologie, die das Wesen des psychischen Lebens nicht in einer bloßen Assoziation anschaulicher Vorstellungsinhalte, sondern in eng verflochtenen psychischen Tätigkeiten erblickt"[65]. Brentano [66] wurde zu Recht als Vorläufer Diltheys charakterisiert. Die Akademie hat also in diesem Falle bewußt zwei verschiedene Richtungen der bürgerlichen Philosophie rezipiert.

Im Jahre 1915 wurde einer der Hauptvertreter der Neuscholastik auf dem Gebiet der Geschichte der Philosophie, Clemens Baeumker, zum Korrespondierenden Mitglied gewählt.[67] Anerkennung der wissenschaftlichen Leistung Baeumkers als Philosophiehistoriker und die Rezipierung einer reaktionären Philosophie verflochten sich bei dieser Wahl, durch die die zunehmend an Einfluß gewinnende objektiv-idealistische Strömung des Neuthomismus gefördert wurde.

Ähnlich deutlich wie in der Philosophie trat die vorrangige Orientierung der Akademie auf reaktionäre Tendenzen der Gesellschaftswissenschaft in der Wahlpolitik auch auf dem Gebiete der Geschichte in Erscheinung. Von den Historikern der deutschen Geschichte verließ Max Lenz 1914 Berlin, Reinhold Koser verstarb im selben Jahr. 1912 hatte er nochmals ein überzeugtes Bekenntnis zum imperialistischen Staat abgegeben.[68] Der Alldeutsche Dietrich

---

63 Vgl. AAW II:III b Bd. 21, Bl. 188–190r, 192.

64 Vgl. AAW II:III b Bd. 16, Bl. 141–142, 157.

65 Vgl. AAW II:III b Bd. 22, Bl. 123–125r, 129–130.

66 Vgl. AAW II:III b Bd. 22, Bl. 123–128.

67 Vgl. AAW II:III b Bd. 23, Bl. 48–52r.

68 Sb 1912, S. 41–55. Die Rede Kosers auf der Feier, die im königlichen Schloß in Anwesenheit des Kaisers stattfand, war ein glühendes Bekenntnis zum imperialistischen Machtstaat, dessen Wurzeln er in Friedrich II. sah. Koser verteidigte die imperialistische deutsche Flottenaufrüstung mit einem Hinweis auf „Deutschlands gepanzerte Schutzwehr zur See" und mit einem Seitenhieb gegen den Liberalismus die imperialistische Wirtschaftspolitik, die „vor einem Menschenalter sich aus dem dogmatischen Banne einer als klassisch gefeierten Lehre zu lösen begann und den Schutz der nationalen Arbeit auf sich nahm".

Schäfer, der ohnehin kaum wissenschaftlich in der Akademie mitgearbeitet hatte, konzentrierte sich zunehmend auf chauvinistische Propaganda außerhalb, aber auch innerhalb der Akademie.[69]

In den Jahren 1914 und 1915 wurden zwei befreundete Rankeaner aus verschiedenen Gründen zu Akademiemitgliedern gewählt. Auf Otto Hintze, dessen Tendenz zur Verbindung von politischer und wirtschaftsgeschichtlicher Betrachtungsweise in der Laudatio hervorgehoben wurde, fiel die Wahl insbesondere wegen seiner langjährigen Mitarbeit an den historischen Unternehmen der Akademie.[70] In dem Werk des als einflußreichen Herausgeber der „Historischen Zeitschrift" apostrophierten Friedrich Meinecke glaubten die Laudatoren den „Hauch eines maßvollen Liberalismus" erkennen zu können. Sie ordneten ihn nicht zu Unrecht in eine in der Akademie bis dahin nicht vertretene Richtung der Rankeaner ein, die die geistesgeschichtliche Tendenz repräsentierten.[71] Meinecke ist 1916 in seinem Festvortrag über germanischen und romanischen Geist als erster in der Akademie zaghaft, aber offen in wissenschaftlicher Verbrämung für eine Westorientierung des deutschen Imperialismus eingetreten, d. h. er riet zu einem Ausgleich mit den imperialistischen Westmächten.[72] Er stieß jedoch auf Unverständnis bei den chauvinistischen Kreisen der Akademie.[73]

Für das Fach der mittelalterlichen Geschichte wurde 1912 der 1899 schon einmal vorgeschlagene Harry Breßlau als Korrespondierendes Mitglied gewählt, wobei besonders auch auf seine Verdienste um die Monumenta Germaniae Historica hingewiesen wurde.[74] Eine ausgesprochen politische Wahl erfolgte noch 1914 auf Vorschlag von D. Schäfer, unmittelbar vor der Entfesselung des ersten Weltkrieges. Sie traf den Archivar und Erforscher der niederländischen Geschichte Samuel Muller Frederikszoon. „Es würde in dem stammverwandten

---

[69] 1917 verteidigte Schäfer in der Akademie offen den Militarismus, an dem, wie er sagte, „das Beste hängt, was wir haben und sind". D. Schäfer, Zur Geschichte deutscher allgemeiner Wehrpflicht. Festvortrag. In: Sb 1917, S. 451. Vor allem der Verteidigung seines politischen Wirkens im Dienste des deutschen Imperialismus diente Schäfers aufschlußreiche Selbstbiographie: Mein Leben, Berlin, Leipzig 1926. Seine Schriften zur Verteidigung des deutschen Imperialismus reichte er regelmäßig der Akademie ein. Vgl. Sb 1916, S. 1344; Sb 1917, S. 816; Sb 1918, S. 1268.

[70] Vgl. AAW II:III a Bd. 19, Bl. 59, 61—63r, 68, 88—89.

[71] Vgl. AAW II:III a Bd. 19, Bl. 157, 159—163. Weiterhin G. Lozek, Friedrich Meinecke. In: Studien über die deutsche Geschichtswissenschaft, Bd. II, S. 303—325; Unbewältigte Vergangenheit. Handbuch zur Auseinandersetzung mit der westdeutschen bürgerlichen Geschichtsschreibung, Berlin 1970.

[72] Vgl. F. Meinecke, Germanischer und romanischer Geist im Wandel der deutschen Geschichtsauffassung. Festvortrag. In: Sb 1916, S. 127. Seine „Probleme des Weltkrieges" (München, Berlin 1917) überreichte Meinecke der Akademie. Vgl. Sb 1917, S. 815. Meinecke hatte 1915 die Einladung der Alldeutschen zur Ausarbeitung der Professoren-Denkschrift angenommen, diese dann aber doch nicht unterzeichnet. Vgl. dazu die Stellungnahme von D. Schäfer zur Delbrück-Denkschrift, AAW, Nachlaß D. Schäfer, 4, Bd. 1.

[73] Vgl. dazu F. Meinecke, Straßburg, Freiburg, Berlin 1901—1919, Stuttgart 1950, S. 188.

[74] Vgl. AAW II:III b Bd. 17, Bl. 355; Bd. 21, Bl. 144—146r.

Nachbarlande einen guten Eindruck machen", schrieb Schäfer als Begründung.[75] Die schon 1899 erwogene Wahl des Präfekten der Vatikanischen Bibliothek, Franz Ehrle, wurde 1913 vollzogen. Ehrle hatte durch seine Dienststellung in der Vaticana entscheidenden Einfluß, da philologische Forschungen ohne deren Handschriften-Schätze schlechthin nicht betrieben werden konnten. Das mehrfach gezeigte Interesse der Akademie an seiner Wahl wird daher verständlich. Ehrle galt zudem als Fachmann für mittelalterliches Schriftwesen und Philosophie und war als Herausgeber des „Archivs für Literatur- und Kirchengeschichte des Mittelalters" schon seit dem ausgehenden 19. Jh. von der preußischen Regierung finanziell unterstützt worden.[76]

Als Ordentliches Mitglied vertrat die Kirchengeschichte — die es als „Fach" der Akademie jedoch nicht gab — in der Akademie nach wie vor Adolf Harnack, der ungeachtet seiner Verpflichtungen als Generaldirektor der Königlichen Bibliothek, als Präsident der Kaiser-Wilhelm-Gesellschaft und als Leiter eines der größten akademischen Unternehmen — um nur seine wichtigsten wissenschaftlichen Ämter zu nennen — mit seinen kirchengeschichtlichen Vorträgen einer der eifrigsten Mitarbeiter in der Klasse und im Plenum war. Zu seiner Unterstützung in der Akademie wurde 1915 ein Schüler Harnacks, der politisch rechts von seinem Lehrer stehende Kirchenhistoriker Karl Holl, gewählt. Holl hatte damals schon 20 Jahre in der Kirchenväterkommission der Akademie mitgearbeitet, aus deren Arbeitsbereich er auch die Themen seiner Akademievorträge nahm, während seine Luther-Studien, die ihn zum Begründer der „Luther-Renaissance" machten, in der Akademie direkt keinen Niederschlag fanden.[77]

Obwohl Harnack mit seinem Einsatz für die Wahl von Troeltsch auch der religionsgeschichtlich orientierten Gruppe der Theologen Eingang in die Akademie verschafft hatte, galt sein Hauptaugenmerk doch vor allem der Kirchengeschichte. Auf seinen und Holls Antrag wurde 1917 Karl Müller, ein Erforscher der spätmittelalterlichen Kirchengeschichte, zum Korrespondierenden Mitglied gewählt.[78]

In der Auseinandersetzung der philosophisch-historischen Klasse im Jahre 1910 über die Besetzung „freier" Fachstellen war von Roethe auf die Bedeutung der germanischen Archäologie hingewiesen worden. Roethe stellte 1913 den Antrag auf die Wahl Carl Schuchhardts, wobei er vor allem dessen Ausgrabungsergebnisse in Nordwestdeutschland (Haltern) und bei Potsdam (Römerschanze) hervorhob. Schuchhardt hatte — wie es in der Laudatio hieß — Methoden der klassischen Archäologie erfolgreich auf Ausgrabungen in Deutschland

---

75 Vgl. AAW II:III b Bd. 23, Bl. 200, 202—204, 210.

76 Vgl. AAW II:III b Bd. 17, Bl. 369; Bd. 22, Bl. 82—84r, 87.

77 Vgl. AAW II:III a Bd. 19, Bl. 147, 149—151. Holls reaktionäre politische Einstellung spricht deutlich u. a. aus einem Wunsch: „Wenn nur 1917 den *deutschen* Frieden bringt." Vgl. K. Aland, Aus der Blütezeit der Kirchenhistorie in Berlin. Die Korrespondenz Adolf von Harnacks und Karl Holls mit Hans Lietzmann. In: Saeculum, Bd. 21, Jg. 1970, Heft 2—3, S. 252.

78 Vgl. AAW II:III b Bd. 24, Bl. 12—15.

übertragen.[79] Er selbst bekannte sich in seiner Antrittsrede vor der Akademie[80] in Worten zu dieser These, die eine Konzession an den breiten Kreis der griechisch-römischen Altertumswissenschaftler in der Akademie war und nicht voll den Tatsachen entsprach. Die Grabungen in Troja und Mykenä, auf die sich Schuchhardt unter anderem bezog, waren gegen die Methoden der klassischen Altertumswissenschaft durchgeführt worden. Gerade sie waren mit der Grund dafür, daß H. Schliemann von der Fachwissenschaft zum Aussenseiter gestempelt wurde.[81]

Schuchhardt war Direktor des Museums für Vor- und Frühgeschichte in Berlin und hatte sich seit 1908/09 der Slawenforschung zugewandt, die für ihn eine zunehmende Rolle spielte. Wesentliche Methoden der Grabung und Ergebnisse der Frühgeschichte wurden von ihm dabei erarbeitet und sind bis heute anerkannt. Seine Forschungen und seine Arbeiten über die slawische Kultur sind von der grundsätzlichen Einstellung durchdrungen, daß das Slawentum als fruchtbarer Bestandteil für die Entwicklung des deutschen Volkes anzuerkennen ist. Schuchhardt grenzte sich nachdrücklich gegen Chauvinismus und Rassismus sowie gegen die Begründung der imperialistischen Eroberungspolitik mit Hilfe der Frühgeschichtsforschung ab.[82]

Hier lag der entscheidende Gegensatz Schuchhardts zu Gustaf Kossinna, der ein militanter Verfechter imperialistischer Wissenschaftsentwicklung war und mit dessen Aktivität die Wahl Schuchhardts zum Akademiemitglied mittelbar zusammenhing. Kossinna war Professor für germanische Vorgeschichte an der Berliner Universität, an der sich die von ihm vertretene Richtung der Frühgeschichtsforschung weitgehend durchsetzte, während Schuchhardt im Universitätsbetrieb weitgehend ausgeschaltet wurde und folglich auch kaum Schüler fand. Durch seine 1912 erschienene Schrift „Die deutsche Vorgeschichte, eine hervorragend nationale Wissenschaft", in der er sich darüber entrüstete, daß diese Disziplin in der Akademie nicht vertreten war, gab Kossinna, wie Schuchhardt zurückblickend feststellte, Roethe den Anstoß zu seinem Antrag für die Wahl Schuchhardts.[83] Schuchhardt hatte auch schon vor seiner Mitgliedschaft in den Publikationen der Akademie über seine Forschungen berichtet und von der Akademie finanzielle Unterstützung erhalten. Insbesondere seine Arbeiten zur germanisch-slawischen Altertumskunde wurden von der Akademie auch finanziell unterstützt.

---

[79] Vgl. AAW II:III a Bd. 18, Bl. 224–228r.

[80] Vgl. Sb 1913, S. 602–604.

[81] Vgl. J. Herrmann, Heinrich Schliemann. Wegbereiter einer neuen Wissenschaft, Berlin 1974.

[82] Die detaillierte Darstellung der Forschungsgeschichte auf diesem Gebiet und ihrer Verflechtung mit der Ideologiegeschichte steht noch aus. Vgl. Die Slawen in Deutschland. Geschichte und Kultur der Slawischen Stämme westlich von Oder und Neiße vom 6. bis 12. Jh. Ein Handbuch. Hrsg. von J. Herrmann, Berlin 1970, S. 3, 424.

[83] Vgl. C. Schuchhardt, Aus Leben und Arbeit, Berlin 1944, S. 287ff.; über das Leitbild des Germanischen, des „Nordischen" für die imperialistische Ideologie dieser Zeit vgl. auch R. Hamann, J. Hermand, a. a. O., S. 123ff.

Der Archäologe Georg Loeschke, der sich unter anderem germanisch-römischen archäologischen Untersuchungen gewidmet hatte, gehörte der Akademie nur wenig mehr als zwei Jahre an — von 1913 bis zu seinem Tode 1915 — und hat an dieser nicht wesentlich mitgearbeitet. In der Laudatio[84] für Loeschke wurde als einer seiner bedeutendsten Schüler Hans Dragendorff genannt, der 1916 zum Ordentlichen Mitglied gewählt wurde. Dragendorff war seit der Gründung im Jahre 1902 bis 1911 Direktor des Römisch-germanischen Instituts in Frankfurt/M., wo er sich um den Aufbau dieser Forschungen Verdienste erwarb. 1911 wurde er Generalsekretär des mit der Akademie verbundenen Deutschen Archäologischen Instituts in Rom und Athen. Seine organisatorischen Fähigkeiten waren auch der Hauptgrund für seine Wahl.[85]

Die Archäologie war folglich mit A. Conze, C. Schuchhardt, G. Loeschke und H. Dragendorff in der Akademie nach wie vor personell stark vertreten. Das hatte aber in diesem Zeitabschnitt wenig Einfluß auf die Arbeit in der Klasse und im Plenum. Auch die Münzkunde fiel aus der Arbeit der Klasse ganz aus, da das Ordentliche Mitglied H. Dressel als Vortragender nicht mehr auftrat.

Im Bereich der Kunstgeschichte wurde 1910 eine schon 1900 erwogene Veränderung insofern durchgesetzt, als in diese beiden Fachstellen nicht mehr nur Archäologen berufen wurden. Von 1910 bis 1912 — als er nach München ging — war Heinrich Wölfflin der erste Kunsthistoriker in der Akademie, dessen Arbeitsgebiet nicht die antike Kunst war. Wölfflin, der Nachfolger Hermann Grimms in Berlin, hatte allgemein anerkannte Arbeiten über Michelangelo und Dürer vorgelegt.[86] Sein einziger Akademievortrag betraf Probleme des Stils in der bildenden Kunst, also ein von ihm in diesen Jahren besonders gepflegtes Gebiet. Der Nachfolger Wölfflins in der Akademie wurde 1914 Adolf Goldschmidt, der über frühmittelalterliche deutsche Miniaturmalerei und Elfenbeinschnitzerei ebenso gearbeitet hatte wie über italienische und niederländische Malerei. In der Laudatio für ihn wurde auf die wachsende Bedeutung der Kunstgeschichte für das historische Gesamtgebiet verwiesen.[87] In der Klasse ist Goldschmidt als Vortragender nicht aufgetreten.

Im Bereich der griechischen und römischen Geschichte traten die Arbeiten der Akademiemitglieder in den Unternehmen gegenüber ihrer Vortragstätigkeit in der Klasse und im Plenum stärker in den Vordergrund. Der Althistoriker Otto Hirschfeld arbeitete nicht mehr in der Klasse mit. Eduard Meyer hielt lediglich drei Vorträge über den Zweiten Punischen Krieg und Ulrich Wilamowitz-Moellendorff griff nur einmal ein Thema der griechischen Geschichte auf.

Das Hauptarbeitsgebiet von Wilamowitz blieben in der Akademie die Inscriptiones Graecae, daneben behandelte er Fragen der griechischen Literatur in

---

84 Vgl. AAW II:III a Bd. 19, Bl. 11—15r, 19.

85 Vgl. AAW II:III a Bd. 19, Bl. 273, 275—277r.

86 Vgl. AAW II:III a Bd. 18, Bl. 32—37r, 46, 69. G. Strauss, Heinrich Wölfflin. Über seine Bedingtheit und seine Bedeutung. In: Forschen und Wirken, Bd. I, Berlin 1960, S. 417 bis 451.

87 Vgl. AAW II:III a Bd. 19, Bl. 67, 70—72, 84, 262.

einzelnen Vorträgen.[88] Auch Hermann Diels zeichnete für ein Unternehmen der Akademie verantwortlich, für die Ausgabe der griechischen Ärzte. Daneben legte er der Akademie jedoch eine Reihe von Abhandlungen zur griechischen Kulturgeschichte vor und war zudem noch aktiv als Wissenschaftsorganisator und Wissenschaftspolitiker tätig.

Die enge Verbindung, die nicht nur zwischen der Akademie und der Universität, sondern auch zu anderen wissenschaftlichen Institutionen bestand, zeigte sich beispielsweise in der Mitwirkung von Wilamowitz und Diels in der Papyrus-Kommission der Berliner Museen, die nach dem Erwerb wichtiger Papyri gebildet wurde. Die Kunst, Papyri und Pergament lesbar zu machen und zu erhalten, wurde dort von Hugo Ibscher entwickelt.

Nachfolger des 1911 verstorbenen Latinisten Theodor Vahlen wurde 1912 Eduard Norden. Als Erforscher der antiken Kunstprosa hatte er einen „durchschlagenden Erfolg", hieß es in der Laudatio, die außerdem seine Vergiluntersuchungen, seine Edition der philologischen Schriften T. Mommsens, seine Geschichte der spätlateinischen Literatur und das von ihm mitbegründete Handbuch der Altertumswissenschaften als besondere Leistungen herausstellte.[89] Nordens Hauptarbeit in der Akademie war sein Wirken in der Kommission für den Thesaurus Linguae Latinae.

Die Wahlen Korrespondierender Mitglieder für die Altertumswissenschaften erfolgten teilweise stark unter dem Einfluß der akademischen Unternehmen. Der belgische klassische Philologe Joseph Bidez[90], der sich mit der antiken Philosophie beschäftigte, wurde 1914 ebenso wie der Göttinger klassische Philologe Paul Wendland[91], der die hellenistisch-römische Kultur in ihren Beziehungen zum Judentum und Christentum erforscht hatte, insbesondere im Hinblick auf die Mitarbeit an der Kirchenväter-Kommission gewählt. Schon 1911 hatten sich die Inscriptiones Graecae den Wiener Epigraphiker Adolf Wilhelm durch die Wahl zum Korrespondierenden Mitglied als Mitarbeiter gesichert.[92]

Wie Bidez wirkte auch der schon 1911 gewählte Franz Cumont in Gent. Er hatte die sich in der Römerzeit neben dem Christentum entwickelnden Religionssysteme erforscht und einen umfangreichen Catalogus Astrologorum Graecorum erarbeitet. Deswegen und als Vermittler zwischen der französischen, englischen und deutschen Forschung wurde er in die Akademie aufgenommen.[93] Im selben Jahr trat der englische Anthropologe James George Frazer „als der bedeutendste Vertreter der anthropologischen Richtung der religionsgeschichtlichen Forschung", der sich besonders durch seinen „Totemism" ausgewiesen hätte, als Korrespondierendes Mitglied in die Akademie ein.[94] Beide Wahlen

[88] Auch seine Verteidigungsschriften für den deutschen Imperialismus legte Wilamowitz regelmäßig der Akademie vor. Vgl. Sb 1915, S. 962; Sb 1916, S. 1344.
[89] Vgl. AAW II: III a Bd. 19, Bl. 210–212.
[90] Vgl. AAW II: III b Bd. 22, Bl. 180, 183–184, 189.
[91] Vgl. AAW II: III b Bd. 22, Bl. 185–189.
[92] Vgl. AAW II: III b Bd. 21, Bl. 44, 46–46r, 51–52, 55, 70.
[93] Vgl. AAW II: III b Bd. 21, Bl. 44, 46–48r, 55.
[94] Vgl. AAW II: III b Bd. 21, Bl. 44, 46–46r, 49–50, 55.

dokumentierten eine Erweiterung des Gesichtskreises der Akademie im Hinblick auf ihre religionswissenschaftlichen Arbeiten.

Die bedeutende Stellung der russischen Altertumskunde[95] fand unmittelbar vor dem ersten Weltkrieg in der Akademie durch die Wahl des Petersburger Akademiemitglieds Michail Ivanovič Rostovcev zum Korrespondierenden Mitglied Anerkennung. Rostovcev, der nach der Großen Sozialistischen Oktoberrevolution emigrierte, war schon damals ein ausgewiesener Erforscher der römischen Geschichte, die er insbesondere durch seine wirtschaftsgeschichtlichen Studien über den Kolonat befruchtet hatte.[96] Die antimarxistische Konzeption Rostovcevs, die er insbesondere in seinen späteren Arbeiten zur antiken Wirtschaftsgeschichte entwickelte, kommt darin zum Ausdruck, daß er die Existenz sozialökonomischer Formationen leugnete. Er identifizierte ökonomische und soziale Verhältnisse der Spätantike und der spätbürgerlichen Gesellschaft weitgehend. Verfallserscheinungen hätten, weil sie nicht rechtzeitig und richtig bekämpft worden wären, zum Untergang der antiken Gesellschaft geführt. Durch einen unwissenschaftlichen Analogieschluß wollte Rostovcev daraus Lehren für die Verteidigung der bürgerlichen Gesellschaft gezogen sehen.[97]

Im Bereich der Orientalistik und der vergleichenden Sprachwissenschaft gab es während dieses Zeitraumes nur eine Zuwahl eines Ordentlichen Mitgliedes. 1912 wurde der holländische Sinologe Johann Jacob Maria de Groot gewählt. De Groot war ursprünglich niederländischer Kolonialbeamter und hatte als solcher volkskundliche und Sprachstudien betrieben, die ihn veranlaßten, sich um die Ausweitung der sinologischen Philologie zu einer umfassenden Chinakunde zu bemühen.[98] Grundsätzlichen Fragen der Chinakunde ist auch sein einziger Akademievortrag gewidmet, fördern wollte er seine Bestrebungen durch eine 1917 der Akademie vermachte Stiftung. Sein Hauptarbeitsgebiet waren Untersuchungen über chinesisches religiöses Leben.

Eduard Sachau, der gelegentlich Vorträge über orientalisches Christentum hielt, konzentrierte sich sonst in der Akademie ganz auf seine Ibn-Saad-Ausgabe. Sein politisches Kampffeld fand der engagierte Ideologe der nahöstlichen Expansion des deutschen Imperialismus[99] dagegen ebenso wie der Vertreter der Altorientalistik Eduard Meyer vorwiegend außerhalb der Akademie. Adolf Erman arbeitete vor allem am Ägyptischen Wörterbuch, berichtete aber auch recht häufig über seine Forschungen zur ägyptischen Altertumskunde. Ägypten und den vorderen Orient behandelte auch E. Meyer vor der Klasse, doch war seine Hauptarbeit nunmehr die Leitung der neugegründeten Orientalischen Kommission, in der alle Orientalisten der Akademie mitarbeiteten. Das waren außer den Genannten noch Friedrich Wilhelm Karl Müller, der an den Turfan-Funden arbeitete und darüber in der Akademie auch berichtete, und Heinrich

---

95 Vgl. Istorija Akademii nauk SSSR, Bd. 2, Moskau, Leningrad 1964, S. 595ff.
96 Vgl. AAW II:III b Bd. 22, Bl. 161–162, 164–166.
97 Vgl. dazu beispielsweise N. A. Maschkin, Römische Geschichte, Berlin 1953, S. 79.
98 Vgl. AAW II:III a Bd. 18, Bl. 175–178.
99 Vgl. dazu L. Rathmann, Stoßrichtung Nahost 1914–1918, Berlin 1963.

Lüders, der regelmäßig über indische Sprache und Literatur vortrug. Der Orientalischen Kommission gehörte auch der vergleichende Sprachwissenschaftler Wilhelm Schulze an, der in der Klasse unter anderem über seine indischen Sprachforschungen las.

Als Korrespondierende Mitglieder wurden 1911 der Vertreter der indogermanischen Sprachwissenschaft Jakob Wackernagel, der auf dem Gebiet der Sprachvergleichung „keinen Rivalen" hätte[100], und der Sanskritist Hermann Jacobi gewählt. Jacobi stand in der ersten Reihe derjenigen, die das Sanskrit aus einem Zweig der vergleichenden Sprachforschung zur selbstständigen Wissenschaft umgestaltet hätten. Er wäre „in Europa einer der gründlichsten Kenner" Indiens, hieß es in der Laudatio für ihn.[101]

Da sich Gustav Schmoller seit Jahren an der Arbeit der Akademie kaum noch beteiligte, wurde 1913 mit Max Sering ein zweiter Staatswissenschaftler gewählt.[102] 1915 hielt er seinen erwähnten Vortrag über die deutsche Kriegswirtschaft. Sering war in erster Linie Agrarwissenschaftler und galt unter den Nationalökonomen als bester deutscher Kenner der nordamerikanischen Volkswirtschaft. Als enger Freund Schmollers gab er seit 1903 dessen „Staats- und sozialwissenschaftliche Forschungen" mit heraus. Bei grundsätzlicher Bejahung der junkerlich-bürgerlichen Agrarpolitik des deutschen Imperialismus setzte sich Sering für eine stärkere Berücksichtigung bourgeoiser Interessen auf diesem Gebiet ein.

Schmollers Versuch von 1911, den Nationalökonomen Karl Bücher für seine Leistungen auf dem Gebiet der Bevölkerungsstatistik, der Entstehung der Volkswirtschaft und des Wirtschaftslebens der Urvölker zum Korrespondierenden Mitglied wählen zu lassen[103], scheiterte ebenso wie 1905 die von ihm beantragte Wahl Lujo Brentanos. Die Gründe dafür dürften in beiden Fällen vor allem in der Person des Antragstellers zu suchen sein.

Die staats- und rechtswissenschaftliche Fachstelle für Ordentliche Mitglieder war bis 1915 von Heinrich Brunner besetzt, der 1912 den Vertreter des römischen Rechts Emil Seckel als Ordentliches Mitglied in die Akademie wählen ließ. Seckel hatte als Kenner des mittelalterlichen Rechts auch schon an den Monumenta Germaniae Historica mitgearbeitet. Seine Wahl erfolgte jedoch vor allem unter dem Gesichtspunkt, daß seine Mitarbeit in der Akademie am Vocabularium iurisprudentiae romanae erforderlich war.[104] In der Klasse trat Seckel nicht hervor.

---

100 Vgl. AAW II:III b Bd. 21, Bl. 19–21r, 24–24r.

101 Vgl. AAW II:III b Bd. 21, Bl. 19, 22–24r.

102 Vgl. AAW II:III a Bd. 19, Bl. 60–61, 64–65, 69, 72, 92. G. Heitz, Max Sering oder die Apologetik der „Inneren Kolonisation". In: Beiträge zur deutschen Agrargeschichte 1917 bis 1945. Zusammengestellt v. d. Sektion Geschichte der Universität Rostock = Wissenschaftliche Zeitschrift der Univ. Rostock. Ges.- u. sprachwiss. Reihe, 1968, H. 2/3.

103 Vgl. AAW II:III b Bd. 21, Bl. 78–79r, 82–83. H. Barthel, G. Kesselbauer, M. Voigt, Karl Bücher, seine politische und wissenschaftliche Stellung. In: Karl-Marx-Universität Leipzig. 1409–1959. Beiträge zur Universitätsgeschichte, Bd. 2, Leipzig 1959, S. 78–91.

104 Vgl. AAW II:III a Bd. 18, Bl. 171–174r, 178; Bd. 20, Bl. 22.

Als Nachfolger des 1906 verstorbenen Korrespondierenden Mitglieds F. W. Maitland, des Erforschers des englischen Feudalismus, wurde 1911 der russische liberale Rechtshistoriker Pavel Gavrilovič Vinogradov in die Berliner Akademie gewählt. Vinogradov, der sich selbst als Schüler Mommsens und Brunners bezeichnete und der zeitweilig aus dem zaristischen Rußland emigrieren mußte, hatte versucht, in mehreren Publikationen über die englische Grundherrschaft ein „zusammenhängendes Bild der verfassungsrechtlichen, der wirtschaftlichen und sozialen Verhältnisse Englands im Jahrhundert der normannischen Eroberung Englands zu bieten". Er war schon 1910 Ehrendoktor der Universitäten Berlin, Cambridge und Harvard[105], 1914 wurde er Mitglied der Petersburger Akademie der Wissenschaften.[106] Nach der Großen Sozialistischen Oktoberrevolution ließ sich Vinogradov, der von Lenin als „ein gelehrter Lakai der russischen Bourgeoisie"[107] charakterisiert wurde, endgültig in England nieder.

Von den Germanisten der Akademie starb 1913 Erich Schmidt. Konrad Burdach, Gustav Roethe und Andreas Heusler konzentrierten sich auf ihre Arbeit in der Deutschen Kommission. Burdach berichtete daneben über seine Faust-Forschungen, Heusler über seine nordischen Untersuchungen und mittelalterliche Heldendichtung. Roethe hat nur durch einen kürzeren Beitrag über altdeutsche Zaubersprüche, eine Gedächtnisrede auf E. Schmidt und zwei Ansprachen zu den Publikationen der Akademie beigetragen. Daraus auf seine Inaktivität in der Akademie zu schließen, wäre freilich, wie bereits gezeigt werden konnte, verfehlt.

Roethe war 1911 als Nachfolger Vahlens Sekretar der Klasse geworden und hatte jetzt Gelegenheit, seine nationalistischen Auffassungen in der Akademie effektiver zu vertreten, was sich insbesondere während des imperialistischen Krieges zeigte und wobei ihm seine Rednergabe gute Dienste leistete. F. Meinecke, der nichts von Roethe hielt, nannte ihn denn auch „den oratorisch berühmten Germanisten" und sprach von der „tönenden Beredsamkeit seiner Akademievorträge", hinter der „doch selten mehr als die gute Konvention der Wissenschaft" gestanden hätte.[108] Eine fast schon denunziatorische Aktivität entfaltete Roethe 1915 gegenüber dem Mitarbeiter der Deutschen Kommission Friedrich Behrend, der als Armierungssoldat eingezogen war und auf Wunsch der Akademie reklamiert werden sollte. In zwei Schreiben an die Akademie wandte sich Roethe gegen den Antrag mit einem Hinweis auf die mit der Dauer des Krieges wachsende Bedeutung der Armierungstruppe, in der auch Gebildete „erfahrungsgemäß durchaus unentbehrlich" sind. Außerdem wäre Behrend für die Inventarisation von Handschriften in belgischen Bibliotheken ohnehin nicht einsetzbar, „da die sonst gegebenen Helfer, die Flamen, sich jetzt aus Furcht vor den wallonischen und belgischen Spionen zurückhalten", d. h.,

---

105 Vgl. AAW II:III b Bd. 21, Bl. 78–81r, 85–88. Vgl. auch P. F. Laptin, Obščina v russkoj istoriografii poslednej treti XIX – načala XX v., Kiev 1971.

106 Vgl. Istorija Akademii nauk SSSR, Bd. 2, S. 725.

107 W. I. Lenin, Werke, Bd. 9, Berlin 1966, S. 237.

108 Vgl. F. Meinecke, Straßburg, a. a. O., S. 178, 182.

daß die deutschen Imperialisten in Belgien keine Mitarbeiter fanden. Im übrigen betrachtete Roethe den Kriegsdienst als ein geeignetes Mittel, um Behrend an Zucht und Disziplin zu gewöhnen.[109]

Die Wahl der Korrespondierenden Mitglieder in dieser Zeit entsprach weitgehend den Aufgaben, die sich die germanistische Forschung an der Akademie gestellt hatte. Der Kopenhagener Volkskundler Axel Olrik erhielt das Diplom 1911 in erster Linie für seine literarischen nordischen Forschungen[110], der Professor der nordischen Sprachen in Lund, Axel Kock, 1917 für seine Untersuchungen über die Lautlehre des Schwedischen und des Westnordischen besonders im 8. bis 10. Jh.[111] Drei weitere Korrespondierende Mitglieder waren zum Zeitpunkt ihrer Wahl bereits Mitarbeiter einzelner Unternehmen der Deutschen Kommission. Im Jahre 1912 wurde der Göttinger Germanist Edward Schröder gewählt, der die Arbeiten am Wörterbuch der Brüder Grimm leitete.[112] Die Wieland-Ausgabe der Akademie stand unter der Leitung des Grazer Literaturhistorikers Bernhard Seuffert, der 1914 als Korrespondierendes Mitglied aufgenommen wurde.[113] Mitarbeiter der Deutschen Kommission war auch der 1917 gewählte Münchener Erforscher der geistlichen Dichtung des Mittelalters Carl von Kraus.[114]

Ordentliche Fachvertreter der Akademie waren nach wie vor Alois Brandl für die Anglistik und der 1910 als vielseitiger romanistischer Sprachwissenschaftler gewählte Heinrich Morf für die Romanistik.[115] Brandl[116] arbeitete in dieser Zeit in der Akademie über die Geographie altenglischer Dialekte, Morf behandelte Probleme der französischen Sprache und der italienischen Literatur.

Da nach dem Tod von Henry Sweet 1912 der Akademie kein englischer Sprachforscher mehr angehörte, wurde 1913 der Oxforder Anglist James Murray in Anerkennung für sein neuenglisches Wörterbuch zum Korrespondierenden

[109] Vgl. AAW II:V f Bd. 23. Briefe Roethes vom 23. 10. und 25. 10. 1915 als abschriftliche Anlagen zum Protokoll vom 28. 10. 1915. Das Urteil Roethes über Behrend ist dermaßen entlarvend für den Schreiber, daß es trotz seiner Länge hier festgehalten zu werden verdient: „Ich würde es sogar bedauern, wenn Dr. Behrend als unbrauchbar entlassen würde. Ich leugne nicht, daß ihm nach meiner Überzeugung ein paar Monate, nicht zu kurz bemessen, regelmäßiger körperlicher Beschäftigung und fester soldatischer Zucht körperlich und geistig nur von großem Nutzen sein könnten. Er ließ es seit einiger Zeit sowohl in der Förderung der akademischen Arbeiten wie der festen willigen Konzentration auf seine akademischen Aufgaben manchmal recht fühlbar fehlen. Ich bin sicher, daß die Kriegserziehung, die es ihm zur selbstverständlichen Pflicht macht, sich, sei es mit der bescheidensten Leistung, rückhaltlos und anspruchslos an den Dienst des großen Ganzen hinzugeben, auch Behrends Tätigkeit für die Akademie dereinst sehr zugute kommen wird. Ihm und uns wünsche ich, daß er diese Erziehung ungeschmälert durchmache."

[110] Vgl. AAW II:III b Bd. 21, Bl. 45—46r, 53—55.

[111] Vgl. AAW II:III b Bd. 24, Bl. 56—59, 61.

[112] Vgl. AAW II:III b Bd. 21, Bl. 167—168r, 171—173.

[113] Vgl. AAW II:III b Bd. 22, Bl. 156—160, 166.

[114] Vgl. AAW II:III b Bd. 24, Bl. 56—58, 60—61.

[115] Vgl. AAW II:III a Bd. 18, Bl. 30—31r, 37—37r; Bd. 19, Bl. 22.

[116] Als eines der ersten Akademiemitglieder wandte er sich schon am 26. 11. 1914 in einem nicht publizierten Vortrag gegen England. Vgl. Sb 1914, S. 1089.

Mitglied gewählt.[117] Er starb aber schon 1915. Das einzige Auswärtige Mitglied, das von 1911 bis 1917 in die Akademie gewählt wurde, war der Grazer Romanist und Gegner der Junggrammatiker Hugo Schuchardt (1912), der vorwiegend auf linguistischem Gebiet gearbeitet hatte.[118]

Als Nachfolger des 1910 verstorbenen Professors der keltischen Philologie H. Zimmer wurde 1911 Kuno Meyer, ein Bruder des Altertumsforschers Eduard Meyer, zum Ordentlichen Mitglied gewählt. K. Meyer, der zuvor in Liverpool und Dublin gewirkt hatte, galt als guter Kenner insbesondere des Irischen. Von seinen Forschungen erhoffte sich die Akademie eine Förderung der Germanistik und der Romanistik.[119] Meyer hat im Gegensatz zu vielen anderen Akademiemitgliedern in den akademischen Publikationen mit großem Fleiß über keltische Wortkunde und irische Dichtung berichtet.

Ebenfalls in die Jahre 1911 bis 1917 fallen alle fünf Vorträge, die das schon 1908 gewählte Ordentliche Akademiemitglied Eduard Seler über die Geschichte des vorkolumbianischen Mittelamerika gehalten hat. Sie behandelten vorwiegend, z. T. ausführlich, die Baukunst der mittelamerikanischen Ureinwohner.[120]

Die Zuwahlpolitik der Akademie und die Übersicht über das wissenschaftliche Wirken der Ordentlichen Mitglieder in den Klassen und im Plenum der Akademie machen deutlich, daß sich grundsätzliche Veränderungen in diesem Bereich nicht vollzogen. Vor dem Hintergrund eines Nebeneinanders von Verteidigern humanistischer Wissenschaftstraditionen und Vertretern extrem reaktionärer Auffassungen als der sich gegenseitig ausschließenden Pole, bei zugleich grundsätzlicher Integration der Akademie wie aller damaligen wissenschaftlichen Institutionen in die kapitalistische Gesellschaftsordnung leistete die Mehrzahl der Mitglieder im Rahmen der an der Akademie gegebenen Möglichkeiten in den Klassen, im Plenum und in den Unternehmen ihren Beitrag zur Weiterentwicklung der Wissenschaft.

4. Zur Tätigkeit der wissenschaftlichen Unternehmen der Akademie

Die Grundzüge der Arbeit in den wissenschaftlichen Unternehmen der Akademie, die seit der Jahrhundertwende bestimmend waren, blieben im wesentlichen unverändert. Die aus der Gründung der Kaiser-Wilhelm-Gesellschaft folgende gewandelte Stellung der Akademie im Forschungsgefüge des

---

[117] Vgl. AAW II:III b Bd. 22, Bl. 25–27.

[118] Vgl. AAW II:III b Bd. 21, Bl. 168–170r, 182–183. Schuchardts „Über die Lautgesetze. Gegen die Junggrammatiker" (Berlin 1885) galt als bedeutendste Gegenschrift gegen die Junggrammatiker.

[119] Vgl. AAW II:III a Bd. 18, Bl. 76, 78–80r, 82–83.

[120] Vgl. E. Seler, Gesammelte Abhandlungen zur amerikanischen Sprach- und Altertumskunde, Bd. I–V, Graz 1960, 1961, Registerband 1967 (einschließlich Biographie und Schriftenverzeichnis).

imperialistischen Staates hatte auf diesen Bereich ihrer Tätigkeit kaum Einfluß. Hemmend auf den Umfang der Arbeit wirkte sich der erste Weltkrieg aus, da Mitarbeiter der Akademie zum Militärdienst eingezogen, einige Opfer des Krieges wurden, und vor allem, da der Krieg gerade bei einigen der nicht direkt kriegswichtigen Forschungen zu finanziellen und personellen Einschränkungen führte. Diese betrafen daher auch die wissenschaftlichen Arbeiten, die an der Akademie betrieben wurden.

a) Naturwissenschaftliche Unternehmen

Die Unternehmen „Die Geschichte des Fixsternhimmels", „Das Pflanzenreich" und „Das Tierreich" setzten ihre Arbeit in den bisherigen Bahnen fort.

Die Geschichte des Fixsternhimmels leitete bis zu seinem Tode 1915 Arthur Auwers. Aus den Mitteln einer Sammlung für Auwers zu dessen fünfzigjährigem Doktorjubiläum 1912 stiftete die Akademie 1913 eine alle fünf Jahre zu verleihende „Bradley-Medaille" zur Erinnerung an den englischen Astronomen James Bradley. Empfänger der Medaille konnten „Gelehrte aller Länder" sein, „die sich durch hervorragende Leistungen auf den von Bradley und Bessel bearbeiteten Gebieten ausgezeichnet haben".[1] Die erste Medaille erhielt 1918 der Astronom Friedrich Küstner, seit 1910 Korrespondierendes Mitglied der Akademie. Auwers' Nachfolger in der Leitung des Unternehmens wurde der Astronom Hermann Struve. Mitglied der Kommission war auch Karl Schwarzschild. Bis 1917 wurde das Material über die Sterne der nördlichen Halbkugel zusammengetragen, mit dessen Publikation danach in Abänderung des ursprünglichen Plans begonnen wurde. Seit 1909 arbeitete Johannes Paetsch am Fixsternhimmel, Veröffentlichungen wurden noch nicht vorgelegt.[2]

Bis 1915 erschienen vom „Pflanzenreich" 803 Druckbogen mit 2620 Figuren und 19195 Einzelbildern. Das Unternehmen hatte mehr als ein halbes Hundert freischaffende Mitarbeiter in aller Welt, vor allem in Deutschland. Während des ersten Weltkrieges wurde die Arbeit am „Pflanzenreich" zunächst kaum behindert, denn der Leiter des Unternehmens, A. Engler, und sein Mitarbeiter H. Harms konnten sogar konzentrierter arbeiten, „da während des Krieges die Lehrtätigkeit eingeschränkt war und auch der wissenschaftliche Verkehr mit den botanischen Anstalten und Korrespondenten in den Kolonien sowie mit botanischen Reisenden abgebrochen war". Lediglich die Drucklegung der Forschungsergebnisse war — wie Engler formulierte — „in den Kriegsjahren und den darauf folgenden sogenannten Friedensjahren" eingeschränkt.[3]

Eng mit dem „Pflanzenreich" verbunden war die ebenfalls von A. Engler betreute wissenschaftliche Bearbeitung der Flora von Papuasien und Mikronesien,

---

[1] Vgl. Sb 1913, S. 911–914. James Bradley und Friedrich Wilhelm Bessel waren 1746 und 1812 zu Auswärtigen Mitgliedern der Berliner Akademie gewählt worden.

[2] Vgl. H. Struve, Bericht über das akademische Unternehmen der Geschichte des Fixsternhimmels. In: Sb 1920, S. 86–92.

[3] Vgl. A. Engler, Bericht über das „Pflanzenreich". In: Sb 1916, 97–104; Sb 1925, S. XXV bis XXX.

der sogenannten deutschen „Schutzgebiete" – d. h. der Kolonien im Großen Ozean (Neuguinea, Karolinen). Die Untersuchungen finanzierte seit 1911 die Wentzel-Heckmann-Stiftung der Akademie. Dieses akademische Unternehmen unterstrich die enge Verflechtung der Wissenschaft mit der imperialistischen Kolonialpolitik, zu der man sich selbst noch 1918 expressis verbis bekannte, wenn Engler der Hoffnung Ausdruck gab, daß das „Unternehmen nicht nur der Wissenschaft, sondern auch den kolonialen Bestrebungen Deutschlands von Nutzen sein wird"[4]. 1912 und 1913 erschienen die ersten Abhandlungen zur Flora von Papuasien, und ab 1914 folgten die über Mikronesien.[5]

Vom „Tierreich", an dem in der Akademie neben F. E. Schulze noch die wissenschaftlichen Beamten Carl Apstein und Theodor Kuhlgatz – beide seit 1911 – tätig waren, erschienen bis zum Beginn des ersten Weltkrieges 42 Lieferungen mit teilweise 50 und mehr Druckbogen, die entsprechend dem ursprünglichen Plan in deutscher (37), englischer (3) oder französischer (2) Sprache abgefaßt wurden.[6]

Ebenfalls unter der Leitung von Schulze stand der seit 1912 als eigenes Unternehmen der Akademie betriebene „Nomenclator animalium generum et subgenerum". Mit dem „Nomenclator" sollte „durch Herstellung eines authentischen, alphabetisch geordneten Lexikons der Gattungs- und Untergattungsnamen in die zoologische und paläontologische Nomenklatur Ordnung" gebracht werden. Er stand in enger Verbindung mit den Arbeiten am „Tierreich" und war ein Ergebnis der in den neunziger Jahren des 19. Jh. einsetzenden Bemühungen um die Vereinheitlichung der wissenschaftlichen Benennungen der Tiere. Bis 1917 ist vom „Nomenclator" nichts erschienen.[7]

b) Werkausgaben bedeutender Akademiemitglieder

Die Arbeiten an der Leibniz-Ausgabe leitete bis 1914 M. Lenz, danach B. Erdmann. Paul Ritter war ab 1910 als wissenschaftlicher Beamter tätig. Ergebnisse konnten jedoch bis 1917 noch nicht publiziert werden. Der erste Weltkrieg zerstörte zudem die bis dahin geltende Grundlage für die Arbeiten, die im Rahmen der Internationalen Assoziation der Akademien gemeinsam von Berlin und Paris durchgeführt worden waren. Die Berliner Akademie übernahm nunmehr die alleinige Verantwortung für die Edition.[8]

---

4 Vgl. Sb 1912, S. 89; Sb 1918, S. 75.

5 Vgl. A. Engler, Bericht über die Bearbeitung der Flora von Papuasien und Mikronesien. In: Sb 1915, S. 125f; Sb 1918, S. 74f.

6 Vgl. F. E. Schulze, Bericht über das Tierreich. In: Sb 1915, S. 46–50.

7 Vgl. Sb 1905, S. 134f; Sb 1908, S. 90; Sb 1911, S. 98; Sb 1913, S. 106–110. Weiterhin K. Heider, Bericht über den „Nomenclator animalium generum et subgenerum". In: Sb 1926, S. XXXII–XXXV.

8 Vgl. B. Erdmann, Bericht über die Kant- und die Leibniz-Ausgabe. In: Sb 1921, S. 116 bis 123; B. Hartmann, Die Leibniz-Ausgabe der Berliner Akademie. In: Blätter für deutsche Philosophie, Bd. 13, Jg. 1939/40, S. 408–421.

Die Kant-Ausgabe, deren Leitung 1911 nach dem Tode von W. Dilthey an B. Erdmann überging, sollte in drei Abteilungen ediert werden: Werke, Briefe, handschriftlicher Nachlaß. Von den Werken erschienen bis 1918 acht Bände, vom Nachlaß drei Bände, ein weiterer war während des Krieges im Druck. Schon 1900 und 1902 war eine kritische Ausgabe der Briefe Kants in drei Bänden von R. Reicke vorgelegt worden. Der vierte Band des Briefwechsels mit den Anmerkungen und den Registern wurde von dem Hallischen Kant-Forscher P. Menzer, der der Ausgabe von Anfang an verbunden war, vorbereitet und befand sich während des Krieges im Druck. Eine beabsichtigte vierte Abteilung, die die Vorlesungen Kants enthalten sollte, ist nicht begonnen worden.[9]

Von den unvollendet gebliebenen ,,Gesammelten Schriften Wilhelm von Humboldts" erschienen in neun Bänden von 1903 bis 1912 die ,,Werke". 1903 und 1904 wurden in drei Bänden die ,,Politischen Denkschriften" vorgelegt und 1916 und 1918 in zwei Bänden die ,,Tagebücher" veröffentlicht. Ganz unberücksichtigt blieben in dieser Ausgabe die Briefe, obwohl ihre Edition ursprünglich vorgesehen war. Immerhin wurden in 18 Jahren 14 Bände veröffentlicht, eine recht beachtliche Leistung für die Kommission, die seit 1913, nach dem Tode von E. Schmidt, unter der Leitung von K. Burdach stand.[10]

Die Weierstraß-Ausgabe der Akademie wurde unter der Leitung von A. Auwers und dann M. Planck weitergeführt. Ihr Abschluß war zum 100. Geburtstag von Weierstraß 1915 geplant, doch erschienen 1915 und 1916 nur die Bände 5 und 6 dieser ,,Mathematischen Werke"[11].

Die 1913 gegründete Dilthey-Kommission unter dem Vorsitz von B. Erdmann, deren Gründung ein Zeichen für die gesellschaftliche Relevanz der irrationalistischen Lebensphilosophie Diltheys war und die dessen ,,Gesammelte Schriften" edieren sollte, konnte bis 1917 nicht mehr wirksam werden.

c) Forschungen zur griechisch-römischen Altertumskunde und zur Orientalistik

Die Leistungen der deutschen Altertumswissenschaft und Orientalistik konnten sich in den Unternehmen der Akademie angesichts der nach wie vor unveränderten Arbeitsweise auch in dieser Zeit nur partiell widerspiegeln.

Der internationalen Zusammenarbeit, die auf dem Gebiet der altertumskundlichen Editionen eine wesentliche Voraussetzung erfolgreicher Forschung war, setzte der erste Weltkrieg ein Ende. Das galt sowohl für die Inscriptiones Graecae (IG) als auch für das Corpus Inscriptionum Latinarum (CIL) unter der

---

[9] Vgl. B. Erdmann, Bericht über die Kant- und die Leibniz-Ausgabe. In: Sb 1921, S. 114 bis 116; G. Lehmann, Zur Geschichte der Kant-Ausgabe 1896—1955. In: Deutsche Akademie der Wissenschaften zu Berlin 1946—1956, Berlin 1956, S. 422—434.

[10] Vgl. G. Dunken, Zur Geschichte der Herausgabe der ,,Gesammelten Schriften Wilhelm von Humboldts", Berlin 1962. Das geringe Echo auf die Ausgabe wurde von Burdach bedauert. Von 175 Subskribenten stellte Deutschland kaum 80. Vgl. Sb 1914, S. 126.

[11] Vgl. Sb 1915, S. 83; Sb 1916, S. 130f; Sb 1917, S. 67.

Leitung von U. v. Wilamowitz-Moellendorff und O. Hirschfeld. Unmittelbar vor dem Krieg wurde diese internationale Zusammenarbeit in der Berliner Akademie öffentlich begrüßt.[12] Die Vorrangstellung der deutschen Altertumswissenschaft ging jedoch nun teilweise verloren und die geringe „Wirkung auf die Gegenwart", die die IG ausübten, wurde von Wilamowitz 1914 bedauert.[13] Es entstanden nationale Inschriftensammlungen, die Zeitschrift „Ephemeris Epigraphica" — von Mommsen 1872 als Nichtperiodicum zur schnellen Information über neue Inschriftenfunde gegründet — stellte ihr Erscheinen ein.[14]

Im Jahre 1915 begann die Akademie mit einer Neubearbeitung der Prosopographia Imperii Romani Saeculi I.II.III.[15] Die Vertretung der Akademie in der Kommission für den Thesaurus Linguae Latinae, dessen Weiterführung 1907 das Kartell der Akademien in Deutschland und Österreich übernommen hatte, wurde 1912, nachdem H. Diels wegen Arbeitsüberlastung ausgeschieden war, E. Norden übertragen.[16] Im Druck vorgelegt wurde nichts außer den regelmäßigen Informationen über den Fortgang der Arbeiten in den „Sitzungsberichten" der Akademie.

Selbst ein Unternehmen wie die Ausgabe der griechischen christlichen Schriftsteller („Kirchenväterausgabe") unter der Leitung von A. Harnack bot nationalistischen Kreisen in Deutschland und in Frankreich Anlaß zu Auseinandersetzungen. Französische Wissenschaftler kritisierten, daß die Ausgabe in deutscher Sprache und nicht in einer „langue internationale de l'érudition" erschien. Harnack begründete die Wahl der deutschen Sprache vor der lateinischen, die nach internationalen Erkundigungen getroffen worden wäre. In diesem Zusammenhang gab er den für die Wirkungsgeschichte der Ausgabe wichtigen Hinweis, daß England und die USA 90 Exemplare abnähmen, Frankreich aber nur 20. Im übrigen gäbe es in der Gegenwart keine internationale Gelehrtensprache mehr.[17] Die sich hier unmittelbar vor dem ersten Weltkrieg abzeichnende Konfrontation führte schließlich unter dem Einfluß der „ideologischen Kriegführung" zwischen den Imperialisten in Deutschland und in Frankreich dazu, daß die französische Nationalbibliothek auch Mitarbeitern der Ausgabe aus dem neutralen Ausland während des Krieges die Benutzung der Handschriften sperrte.[18]

Bei einem Rückblick auf das erste Vierteljahrhundert der Kirchenväterausgabe mußte sich Harnack die Frage stellen, ob ein solches Unternehmen überhaupt noch seine Berechtigung hätte. Er kam zu dem Schluß, daß die Tendenz weniger auf historisch-kritische Quelleneditionen weise als auf zusammenfas-

---

12 Wilamowitz: „. . . dies freundschaftliche Zusammenarbeiten betrachten wir als den edelsten Gewinn." Sb 1913, S. 100.
13 Sb 1914, S. 114.
14 Vgl. Das Institut für griechisch-römische Altertumskunde, Berlin 1957, S. 82.
15 Vgl. Ebd., S. 85.
16 Vgl. Sb 1913, S. 639.
17 Vgl. Sb 1913, S. 143f.
18 Vgl. Sb 1916, S. 108.

sende Darstellungen.[19] Insbesondere durch seine Forderung nach der Berücksichtigung der „soziologischen Grundlage" bei weiteren Forschungsarbeiten, die schon in seinem Wahlvorschlag für Troeltsch anklang, gab er indirekt zu verstehen, daß sich eine Umorientierung als notwendig abzeichnete, um eine größere gesellschaftliche Relevanz der Akademieforschung zu gewährleisten.

Die orientalischen Arbeiten der Akademie erhielten eine festere Grundlage durch die 1912 erfolgte Gründung der Orientalischen Kommission.[20] Den Antrag für die Gründung stellten die Akademiemitglieder E. Sachau, A. Erman, E. Meyer, W. Schulze, F. W. K. Müller und H. Lüders gemeinsam mit dem Assyriologen Friedrich Delitzsch, der die assyrische Philologie auf sichere Grundlagen gestellt hat. Dessen Wahl zum Akademiemitglied war schon vor 1914 erwogen worden, als E. Meyer in der philosophisch-historischen Klasse anfragte, „ob auch heute, wie bei einer früheren Besprechung, Bedenken dagegen bestehen"[21]. Diese bezogen sich wahrscheinlich auf die 1902 vorgelegte Publikation von Delitzsch „Bibel und Babel", in der er die Bedeutung des Alten Testaments für den christlichen Glauben bestritt und den sogenannten Bibel-Babel-Streit auslöste, der orthodoxe Kreise des Christentums stark beunruhigte.

Die sechs Akademiemitglieder und Delitzsch beantragten beim Minister der geistlichen, Medizinal- und Unterrichtsangelegenheiten, er solle „eine dauernde Kommission ernennen, die zunächst etwa aus je einem Vertreter der Ägyptologie, der Assyriologie, der semitischen Sprachen der vorislamischen Periode, der Indologie und der ostasiatischen Philologie bestände". Die Aufgabe der Kommission wäre es, die „orientalischen Schriftdenkmäler herauszugeben und in jeder Weise wissenschaftlich zu verarbeiten". In dem Antrag wurde die Einstellung hauptamtlicher wissenschaftlicher Mitarbeiter beantragt und auf die bedeutsamen Ergebnisse der Grabungen und Forschungsreisen im Orient hingewiesen, deren Auswertung ohne einen wissenschaftlichen Apparat nicht gewährleistet wäre.

Die Akademie, die zu den nun einsetzenden Beratungen hinzugezogen wurde, setzte eine Kommission aus den sechs Antragstellern, die Akademiemitglieder waren, sowie A. Harnack, H. Diels und U. Wilamowitz-Moellendorff ein. Diese beauftragte Harnack mit der Abfassung eines Gutachtens, das er am 17. Januar 1911 erstattete und in dem er die Verbindung der neuen Einrichtung mit der

---

19 Harnack betonte die Schwierigkeiten der Kirchenväterausgabe, „weil die Zeitströmungen, unabhängig vom Kriege, unserer besonders schwierigen und komplizierten Aufgabe nicht günstig sind. Diese Aufgabe verlangt Gelehrte von einer benediktinischen Gelehrsamkeit in den Sprachen und Literaturen, von theologischem Verständnis, von Sicherheit in der Kritik und den philologischen Methoden und von zäher Ausdauer. Aber das sind heute nicht die Sterne, denen die zukünftigen Weisen nachziehen. Andere Ziele haben sich in den Vordergrund geschoben, und wir gehen, wenn nicht alles täuscht, aufs neue einem philosophischen Zeitalter der Wissenschaften entgegen auf idealistischer, aber zugleich auf soziologischer Grundlage." Sb 1916, S. 109.

20 Vgl. dazu H. Grapow, Die Begründung der Orientalischen Kommission von 1912, Berlin 1950, der die zitierten Dokumente abdruckte.

21 Vgl. AAW II:III a Bd. 19, Bl. 102.

Akademie vorschlug. Harnack verwies auf den günstigen Zeitpunkt, da der Staat durch die Gründung der Kaiser-Wilhelm-Gesellschaft finanziell entlastet wäre und schlug vor, statt der geplanten Kommission ein „Orientalisches Forschungsinstitut" zu gründen.[22] Die Akademie übermittelte dem Minister am 11. Februar 1911 eine entsprechende Stellungnahme. Die Arbeiten sollten sich danach zunächst auf drei Gebiete beschränken, „die die weitaus überwiegende Menge an alten Schriftdenkmälern geliefert haben, auf Assyrien, Babylonien und die anderen Keilschriften schreibenden Völker, auf Ägypten und auf Zentralasien".

Nach weiteren Verhandlungen mit der vorgesetzten Behörde gründete die Akademie am 2. Mai 1912 die „Orientalische Kommission", deren Vorsitz Eduard Meyer übernahm.

Angesichts der geringen zur Verfügung stehenden Mittel — statt der geforderten 60400 Mark wurden nur 20000 Mark bewilligt — und da die beantragten Stellen für festangestellte Wissenschaftler nicht alle zugestanden wurden, mußte sich die Kommission auf „die Zusammenstellung und Bearbeitung der Texte und die Vorbereitung der Herausgabe" beschränken. Die Ergebnisse waren in den letzten beiden Vorkriegsjahren und während des Krieges auf den verschiedenen Arbeitsgebieten noch sehr gering.[23] Wissenschaftlicher Mitarbeiter der Kommission war seit 1912 Wilhelm Siegling.

Vom „Griechischen Münzwerk" erschienen weitere Bände, während die Arbeiten am „Ägyptischen Wörterbuch" in dieser Zeit noch der Materialsammlung dienten.

Die von E. Sachau geleiteten Arbeiten an der Ausgabe des Ibn Saad — „Biographien Mohammeds, seiner Gefährten und der späteren Träger des Islams" — wurden bis 1918 abgeschlossen. Sie erschien in 13 Teilen in acht Bänden. Die politische Akzentuierung dieser Ausgabe fand in einem Bericht Sachaus vor der Akademie Ausdruck, als er feststellte: „Die Ereignisse der jüngsten Zeit haben eine intime Verbindung zwischen uns und dem Islam, vertreten durch das Osmanische Reich, mit sich gebracht . . . Das junge Band zwischen uns und dem Islam stellt der deutschen Orientwissenschaft die neue und wichtige Aufgabe, für ihren Teil dazu beizutragen, daß das deutsche Volk mit der besonderen Art der Orientalen mehr und mehr vertraut und ihr gerecht werde . . ." Er sprach in diesem Zusammenhang über die „politische Annäherung der beiden bisher so weit voneinander getrennten Welten"[24]. Mit dieser politischen Aktualität und seiner Bedeutung für die sich abzeichnende nationale Wiedergeburt der arabischen Völker dürfte auch zusammenhängen, daß die Ibn-Saad-Ausgabe der Akademie als eines der wenigen Unternehmen relativ schnell zum Abschluß gebracht wurde. Diese Ausführungen Sachaus vor der Akademie korrespon-

22 Vgl. AAW II:IV a 1 Bd. 14, Bl. 139—150r.

23 Vgl. E. Meyer, Orientalische Kommission. In: Sb 1923, S. XXVIII—XXXV; auch Sb 1913, S. 117f.

24 Vgl. E. Sachau, Bericht über das Unternehmen der Herausgabe des Ibn Saad. In: Sb 1918, S. 11—18.

dieren zudem völlig mit seinen Aktivitäten während des ersten Weltkrieges, als er sich in Wort und Schrift für die Nahostpolitik des deutschen Imperialismus einsetzte.[25]

d) Arbeiten zur mittelalterlichen und neuen Geschichte

Kernstück der mittelalterlichen und neueren historischen Forschungen der Akademie blieben die Arbeiten zur preußischen Geschichte des 18. Jh. Die „Politische Korrespondenz Friedrichs des Großen", deren Bearbeitung bis 1914 unter der Leitung von G. Schmoller und R. Koser, danach von G. Schmoller und O. Hintze erfolgte, wurde bis 1917 bis zum Bd. 36 weitergeführt. Der 37. Band war während des Krieges in Arbeit. Bei Beginn des ersten Weltkrieges lagen 27 Bände der ebenfalls von diesen Akademiemitgliedern betreuten „Acta Borussica", die in zwei Reihen erschienen, gedruckt vor. Im 20. Jh. waren also 25 Bände gegenüber zwei Bänden im ersten Jahrzehnt des Bestehens der „Acta" erschienen. 13 Bände behandelten als Quellenveröffentlichungen die Behördenorganisation und die allgemeine Staatsverwaltung Preußens im 18. Jh. bis zum Ausbruch des Siebenjährigen Krieges (1756), 14 Bände stellten als Verbindung von Darstellung und Aktenpublikation besondere Gegenstände aus den verschiedenen Verwaltungsgebieten dar, wobei das Schwergewicht auf der Wirtschaftspolitik lag.

Kennzeichnenderweise gab es während des ersten imperialistischen Krieges eine – und zwar eine wesentliche – Erweiterung der Arbeiten der Akademie in diesem Bereich der Forschungen zur preußischen Geschichte. Die neue Aufgabe und der Zeitpunkt ihrer Inangriffnahme bestätigen aufs treffendste die Tatsache, daß die Geschichtsforschung des deutschen Imperialismus vor allem eine ideologische Funktion hat, die auch die Ursache für die Inaugurierung der preußischen Unternehmen in den achtziger Jahren des 19. Jh. gewesen war. Wie E. Marcks feststellte, „erwuchs" der Akademie 1916 „aus dem Schwunge der großen Kriegszeit" die Aufgabe, deutsche Geschichtsquellen des 19. Jh. zu edieren. Das erste Thema, das man sich stellte, war ganz folgerichtig im Anschluß an G. Schmollers Arbeiten die Sozialpolitik Bismarcks.[26]

Ebenfalls ein neues Unternehmen auf historischem Gebiet regte M. Sering im Sommer 1915 an, als er vorschlug, die „Bearbeitung der Materialien zur deutschen Volkswirtschaft und volkswirtschaftlichen Verwaltung während dieses Krieges" unter der Bedingung zu übernehmen, daß eine objektive (!) Darstellung möglich wäre und die Behörden die Kosten übernehmen würden. Harnack wandte sich gegen ein neues Unternehmen, E. Meyer war für ernsthafte Erwägung, Wilamowitz wollte es der Gesamtakademie übertragen, und Roethe

[25] Vgl. L. Rathmann, Stoßrichtung Nahost 1914–1918, Berlin 1963, passim.

[26] Vgl. über diese Arbeiten zur preußischen und deutschen Geschichte O. Hintze, Politische Korrespondenz Friedrichs des Großen. In: Sb 1915, S. 50–58; E. Marcks, Aufgaben und Tätigkeit der Preußischen Kommission. In: Sb 1925, S. XXXI–XXXVII.

regte die Vorlage eines detaillierten Plans an. Mit Recht verwies Seckel darauf, daß die Behörden kaum alles Material freigeben würden.[27] Obwohl der Vorschlag Serings nicht weiter verfolgt wurde, ist er vor allem unter zwei Gesichtspunkten interessant. Er zeugt von den Illusionen, die zu diesem Zeitpunkt noch an den Sieg des deutschen Imperialismus und an dessen Interesse für eine objektive Forschung geknüpft wurden, und es ist der erste, wenn auch wenig durchdachte Versuch, Gegenwartsprobleme in die akademische Arbeit einzubeziehen.

Die von vielen Akademiemitgliedern so gern in Anspruch genommene Objektivität der Wissenschaft, die immer wieder betonte apolitische Grundhaltung der Wissenschaft, widerlegt sich von selbst, wenn man das Verhältnis der Akademie zum deutschen Imperialismus beachtet und wenn man ihre Arbeiten in die größeren Zusammenhänge stellt. Daß sich das bewußte Engagement für die herrschende bürgerliche Ordnung bei den einen Unternehmen deutlicher zeigt als bei anderen und bei den historischen besonders auffallend ist, ergibt sich aus den unterschiedlichen Aufgabenstellungen. Neben diesen entscheidenden inneren Zusammenhängen zwischen dem Imperialismus und seiner Wissenschaftspflege sollte aber auch nicht das offene Bekenntnis vieler Akademiemitglieder zum deutschen Imperialismus übersehen werden, das bis in die Formulierungen der Rechenschaftsberichte über ihre Arbeiten reicht, in denen der „Schwung der großen Kriegszeit", der „Lügenfrieden" von Versailles, die „angebliche Friedenszeit" nach 1918 und andere immer wieder auftauchen.

Den Vorsitz der Kommission für das „Wörterbuch der älteren deutschen Rechtssprache" übernahm nach H. Brunners Tod 1915 G. Roethe. Die Leitung der Arbeiten ging ab 1911 zunehmend an den wissenschaftlichen Mitarbeiter E. von Künssberg über, der 1913 auch außerakademisches Mitglied der Kommission wurde. 1911 wurde der Umfang des „Wörterbuches" auf acht Bände mit je 1000 Seiten festgelegt; das entsprach 500 Druckbogen, während ursprünglich 600 Druckbogen vorgesehen worden waren. Bis 1918 wurden für das von der Wentzel-Heckmann-Stiftung finanzierte „Wörterbuch" über eine Million Zettel mit Nachweisen zusammengetragen, aber noch nichts publiziert.[28]

Für zwei historische Unternehmen der Akademie, die den bis dahin geltenden Rahmen sprengten, hat die Verdreifachung der Mittel der Wentzel-Heckmann-Stiftung nach dem Tode der Stifterin (Februar 1914) die finanziellen Voraussetzungen geschaffen. Seit 1915 erhielt Carl Schuchhardt jährlich Mittel für seine Forschungen auf dem Gebiet der germanisch-slawischen Altertumskunde, die freilich in dem hier behandelten Zeitraum noch nicht zu Ergebnissen führten. Unmittelbar mit der Ostexpansionspolitik des deutschen Imperialismus hing die von Dietrich Schäfer angeregte und von der Akademie finanzierte Erforschung der deutschen östlichen Nationalitätsgrenze zusammen, die im Sinne des Antragstellers aber nicht durchgeführt werden konnte. Beide Unternehmen

---

27 Vgl. AAW II:Vf Bd. 23 (Sitzung der philos.-hist. Klasse vom 29. 7. 1915).

28 Vgl. E. Heymann, Bericht über das Wörterbuch der deutschen Rechtssprache. In: Sb 1926, S. XXIII–XXXII.

dokumentierten, welche Bedeutung die Akademie gerade dem deutsch-slawischen Verhältnis beimaß.

Das politische Ziel des Schäferschen Unternehmens bestand darin, entgegen den historischen Tatsachen das „Kulturträgertum" Deutschlands und den angeblich friedlichen Charakter der deutschen Ostexpansion nachzuweisen, über die Schäfer in der ersten Gesamtsitzung der Akademie nach der Entfesselung des ersten Weltkrieges durch den deutschen Imperialismus einen — in den Schriften der Akademie nicht publizierten — Vortrag gehalten hat. Am 22. Oktober 1914 — die letzte Sitzung vor den Ferien hatte am 30. Juli 1914, also vor Kriegsausbruch, stattgefunden — referierte Schäfer „Über die Verbreitung des Deutschtums nach Osten". Über den Vortrag liegt eine autorisierte Inhaltsangabe vor. Eine solche mußten entsprechend dem Reglement für die Redaktion der akademischen Druckschriften, die jedem Sitzungsbericht beigefügt waren, „die Verfasser einreichen", die auch dafür „verantwortlich sind". Schäfer schrieb über seinen Vortrag: „Er führte aus, daß diese Verbreitung nicht, wie die weit überwiegende Auffassung ist, durch Waffengewalt erreicht, sondern zu allermeist friedlicher Arbeit verdankt wurde, und daß dabei durchweg die angestammten Herrscher, einheimische kirchliche und weltliche Große die Leiter und Förderer waren."[29] Schäfer suchte also die Ursache für die Unterdrückung und Germanisierung der Slawen bei diesen selbst, was durchaus zu dem Bild dieses chauvinistischen Alldeutschen paßte.

e) Untersuchungen zur deutschen Sprach- und Literaturgeschichte

Ebenso wie zehn Jahre zuvor war auch der erneute Versuch von 1909, im Zusammenhang mit der Gründung der Kaiser-Wilhelm-Gesellschaft ein Deutsches Institut bei der Akademie zu schaffen, gescheitert. Daher konnte es auch nach 1910 nur darum gehen, die früher eingeleiteten germanistischen Arbeiten fortzuführen. Sie standen unter der Leitung von K. Burdach, G. Roethe, E. Schmidt (bis zu seinem Tode 1913) und A. Heusler.

Bis 1918 waren von der Deutschen Kommission 10125 literarische Handschriften deutscher Sprache bis ins 16. Jh. inventarisiert.[30] Da diese Inventarisierung auf die Mitarbeit zahlreicher Wissenschaftler in Bibliotheken und Archiven nicht nur in Deutschland angewiesen war, wirkten sich personelle Einschränkungen während des Weltkrieges gerade hier besonders hemmend aus, wie in den jährlichen Berichten immer wieder betont wurde. Von den „Deutschen Texten des Mittelalters", die G. Roethe herausgab, waren bis zum Ende des ersten Weltkrieges 25 Bände erschienen.[31] Von der Wielandausgabe wurde bis 1917 kein Band vorgelegt.

---

29 Sb 1914, S. 937.

30 Vgl. K. Burdach, G. Roethe, A. Heusler, Deutsche Kommission. In: Sb 1918, S. 58.

31 Vgl. G. Roethe, Die „Deutschen Texte des Mittelalters", Bericht. In: Sb 1924, S. XXIV bis XXIX.

Große Materialsammlungen entstanden bis 1918 für die drei von der Akademie bearbeiteten Mundarten-Wörterbücher. Die Karteien des Rheinischen Wörterbuchs enthielten 1,13 Millionen Zettel, die des Hessen-Nassauischen Wörterbuchs über 10000 Zettel und die des Preußischen Wörterbuchs über 200000 Zettel mit Belegstellen.[32] Das Zettelarchiv für das Wörterbuch der Brüder Grimm, das im Jahr der Übernahme 1908 nur 150000 Belegstellen erfaßt hatte, wuchs auf über 2 Millionen Belegstellen im Jahre 1913, als die weitere Sammlung aus Mangel an finanziellen Mitteln abgebrochen wurde. Für die Bearbeitung der einzelnen Bände oder Bandteile waren nach wie vor einzelne Wissenschaftler auf der Grundlage von Verträgen mit der Akademie verantwortlich.[33]

K. Burdachs „Forschungen zur neuhochdeutschen Sprach- und Bildungsgeschichte", wie die „Forschungen zur Geschichte der neuhochdeutschen Schriftsprache" seit 1911 hießen, machten ebenfalls kaum Fortschritte. Veröffentlicht wurden neben dem „Ackermann aus Böhmen' (1917) nur Teile der Forschungen über Cola di Rienzo, der neben Dante und Petrarca ein Bahnbrecher der neuzeitlichen Kultur war. Sie erschienen unter dem Titel: „Der Briefwechsel des Cola di Rienzo und die Darstellung der geistigen Wandlungen seiner Zeit" (1912, 1913).

Es zeigte sich immer deutlicher, daß das Forschungsprogramm für einen Einzelnen sehr breit war. Wie früher klangen daher in Burdachs Berichten durchaus skeptische Töne an, etwa daß das für solche Editionen notwendige Selbstvertrauen „nur in der Hoffnung auf das lebendige Interesse eines Kreises urteilsfähiger, aufnahmewilliger wohlmeinender Leser einen Halt finden kann."[34] Zwar war diese Äußerung durch den Abbruch der internationalen Kontakte während des Krieges mit bedingt, aber ähnlich wie in den Feststellungen von Harnack über die Zeitgemäßheit der Kirchenväterausgabe schwang doch die Frage unüberhörbar mit, ob die Arbeiten der Akademie nicht doch zu isoliert und vereinzelt betrieben wurden und ob sie noch den Grundtendenzen der Wissenschaftsentwicklung entsprachen.

Seit dem Übergang zum Imperialismus bis zur Großen Sozialistischen Oktoberrevolution in Rußland bildeten sich in der Akademie die wesentlichen Entwicklungstendenzen heraus, die ihre Geschichte in der Epoche des Imperialismus bestimmten. Die Mitglieder der Akademie hatten erkenntnisfördernde Leistungen vorzuweisen. Dank dieser Leistungen, dank der ideologiebildenden Wirkung ihrer Tätigkeit und dank ihrer wissenschaftspolitischen Wirksamkeit übte die Akademie eine echte Funktion im Wissenschaftsgefüge des deutschen Imperialismus aus. Das Gewicht und das Ansehen der Akademie, in der die Forschung gegenüber der Rezeption von Forschungsergebnissen geringere Bedeutung hatte, beruhte auf den wissenschaftlichen Leistungen und dem

---

[32] Vgl. Sb 1918, S. 59–66.

[33] Vgl. B. Beckmann, Das Deutsche Wörterbuch in Gegenwart und Zukunft. In: Das Institut für deutsche Sprache und Literatur, Berlin 1954, S. 125f, 131f, 136.

[34] Sb 1916, S. 153.

Wirken ihrer einzelnen Mitglieder, die neben ihrer Tätigkeit in der Akademie als Hochschullehrer, Wissenschaftsorganisatoren und in vielen Fällen auch als Wissenschaftspolitiker in vielfältiger Form mit der imperialistischen Gesellschaft nicht nur verflochten waren, sondern auch ihren Beitrag zu deren Erhaltung und Festigung leisteten.

Den neuen Anforderungen, die die imperialistische Gesellschaft an die Forschung stellte, konnte die Akademie trotz ihrer großen in ihren Mitgliedern konzentrierten personellen Forschungskapazität kaum gerecht werden. Sie blieb in erster Linie eine Versammlung international angesehener bürgerlicher Natur- und Gesellschaftswissenschaftler, die im Rahmen der Akademie als Einzelforscher oder in den wenigen, die Haupttendenz der Wissenschaftsentwicklung im Imperialismus nicht bestimmenden, vorwiegend gesellschaftswissenschaftlichen Gemeinschaftsunternehmen wirken konnten. Der Stellenwert der Akademie in der Forschung, die durch die wachsende kapitalistische Vergesellschaftung und die, besonders im naturwissenschaftlichen Bereich, immer stärkere Ausrichtung auch der Grundlagenforschung auf die Praxis gekennzeichnet war, ging insbesondere nach der Gründung der Kaiser-Wilhelm-Gesellschaft im Jahre 1911 zurück, durch die schon vor dem ersten Weltkrieg staatsmonopolistische Organisationsformen in die Forschung eindrangen. Das System aus im wesentlichen unabhängig voneinander bestehenden Forschungsinstituten des Staates und einzelner Monopole wurde damit zum ersten Mal ergänzt durch eine übergreifendere, den Monopolen direkt untergeordnete Organisation der Forschung, die in der Folgezeit weiter ausgebaut wurde.

Obwohl oder gerade weil die Organisation der Akademie trotz der neuen Bedingungen unverändert blieb, insbesondere weil sie auch in dieser Phase ihrer Entwicklung keine Forschungsinstitute erhielt, ergab sich die Funktion der Akademie verstärkt nicht aus ihrem Anteil als Institution an der Forschung, sondern aus den Möglichkeiten, die sich durch die Zusammenführung von vorwiegend hochqualifizierten Einzelwissenschaftlern, die in ihren Fachbereichen unabhängig von ihrer Akademiemitgliedschaft den Stand der Wissenschaft wesentlich mitbestimmten, für den Austausch von Forschungsergebnissen, für deren Rezeption durch die Zuwahlpolitik und für die Durchsetzung wissenschaftspolitischer Zielstellungen boten. Daher konnten sich die Studien zur Geschichte der Akademie nicht allein auf die Herausarbeitung wissenschaftlicher Leistungen konzentrieren, sie mußten die gesellschaftlich-politische Relevanz der Akademie, die Haupttendenzen der allgemeinen Wissenschaftsentwicklung, die Forschungsorganisation im Imperialismus und die Mitgliederpolitik der Akademie einbeziehen, um die Integration der Akademie in die bürgerliche Klassengesellschaft, die Wechselwirkungen zwischen wissenschaftsimmanenten Entwicklungstendenzen und Anforderungen des Imperialismus an die Wissenschaft und ihre Vertreter, zeigen zu können.

Personenregister*

* OM – Ordentliches Mitglied, KM – Korrespondierendes Mitglied, AM – Auswärtiges Mitglied, EM – Ehrenmitglied der Berliner Akademie.

FSC
www.fsc.org
MIX
Papier | Fördert
gute Waldnutzung
FSC® C083411

Kolibri 360 GmbH
Ferdinand-Jühlke-Straße 7
99095 Erfurt, Deutschland
produktsicherheit@kolibri360.de